欧洲联盟 Asia-Link 资助项目

可 持 续 建 筑 系 列 教 材

张国强　尚守平　徐　峰　主编

可再生能源与建筑能源利用技术

Renewable Energy and Energy Utilization in Buildings

郝小礼　陈冠益　冯国会　张国强　等编著

姚　杨　主审

U0196056

中国建筑工业出版社

图书在版编目(CIP)数据

可再生能源与建筑能源利用技术/郝小礼等编著. —北京:
中国建筑工业出版社,2014.3
可持续建筑系列教材
ISBN 978-7-112-16288-8

Ⅰ.①可⋯ Ⅱ.①郝⋯ Ⅲ.①可再生能源—应用—建
筑工程—高等学校—教材②建筑—能源利用—高等学校—
教材 Ⅳ.①TU18

中国版本图书馆 CIP 数据核字(2014)第 000008 号

　　本书是"可持续建筑系列教材"之一,全书分为两篇,共十章。其中,第一篇主要介绍可再生能源及其在建筑领域内的应用,重点介绍了各种可再生能源,包括太阳能、风能、地热能、生物质能在建筑中利用的新方法与新技术。第二篇主要讲述建筑能源利用的节能新技术,包括热泵技术、吸收式制冷技术、冷热电联产技术、蓄热(冷)技术、热回收技术、农村建筑能源利用技术。本书在编写过程中,力图将各种新技术介绍给学生,以开拓学生的视野,同时注重文字表述上的通俗易懂、深入浅出。

　　本书可作为普通高校建筑环境与能源应用工程专业课程教材,亦可供函授、夜大同类专业使用。同时,也可作为相关专业工程技术人员设计、施工、运行管理时的参考用书。

责任编辑:姚荣华　张文胜
责任设计:张　虹
责任校对:姜小莲　关　健

可持续建筑系列教材
张国强　尚守平　徐　峰　主编
可再生能源与建筑能源利用技术
Renewable Energy and Energy Utilization in Buildings
郝小礼　陈冠益　冯国会　张国强　等编著
姚　杨　主　审

*

中国建筑工业出版社出版、发行(北京西郊百万庄)
各地新华书店、建筑书店经销
北京永峥排版公司制版
北京盈盛恒通印刷有限公司印刷

*

开本:787×1092 毫米　1/16　印张:20½　字数:510 千字
2014 年 7 月第一版　　2014 年 7 月第一次印刷
定价:**43.00** 元
ISBN 978-7-112-16288-8
(25028)

可持续建筑系列教材
指导与审查委员会

可持续建筑系列教材
编委会

可持续建筑系列教材
参加编审单位

Aalborg University	西北工业大学
Bahrati Vidyapeeth University	西安工程大学
Brunel University	西安建筑科技大学
Careige Mellon University	西南交通大学
广东工业大学	同济大学
广州大学	沈阳建筑大学
大连理工大学	武汉大学
上海交通大学	武汉工程大学
上海建筑科学研究院	武汉科技学院
长沙理工大学	河南科技大学
中国社会科学院古代史研究所	哈尔滨工业大学
中国建筑科学研究院	贵州大学
中国建筑西北设计研究院	重庆大学
中国建筑设计研究院	南华大学
中国建筑股份有限公司	香港大学
中国联合工程公司上海设计分院	浙江理工大学
天津大学	桂林电子科技大学
中南大学	清华大学
中南林业科技大学	湖南大学
东华大学	湖南工业大学
东南大学	湖南工程学院
兰州大学	湖南科技大学
北京科技大学	湖南城市学院
华中科技大学	湖南省电力设计研究院
华中师范大学	湘潭大学
华南理工大学	

总　序

我国城镇和农村建设持续增长，未来 15 年内城镇新建的建筑总面积将达到 100 ~ 150 亿 m^2，为目前全国城镇已有建筑面积的 65% ~ 90%。建筑物消耗全社会大约 30% ~ 40% 的能源和材料，同时对环境也产生很大的影响，这就要求我们必须选择更为有利的可持续发展模式。2004 年开始，中央领导多次强调鼓励建设"节能省地型"住宅和公共建筑；建设部颁发了《关于发展节能省地型住宅和公共建筑的指导意见》；2005 年，国家中长期科学与技术发展规划纲要目录（2006 ~ 2020 年）中，"建筑节能与绿色建筑"、"改善人居环境"作为优先主题列入了"城镇化与城市发展"重点领域。2007 年，"节能减排"成为国家重要策略，建筑节能是其中的重要组成部分。

巨大的建设量，是土木建筑领域技术人员面临的施展才华的机遇，但也是对传统土木建筑学科专业的极大挑战。以节能、节材、节水和节地以及减少建筑对环境的影响为主要内容的建筑可持续性能，成为新时期必须与建筑空间功能同时实现的新目标。为了实现建筑的可持续性能，需要出台新的政策和标准，需要生产新的设备材料，需要改善设计建造技术，而从长远看，这些工作都依赖于第一步——可持续建筑理念和技术的教育，即以可持续建筑相关的教育内容充实完善现有土木建筑教育体系。

随着能源危机的加剧和生态环境的急剧恶化，发达国家越来越重视可持续建筑的教育。考虑到国家建设发展现状，我国比世界上任何其他国家都更加需要进行可持续建筑教育，需要建立可持续建筑教育体系。该项工作的第一步就是编写系统的可持续建筑教材。

为此，湖南大学课题组从我本人在 2002 年获得教育部"高等学校青年教师教学科研奖励计划项目"资助开始，就锲而不舍地从事该方面的工作。2004 年，作为负责单位，联合丹麦 Aalborg 大学、英国 Brunel 大学、印度 Bharati Vidyapeeth 大学，成功申请了欧盟 Asia-Link 项目"跨学科的可持续建筑课程与教育体系"。项目最重要的成果之一就是出版一本中英文双语的"可持续建筑技术"教材，该项目为我国发展自己的可持续建筑教育体系提供了一个极好的契机。

按照项目要求，我们依次进行了社会需求调查、土木建筑教育体系现状分析、可持续建筑教育体系构建和教材编写、试验教学和完善、同行研讨和推广等步骤，于 2007 年底顺利完成项目，项目技术成果已经获得欧盟的高度评价。《可持续建筑技术》教材作为项目主要成果，经历了由薄到厚，又由厚到薄的发展过程，成为对我国和其他国家土木建筑领域学生进行可持续建筑基本知识教育的完整的教材。

对我国建筑教育现状调查发现，大部分土木建筑领域的专业技术人员和学生明白可持续建筑的基本概念和需求；通过调查 10 所高校的课程设置发现，在建筑学、城市规划、土木工程和建筑环境与设备工程 4 个专业中，与可持续建筑相关的本科生和研究生课程平均多达 20 余门，其中，除土木工程专业设置的相关课程较少外，其余三个专业正在大量增设该方面的课程。被调查人员大部分认为，缺乏系统的教材和先进的教学方法是目前可持续建筑教育发展的最大障碍。

基于调查和与众多合作院校师生们的交流分析，我们将课题组三年研究压缩成一本教材中的最新技术内容，重新进行整合，编写成为 12 本的可持续建筑系列教材。这些教材包括新的建筑设计模式、可持续规划方法、可持续施工方法、建筑能源环境模拟技术、室内环境与健康以及可持续的结构、材料和设备系统等，从构架上基本上能够满足土木建筑相关专业学科本科生和研究生对可持续建筑教育的需求。

本套教材是来自 51 所国内外大学和研究院所的 100 余位教授和研究生 3 年多时间集体劳动的结晶。感谢编写教材的师生们的努力工作，感谢审阅教材的专家教授付出的辛勤劳动，感谢欧盟、国家教育部、国家科技部、国家基金委、湖南省科技厅、湖南省建设厅、湖南省教育厅给予的相关教学科研项目资助，感谢中国建筑工业出版社领导和编辑们的大力支持，感谢对我们工作给予关心和支持的前辈、领导、同事和朋友们，特别感谢湖南大学领导刘克利教授、钟志华院士、章兢教授对项目工作的大力支持和指导，感谢中国建筑工业出版社沈元勤总编和张惠珍副总编，使得这套教材在我国建设事业发展的高峰时期得以适时出版！

由于工作量浩大，作者水平有限，敬请广大读者批评指正，并提出好的建议，以利再版时完善。

张国强
2008 年 6 月于岳麓山

前　　言

　　能源是人类社会赖以生存和发展的重要物质基础，实现能源环境的可持续发展是人类社会不断向前发展的必然要求。当前，建筑能耗在社会总能耗中占有很大的比重，减少建筑能耗，尤其是建筑空调供暖能耗，是促进全社会节能减排的重要内容。而要减少建筑能耗，必须在建筑中大力推广使用可再生能源，以及节能、环保的暖通空调新技术，走可持续发展的建筑能源之路。

　　本教材是可持续建筑系列教材之一，全书分为两篇，共十章。其中，第一篇主要介绍可再生能源及其在建筑领域内的应用，重点介绍了各种可再生能源，包括太阳能（第一章）、风能（第二章）、地热能（第三章）、生物质能（第四章）在建筑中利用的新方法与新技术。第二篇主要讲述建筑能源利用的节能新技术，包括热泵技术（第五章）、吸收式制冷技术（第六章）、冷热电联产（第七章）、蓄热（冷）技术（第八章）、建筑热回收技术（第九章）、农村建筑能源利用技术（第十章）。本书在编写过程中，尝试将各种新技术介绍给学生，以开拓学生的视野，同时注重文字表述上的通俗易懂、深入浅出。本书各章内容相对独立，每章均提供了课后思考题，供学生课后复习思考。本书可作为普通高校建筑环境与能源应用工程专业课程教材，亦可供函授、夜大同类专业使用。同时，也可作为相关专业工程技术人员设计、施工、运行管理时的参考用书。

　　本书由湖南科技大学、湖南大学、天津大学、沈阳建筑大学、中南大学、哈尔滨工业大学、河南科技大学等多位作者合作编写，主要分工如下：

　　郝小礼、张国强制定全书编制大纲并编写绪论，喻李葵编写第一章和第八章，郝小礼编写第二章、第七章、第九章，陈世强编写第三章，陈冠益编写第四章，姜益强编写第五章，王林编写第六章，冯国会编写第十章。

　　全书由郝小礼负责统稿。姚杨教授负责主审。

　　由于编者水平有限，书中存在的错漏和不妥之处，恳请广大专家和读者予以指正，不胜感激！同时，感谢湖南省教改项目（G21114）对本书出版的资助！

目　　录

第二篇　建筑能源利用技术

绪　论

第一节　可持续能源之路

　　能源是推动社会发展的驱动力之一，是人类社会赖以生存和发展所不可或缺的物质资源，在现代社会，能源问题也是一个国家经济社会发展的命脉之一。工业革命以来，人类社会对能源的消耗量急剧增加（见图0-1）。我国近20年的能源生产与需求更是增长了几倍（见图0-2）。而且在未来一段时间内，全球能源的消耗量还会呈更快的增长趋势。至今为止，全球消耗的能源主要是不可再生能源。然而，世界现已探明的不可再生能源储量却相当匮乏：据估计，按照目前的储藏量和开采量比值（储采比）推算，在未来几十年内，各种不可再生能源资源都将会消耗殆尽。即使随着科技的不断进步，能有更多的资源被探明，各种能源资源的使用年限可以相对延长一些，但无论如何，这种不可再生的能源资源将在不远的将来被耗尽。因此，人类需要一方面节约不可再生能源资源，延长现有能源资源的使用时间；另一方面需要寻找新的可再生的能源资源，替代不可再生能源资源，最终解决人类发展面临的能源问题。

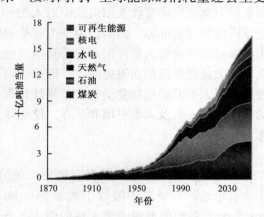

图 0-1　过去 100 多年世界能源消费变化及
世界能源需求预测

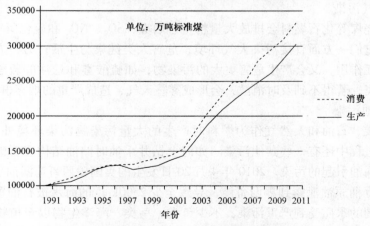

图 0-2　中国近 20 年能源生产与需求变化

1

能源的使用也带来地球上严重的环境污染和破坏问题。当前全球性的主要环境问题，包括温室效应和全球变暖、臭氧层的破坏、酸雨的形成、大气污染等，都或多或少地与不可再生能源资源的开采、输送、加工、转换、利用和消费过程相关。能源使用所导致的环境问题主要表现在以下几方面：

（1）温室效应

据统计，从工业革命到1959年，大气中二氧化碳（CO_2）的浓度增加了13%（体积分数），从1959年到1997年，大气中二氧化碳的浓度又增加了13%（体积分数），导致全球气候变暖趋势加快。现在全球平均温度与100年前比较，提高了0.61℃。计算机预测表明，当二氧化碳等气体的浓度增加为目前的2倍时，地面平均温度将上升1.5～4.5℃。这将引起南极冰山融化，导致海平面升高和淹没大片陆地，同时破坏生态平衡。

（2）臭氧层的破坏

臭氧（O_3）是氧的同素异构体，它存在于距地面35km左右的大气平流层中，形成臭氧层。臭氧层能吸收太阳射线中对人类和动植物有害的紫外线的大部分，是地球防止紫外线辐射的屏障。但是，由于工业革命以来能源消费的不断增加，人类过多地使用氟氯烃类物质作为制冷剂和作为其他用途，以及燃料燃烧产生的N_2O造成臭氧层中臭氧被大量循环反应而迅速减少，形成所谓臭氧层空洞，导致臭氧层的破坏。这将导致地球上人类及动植物免受有害紫外线辐射的屏障受到破坏，使人类患皮肤癌等疾病的概率增加，危及人类健康和生存，使地球上的动植物受到危害，导致生态平衡的破坏。

（3）酸雨

化石燃料，尤其是煤炭燃烧会产生大量的二氧化硫（SO_2）和氮氧化物（NO_x）。当雨水在近地的污染层中吸收了大量SO_2和NO_x后，会产生pH低于正常值的酸雨（pH<5.6）。酸雨的形成会使土壤的酸度上升，影响树木、农作物健康生长；酸雨使得湖泊水酸度增加，水生态系统被破坏，某些鱼群和水生物绝迹；酸雨可造成建筑、桥梁、水坝、工业设备、名胜古迹和旅游设施的腐蚀；酸雨还造成地下水和江河水酸度增加，直接影响人类和牲畜饮用水的质量，影响人畜健康。

（4）大气污染

大量燃烧煤等化石燃料会排放大量粉尘、烟雾、SO_2、NO_x和硫化氢（H_2S）等大气污染物。它们一方面直接污染大气环境，危害人类健康与生活；另一方面，这些污染物之间相互作用，又会产生危害更大的污染物，如硫酸雾和悬浮的硫酸盐等。这些污染物的聚集，若得不到及时消散，会形成雾霾天气，造成严重的烟雾事件。

（5）其他污染

除将煤炭、石油和天然气作为燃料时产生的大量污染物污染环境外，能源生产、运输和消费过程中还有一些其他污染。如海上钻井采油时储油结构岩石破裂和油船运输事故造成漏油引起的污染。2010年4月20日发生的美国墨西哥湾漏油事件造成每天1.2万～10万桶原油泄露到墨西哥湾，导致至少2500km²的海水被石油覆盖，漏油事故附近大范围的水质受到严重污染，不少鱼类、鸟类、海洋生物以至植物都受到严重的影响。核能使用造成的环境辐射问题也是因人类使用能源而带来的全球性环境问题。

水力能虽然是清洁能源，但也有相应的环境问题。如拦河筑坝、建造水库对生态平衡、土地盐碱化以及灌溉、航运等方面均有一定影响。

面对日益枯竭的不可再生能源资源和日益恶化的环境质量，解决当前人类面临的能源与环境问题的根本途径是实现能源与环境的可持续发展。为了子孙后代的未来和社会的可持续发展，必须使能源有与社会可持续发展相适应的可持续供给途径，并解决能源消费过程中的环境污染问题，走可持续的能源开发利用之路。从长远来讲，开发和使用可再生能源才是实现能源与环境可持续发展的最终途径。为此，各国都在制订规划，采取措施，组织力量，大力开发可再生能源，力图在不太久的时间内由目前污染较严重的常规非再生能源为主，过渡到包括较大比例的可再生能源的多样性能源结构。在当前的经济、技术条件下，开发和推广使用节能环保技术，减少不可再生能源资源的消耗量和污染物释放量，缓解由于化石能源大量使用而带来的环境问题，也是当前实现能源与环境可持续发展的一条可行、有效途径。

建筑能耗在国家总能耗中占有相当大的比例，在发达国家，建筑能耗占了国家总能耗的30%以上。随着人们生活水平的不断提高，建筑能耗在全国总能耗中的比例也呈逐年上升的趋势（见图0-3），而且，随着我国经济的不断发展，人们生活水平的不断提高，建筑能耗的比例将会进一步增加。我国正处在城市建设高峰期，城市建设飞速发展，由此带来的建筑能耗问题，将会对我国的能源供应和环境保护造成巨大的压力，减少、不增加、至少是不过多地增加建筑能耗，对缓解我国能源供应压力，促进我国能源环境可持续发展具有重要意义。在建筑能耗中，有60%以上（甚至高达80%～90%）是属于建筑运行能耗，所以，减少建筑运行能耗，尤其是建筑空调供暖能耗，具有更为重要的意

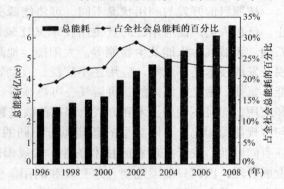

图0-3　建筑总能耗及其在中国总能耗中所占比例的变化趋势

义。而要实现这一点，必须在建筑中大力推广使用可再生能源，以及节能、环保的暖通空调新技术，走可持续的建筑能源之路。

第二节　能源的分类及特点

在人类的生活和劳动环境中，无时无刻不在进行着能量的转化和传递，那么什么是"能源"呢？关于能源的定义，目前约有20种，不同国家、不同文献对能源有不同的定义。我国《能源百科全书》将能源定义为：可以直接或经转换后为人类提供所需的光、热、动力等任一形式能量的载能体资源。确切而简单地说，能源是自然界中能为人类提供某种形式能量的物质资源。通常凡是能被人类加以利用以获得有用能量的各种资源都可以称为能源。

能源的种类繁多，而且经过人类不断的开发与研究，更多新型能源已经开始能够满足人类需求。根据不同的划分方式，能源也可分为不同的类型，不同类型的能源具有不同的特点。

一、能源的分类

1. 一次能源与二次能源

按基本形态不同，能源可分为一次能源和二次能源。一次能源是指自然界中以天然形式存在、并没有经过加工或转换的能源资源；二次能源则是指由一次能源加工转换而成的能源产品。一次能源可以是可再生能源（如：水能、风能及生物质能），也可以是不可再生能源（比如：煤炭、石油、天然气、油页岩等）。其中煤炭、石油、天然气和水等能源是一次能源的核心，它们构成当代社会全球能源的基础；除此以外，太阳能、风能、地热能、海洋能、生物能以及核能等可再生能源也被包括在一次能源的范围内。二次能源则是由一次能源直接或间接转换成其他种类和形式的能量资源，例如：电力、煤气、汽油、柴油、焦炭、洁净煤、激光和沼气等都属于二次能源。

2. 常规能源与新能源

按照目前开发与利用状况不同，可将能源分为常规能源和新能源两类。到目前为止，已被人们广泛应用，而且使用技术又比较成熟的能源，称为常规能源，如煤炭、石油、天然气、水能及生物能等。太阳能、地热能、风能等，虽早已被利用，但大规模开发的技术还不成熟，应用还不广泛，直到近期才进一步受到重视，而核能、沼气能、氢能、激光、海洋能、页岩气、可燃冰等，这些能源形式近年来才被人们所认识和应用，而且在利用技术和方式上都有待改进和完善，这些能源形式都被称为新能源。与常规能源相比，不同类型的新能源有不同的特征，如能量密度较小，或品位较低，或有间歇性，或者按现有的技术条件，大规模转换利用的经济性尚差，还处于研究、发展阶段，因而只能因地制宜地开发和利用。但是，新能源大多数是可再生能源，资源丰富，分布广阔，是未来的主要能源之一。

3. 可再生能源与不可再生能源

人们对一次能源又进一步加以分类。凡是可以不断得到补充或能在较短周期内再产生的能源称为可再生能源，反之称为不可再生能源。风能、水能、海洋能、潮汐能、太阳能和生物质能等是可再生能源，而煤、石油和天然气等化石能源是不可再生能源。地热能本质上是不可再生能源，但从地球内部蕴藏量巨大而人类的利用量较小，使得它又具有可再生能源的性质。核能的新发展将使核燃料循环而具有增殖的性质，核聚变产生的能比核裂变产生的能可高出 $5 \sim 10$ 倍，核聚变最合适的燃料重氢（氘）又大量地存在于海水中，可谓"取之不尽，用之不竭"，从这个意义上讲，核能也具有可再生性。可再生能源可以是一次能源，也可是二次能源，同样可以是新能源，或者常规能源，图 0-4 展示了不同能源分类之间的关系。

随着全球经济社会发展对能源需求的日益增加，许多国家都更加重视对可再生能源和新能源的研究开发。可以预计，随着人类科学技术的不断进步，人们会不断研究开发出更多的新能源来替代现有能源，以满足全球经济社会发展对能源的高度需求。

同时，我们也相信，地球上还有很多尚未被人类发现的新能源正等待我们去探寻与研究。未来的能源一定是可持续、可再生、无污染的先进能源。

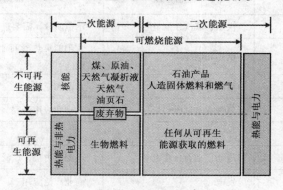

图 0-4　能源分类关系

二、可再生能源的特点及其发展趋势

国际能源署（IEA）对可再生能源定义如下：可再生能源是起源于可持续补给的自然过程的能量。它的各种形式都是直接或者间接地来自于太阳辐射能、地热能或潮汐能，包括太阳能、风能、生物质能、地热能、水力能等，以及由可再生资源衍生出来的生物燃料和氢所产生的能源。

《中华人民共和国可再生能源法》于 2005 年 2 月 28 日由第十届全国人民代表大会常务委员会第十四次会议通过，自 2006 年 1 月 1 日起施行。其中第一条表明"本法所称可再生能源是指风能、太阳能、生物质能、地热能、海洋能等非化石能源"。

可再生能源和化石能源相比，虽然具有资源丰富、可再生和环境污染小等优点，但它们开发利用中具有以下问题（或之一）：能量密度较低，并且较为分散；太阳能、风能、潮汐能等具有随机性和间歇性；目前可再生能源开发利用的技术难度较大，经济性还难以与化石能源相比。然而，可再生能源在人类远期的生活中必将发挥重要的作用。发达国家已把对可再生能源的研究开发作为战略重点。我国是化石能源相对不足的国家，优质的油气资源更加缺乏，因此，能源配置多元化是解决我国能源问题的必由之路，而新能源和可再生能源的研究和利用是能源配置多元化的途径之一。

目前，可再生能源利用技术已经取得了长足的发展，并在世界各地形成了一定的规模。表 0-1 为可再生能源利用技术的分类，从表中可以看出目前可再生能源利用技术的发展和应用水平，其中与建筑相关的技术标了"＊"号，可以看出太阳能、风能、地热能、生物质能在建筑中均有所应用。

可再生能源利用技术的分类　　　　　　　　　　　　　表 0-1

技　术	能源产出	应用和技术现状
太阳能		
光伏发电＊	发电	广泛应用，价格较贵，需要进一步改进

技　术	能源产出	应用和技术现状
太阳能热动力发电	供热、蒸汽、发电	示范阶段，需要进一步改进
低温太阳能利用*	供热和制冷	太阳能集热器商业应用，太阳能空调研制阶段
被动式太阳能利用*	供热、采光、通风	示范和应用
太阳能光合成	氢气或富氢燃料	基础和应用研究
风能		
水泵和电池充电*	运动、动力、发电	小型风力机，广泛应用
陆上风力透平	发电	商业广泛应用
海上风力透平	发电	研制和示范阶段
地热能		
高品位地热能*	供热、热水、蒸汽、发电	商业应用
低品位地热能*	热泵、空调	示范和商业应用
生物质能		
燃烧（家用规模）*	热能（烹饪、供热）	广泛应用，提高效率，有改进的潜力
燃烧（工业规模）	过程加热、蒸汽、发电	应用阶段，有改进潜力
气化/动力生产	发电/供热，热电联供	示范阶段
气化/燃料生产	烃类、甲醇、氢	研制阶段
水解和发酵	乙醇	对糖和淀粉以商业应用，用木材生产在研制中
热解/生产液体燃料	生物油	中试阶段
热解/生产固体燃料	焦炭	广泛应用
发酵*	沼气	商业应用

第三节　国内外能源利用现状

一、世界能源消费与探明储量现状

　　能源是人类社会赖以生存和发展的重要物质基础。纵观人类社会发展史，人类社会的每一次重大进步都伴随着能源的改进和更替。经济越发展，社会越进步，对能源的依赖程度也越高。进入 21 世纪以来，世界能源消费量仍在不断增长，根据英国石油公司（BP）的统计，2000 年全世界一次能源消费量为 94 亿吨油当量，2005 年升至 98 亿吨油当量，而 2010 年达到了 120 亿吨油当量，图 0-5 显示了进入 21 世纪的前 10 年世界能源消费总量与增长情况。

　　经过 2009 年短暂的下降之后，2010 年，世纪能源消费又开始出现大的增长趋势，增长达到了 5.6%，能源消费总量达到了 120 亿吨标准油当量（见图 0-6），2010 年世界各主要国家和地区的能源消费与增长情况见表 0-2。

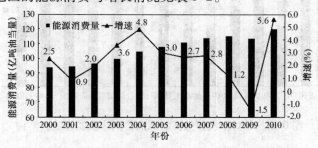

图 0-5　2000～2010 年世界一次能源消费量及增速

　　2010 年，在世界一次能源消费结构中，石油占 33.6%，天然气占 23.8%，煤炭占 29.6%，核能占 5.2%，水电占 6.5%，可再生能源占 1.3%。尽管石油仍是最主要的能源，但其所占比重连续 11 年下降，天然气的比重显著提高。能源消费结构与各国的资源状况密切相关。俄罗斯由于天然气资源丰富，其天然气消费占一次能源消费比例高达 57%；我国的煤炭消费比例最高，达 70% 左右；巴西的水电消费占一次能源的比例达到 39%。发达国家油气消费仍然较高。除法国外，OECD 国家石油天然气占一次能源消费的比例超过 60%，法国的石油天然气占一次能源消费的 51%，核能比例高达 39%。世界主要能源消费国家 2010 年能一次源消费结构见图 0-6。

2010 年世界主要国家和地区的一次能源消费与增长 （单位：亿吨油当量）　表 0-2

国　　家	消　费　量	同比增长（%）	占世界比例（%）
中国	24.32	11.2	20.3
美国	22.86	3.7	19.0
俄罗斯	6.91	5.5	5.8
印度	5.24	9.2	4.4
日本	5.01	5.9	4.2
德国	3.19	3.9	2.7
加拿大	3.17	1.3	2.6
韩国	2.55	7.7	2.1
巴西	2.54	8.5	2.1
法国	2.52	3.4	2.1
世界合计	120.02	5.6	100.0
欧盟	17.33	3.2	14.4
OECD	55.68	3.5	46.4

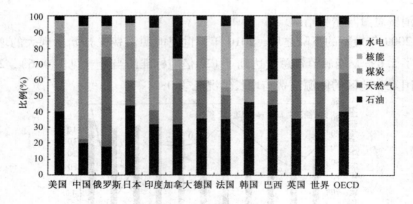

图 0-6　2010 年世界主要能源消费国一次能源消费结构

2010 年，全球石油探明储量达 13832 亿桶（1888 亿 t），同比增长 0.5%（66 亿桶），储采比为 46 年。探明石油储量增长主要来自亚太地区（主要是印度）、中南美和非洲。亚太地区净增加 30 亿桶，中南美增加 19 亿桶，非洲地区增加 17 亿桶，其他地区储量都基本维持在 2009 年水平。2010 年底，中东石油储量仍占全球一半以上，为 55%；其他均在 20% 以下，如亚太、非洲、欧洲和欧亚大陆、中南美、北美分别为 3%、10%、10%、17%、5%。

截至 2010 年底，世界天然气探明储量持续增至 187.1 万亿 m^3，同比增加 5000 亿 m^3，增长 0.3%，增量最大的是印度和巴西。其中，印度由 2009 年的 1.1 万亿 m^3 增长到 2010 年的 1.5 万亿 m^3，增长 30% 左右。全球天然气储采比为 59 年。中东和俄罗斯地区天然气储量占世界的七成以上（71.8%）。表 0-3 列出了世界天然气探明储量地区分布情况。俄罗斯、伊朗、卡塔尔天然气储量合计超过世界的一半，占 53.2%（见表 0-4）。2010 年，我国保持在第 14 位。

2010 年世界天然气探明储量地区分布（单位：万亿 m^3）　　　表 0-3

地　区	探明储量	占世界比例（%）	储　采　比
中东	75.8	40.5	165
俄罗斯	58.5	31.3	77
亚太	16.2	8.7	33
非洲	14.7	7.9	70
北美	9.9	5.3	12
拉美	7.4	4.0	46
欧洲	4.6	2.4	16
世界合计	187.1	100	59

2010 年世界部分国家天然气探明储量（单位：万亿 m³）　　　表 0-4

排名	国　　家	探明储量	占世界比例（%）	储采比
1	俄罗斯	44.8	23.9	76
2	伊朗	29.6	15.8	214
3	卡塔尔	25.3	13.5	217
4	土库曼斯坦	8.0	4.3	190
5	沙特	8.0	4.3	95
6	美国	7.7	4.1	13
7	阿联酋	6.0	3.2	118
8	委内瑞拉	5.5	2.9	191
9	尼日利亚	5.3	2.8	157
10	阿尔及利亚	4.5	2.4	56
14	中国	2.8	2.1	34

　　2010 年，世界煤炭探明可采储量 8609 亿 t。其中，美国煤炭储量 2373 亿 t，占世界的 27.6%，位居第一；俄罗斯储量为 1570 亿 t，占世界的 18.2%，位居第二；我国储量 1145 亿 t，占世界的 13.3%，位居第三。澳大利亚和印度储量分别位居第四和第五。2010 年，世界煤炭产量为 72.73 亿 t，同比增长 6.3%。其中，我国煤炭产量 32.4 亿 t，占全球的 48.3%，位居世界第一；美国煤炭产量 9.8 亿 t，占全球的 14.8%，位居世界第二；印度产量 5.7 亿 t，占 5.8%，位居世界第三；澳大利亚和俄罗斯分别位居第四和第五。2010 年，世界煤炭消费量 69.31 亿 t，同比增长 7.6%。我国的煤炭消费量 33.2 亿 t，占世界的 48.0%，位居世界第一，同比增长 10.1%，占全球增量的 63%。

　　2010 年，全球核电发电量 27672 亿 kWh，同比增长 2.0%。美国核电消费量 8494 亿 kWh，占全球总量的 30.7%，位居世界第一。法国和日本分别位居第二和第三。我国核电消费量 739 亿 kWh，占全球的 2.7%，位居世界第九。2010 年，全球水电消费量 34277 亿 kWh，同比增长 5.3%。我国水电消费量 7210 亿 kWh，占世界总量的 21.0%，位居世界第一；巴西消费量 3960 亿 kWh，占 11.6%，位居世界第二；加拿大水电消费量 3663 亿 kWh，占 10.7%，位居世界第三。

　　近年来，可再生能源在世界能源消费中增长较快，生物燃料产量大幅增长，2010 年，全球生物燃料产量约为 6000 万吨油当量，同比增长 14.3%，增量主要来自美国和巴西。可再生能源发电量也大幅增长，同比增长 15.5%。2010 年，世界可再生能源发电量为 7010 亿 kWh（主要是风电、太阳能发电），同比增长 15.5%。其中，美国 1729 亿 kWh，占世界总量的 24.7%，位居第一；德国 820 亿 kWh，占世界总量的 11.7%，位居第二；西班牙 548 亿 kWh，占世界总量的 7.8%，位居第三；我国 535 亿 kWh，占 7.6%，位居第四。

纵观世界能源消费现状，世界能源消费总量一直呈逐年上升的趋势，世界对能源消费的需求会越来越大。从世界能源结构来看，当前世界主要能源还是以石油、天然气、煤炭等不可再生的化石能源为主，但也可以看出，可再生能源在能源消费中的比例不断加。可以预测，开发和利用可再生能源，是世界能源发展的方向。

二、我国能源现状

1. 煤炭

我国煤炭资源在地理分布上的总格局是西多东少、北富南贫。从地区分布看，储量主要集中分布在新疆、内蒙古、山西、陕西、贵州、宁夏、河南和安徽，8 省区储量占全国储量近 90%。在我国的自然资源中，基本特点是富煤、贫油、少气，这就决定了煤炭在一次能源中的重要地位。表 0-5 是 1971 年以来煤炭在我国能源结构中所占比例变化，由表 0-5 可看出煤炭在我国能源结构中一直占据主体地位，也可预测未来 50 年内煤炭在我国能源利用中仍将发挥重要作用。与石油和天然气比较而言，我国煤炭的储量相对比较丰富。我国煤炭剩余可采储量 1145 亿 t，仅次于美国和俄罗斯，位居世界第 3 位，占世界总量的 13.3%，煤炭的储采比为 45，远低于世界平均水平的 133。我国是世界第一产煤大国，据统计，2009 年煤炭产量达到 29.6 亿 t，比 2008 年增加 2.44 亿 t，同比增长 12.7%，占世界总产量的 42% 左右。

煤炭在我国能源结构中所占比例变化　　　　　　表 0-5

年　份	1971	1980	1990	2000	2002	2004	2005	2008
比例（%）	81.0	72.2	76.2	66.1	65.6	71.5	68.9	68.7

2. 石油

我国是少油国家，但石油在我国能源结构中占有重要地位（仅次于煤炭，处于第二位），目前我国石油还不能够完全自给，约 50% 的石油用量需要从国外进口。最近几年我国石油进口量一直在增长，从 2004 年的 1.23 亿 t 增长到 2009 年的 1.99 亿 t，其中 2004 年增幅最大，达到 34.8%，除了 2005 年和 2008 年增幅较小外，其他年份增幅都在 2 位数以上，从中可以看出我国的石油消费对外依存度较高。截至 2007 年底，我国石油剩余可采储量 20.5 亿 t，位居世界第 13 位，但仅占世界总量的 1.3%，石油储采比 11，远低于世界平均水平的 41.6。2009 年我国石油产量约 1.89 亿 t，比 2008 年降了 0.4%，占当年世界石油产量的近 5%，位居世界第 5 位，属于世界产油大国。

3. 天然气

从图 0-6 中可以看出，天然气在我国一次能源消费结构中所占的比例非常小。我国的天然气工业发展相对比较落后，但是我国天然气生产消费增速较快。近几年我国天然气产量和消费量都保持了较高的增长幅度。目前我国探明的天然气地质资源量为

22.66 万亿 m³，可采资源量为 14.36 万亿 m³。2007 年我国天然气产量为 693.1 亿 m³，比 2006 年增长 23.1%，首次进入世界天然气生产前十强；2008 年我国生产天然气产量 760.82 亿 m³，与上年相比增长 12.3%；2009 年我国生产天然气产量 829.9 亿 m³，与上年相比增长 7.7%。

4. 水电

水电资源作为可再生清洁能源，是我国能源的重要组成部分，在能源平衡和能源工业的可持续发展中占有重要地位。根据我国水电的具体规划布局，2010 年西部地区常规水电装机规模达到约 9500 万 kW，占全国的 55%，开发程度为 21.5%，其中水能资源最丰富的四川、云南水电装机容量分别达到 2700 万 kW 和 1700 万 kW，开发程度分别为 22.5% 和 17%；中部地区常规水电装机规模达到 5000 万 kW，占全国的 30%，开发程度达到 68%；东部地区装机规模达到 2500 万 kW，占全国的 15%。而且，"十一五"期间，我国已新增水电装机容量为 7300 万 kW，其中抽水蓄能电站 1300 万 kW。2010 年全国水电装机容量达到 1.9 亿 kW，占电力总装机容量的 26% 左右，开发程度达到 35%，其中大中型常规水电 1.2 亿 kW，小水电 5000 万 kW，抽水蓄能电站 2000 万 kW，已建常规水电装机容量占全国水电技术可开发装机容量的 31%。我国现阶段水电消费在我国能源结构中所占的比例不到 6%，依据国际经验和我国市场经济的发展趋势，在未来 50 年我国的水电消费在能源结构中所占比重将得到较大提高。

5. 核能

核电凭借资源丰富、清洁、用之不竭、经济、安全等优点，已成为国际能源领域投资热点。从国务院批准的《核电中长期发展规划（2005～2020 年）》可以看出我国对核电发展的战略由"适度发展"到"积极发展"，在这样的背景下，我国的核电能源获得很好的发展机遇。按照规划，到 2020 年，核电占全部电力装机容量的比重从现在的不到 2% 提高到 4%，核电年发电量达到 2600 亿～2800 亿 kWh；2005～2010 年，我国核电装机容量年复合增长率达到 11.9%；2010～2020 年，装机容量年复合增长率达到 12.8%。

我国是世界上煤炭消费量最多的国家，占世界煤炭消费总量的近 42%，在一次能源中的消费比例远高于世界平均水平。原油消费在我国能源结构中占的比例虽较小但总量位居世界第二，仅次于美国，占世界原油消费总量的 9.3%，但在一次能源中的消费比例为 20.7%，与世界平均水平有较大距离。天然气消费量较低，在一次能源消费中的比例不到 4%，远低于世界平均水平。核能消费量较少，仅占世界核能消费总量的 2.3%，在一次能源消费中的比例为 0.8%，远低于世界平均水平的 6.84%。水电能消费总量位居世界第一，占世界水电能消费总量的 15.4%，在一次能源中的消费比例为 5.9%，略低于世界平均水平的 7.02%。此外，我国的一次能源消费还存在一次能源消费结构严重不合理、能源分布不均匀、污染较严重等问题。由于我国以煤为主，产生大量的温室气体及其他污染物。

总之，我国化石能源储量不大，特别是天然气和石油的储量很少，人均储量更少。而由于经济社会的高速发展，能源的开采量相对较大，主要化石能源的储采比很小。因此，迫切需要大力开发使用清洁能源，尤其是可再生能源；提高能源使用效率，促进整个国家的节能减排，保护环境，实现我国能源、环境与经济的可持续、协调、健康发展。

本章参考文献

［1］张国强，徐峰，周晋等 . 可持续建筑技术 . 北京：中国建筑工业出版社，2009.

［2］BP2030 世界能源展望，2011 年 1 月 . http：//www. bp. com/liveassets/bp＿internet/globalbp/ globalbp_uk_english/ reports_and_publications/statistical_energy_review_2011/STAGING/local_assets/ pdf/2030-Energy-Outlook-CHN. pdf.

［3］国家统计局能源统计司 . 中国能源统计年鉴（2012）. 北京：中国统计出版社，2012.

［4］清华大学建筑节能研究中心 . 中国建筑节能发展研究报告 2011. 北京：中国建筑工业出版社，2011.

［5］Dincer I. Environmental impacts of energy. Energy Policy，1999，27：845-854.

［6］Dincer I, Rosen MA. Energy，environment and sustainable development. Appled Energy，1999，64：427-440.

［7］李瑞忠，郗凤云，杨宁等 . 2010 年世界能源供需分析——《BP 世界能源统计 2011》解读 . 当代石油化工，2011，199（7）：30-37.

［8］徐良才，郭英海，公衍伟等 . 浅谈中国主要能源利用现状及未来能源发展趋势 . 能源技术与管理，2010，3：155-157.

第一篇 可再生能源及其在建筑领域内的应用

第一章　太阳能及其在建筑中的应用

第一节　太阳能资源与利用

太阳是离地球最近的一颗恒星，是太阳系的中心天体，也是太阳系中唯一自己发光的天体。太阳以灿烂的光芒和巨大的能量给人类以光明、温暖和生命。没有了太阳，便没有了白昼；没有了太阳，地球上的一切生物都将死亡。地球上人类所用的能源，除原子能、地热能和火山爆发的能量外，煤炭、石油、天然气、风能和水力等都直接或间接来自太阳。人类所吃的一切食物，无论是动物性的还是植物性的，都有太阳的能量在里面。所以说，太阳的光和热是地球上一切生命现象的根源，没有太阳便没有地球上人类的生存。

一、太阳能

1. 太阳的能量及传送

（1）太阳的能量

太阳的能量主要来源于氢聚变成氦的聚变反应：每秒有 $6.57 \times 10^{11} kg$ 的氢聚合生成 $6.53 \times 10^{11} kg$ 的氦，连续产生 $3.90 \times 10^{23} kW$ 的能量。这些能量以电磁波的形式，以 $3 \times 10^5 km/s$ 的速度穿越太空射向四面八方。地球只接收到太阳总辐射的二十二亿分之一，即有 $1.77 \times 10^{14} kW$ 达到地球大气层上边缘（"上界"），由于穿越大气层时的衰减，最后约有 $8.5 \times 10^{13} kW$ 达到地球表面。这个数量相当于全世界发电量的几十万倍。

根据目前太阳产生的核能速率估算，氢的储量足够维持600亿年，而地球的寿命约为50亿年，因此，从这个意义上讲，可以说太阳的能量是取之不尽、用之不竭的。

（2）太阳辐射

热量的传播有传导、对流和辐射三种形式。太阳主要是以辐射的形式向广阔无垠的宇宙传播它的热量和微粒，这种传播的过程就称作太阳辐射。太阳辐射不仅是地球获得热量的根本途径，也是影响人类和其他一切生物的生存活动以及地球气候变化的最重要的因素。

太阳辐射可分为两种。一种是太阳发射出来的光辐射，因为它以电磁波形式传播光热，所以又叫做电磁波辐射。这种辐射由可见光和人眼看不见的不可见光组成。另一种是微粒辐射，它是由带正电荷的质子和大致等量的带负电荷的电子以及其他粒子所组成的粒子流。微粒辐射平时较弱，能量也不稳定，在太阳活动极大期最为强烈，对人类和地球高层大气有一定的影响。但一般来说，不等微粒辐射到达地球表面，它便在日地遥远的路途中逐渐消失了。因此，太阳辐射主要是指光辐射。

太阳辐射送往地球不但要经过遥远的旅程，并且还要遇到各种阻拦，受到各种影响。地球表面是被对流层、平流层和电离层这样三层大气紧紧地包围着的，总厚度高达1200km以上。当太阳从1.5亿km远的地方把它的光热和微粒流以每秒30万km的速度向地球辐射时，必然要受到地球大气层的干扰和阻挡，不能畅通无阻地投射到地球表面上来。正是由于地球大气层的这种干扰和阻挡作用，太阳辐射中的一些有害部分，如微粒、紫外线、X射线等，大部分被消除了，从而使得人类和各种生物得到保护，能够在地球上平安地生存下来。

2. 太阳辐照度的影响因素

太阳辐照度是指太阳以辐射形式发射出的功率投射到单位面积上的多少。由于大气层的存在，真正达到地球表面的太阳辐射能的大小要受到多种因素的影响。一般来说，太阳高度角、大气质量、大气透明度、地理纬度、日照时间及海拔高度是影响太阳辐照度的主要因素。

（1）太阳高度角。即太阳位于地平面以上的高度角，常用太阳光线和地平线的夹角即入射角 θ 来表示。入射角大，太阳高，辐照度也大；反之，入射角小，太阳低，辐照度也小。

（2）大气质量。直射阳光光束透过大气层所通过的路程，以直射太阳光束从天顶到达海平面所通过的路程的倍数来表示。由于大气的存在，太阳辐射能在到达地面之前将受到很大的衰减。因此，大气质量越大，表明太阳受大气衰减的程度越大。

（3）大气透明度。大气透明度是表征大气对于太阳光线透过程度的一个参数。在晴朗无云的天气，大气透明度高，到达地面的太阳辐射能就多些。在天空中云雾很多或风沙灰尘很多时，大气透明度很低，到达地面的太阳辐射能就较少。

（4）地理纬度。太阳辐射能量由低纬度向高纬度逐渐减弱。

（5）日照时间。日照时间越长，地面所获得的太阳总辐射量就越多。

（6）海拔高度。海拔越高，大气透明度也越高，太阳直接辐射量也就越高。

此外，日地距离、地形、地势等对太阳辐照度也有一定的影响。例如，地球在近日点要比远日点的平均气温高4℃。又如，在同一纬度上，盆地要比平川气温高，阳坡要比阴坡热。

3. 太阳能的特点

太阳能是一种可再生能源，越来越受到人们的重视，这是因为它与常规能源相比，具有以下几个方面的优势。

（1）广泛性。太阳能资源比比皆是，无论是海洋、高山或平原、沙漠或草地都可就地取用，不像常规能源，如煤炭、石油等，需要开采和运输。

（2）安全性。太阳能是一种清洁的能源，在开发与利用过程中没有废渣、废料、废水、废气排出，没有噪声，不产生对人体有害的物质，不会给环境造成污染。而常规能源则不然，它使用时会给人类和环境造成污染。

（3）巨大性。每年地球所能收到的太阳能据估计至少为 6×10^{17} kWh，约合74万亿吨标准煤发出的能量，相当于全球总能耗的几万倍，是当今全世界可以开发的最大能源，也是地球未来的主要能源。

（4）长久性。据计算，太阳释放的能量相当于每秒内爆炸 910 亿个百万吨级的氢弹，按核反应速度计算，太阳上氢的储量足够维持 600 亿年，而与地球上人类寿命相比，可以说太阳能是一种取之不尽、用之不竭的长久能源。

另外，太阳能不受任何人的控制与垄断，是无私、免费、公平地给予地球上的人们。这些优点都是常规能源所无法比拟的。

不过，太阳能也有其缺点，主要如下：

（1）分散性。太阳辐射的总量虽然很大，但是分布到地球表面上每单位面积的能量却很少，即能量密度低。一般在夏季阳光较好时，在太阳能资源较丰富的地区，地面上接收的太阳辐射照度为 500～1000W/m²，全年平均约 400～500W/m²，因此在开发利用太阳能时，需要很大的采光面积，占地多，涉及的一次投资也较大。

（2）间歇性。由于夜晚得不到太阳辐射，这样昼夜交替，使太阳能设备在夜间无法工作，因此需要考虑和配备储能设备，供夜间使用，或增设其他能源，才能全天候应用。

（3）随机性。天气的晴阴、云雨变化，是难以确定的。再加上季节变异以及其他因素都会影响到太阳能设备工作的稳定性。

因此，收集和储存是太阳能利用的关键技术，是亟需解决的问题。

二、我国的太阳能资源

我国土地辽阔，幅员广大。在我国广阔富饶的土地上，有着十分丰富的太阳能资源。全国各地太阳年辐射总量为 3340～8400MJ/m²，中值为 5852MJ/m²。从我国太阳能辐射总量的分布来看，西藏、青海、新疆、宁夏北部、甘肃、内蒙古南部、山西北部、陕西北部、辽宁、河北东南部、山东东南部、河南东南部、吉林西部、云南中部和西南部、广东东南部、福建东南部、海南岛东部和西部以及台湾省的西南部等广大地区的太阳辐射总量都很大。

1. 我国太阳能资源分布主要特点

我国的太阳能资源分布不均匀。青藏高原地区太阳能资源最丰富，该地区平均海拔高度在 4000m 以上，大气层薄而清洁，透明度好，纬度低，日照时间长。例如人们称为"日光城"的拉萨市，1961～1970 年，年平均日照时间为 3005.7h，相对日照为 68%，年平均晴天为 108.5d、阴天为 98.8d，年平均云量为 4.8，年太阳总辐射量为 8160MJ/m²，比全国其他省区和同纬度的地区都高。全国以四川和贵州两省及重庆市的太阳辐射总量最小，尤其是四川盆地，那里雨多、雾多、晴天较少。素有"雾都"之称的重庆市，年平均日照时数仅为 1152.2h，相对日照为 26%，年平均晴天为 24.7d，阴天达 244.6d，年平均云量高达 8.4。

（1）太阳能的高值中心和低值中心都处在北纬 22°～35°这一带，青藏高原是高值中心，四川盆地是低值中心。

（2）太阳年辐射总量，西部地区高于东部地区，而且除西藏和新疆外，基本上是南部高于北部。

（3）由于南方地区云多、雨多，在北纬 30°～40°地区，太阳能的分布情况与一般的太阳能随纬度变化的规律相反，太阳能不是随纬度的增加而减少，而是随着纬度的升高而增长。

2. 我国太阳能资源分区

为了按照各地不同条件更好地利用太阳能，20 世纪 80 年代，我国科研人员根据各地接受太阳总辐射量的多少，将全国划分为 5 类地区。

（1）一类地区。全年日照时数为 3200 ~ 3400h。在每 m^2 面积上一年内接受的太阳辐射总量为 6680 ~ 8400MJ/m^2，相当于 225 ~ 285kg 标准煤燃烧所发出的热量。主要包括宁夏北部、甘肃北部、新疆东南部、青海西部和西藏西部等地，是我国太阳能资源最丰富的地区。尤以西藏西部的太阳能资源最为丰富，全年日照时数达 2900 ~ 3400h，年辐射总量高达 7000 ~ 8000MJ/m^2，仅次于撒哈拉大沙漠，居世界第 2 位。

（2）二类地区。全年日照时数为 3000 ~ 3200h。在每 m^2 面积上一年内接受的太阳辐射总量为 5852 ~ 6680MJ/m^2，相当于 200 ~ 225kg 标准煤燃烧所发出的热量。主要包括河北西北部、山西北部、内蒙古南部、宁夏南部、甘肃中部、青海东部、西藏东南部和新疆南部等地，为我国太阳能资源较丰富的地区。

（3）三类地区。全年日照时数为 2200 ~ 3000h。在每 m^2 面积上一年内接受的太阳辐射总量为 5016 ~ 5852MJ/m^2，相当于 170 ~ 200kg 标准煤燃烧所发出的热量。主要包括山东东南部、河南东南部、河北东南部、山西南部、新疆北部、吉林、辽宁、云南、陕西北部、甘肃东南部、广东南部、福建南部、江苏北部、安徽北部、天津、北京和台湾西南部等地，是我国太阳能资源的中等类型区。

（4）四类地区。全年日照时数为 1400 ~ 2200h。在每 m^2 面积上一年内接受的太阳辐射总量为 4190 ~ 5016MJ/m^2，相当于 140 ~ 170kg 标准煤燃烧所发出的热量。主要包括湖南、湖北、广西、江西、浙江、福建北部、广东北部、陕西南部、江苏南部、安徽南部以及黑龙江、台湾东北部等地，是我国太阳能资源较差地区。

（5）五类地区。全年日照时数为 1000 ~ 1400h。在每 m^2 面积上一年内接受的太阳辐射总量为 3344 ~ 4190MJ/m^2，相当于 115 ~ 140kg 标准煤燃烧所发出的热量。主要包括四川、贵州、重庆等地，是我国太阳能资源最少的地区。

一、二、三类地区，年日照时数大于 2200h，太阳年辐射总量高于 5016MJ/m^2，是我国太阳能资源丰富或较丰富的地区，面积较大，约占全国总面积的 2/3 以上，具有利用太阳能的良好条件。四、五类地区，虽然太阳能资源条件较差，但是也有一定的利用价值，其中有的地方是有可能开发利用的。总之，从全国来看，我国是太阳能资源相当丰富的国家，具有发展太阳能利用事业得天独厚的优越条件，太阳能利用事业在我国是有着广阔前景的。

三、太阳能在建筑中的利用

太阳能可以各种形式在建筑中利用，如自然采光、被动式太阳房、太阳能热水器及热水系统、光伏发电以及其他利用等。

（1）自然采光。自然采光具有舒适性好、节约能源等特点，因此，充分利用自然光，给室内提供一个良好的光环境，是建筑设计必需首先考虑的一个因素。另外，通过光导管将太阳光引入地下室等阴暗处，可以解决日照不良地方，如地下室、储藏间、地下停车场等的照明问题。

（2）被动式太阳房。被动式太阳房是一种构造简单、造价低，不需要任何辅助能源的建筑，它通过建筑方位合理布置和建筑构件的恰当处理，以自然热交换方式来获得太阳能。20世纪70年代以来，被动式太阳房在相当长的时间内成为太阳能建筑发展的主流。

（3）太阳能热水系统。太阳能热水系统是目前太阳能热利用中最常见、最受人们认可的一种装置。它是由太阳能集热器接收太阳辐射能，再转换为热能，并向传热介质（最常见的是水）传递热量，从而获得热水供人们使用。除家用太阳能热水器外，现阶段，集中式太阳能热水系统在酒店、公寓、高档住宅中的使用也越来越普及。

（4）光伏发电。光伏发电是利用半导体界面的光生伏特效应将光能直接转变为电能的一种技术。由于光伏发电无能源枯竭危险、绿色环保、不受地域分布的限制、无机械转动部件等，且经过多年的研究和技术开发，其性价比大幅提高，因此光伏发电在建筑中逐渐普及，尤其是将光伏组件与建筑紧密结合的光伏建筑，更具有广阔的发展空间。

第二节 自然采光

自然采光就是将太阳光线引入室内，并以某种分布方式提供比人工光源更理想、更优质的照明活动。利用自然采光，不仅可以节约能源，并且在视觉上更为习惯和舒适，在心理上能和自然接近、协调。自然光无频闪，有利于保护视力和改变人长期在灯光下引起灯光疲劳症（头晕头痛、眼睛干酸、心烦失眠、长期紧张疲劳甚至心动过速）以及满足人们对自然光的心理需求。图1-1为利用自然采光的意义。

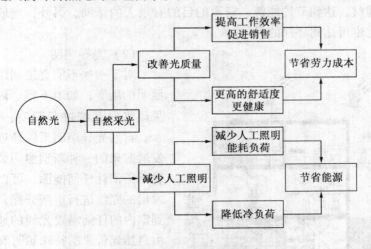

图1-1 自然采光的意义

（1）自然光可以有助于人们的健康和安宁，提高工作效率

健康和安宁的感受来自于多种因素的影响，自然光照明是其中一个重要因素，它

19

可以用于治疗特殊疾病或者是提供视觉上抚慰，在医院建筑中作用非常明显。同时，自然光照还可以提高人们的工作效率，研究表明，办公室通过采用高质量的自然光，可以明显提高员工的工作效率（可高达15%），并且降低旷工率。美国加利福尼亚州最近的一项统计数据表明，零售商场中自然采光对提高销售量也很有帮助。同样的道理，在教室中进行自然采光对学生的学习效率和身心健康也同样有好处。

（2）自然采光可减少建筑能耗，从而减少对环境的影响

发达国家照明能耗占总能耗的9%以上，我国发达地区的照明能耗占总能耗的6%～9%。以美国为例，每天花在照明上的费用高达1亿美元以上，占全部发电量的1/4左右。如果设计合理，自然光完全可以提供高品质的建筑照明。由于很多建筑每年的总能耗中有30%～50%都用于人工采光，因此自然采光可以大幅降低照明电耗。另外，采用自然采光还可减少由照明电器带来的空调冷负荷，从而降低空调的能耗。

一、自然采光的形式

（1）直接自然采光

为了获得天然光，人们在建筑外围护结构上（如墙和屋顶等处）开设各种形式的洞口，装上各种透明材料，如玻璃或有机玻璃等，以免遭受自然界的侵袭（如风、雨、雪等），这些装有透明材料的孔洞统称为采光窗（口）。按照采光窗所处位置，可分为侧窗（安装在墙上，称侧面采光）和天窗（安装在屋顶上，称顶部采光）两类。有的建筑同时兼有侧窗和天窗两种采光形式，称为混合采光。

除了采光窗（口）外，现代建筑还可利用玻璃幕墙进行直接采光。玻璃幕墙具有质量轻、不燃、耐震、施工迅速等优点，在现代都市高楼化，防火、防震、施工安全的要求前提下，已成为不可阻挡的趋势，今后将成为高楼建筑的设计主流。玻璃幕墙可以减少传统混凝土外墙的使用，从而可以大量减少钢筋、混凝土的使用量，这对于减少高耗能建材，达到节约能源、资源的目的有很大的帮助。另外，玻璃幕墙较易于回收利用，这也可达到环保的目的。

（2）光导照明

对于一些不能直接利用自然光直接照明的场所，如地下室、内廊等，可以采用光导系统进行照明，如图1-2所示。自然光导照明系统是近十几年国外发展起来的一种新型照明装置，这种装置无需消耗任何能源，可以把日光源所发出的光线进行重新分配，从室外传输到室内的任何需要光线的地方，以得到由自然光带来的特殊照明效果。

光导照明系统采光不受朝向和窗户开启的影响，光导管超强反射，可增加光线强度；采用自然光照明，光线柔

图1-2 光导照明系统

和，不产生眩光，一天内光线随时间变化，能改善人体机能，促进身心健康；利用光导管将太阳光导入到室内进行采光，可以有效减少白天建筑物对人工照明能源的消耗；系统结构简单，安装方便，适用于各种房屋的屋顶，且使用寿命长，无需维护；系统全封闭结构，防灰尘和飞虫进入，具有隔热和隔声的功能。因此，光导照明系统是目前世界普遍推崇的一种健康、节能和环保的新型照明系统。

二、自然采光设计

自然采光设计主要有以下几个基本步骤：确定性能目标、确定自然采光的基本策略、确定开窗的基本策略、窗玻璃材料的选择、开天窗的策略、与人工照明的整合等。

1. 确定性能目标

自然采光的性能目标主要是节省照明能耗费用和提高视觉质量。设计者应在满足用户和照明目标需要的照度水平的基础上提高视觉质量并尽可能避免使用人工照明。

（1）采光标准。采光标准的数量评价指标以采光系数 C 表示。因室外天然光受各种气象条件的影响，在一天中的变化很大，从而影响室内光线的变化，所以不能用一个绝对值来衡量室内的采光效果。采用采光系数这一相对值来评价采光效果较为合适，目前国际上一般也采用此系数来评价采光。我国的光气候有很大的区别，例如西北广阔高原地区室外总照度年平均值高达 31.46klx，而四川盆地及东北部地区只有 21.18klx，相差高达 50%。若在采光设计中采用同一标准显然是不合理的，为此，在采光设计标准中，将全国划分为五个光气候区并分别取相应的采光设计标准。表 1-1 列出了不同工作要求下的采光系数标准值，适用于Ⅲ类光气候区。其他各区具体标准为表 1-1 所列值乘上表 1-2 中各区的光气候系数。

视觉作业场所工作面上的采光系数标准值　　表 1-1

采光等级	视觉作业分类		侧面采光		顶部采光	
	作业精确度	识别对象的最小尺寸 d（mm）	采光系数最低值 C_{min}（%）	室内天然光临界照度（lx）	采光系数平均值 C_{av}（%）	室内天然光临界照度（lx）
Ⅰ	特别精细	$d\leq0.15$	5	250	7	350
Ⅱ	很精细	$0.15<d\leq0.3$	3	150	4.5	225
Ⅲ	精细	$0.3<d\leq1.0$	2	100	3	150
Ⅳ	一般	$1.0<d\leq5.0$	1	50	1.5	75
Ⅴ	粗糙	$d>5.0$	0.5	25	0.7	35

注：表中所列采光系数标准值适用于我国Ⅲ类光气候区。采光系数标准值是根据室外临界照度为5000lx制定的。亮度对比小的Ⅱ、Ⅲ级视觉作业，其采光等级可提高一级采用。

（2）提高视觉质量。自然采光的一般目标是提供足够的、高质量的光线。同时，尽量避免直射眩光和过高的亮度比。

光气候系数　　　　　　　　　　　　　　　　表 1-2

光气候区	Ⅰ	Ⅱ	Ⅲ	Ⅳ	Ⅴ
K 值	0.85	0.90	1.00	1.10	1.20
室外天然光临界照度值	6000	5500	5000	4500	4000

1）减小照度梯度：由于受窗户位置和自然光变化的限制，建筑内部的自然光照明往往不均匀，远离窗户的地方光线太少，而靠近窗户的地方光线又过于充足。因此，需要把更多的光线引入到室内较深的地方，这不仅是为了提高那里的照度，也是为了减小室内的照度梯度。

2）避免直射眩光：光线从没有任何遮蔽的窗户和天窗直接照进室内时，容易产生直射眩光。如果靠近窗户的墙壁没有被照亮，从而显得相当阴暗，这种眩光就会变得更加刺眼。

3）消除过高的亮度比：如果太阳光在部分工作区域投下斑驳的光影，就会引起许多让人难以忍受的亮度比。因此，应尽可能消除。

2. 确定自然采光的基本策略

自然采光和多种因素密切相关。对一个成功的自然采光设计而言，建筑物的场地分析、平面和空间布局以及采光方位都至关重要。不但要考虑建筑物的外部形式，同时还要考虑其内部空间的布局。内部的分隔设施，除非是玻璃做的，否则都会妨碍自然光的深入。只有在这些最基本的事项确定了以后，才能开始窗户的布置和设计。

（1）场地分析。在确定建筑的朝向和自然采光技术之前，确定自然光的进入方式是很重要的，设计者首先必须确定哪些活动需要直射自然光而哪些需要非直射自然光。为了保证在一天或一年中的恰当时候获得太阳照射，设计者必须建立设计准则，来区分何时何地需要太阳光或自然光。之后，这些信息就可以用于对现有的场地条件进行评估，并确定获得太阳光照的设计方法。例如，场地附近的建筑或树木可能会影响到自然采光，而入射角度的分析能确定建筑在场地中的合理位置以保证足够的自然采光。

由于自然采光和日照密切相关，对于居住建筑而言（还包括医院病房大楼、疗养建筑、幼儿园、托儿所、中小学教学楼等），还应考虑相关日照要求。表 1-3 为居住建筑日照标准。

居住建筑日照标准　　　　　　　　　　　　　表 1-3

建筑气候区划	Ⅰ、Ⅱ、Ⅲ、Ⅶ气候区		Ⅳ气候区		Ⅴ、Ⅵ气候区
	大城市	中小城市	大城市	中小城市	
日照标准日	大寒日				冬至日
日照时数（h）	≥2	≥3			≥1
有效日照时间带（h）	8~16				9~15
日照时间计算起点	底层窗台面				

（2）平面及空间布局。建筑物的平面布局不仅决定了竖直和水平的窗户之间的搭配是否可能，同时还决定了为室内区域进行自然采光的数量。通常情况下在多层建筑中，窗内进深 <5m 的区域能够被自然采光完全照亮，进深 5～10m 的区域能被部分照亮，而进深 >10m 的区域完全不能利用自然采光。图 1-3 中列举的三种布局的建筑平面，其面积完全相同（都是 900m²）。在正方形的布局里，有 16% 的区域根本没有自然采光，另有 33% 的区域只能部分获得；在长方形的布局里，没有自然采光完全照不到的地方，但仍有相当大的面积只能部分获得自然采光；而有中央天井的布局，能使建筑内所有的区域充分获得自然采光。因此，应当尽可能减小建筑物的进深；在单侧进深 >10m 的情况下，应尽可能设置天井。

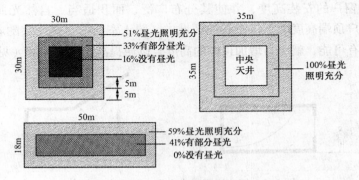

图 1-3　相同面积下不同平面布局对采光的影响

内部空间布局对于自然采光影响很大。开放的空间布局或者透明的隔断对自然光进入建筑内部非常有利。例如，采用玻璃隔断既可以营造隔绝声音的个人空间，又不至于遮挡光线；如果还需要营造阻挡视觉的个人空间，可以把窗帘或者活动百叶帘覆盖在玻璃上，或者使用半透明的材料，也可以选择只在隔断高于视平线以上的地方安装玻璃（见图 1-4）。

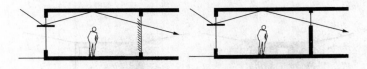

图 1-4　玻璃隔板能使自然光深入室内

（3）采光方位。由于太阳的高度和方位随着季节和每天时间的变化而变化，必须合理地确定建筑的采光方位以最大化地采光潜力并避免过多的太阳辐射和眩光。

自然采光的最佳方向是北向，因为来自这个方向的光线比较稳定。尽管来自北向的光线数量比较少，但质量比较高。而且这个方向也很少遇到直接照射的阳光带来的眩光问题。尤其在天气炎热的地区，由于必须考虑直射阳光带来的过多热量，南向的窗往往需要添加控制太阳光的建筑部件（如遮阳板），因而朝北的方向更合适。

朝南的方向也是获得自然采光的较好方向。无论是在每一天还是在每一年里，建筑物朝南的部位获得的阳光都是最多的。这部分额外的阳光在冬季以及阴雨天气能提供比北向多的采光。此外，在严寒和寒冷地区，南向窗所产生的温室效应，能提供额外的热量以部分满足供暖的需求，因此南向更合适。

最不利的方向是东向和西向。太阳在东方或者西方时，在天空中的位置较低。因此，会带来非常严重的眩光和阴影遮蔽等问题。此外，这两个方向的日照强度最大，在夏季会给建筑带来过多的热量，造成空调冷负荷的增加。

3. 确定开窗的基本策略

为了克服普通窗户在进行自然采光时所带来的照度不均匀、直射眩光、过高的亮度比以及夏季过多的热量等消极因素，在进行窗户设计时，设计者应遵循以下原则：

（1）增加窗户的安装高度，并使其分布广泛、面积适当。自然光照射的有效距离，限制在窗户顶端高度1.5倍左右的区域内。照入室内的自然光会随着窗户的升高而增加。只要有可能，就应当增加顶棚的高度，以便提高窗户的高度（见图1-5）。

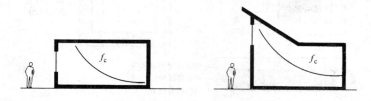

图1-5　窗户增高对进入室内可见光的影响

（2）尽可能在两面以上的墙体开窗。单向照明容易产生眩光，为了使光线分布均匀并且减少眩光，应尽可能采用双向照明（即在两面墙上开窗）。每一面墙上的窗都可以照亮邻近的墙壁，因此，可以减少每个窗与其周边墙面的对比度。

（3）在临近另一侧墙壁的地方开窗户。与窗户临近的墙可以充当低亮度的反射器，以减小自然光照明过于强烈的方向性。因为从侧面墙壁发射回来的光线，可以减小窗户和窗户所在墙壁之间的亮度比（见图1-6）。

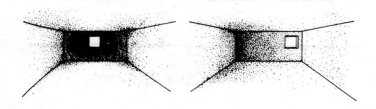

图1-6　窗在墙体上不同位置眩光程度的比较

（4）自然光过滤。借助树木或者遮光板和水平百叶等装置。树木可以过滤阳光，使之变得柔和；而遮光板和水平百叶等装置可以遮挡直射阳光，同时又能让一些漫射的阳光照进窗户。

（5）在夏季避免窗户被过强的光线照射。由于室内舒适度的季节性需求，理想的状况是，在夏季让少量的阳光经过窗户进入室内，而冬季阳光数量越多越好。朝南窗户上的挑檐，可以对光线提供理想的、季节性的控制，同时还可以消除阴影、减少眩光，甚至能减少照度梯度。

（6）使用可移动的遮光装置。动态的环境需要动态的回应，自然采光的动态变化，对朝东和朝西的窗而言，尤为显著。东西向的窗户，每天有一半的时间是直射光，另一半的时间是漫射光。可移动的遮光装置或窗帘能够对这些特殊的变化做出反应。如果设置在室内，为了减少热量，应当使用反射系数较高的遮光装置或者窗帘。

4. 窗玻璃材料的选择

选择适当的窗玻璃材料对建筑自然采光设计和建筑保温节能都至关重要。制作透明玻璃窗的玻璃材料多种多样：透明玻璃、吸热玻璃、热反射玻璃、光谱选择型玻璃等。

（1）透明玻璃。透明玻璃是一种最常用的材料，它较为经济且具有较高的可见光透过率，能最大限度地获得光线，但它也存在诸多缺陷。透明玻璃的导热系数和遮阳系数较高，保温和隔热性能较差。由于建筑门窗是建筑外围护结构中保温隔热性能最薄弱的部位，其长期使用能耗约占整个建筑物的50%。因此，对于节能极其不利。当窗户玻璃由单层变成双层（中空玻璃）时，窗体的保温性能会明显提高。双层玻璃之间形成的密闭空气层具有良好的保温性能。合理选择双层玻璃之间的空气层厚度，可以获得良好的保温性能和经济性。

（2）吸热玻璃。吸热玻璃是一种能透过可见光，吸收热（红外线）辐射，阻止一定量热辐射透过的玻璃。通过向玻璃中加入某些元素的氧化物、控制熔炼条件，可制得呈蓝灰或茶色等不同色调的玻璃，所以又称本体着色玻璃。吸热玻璃的主要特性有：吸收太阳光谱中的辐射热，降低空调冷负荷；吸收太阳光谱中的可见光能，对可见光的透射率也明显降低，可以使刺眼的阳光变得柔和、舒适，起到了良好的防眩作用；吸收太阳光谱中的紫外光能，减轻了紫外线对人体和室内物品的损坏。

（3）热反射玻璃。热反射玻璃具有较高的热反射能力，又称镀膜玻璃，能有效防止太阳辐射。热反射玻璃从颜色上分，有灰色、青铜色、茶色、金色、浅蓝色、棕色、古铜色和褐色等。从性能结构上分，有热反射、减反射、中空热反射、夹层热反射玻璃等。但其透光性能较差。

（4）光谱选择型玻璃。光谱选择型玻璃是一种对太阳光谱选择性吸收的玻璃，其可见光透过率较高，紫外线透过率较低，太阳辐射反射率较高，可以过滤太阳光中的有害光线。不同种类的光谱选择型玻璃，其透光性能和热反射性能会随着添加材料的不同而产生变化。因此，可以根据采光和隔热的需求进行合理选择。

总的来说，各种玻璃材料各有特点，选择时，要兼顾建筑采光要求和建筑保温节能要求。选用时可参考以下原则：

1）透明玻璃：使用时尽量采用双层透明玻璃；在采光要求高、有被动式太阳辐射供暖需求的建筑中，使用透明玻璃是较好的选择。

2）热反射玻璃：在需要解决过高的亮度比所造成的眩光问题的建筑中使用；在需要避免太阳辐射造成空调冷负荷增加的地区使用（如炎热地区）；此外还可用于大面积天窗；应避免在采光要求高的建筑中使用。

3）吸热玻璃和光谱选择型玻璃：较为灵活，能在采光和得热控制中较好平衡。

表 1-4 和图 1-7 展示了常用玻璃窗运用太阳能的特点和性能。

常用玻璃窗性能一览表　　　　　　　　　　　　表 1-4

玻璃种类	可见光透过率	遮阳系数	K 值 $[W/(m^2 \cdot K)]$	U 值 $[BTU/(h \cdot ft^2 \cdot {}^\circ\!F)]$	可见光反射率	太阳辐射反射率
单层透明玻璃窗（6mm 白玻）	0.88	0.94	6.19	1.09	8%	19%
双层透明玻璃窗（6+12A+6）	0.78	0.81	2.56	0.45	14%	30%
双层吸热玻璃窗（6+12A+6）	0.70	0.49	2.73	0.48	8%	51%
双层光谱选择型玻璃窗（6+12A+6）	0.63	0.46	2.73	0.48	11%	60%
双层热反射玻璃窗（6+12A+6）	0.04	0.13	2.73	0.48	38%	89%
双层光谱选择贴膜玻璃窗（6+12A+6）	0.69	0.46	1.65	0.29	10%	61%

注：表中玻璃的厚度均为 6mm，A 表示空气间层，其厚度为 12mm。玻璃的传热系数，欧美国家大多用 U 值表示，我国国标 GB8484-87 用 K 值表示。两种单位之间的换算关系为 $1BTU/(h \cdot ft^2 \cdot {}^\circ\!F) = 5.68W/(m^2 \cdot K)$。

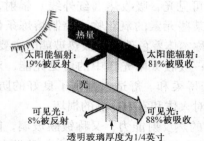

注：U 值=1.09；SHGC=0.81；SC=0.94；VT=0.88

单层透明玻璃窗

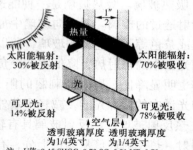

注：U 值=0.45；SHGC=0.70；SC=0.81；VT=0.78

双层透明玻璃窗

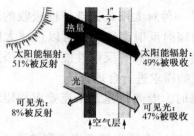

注：U 值=0.48；SHGC=0.49；SC=0.57；VT=0.47

双层吸热玻璃窗（铜色/茶色）

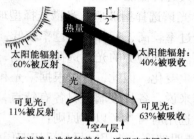

注：U 值=0.48；SHGC=0.40；SC=0.46；VT=0.63

双层光谱选择型玻璃窗（绿色/蓝色）

图 1-7　常用玻璃窗运用太阳能特点示意图（一）

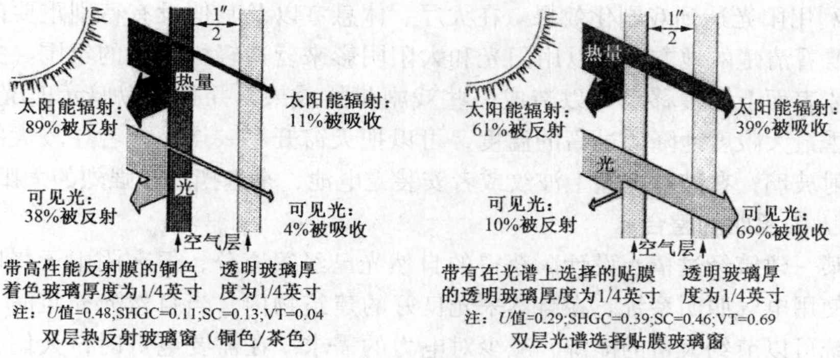

图 1-7 常用玻璃窗运用太阳能特点示意图（二）

5. 天窗的策略

天窗是屋面上水平或者稍微倾斜的、装有玻璃的口部（见图 1-8）。由于天窗位于建筑的顶部或顶侧部，因此，它可以透过照度级别很高的光线。然而直接照射的太阳光对视觉工作对象并不合适，因此，照进来的太阳光线必须以某种方式使之成为漫射光。与普通窗不同，在天窗上比较适合安装半透明的玻璃，这样可以消除大量直接照射的眩光。

所有天窗存在的最主要的问题是，它们直接面对太阳的时间在夏天比冬天更多。它们在夏天获取的可见光和热量，就比在冬天多得多。因此，只要有可能，就应尽量用高侧窗代替天窗。

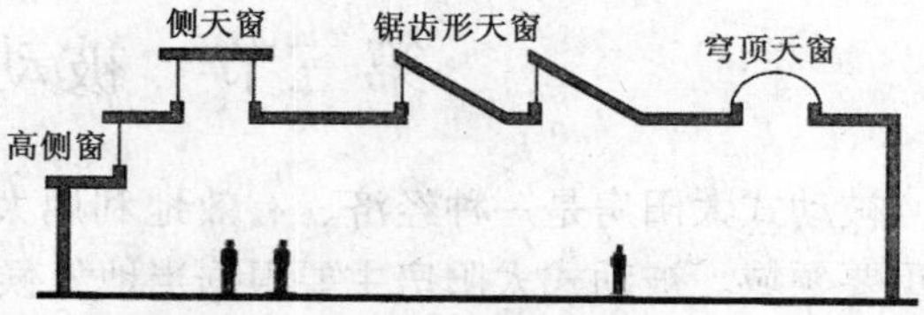

图 1-8 天窗的形式

以下是开天窗的一些常见策略：

（1）为了得到均匀的照明，开天窗时应保持一定的间隔。如果没有侧窗，天窗间距应等于楼层高度；天窗至侧墙距离应为高度的 1/2。如果有侧窗，天窗间距应等于楼层高度；天窗至侧墙距离应为高度的 2 倍。

（2）天窗应设在空间较高的地方。安装在空间上方很高地方的天窗，在光线到达室内地面以前，就已经成为漫射光了。这样能极大地避免直接照射产生的眩光。

（3）把天窗开在靠近墙壁的地方。任何一面墙壁，特别是朝北的墙壁，都可以为天窗充当漫射反光板。光亮的墙壁会使空间显得更大和明快。北墙的反光，可以平衡从南窗照进来的光线，并且消除投射在墙脚下的太阳光影。

（4）使用室内反射器来漫射阳光。如果在天窗下部悬挂反射板，把光线反射到顶棚上，天窗就会带来非常均匀的漫射光。

（5）使用室外的遮阳及反射板来改善夏季/冬季获取光线的平衡。在夏季遮挡强烈的阳光，在冬季用反射板来增加采集天光的数量。

（6）使用坡度较大的天窗来平衡夏季/冬季获取的光线。由于水平的天窗在夏季获得的光线和热量都比在冬季时多，因此，使用坡度较大并且朝南或朝北的天窗，可以使天窗在一年四季提供的光线更加均匀。随着坡度的增加，天窗最终变成高侧窗。

（7）利用阳光达到戏剧化效果。在大厅、休息室以及其他没有特别重要的视觉工作对象需要看清楚的地方，可以用阳光和太阳阴影来营造轻松愉快的氛围。太阳光的色斑在物体表面上缓慢移动可以造成一些戏剧化的效果，并且可以暗示时光的流逝。为了在夏季最大限度地降低过高的温度，可以把天窗开小一点，或者在较大的天窗上安装热反射玻璃，在玻璃上涂上波纹或者安装光电池，来遮挡过于强烈的太阳光。

6. 与人工照明的整合

即使某一建筑经过精心设计，获得的自然光已经很充分，但在阴雨天气以及夜间仍然需要使用电气照明系统。在自然采光良好的建筑物内，当自然光充足时，关闭电气照明系统可以节约大量的能源，减少对电力的需求。在需要电灯时，人们会不假思索地打开，然而在不再需要电灯时，很少会有人把它关掉。这是由于对于多余的亮度，人们并不反感，也极少留意，眼睛对较高的照度很容易适应。

因此，如果要利用自然采光来节约电能，就必须安装自动控制系统。自动控制系统由安装在工作区上方顶棚上的光电管以及控制开关或者逐渐调节这两类控制板组成。开关控制方式比较经济，而逐渐调节方式可以节约更多的能源，对用户的干扰也比较小。此外，为了充分利用这些自动控制系统的优点，还应该根据补充照度不足这一需求，来合理决定电灯安装的位置。

第三节　被动式太阳房

被动式太阳房是一种经济、有效地利用太阳能供暖的建筑，是太阳能热利用的一个重要领域。被动式太阳房主要根据当地气候条件，依靠建筑方位的合理布置，使建筑能尽量地利用太阳的直接辐射能。由于被动式太阳房不需要安装复杂的太阳能集热器，更不用循环动力设备，完全依靠建筑结构造成的吸热、隔热、保温、通风等特性，来达到冬暖夏凉的目的，因此，被动式太阳房在我国的发展较快，取得了显著的社会经济效益。

一、被动式太阳房分类

从太阳热利用的角度，被动式太阳房可分为以下几种类型：

（1）直接受益式：利用南窗直接照射的太阳能；

（2）集热蓄热墙式：利用南墙进行集热蓄热；

（3）附加阳光间式：利用阳光间的热空气及蓄热的南墙来蓄积太阳能；

（4）屋顶集热蓄热式：利用屋顶进行集热蓄热；

（5）自然循环式：利用热虹吸作用进行加热循环；

（6）组合式：温室和直接受益式及集热蓄热墙式相结合的方式。

1. 直接受益式太阳房

直接受益式（见图1-9）结构最简单，房屋本身就是集热—蓄热器，利用向阳面的大玻璃窗（在严寒地区最好采用双层玻璃）接受日光的直接辐射，房屋地板和墙体采取符合吸热的措施做成蓄热结构，如深色水泥地板或铺砖等。白天利用其蓄积太阳能，晚间这些表面则又成为散热表面。

　　直接受益式太阳房一般要求南向或者屋顶开设较大的采光窗。为了防止夜间散热过多，这些采光部位必须有保温措施，以改善其热工性能。为了防止夏天过热，还必须采取遮阳措施或者挑檐结构。由于直接受益式获得的太阳能有限，整幢建筑必须有良好的保温性能才能使此系统发挥作用，因此屋顶和墙壁也要作保温处理，如加装泡沫塑料吊顶或护壁，以防止热量散失，夜晚为防止热量过度散失而增加热负荷，可采用保

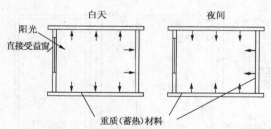

图 1-9　直接受益式被动太阳房

温卷帘加以遮挡。另外，白天较强的自然光可通过反射装置如可调百页窗将其反射至顶棚或地板，抑制眩光，形成非直射光线对室内进行自然光照明，可节约能源。综合考虑自然光照明及供暖因素，应合理选择窗框和玻璃种类及层数，保证密闭隔热，并确定合理的窗墙比和窗地比。研究表明，双层玻璃加密封窗框并结合防止眩光的可调百页为最佳选择之一。

2. 集热蓄热墙式

　　蓄热墙的方法是 1967 年法国国家科学研究中心太阳能研究室主任特朗勃（Trombe）教授提出的，国际上一般称为"特朗勃墙"。后来，在实用中，建筑师米谢尔又做了不少工作，所以也在太阳能界称之为"特朗勃—米谢尔墙"。当蓄热墙应用于建筑物向室外排风时，也称之为太阳能烟囱。其工作原理均是在朝南向墙的外表面涂以深色选择性涂层，并在离墙一定距离处（一般为100mm）装上玻璃形成空气夹层，利用"烟囱效应"原理加热夹层内的空气，从而产生热压驱动空气流动。

　　集热蓄热墙式不完全靠太阳光直接射入室内。冬季主要是利用南向垂直集热墙吸收穿过玻璃采光面的阳光，墙体温度升高，将玻璃与墙体之间的空气加热，由于热空气密度小，即形成上升的热气流通过上风口进入室内供暖，而室内底层较凉的空气由下风口自动吸入空气通道形成循环。夏季时，空气加热后从排风孔排出，打开北面小窗，凉风进入室内，加强了空气对流，使室温得到下降。因此，蓄热墙的外表面一般被涂成黑色或某种暗色，以便有效地吸收阳光。图 1-10 中（a）和（b）分别表示冬季和夏季的运行工况。

　　集热蓄热墙式的调节方法如下：

　　（1）冬季通过打开集热墙的上、下通风口形成循环对流来对室内空气进行加热，当需要新鲜空气或室外空气温度比较合适时，也可打开玻璃幕墙下面的进风口、关闭集热墙的下风口来对室外空气先加热后再进入室内。

　　（2）夏季则只打开集热墙的下风口和玻璃幕墙的上风口，利用夹层空气的热压流动来防止室内过热，同时带走室内的部分余热。

3. 附加阳光间式

　　附加阳光间系统和集热蓄热式系统接近，只不过将玻璃幕墙改做成一个阳光间，

利用阳光间的热空气及蓄热的南墙来蓄积太阳能。阳光间内的南墙可以开窗，将阳光间内的热空气导入室内。这种系统结构简单，对建筑外立面影响小，如图1-11所示。

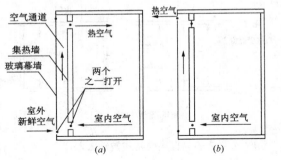

图1-10　太阳能通风集热墙工作原理图　　　　　图1-11　附加阳光间式太阳房
（a）冬季运行工况；（b）夏季运行工况

这种太阳房是直接受益和集热墙技术的混合产物。其基本结构是将阳光间附建在房子南侧，中间用一堵墙（带门、窗或通风孔）把房子与阳光间隔开。实际上在一天的所有时间里，附加阳光间内的温度都比室外温度高，因此，阳光间既可以供给房间以太阳热能，又可以作为一个缓冲区，减少房间的热损失，使建筑物与阳光间相邻的部分获得一个温和的环境。由于阳光间直接得到太阳的照射和加热，所以它本身就起着直接受益系统的作用。白天当阳光间内空气温度大于相邻的房间温度时，通过开门（或窗或墙上的通风孔）将阳光间的热量通过对流传入相邻的房间，其余时间关闭。

4. 屋顶集热蓄热式

屋顶集热蓄热式将屋顶做成一个浅池式集热器，在这种设计中，屋顶不设保温层，只起承重和围护作用，池顶装一个能推拉开关的保温盖板。该系统在冬季取暖，夏季降温。

冬季白天，打开保温板，让水充分吸收太阳的辐射热；夜间，关上保温板，水的热容大，可以储存较多的热量。水中的热量大部分从屋顶辐射到房间内，少量从顶棚到下面房间进行对流散热以满足晚上室内供暖的需要。

夏季白天，把屋顶保温板盖好，遮断阳光的直射，由前一天暴露在夜间、较凉爽的水吸收下面室内的热量，使室温下降；夜间，打开保温板，借助自然对流和向凉爽的夜空进行辐射，冷却池内的水，又为次日白天吸收下面室内的热量做好准备。

用屋顶作集热和蓄热的方法，不受结构和方位的限制。用屋顶作室内散热面，能使室温均匀，也不影响室内的布置。其较好的蓄热性也使空调负荷得以降低，减轻了环境负荷。

该系统适合于南方夏季较热，冬天又十分寒冷的地区，如夏热冬冷的长江两岸地区，为一年冬夏两个季节提供冷、热源。

5. 自然循环式

自然循环被动太阳房的集热器、蓄热器与建筑物分开独立设置，它适用于建在山坡上的房屋。集热器低于房屋地面，蓄热器设在集热器上面，形成高差，利用流体的热对流循环。白天，太阳能集热器中的空气（或水）被加热后，借助温差产生的热虹吸作用，通过风道（用水时为水管）上升到它的上部岩石储热层，热空气被岩石堆吸收热量而变冷，再流向集热器的底部，进行下一次循环。夜间，岩石储热器通过送风口向供暖房间以对流方式供暖。

该类型太阳房有气体供暖和液体供暖两种。由于其结构复杂，应用受到一定的限制。

6. 组合式

几种基本类型的被动式太阳房都有它们的独特之处。把由两个或两个以上被动式基本类型组合而成的系统称为组合式系统。不同的供暖方式结合使用，就可以形成互为补充的、更为有效的被动式太阳能

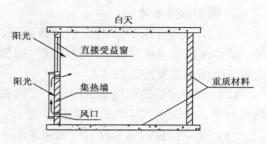

图 1-12　直接受益窗和集热墙组合式太阳房

供暖系统。图 1-12 是由直接受益窗和集热墙两种形式结合而成的组合式太阳房，可同时具有白天自然照明和全天太阳能供热比较均匀的优点。

二、被动式太阳房设计

在被动式太阳房设计中，要想使太阳房达到较高的太阳能供暖率及节能率，减少室内温度的日波动幅度，一方面应使太阳房在冬季能接收到尽可能多的太阳辐射热，另一方面还应减少太阳房围护结构热损失以及合理选用太阳能收集部件。只有这样才能使太阳房达到理想的效果。

1. 整体设计

（1）在选择太阳房的建造位置时，要避免周围地形、地物（包括附近建筑物）对建筑南向及东、西 15°朝向范围内在冬季的遮阳。建筑间距要求在当地冬至日中午 12 点时，太阳房南面遮挡物的阴影不得投射到太阳房的窗户上。另外，还应避免附近污染源对集热部件透光面的污染，避免将太阳房设在附近污染源的下风向。

（2）太阳房平面布置及其集热面应朝向正南。因周围地形的限制和使用习惯，允许偏离正南向 ±15°以内，校舍、办公用房等以白天使用为主的建筑一般只允许南偏东 15°以内。为兼顾冬季供暖和防止夏季过热，集热面的倾角以 90°为佳。

（3）避免建筑物本身突出物（挑檐、突出外墙外表面的立柱等）在最冷的 1 月份对集热面的遮挡。对设在夏热地区的太阳房还要兼顾夏季的遮阳要求，尽量减少夏季太阳光射入房内。

（4）在建筑平面的内部组合上，要根据不同房间对温度的不同要求合理布局，对主要居室或办公室应尽量朝南布置，并尽量避开边跨；对没有严格温度要求的房间、过道，如储藏室、楼梯间等可以布置在北面或边跨；对寒冷地区有上下水道的房间，如厕所、浴室等要考虑水管在冬季的防冻问题。南北房间之间的隔墙，应区别情况核算保温性能。对建筑的主要入口，从冬季防风考虑，一般应设置门斗。在有条件时，对主要居室应尽可能地设置通过辅助房间的次要入口，以便冬季使用。

（5）为了使环境绿化在冬季不遮挡太阳房的阳光，在太阳房的前方以种植花草及灌木为宜，高大的树木宜种植在建筑前方120°（南偏西60°至南偏东60°）范围之外，这些树木在冬季不会遮挡阳光。考虑夏季的遮阳，可在建筑前方搭架种植季节性的藤类植物。

2. 围护结构设计

（1）太阳房外围护结构应采用砖、石、混凝土或土坯等重质材料，并增设保温层。墙体保温层应尽量靠近外侧设置。保温材料应设置均匀，不留空漏，不得发霉、变质、受潮和散发污染物质。

（2）太阳房的地面应增设保温、蓄热和防潮层，基础外缘应设深度不小于0.45m、热阻大于0.86m^2·℃/W的保温层。

（3）集热部件的透光材料应选用表面平整、厚薄均匀、法向阳光投射率大于0.76的玻璃。

（4）太阳房的外门、外窗必须敷设缝隙密封条，并且设有保温帘或其他保温隔热措施。

3. 集热系统设计

（1）集热系统设计需考虑房间的使用特点。对主要在晚上使用的房间，要优先选用蓄热性能较好的集热系统，以便晚间有较高的室温；对主要使用时间在白天的房间，要优先选用能使房间在白天有较高室温，上午升温较快，并使室温波动不超过舒适范围的集热系统。另外，要注意设计或选用便于清扫集热面以及维护管理方便的集热部件。

（2）集热墙按如下要求设计：

1）太阳房集热墙的透光材料与墙（吸热板）之间要求严密、不透气，其距离宜为60~80mm。设有通风孔的集热墙，其单排通风孔面积宜按集热墙空气夹层中空气流通截面积的70%~100%设计，集热墙应具有防止热量倒循环和灰尘进入的设施。

2）集热蓄热墙的墙体可用厚度为240mm的砖墙或300mm的混凝土墙制成。对流环路式集热墙的墙体，由室内侧向外，依次用240mm厚砖墙、30~40mm厚聚苯乙烯保温板及0.5mm厚的镀锌钢板保护层构成。集热墙的透光罩盖可用2层3mm厚的平板玻璃作为透光材料。

3）集热墙吸热涂层要求附着力强、无毒、无味、不反光、不起皮、不脱落、耐候性强。要求对阳光的法向吸收率大于0.88，其颜色以黑、蓝、棕、绿为好。

（3）附加阳光间按如下要求设计：

1）在南向垂直窗户冬季热效率大于0的地点，阳光间南墙上不受遮阳影响的透光面积，在建筑结构允许的条件下，应尽量取最大值。应避免周围地物和建筑结构本身对透光面的遮阳，以便集热面收集尽量多的阳光。

2）阳光间东西端墙和屋顶不宜开窗或做成透光面。在寒冷地区的冬季，东西向透光面的失热通常大于太阳得热，且西向透光端墙在夏季因西晒容易造成房间过热。屋顶透光面比垂直透光面容易积尘和难于清扫，而影响阳光通过，并且容易在夏季造成室内过热。

3）阳光间积热面的玻璃层数和夜间保温装置的选择与当地冬季供暖度日值和辐照量的大小有关。通常，在度日值小、辐照量大的地区宜用单层玻璃加夜间保温装置；在度日值大、辐照量小的地区宜取双层玻璃并加夜间保温装置；在度日值大、辐照量也大的地区宜采用一层或双层玻璃并加夜间保温装置。

4）阳光间内应设置一定数量的重质材料以调节过大的温度变化。重质材料应主要设在公共墙及阳光间地面上。重质层的面积与透光面积之比不宜小于3∶1。如阳光间由非常轻质的材料构成，为防止房间白天太热和夜间过冷，建议用保温隔热墙作公共墙，将阳光间和房间分开。

5）为防止阳光间夏季过热，对透光屋顶需考虑夏季遮阳措施。一般宜采用外遮阳，如采用内遮阳，要考虑热空气的排出。集热窗中应有一定数量的可开启窗扇，以便夏季排热。

6）阳光间内不宜多种花木或其他植物，以免过多地增加阳光间内空气中的水分。在严寒或寒冷地区的早、晚，这些水分容易在阳光间的透光集热面上形成结露甚至冰挂现象，影响阳光射入室内，降低阳光间的集热效率。

第四节　太阳能热水系统

太阳能热水系统是太阳能利用中用得最多、最广泛的装置，它利用温室原理，将太阳辐射能转变为热能，向水传递热量，从而获得热水供人们使用。太阳能热水系统通常由集热器、储热水箱、循环管路、阀门及控制元件等主要部件所组成。根据需要还可以加配辅助能源（如电热器等），以供没有日照时使用。如系统采用强迫循环，还需要水泵等部件。

一、太阳能热水系统形式

太阳能热水系统也可称为太阳能热水装置，可以分为家用太阳能热水器和集中太阳能热水系统两大类。根据国家标准 GB/T 18713 和行业标准 NY/T513 的规定，储热水箱容量在 0.6t 以下的太阳能热水器称为家用太阳能热水器，大于 0.6t 的称为集中太阳能热水系统。太阳能热水系统工作原理如图 1-13 所示。

太阳能热水系统可以单独设置，也可以和建筑结合成一体。根据热水的循环形式，太阳能热水系统可以分为以下几种类型：

1. 自然循环式

自然循环式的储水箱置于集热器的上方。水在集热器中由于太阳辐射而被加热，温度上升，使得集热器和储水箱中水温不同。由于密度差而引起浮升力，产生热虹吸现象，使水在储水箱和集热器中作自然流动（见图

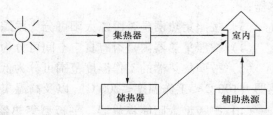

图 1-13　太阳能热水系统原理图

1-14）。自然循环式不需要水泵和有关控制元件，因而使用、维护都很方便。

2. 强迫循环式

强迫循环式利用水泵使水在集热器与储水箱之间循环。它的特点是储水箱的位置不受集热器位置的制约，可任意设置，可高于集热器，也可低于集热器。它通过水泵将集热器接收太阳辐射的水与储水箱的水进行循环，使储水箱内的水温逐渐增高，如图 1-15 所示。

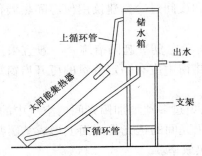

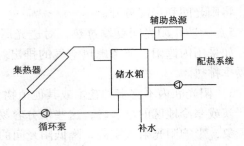

图 1-14　自然循环式太阳能热水系统　　　图 1-15　强迫循环式太阳能热水系统

3. 定温放水式

定温放水式通过温度控制器将达到设定定温度的水用水源压力或水源加压水泵输送到储水箱内。它的特点是从水源经集热器到储水箱。这种系统相对比较简单，只是将水在集热器内闷晒后送入储水箱，因此，这种方式又称为直流式（见图 1-16）。

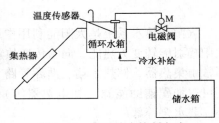

图 1-16　定温放水控制方式

二、太阳能集热器

1. 太阳能集热器的分类

太阳能集热器是太阳能热利用系统的关键部件，是用于吸收太阳辐射并将产生的热能传递给传热工质的装置。太阳能集热器可采用多种方法进行分类：

（1）按照集热器的传热工质可分为液体集热器和空气集热器；

（2）按照进入采光口的太阳辐射是否改变方向可分为聚光型集热器和非聚光型集热器；

（3）按照集热器是否跟踪太阳可分为跟踪集热器和非跟踪集热器；

（4）按照集热器内是否有真空空间可分为平板型集热器和真空管集热器；

（5）按照集热器的工作温度范围可分为低温集热器（工作温度 <100℃）、中温集热器（100℃ ≤工作温度≤200℃）以及高温集热器（工作温度 >200℃）。

（1）平板型太阳能集热器。平板型集热器（见图 1-17）是太阳能低温热利用的基本部件，主要由吸热体、透明盖板、隔热层和外壳等几部分组成（见图 1-18）。当平板型集热器工作时，太阳辐射穿过透明盖板后投射在吸热体上，被吸收并转换成热能，然后将热量传递给吸热体内的传热工质，使传热工质的温度上升，作为集热器的有用能量输出。与此同时，温度升高后的吸热体不可避免地要通过传导、对流和辐射等方式向四周散热，构成集热器的热量损失。

图 1-17　平板型太阳能集热器外观图

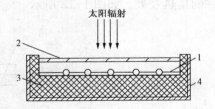

图 1-18　平板型集热器结构示意图
1—吸热体；2—透明盖板；3—隔热层；4—外壳

（2）真空管型太阳能集热器。在平板型集热器的吸热板与透明盖板之间的空气夹层中，空气对流的热损失是平板型集热器热损失的主要部分。减少这部分热损失的最有效措施是将空气夹层中的空气抽去，形成真空。随着真空技术的发展以及光谱选择性吸收涂层的实用化，真空管集热器应运而生。图 1-19 和图 1-20 为全玻璃真空集热管外形及结构图。

图 1-19　全玻璃真空
集热管外形图

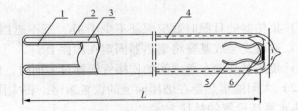

图 1-20　全玻璃真空集热管结构图
1—内管；2—外管；3—真空夹层；4—太阳光谱选择
性吸收涂层；5—定位弹性卡子；
6—吸气剂；L—集热管长度

（3）其他形式金属吸热体真空管集热器。金属吸热体真空管集热器是国际上随后发展起来的新一代真空管集热器。热管式真空管就是其中的一种（见图 1-21）。尽管金属吸热体真空管集热器有各种不同的形式，包括同心套管式、U 形管式、储热式、内聚光式以及直通式等，但具有一个共性：吸热体都采用金属材料，而且真空集热管之间也都用金属件连接。

2. 太阳能集热器的设置

太阳能集热器是太阳能热水系统中的重要组成部分，在保证集热效果的前提下，太阳能集热器可设置在建筑的屋面（平、坡屋面）、阳台栏板、立面上。

（1）太阳能集热器在平屋面上的设置策略。

图 1-21　热管式真空集热管

太阳能集热器设置在平屋面上是最为简单易行的设计方法，其优点是安装简单，可放置的集热器面积相对较大，且可以调整集热器朝向，对于东西朝向的建筑极为便利。

1）在平屋面设置时，最好朝向是正南方。偏东20°到偏西20°的范围内也可以有较好的集热效果，如图1-22所示。

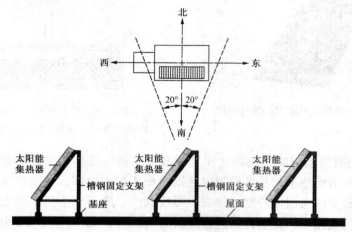

图1-22　平屋面上太阳集热器安装示意图

2）集热器的日照时数应保证不少于4h，互不遮挡，有足够间距，排列整齐有序。

3）通过支架或基座将集热器固定在屋面上。

4）集热器与储水箱之间的连接管线穿过屋面时，应注意对其进行防水构造处理。

（2）太阳能集热器在坡屋面上的设置策略。将太阳能集热器设置在坡屋面上是太阳能热水系统设置的最佳方式之一。

1）集热器适宜在向阳的坡屋面上顺坡架空设置或镶嵌设置（见图1-23）。

(a)   (b)

图1-23　坡屋面上集热器两种设置方式
(a) 镶嵌设置；(b) 架空设置

2）太阳能集热器的倾角为当地纬度，冬季可在此基础上增加 10°，夏季减少 10°，因此建筑坡屋面的坡度的最佳角度为当地纬度 ±10°，如图 1-24 所示。

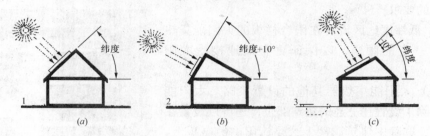

图 1-24　太阳集热器设置角度

（*a*）普通角度；（*b*）冬季角度；（*c*）夏季角度

3）太阳能集热器在坡屋面上摆放设计时，要综合考虑立面比例、系统的平面空间布局、施工条件等因素。

（3）太阳能集热器在建筑立面上的设置策略。太阳能集热器设置在建筑外立面上会使建筑有一个新颖的外观，能补充屋面（尤其是坡屋面）上集热器面积受限的缺陷，如图 1-25 所示。

图 1-25　集热器在建筑立面上的设置

1）设置有太阳能集热器的外墙立面要考虑集热器的荷载；

2）太阳能集热器的支架与墙面上的固定预埋件要紧密连接；

3）低纬度地区设置在墙面的太阳能集热器应有一定的倾角，以保证更有效地接受太阳照射；

4）太阳能集热器在墙面上应注意位置的安排，一般是在窗间或窗下，同时还要注意与墙面外饰的色彩、风格有机结合。

（4）太阳能集热器在阳台栏板上的设置策略。太阳能集热器结合建筑阳台设置，不但可以满足集热的需求，也会使得建筑更加活泼漂亮，为建筑增色，如图 1-26 所示。

1）阳台的结构设计上应考虑集热器的荷载；

2）安置有太阳能集热器的阳台栏板宜采用实体栏板，以满足其刚度、强度以及防护功能的要求；

3）低纬度地区设置在阳台栏板的太阳能集热器应有一定的倾角，以保证更有效地接受太阳照射。

（5）太阳能集热器其他的设置策略。太阳能集热器除了设置在上述的建筑部位，还可以设置在女儿墙、庭院中建筑廊架上或是遮阳的凉亭板上，也可以安置在建筑物屋顶的飘板等允许的、能充分接收阳光照射的部位，如图 1-27 所示。

图 1-26　集热器在阳台栏板上的设置

图 1-27　集热器在建筑其他部位的设置

三、家用太阳能热水器

作为光热利用最主要的产品——家用太阳能热水器，在我国很多地方已经得到大量的应用，并且我国家用太阳能热水器的年销量和保有量都是世界第一，以下将对几种常见的家用型太阳能热水器进行简单介绍。

1. 家用闷晒式太阳能热水器

闷晒式热水器将集热器和水箱合二为一（见图 1-28），冷热水的循环和流动加热过程是在水箱内部进行。经过一天的自然循环，将水加热到一定的温度。一般可分为浅池式太阳能热水器、塑料袋式太阳能热水器、简式太阳能热水器和真空管闷晒太阳能热水器。

2. 家用平板式太阳能热水器

平板家用太阳能热水器的主要部件是平板集热器，根据平板集热器与水箱连接方式和系统的运行方式不同，可以分为各种类型的太阳能热水器。主要有紧凑式平板家用太阳能热水器、分离式平板家用太阳能热水器、直流式平板家用太阳能热水器和热管式平板家用太阳能热水器，如图 1-29 所示。

图 1-28　闷晒式太阳能热水器　　　　图 1-29　家用平板式太阳能热水器

3. 家用真空管式太阳能热水器

真空管家用太阳能热水器通常有紧凑式真空管家用太阳能热水器、分离式真空管家用太阳能热水器和热管真空管太阳能热水器等形式，如图 1-30 所示。

四、太阳能热水系统与建筑一体化

1. 太阳能热利用与建筑一体化的概念与意义

作为世界性能源危机的回应，如何在建筑中节约利用能源、实现技术的有效性和生态的持续性已

图 1-30　家用真空管太阳能热水器

经成为建筑师在新世纪的重要课题。由于建筑是一个复杂的系统、一个完整的统一体，如果希望将太阳能技术融入建筑设计中，同时继续保持建筑的文化特性，就应该从技术和美学两方面入手，使建筑设计与太阳能技术有机结合，由此产生了"一体化设计"的概念。

太阳能热利用与建筑一体化概括起来讲，就是将太阳能热水器与建筑充分结合并实现整体外观的和谐统一。具体来讲包括下面几个优点：

（1）建筑的使用功能与太阳能热水器的利用有机地结合在一起，形成多功能的建筑构件，巧妙高效地利用空间，使建筑可利用太阳能的部分得以充分利用。

（2）同步规划设计、同步施工安装，节省太阳能热水系统的安装成本和建筑成本，一次安装到位，避免后期施工对用户生活造成的不便以及对建筑已有结构的损害。

（3）综合使用材料，降低总造价，减轻建筑荷载。

（4）综合考虑建筑结构和太阳能设备协调和谐，构造合理，使太阳能热水系统和建筑融合为一体，不影响建筑的外观。

（5）如果采用集中式系统，还有利于平衡负荷和提高设备的利用效率。

经过一体化设计和统一安装的太阳能热水系统，在外观上可达到和谐统一，特别是在公寓住宅这类多用户使用的建筑中，改变使用者各自为政的局面，易于形成良好的建筑艺术形象，确保建筑与太阳能热水系统和谐统一。

2. 太阳能热利用与建筑一体化设计的主要原则

在进行住宅太阳能热水系统一体化设计时，需将太阳能热水系统（主要是太阳能集热器）作为建筑的组成元素，与建筑有机结合，保持建筑统一和谐的外观，并与周围环境相协调，其基本原则为：

（1）现有建筑安装，尽量不破坏原建筑的外表以及整体形象；

（2）太阳能系统与建筑有机结合，使之成为建筑的一部分；

（3）太阳能系统部件与结构部件结合设计，使之成为建筑结构的一部分；

（4）集热器的形式以平板型为主，易于与建筑结合；

（5）集热器以及部件标准化、模数化，便于维修更新。

3. 国内外太阳能热利用建筑一体化优秀案例

（1）北悉尼奥运游泳馆（见图 1-31）。北悉尼奥运游泳馆是悉尼奥运会的游泳比赛场地，包括一个露天的 50m 海水标准泳池和一个室内的 25m 淡水训练泳池。游泳池的供热系统采用四套系统相配合，太阳能供热系统、水源热泵系统、天然气锅炉和空调系统。太阳能热水系统的集热板面积为 $500m^2$，集热板放在室内游泳馆的屋顶，伸出部分用作看台遮阳顶。集热板与屋顶的结合非常实用巧妙，如没有游泳馆工作人员的讲解，看不出太阳能集热板置于何处。夏天，仅用太阳能热水系统即可满足游泳池的需要，冬天，太阳能热水系统可提供约 30% 的热量，太阳能和热泵系统基本可满足游泳池的供热需求，天然气锅炉只为特殊天气设计的。

（2）云南丽江滇西明珠项目（见图 1-32）。滇西明珠是一家五星级酒店，包括 300 多栋别墅和院落。太阳能热水系统和电锅炉系统共同为酒店客房提供热水供应和供暖，并为西餐厅提供热水供应。该项目安装了 $3400m^2$ 的太阳能集热器，为 $87000m^2$ 的客房和餐厅提供热水供应。太阳能集热器与建筑的结合形式有两种：一种是平板集热器镶嵌在坡屋顶上，另一种是平板集热器替代了常规屋顶，独立构筑了坡屋顶结构。不论哪种结合方式，太阳能集热器、进出水管通道以及其他部件都与建筑在功能上和性能上配合完好，太阳能热水系统的安装能与纳西风格的建筑本体相协调，共同构建了完美的建筑环境和风格。

图 1-31　北悉尼奥运游泳馆　　　　　　　图 1-32　云南丽江滇西明珠

五、太阳能热水系统冬季防冻措施

由于太阳能热水系统的集热器及部分管道设备安装在室外,在寒冷的冬天,尤其是北方严寒地区,容易发生冰冻现象。一旦发生冻结现象,集热器、水箱、管路等部件会受到很大的损伤,导致系统失效。因此,在设计、使用太阳能热水系统时,需要充分考虑系统的防冻问题,尤其是北方地区。通常采用的系统防冻措施有:

(1) 采用间接系统,以防冻液作为一次回路的传热工质,将放置在室外的介质由具有防冻能力的介质(如乙二醇、丙二醇等)替换,而系统中使用的水仅在室内循环,二者之间通过换热器进行热量交换,如图1-33所示。当集热器中介质温度与换热器外水的温度之间达到一定差值时,循环泵开启,将热量不断传递给水,通过换热器的不断热交换,水被加热。因为工作的防冻液与室内使用的热水通过换热器分开,因此不会出现冻胀现象,系统可靠,即使断电也不会损坏集热器,因此得到较广泛使用。但该措施也存在安装成本增加的缺点。

(2) 采用系统排空、将水排回系统的方法,即根据防冻需求排空集热器和室外管路中的水。该方案也是目前使用较多的方案之一,其主要思路是:当集热器温度低于某一设定值时,通过控制器控制电磁阀,将集热器中的水排到一个膨胀桶中,使集热器在低温工况下无水可冻,达到防冻的效果。该系统在设计时,为了防止断电造成控制失灵,一般具有断电自动排空功能,即当系统断电时,无论集热器的温度是多少,自动将集热器中水排空,以避免发生断电时冻伤集热器。其基本结构如图1-34所示。

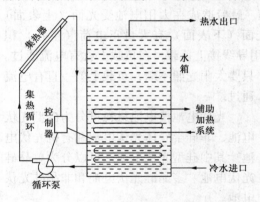

图1-33　采用防冻液的间接循环防冻系统

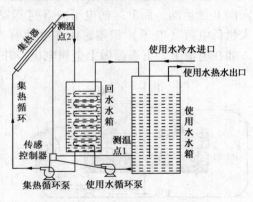

图1-34　排空系统示意图

(3) 储水箱热水在夜间循环,防止集热器和管道结冰。即当夜间集热器内温度低于设定值时,启动循环水泵,利用储存在水箱内的热能来加热集热器,达到防冻的目的。这种方案存在能耗损失大的缺点。

(4) 辅助加热的方法,即在集热器的联箱和可能结冰的管道上敷设电热带,当温度低于设定值时,开启电加热带,保持内部水温不发生冻结。该方法结构简单,易于实现,但也存在能耗高的缺点。如果遇到极端天气,暴雪成灾、电力供应发生中断时,防冻装置将无法工作。

除采用防冻液外,其他防冻技术方案均需根据环境温度实现自动控制运行,执行防冻控制的环境温度通常取 3～5℃，气温偏低地区取高值。严寒地区采用循环防冻技术和敷设电热带会造成夜间散热较大，不经济，宜采用防冻液防冻技术方案。排回、排空系统必须保证集热器和管道能实现尽快排空，管道坡度应尽量大，不应小于 5%。对于排空管道较长的系统，应做好管道保温，避免传热工质在排空过程中温度下降造成结冰。

第五节　光 伏 发 电

太阳辐射除可以转换为热能外，还可以利用太阳能电池转换为电能，这就是光—电转换，也称光伏发电。由于光伏发电不需消耗化石能源、对环境无污染，被公认为是一种绿色发电技术，因此在世界各地得到了迅速发展。

一、太阳能光伏电池

太阳能电池是一种利用光生伏打效应把光能转变为电能的器件，又叫光伏器件。物质吸收光能产生电动势的现象，称为光生伏打效应。这种现象在液体和固体物质中都会发生。但是，只有在固体中，尤其是在半导体中，才有较高的能量转换效率。所以，人们又常常把太阳能电池称为半导体太阳能电池。其中湿式光伏电池不但可减少半导体材料的消耗，还为建筑物和太阳能应用的一体化设计创造了条件。

晶体硅太阳能电池的原理如图 1-35 所示，在 P-N 结的内建电场作用下，N 区的空穴向 P 区运动，而 P 区的电子向 N 区运动，最后造成在太阳电池受光面（上表面）有大量负电荷（电子）积累，而在电池背光面（下表面）有大量正电荷（空穴）积累。如在电池上、下表面做上金属电极，并用导线接上负载，在负载上就有电流通过。只要太阳光照不断，负载上就一直有电流通过。

光伏电池按电池材料可分为硅型光伏电池、非硅半导体光伏电池和有机光伏电池。其中硅型光伏电池又可以分为单晶硅光伏电池、多晶硅光伏电池和非晶硅光伏电池。

单体太阳能电池不能直接作为电源使用。在实际应用时，是按照电性能的要

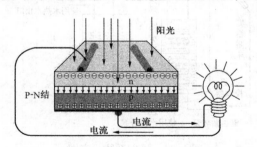

图 1-35　晶体硅太阳能电池原理示意图

求，将几十片或上百片单体太阳能电池串、并联连接起来，经过封装，组成一个可以单独作为电源使用的最小单元，即太阳能电池组件。太阳能电池方阵，则是由若干个太阳能电池组件串、并联连接而排列成的阵列。

太阳能电池方阵可分为平板式和聚光式两大类。平板式方阵，只需把一定数量的太阳能电池组件按照电性能的要求串、并联起来即可，不需加装汇聚阳光的装置，结构简单，多用于固定安装的场合。聚光式方阵，加有汇聚阳光的收集器，通常采用平面反射镜、抛物面反射镜或菲涅尔透镜等装置来聚光，以提高入射光谱辐照度。聚光

式方阵，可比相同功率输出的平板式方阵少用一些单体太阳能电池，使成本下降；但通常需要装设向日跟踪装置，增加转动部件后降低了可靠性。

太阳能电池方阵的设计，一般来说就是按照用户的要求和负载的用电量及技术条件计算太阳能电池组件的串、并联数。串联数由太阳能电池方阵的工作电压决定，应考虑蓄电池的浮充电压、线路损耗以及温度变化对太阳能电池的影响等因素。在太阳能电池组件串联数确定之后，即可按照气象台提供的太阳年辐射总量或年日照时数的10年平均值计算确定太阳能电池组件的并联数。太阳能电池方阵的输出功率与组件的串、并联数量有关，组件的串联是为了获得所需要的电压，组件的并联是为了获得所需要的电流。

二、太阳能光伏发电系统

1. 太阳能光伏发电系统的组成

太阳能光伏发电系统的组成如图 1-36 所示。

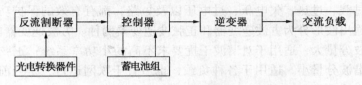

图 1-36　太阳能光伏发电系统组成

（1）光电转换器件：把光能转换为电能的器件叫光电转换器件，又称为光伏器件。太阳能电池就是由这些光电转换器件所组成的。太阳能电池单体的工作电压一般为 $0.45 \sim 0.5\text{V}$，工作电流为 $20 \sim 25\text{mA/cm}^2$，尺寸为 $4 \sim 100\text{cm}^2$。由于电压太低、电流太小通常不能单独作为电源使用，需要把若干单体电池串、并联起来封装成电池组件，然后再把许多组件经过串、并联安装在支架上，这样就构成了太阳能电池方阵，方可满足负载所要求的输出功率。

（2）反流割断器：在发电机与蓄电池连接的电路里，通常都要设置反流割断器。反流割断器的作用在于当发电机电压低于蓄电池电压时，防止蓄电池通过发电机绕组产生反向电流。在太阳能光电系统中，同样要防止蓄电池通过太阳能电池组反向放电，这种情况一般发生在夜晚和阴雨天气，此时太阳能电池组不能发电或发电电压很低，即低于蓄电池电压。光电系统中的反流割断器通常使用单向导电的晶体二极管器件，例如半导体整流二极管。这类二极管称为防反充二极管，又叫阻塞二极管。当太阳能电池组输出电压高于蓄电池电压时，二极管导通；反之，二极管截止。对防反充二极管的要求是：能承受足够大的导通电流，而且正向电压降要小，二极管反向饱和电流要小。

（3）控制器：对太阳能光电系统进行智能控制和管理的设备，能够完成信号检测、充电控制、放电管理、运行保护、故障诊断、状态指示等任务。控制器可以检测系统各种装置、各个单元的状态和参数；根据太阳能资源状况和蓄电池蓄电状况确定最佳充电方式；对蓄电池放电进行有效保护，能自动开关电路，工作运行实现软启动等；能对系统过压、负载短路及时加以控制，防止系统设备受到损害；能够显示运行状态，进行故障报警。常用的控制器有单板机逻辑控制器和计算机程序控制器等。

（4）蓄电池组：由于太阳辐射能受昼夜、季节、气象条件的影响具有间歇性、随机性，需要把晴天吸收的能量存储起来，因此在太阳能光电系统中，专门设置了蓄电池组。太阳能光电系统通常配备铅酸蓄电池，蓄电能力为200Ah以上。对蓄电池的要求是：充电效率高，自放电率低，深放电能力强，工作温度适应范围宽，使用寿命长，价格低廉，能适应少维护或免维护的要求。

（5）逆变器：逆变器是把直流电变为交流电的设备。光电转换器件产生的电能、蓄电池中存储的电能，都是直流电能，如果给直流负载提供电力，就可以免除逆变器设备。当系统对交流负载供电时，就需要加装逆变器。由于常规电网都采用交流供电方式，如果把太阳能光电系统和常规电网并网，就必须备有逆变器。对于逆变器的技术要求是：输出交流电压稳定、频率稳定；输出电压波形含谐波成分小，对电网的"污染"小、干扰小；逆变效率高，换流损失小；快速动态响应性能好，具有良好的过载能力；对过载、过热、欠电压、过电压以及短路，都有有效的保护功能和报警功能。逆变器按输出波形分为方波逆变器和正弦波逆变器两种。方波逆变器的电路简单，造价低，但谐波分量大，适用于对谐波干扰要求不高的小功率系统；正弦波逆变器的输出波形好，谐波分量小，适用于各种负载，也适宜于联网运行，是当前太阳能光电系统逆变器的主流产品。

2. 太阳能光伏发电系统的分类

根据太阳能光伏发电系统的运行方式，光伏系统可以分为两类。不与公共电网相连接的太阳能光伏发电系统称为离网太阳能光伏发电系统，又称独立太阳能光伏发电系统，主要应用于远离公共电网的无电地区和一些特殊场所，如为公共电网难以覆盖的边远偏僻农村、牧区、海岛、高原、沙漠提供照明、看电视、听广播等的基本生活用电，为通信中继站、沿海与内河航标、输油输气管道阴极保护、气象台站、公路道班以及边防哨所等特殊场所提供电源。近年来，由于不需要铺设电缆，太阳能路灯、庭院灯等独立太阳能光伏发电系统得到了飞速发展。与公共电网相连接的太阳能光伏发电系统称为联网太阳能光伏发电系统，它是太阳能光伏发电进入大规模商业化发电阶段、成为电力工作组成部分之一的重要方向，是当今世界太阳能光伏发电技术发展的主流趋势。特别是其中将光伏电池与建筑相结合的光伏建筑（Building Integrated Photovoltaics，BIPV），是众多发达国家竞相发展的热点。

（1）独立太阳能光伏发电系统

独立太阳能光伏发电系统根据用电负载的特点，可分为直流系统、交流系统和交直流混合系统等几种，其主要区别是系统中是否带有逆变器。一般来说，独立太阳能光伏发电系统主要由太阳能电池方阵、控制器、蓄电池组、直流/交流逆变器等部分组成。独立太阳能光伏发电系统的组成框图如图1-37所示。

（2）联网太阳能光伏发电系统

联网太阳能光伏发电系统就是太阳能光伏发电系统与常规电网相连，共同承担供电任务。太阳能光伏发电进入大规模商业化应用的必由之路，就是将太阳能光伏系统接入常规电网，实行联网发电。它可以分为有逆流系统和无逆流系统两种形式，如图 1-38 和图 1-39 所示。其区别在于有逆流系统既可以将电能输送到电网，又可以从电网输出电能；而无逆流系统只可以从电网输出电能，而不可以将电能输送到电网。

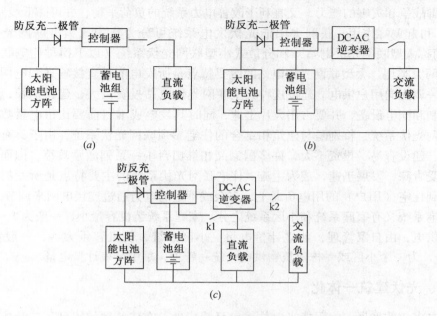

图 1-37　独立太阳能光伏发电系统组成框图
（a）直流系统；（b）交流系统；（c）交直流混合系统

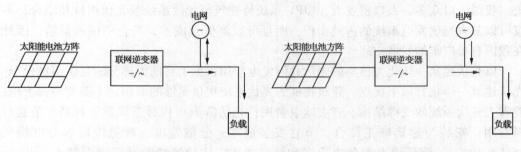

图 1-38　有逆流系统　　　　　　　　　图 1-39　无逆流系统

联网太阳能光伏发电系统具有许多独特的优越性，可概括为如下几点。

1）利用清洁干净、可再生的自然能源——太阳能发电，不耗用不可再生的、资源有限的含碳化石能源，使用时无温室气体和污染物排放，与生态环境和谐，符合经济社会可持续发展战略。

2）所发电能馈入电网，以电网为储能装置，省掉蓄电池，比独立太阳能光伏系统的建设投资可减少 35% ~ 45%，从而使发电成本大为降低。省掉蓄电池并可提高系统的平均无故障时间和蓄电池的二次污染。

3）光伏电池组件与建筑物完美结合，既可发电又能作为建筑材料和装饰材料，使物质资源充分利用发挥多种功能，不但有利于降低建设费用，还使建筑物科技含量提高、增加"卖点"。

4）分布式建设，就近就地分散发供电，进入和退出电网灵活，既有利于增强电力系统抵御战争和灾害的能力，又有利于改善电力系统的负荷平衡，并可降低线路损耗。

5）可起调峰作用。联网太阳能光伏发电系统可分为集中式大型联网光伏系统（以下简称大型联网光伏电站）和分散式小型联网光伏系统（以下简称住宅联网光伏系统）两大类型。大型联网光伏电站的主要特点是所发电能被直接输送到电网上，由电网统一调配向用户供电。建设这种大型联网光伏电站投资巨大、建设期长，需要复杂的控制和配电设备，并要占用大片土地，同时其发电成本目前要比市电贵数倍。而住宅联网光伏系统，特别是与建筑相结合的住宅屋顶联网光伏系统，由于具有较多的优越性、建设容易、投资不大，许多国家又相继出台了一系列激励政策，因而在部分国家倍受青睐，发展迅速，成为主流。住宅联网光伏系统的主要特点是所发的电能直接分配到住宅（用户）的用电负载上，多余或不足的电力通过连接电网来调节。

住宅系统又有家庭系统和小区系统之分。家庭系统装机容量小，一般为 1～5kWp，为自家供电，由自家管理，独立计量电量。小区系统，装机容量大些，一般为 50～300kWp，为一个小区或一栋建筑物供电，统一管理，集中分表计量电量。

三、光伏建筑一体化

经过多年的发展，太阳能光电技术已日趋成熟，在建筑领域得到了广泛应用，如生态建筑、边远农家、独立庭院、路灯照明等方面，均发挥出越来越大的作用，受到人们的普遍重视。目前，一些国家纷纷开始实施、推广光伏建筑一体化（BIPV）系统。我国人口众多，人口密度大，BIPV 系统将建筑与光伏系统或光伏组件相结合，不仅可以节省光伏发电系统的占地面积，而且可以降低其成本，符合中国的国情，因此在我国有很广阔的发展空间。

以光伏建筑一体化为核心的光伏并网发电应用占据了目前大部分的光伏市场份额。光伏建筑一体化有以下优点：建筑物能为光伏系统提供足够的面积，不需要另占土地；能省去光伏系统的支撑结构、省去输电费用；光伏阵列可代替常规建筑材料，节省材料费用；安装与建筑施工结合，节省安装成本；分散发电，避免传输和分电损失（5%～10%），降低输电和分电投资和维修成本；使建筑物的外观更有魅力。此外，在经常为断电而烦恼的地方，建筑物的光电系统可以成为一个可靠的电源。把太阳能同建筑结合起来，将房屋发展成具有独立电源，自我循环式的新型建筑，是人类进步和社会、科学技术发展的必然。联合国能源机构的调查报告显示，BIPV 将成为 21 世纪最重要的新兴产业之一。

1. 光伏建筑一体化的主要形式

光伏与建筑的结合目前主要有如下两种形式：

（1）建筑与光伏系统相结合。把封装好的光伏组件（平板或曲面板）安装在居民住宅或建筑物的屋顶上，再与逆变器、蓄电池、控制器、负载等装置相连，并可与外界电网相连，由光伏系统和电网并联向住宅（用户）供电，多余电力向电网反馈，不足电力从电网取用。

（2）建筑与光伏组件相结合。建筑与光伏的进一步结合是将光伏器件与建筑材料集成化。一般的建筑物外围护表面采用涂料、装饰瓷砖或幕墙玻璃，目的是为了保护和装饰建筑物。如果用光伏器件代替部分建材，即用光伏组件来作建筑物的屋顶、外墙和窗户，这样既可用作建材也可用以发电，可谓物尽其美。

把光伏器件用作建材，必须具备建材所要求的几项条件：坚固耐用、保温隔热、防水防潮、适当的强度和刚度等性能。若是用于窗户、天窗等，则必须能够透光，就是说既可发电又可采光。除此之外，还要考虑安全性能、外观和施工简便等因素。

图 1-40　光伏建筑一体化的几种形式

光伏与建筑相结合的形式主要包括与屋顶相结合、与墙面相结合、与遮阳装置相结合等方式。图 1-40 是光伏建筑一体化的几种形式的示意图。

2．光伏建筑一体化的实施

（1）光伏与屋顶相结合

建筑物屋顶作为吸收太阳光部件有其特有的优势：日照条件好，不易受遮挡，可以充分接受太阳辐射，系统可以紧贴屋顶结构安装，减少风力的不利影响，并且太阳能电池组件可替代保温隔热层遮挡屋面（见图 1-41）。此外，与屋面一体化的大面积太阳能电池组件由于综合使用材料，不但节约了成本，单位面积上的太阳能转换设施的价格也可以大大降低，有效地利用了屋面不再局限于坡屋顶，利用光电材料将建筑屋面做成的弧形和球形可以吸收更多的太阳能。

图 1-41　光伏与屋顶相结合实例

与屋顶相结合的另外一种光伏系统：太阳能瓦。太阳能瓦是太阳能电池与屋顶瓦板结合形成一体化的产品，这一材料的创新之处在于使太阳能与建筑达到真正意义上的一体化，该系统直接铺在屋面上，不需要在屋顶上安装支架，太阳能瓦由光电模块的形状、尺寸、铺装时的构造方法都与平板式的大片屋面瓦一样。

（2）光伏与墙相结合

对于多、高层建筑来说，外墙是与太阳光接触面积最大的外表面。为了合理利用墙面收集太阳能，可采用各种墙体构造和材料，包括与太阳能电池一体化的玻璃幕墙、透明绝热材料以及附加与墙面的集热器等（见图1-42）。

图1-42　光伏与墙相结合实例

　　此外，太阳能光电玻璃也可以作为建筑物的外围护构件，太阳能光电玻璃将光电技术融入玻璃，突破了传统玻璃幕墙单一的围护功能，把以前被当作有害因素（夏季增大室内空调冷负荷）而屏蔽在建筑物表面的太阳光，转化为能被人们利用的电能，同时这种复合材料不多占用建筑面积，而且优美的外观具有特殊的装饰效果，更赋予建筑物鲜明的现代科技和时代特色。

图1-43　太阳能电池组件与遮阳板结合

　　（3）光伏与遮阳装置的一体化设计
　　将太阳能电池组件与遮阳装置构成多功能建筑构件，一物多用，既可有效利用空间，又可以提供能源，在美学与功能两方面都达到了完美的统一，如遮阳板（见图1-43）、停车棚（见图1-44）等。

图1-44　光伏与停车棚遮阳

　　（4）与其他光伏建筑构件的一体化设计
　　光伏系统还可与景观小品，如路灯、围栏等相组合构成一体化设计。此外，双面发电技术采用了正反两面都可以捕捉光线的"PN结"结构，有效提高了电池的输出功率，这种电池与传统电池的最大不同点就是在于它完全突破了太阳能电池使用空间和安装区域的限制，可以不必考虑太阳运动对电池发电量的影响，很好地解决了在有限的空间保证功率需求的问题。

总之，光伏系统和建筑是两个独立的系统，将这两个系统相结合，所涉及的方面很多，要发展光伏与建筑集成化系统，并不是光伏制作者能独立胜任的，必须与建筑材料、建筑设计、建筑施工等相关方面紧密配合，共同努力，并有适当的政策支持，才能成功。

光伏并网发电和建筑一体化的发展，标志着光伏发电由边远地区向城市过渡，由补充能源向替代能源过渡，人类社会向可持续发展的能源体系过渡。太阳能光伏发电将作为最具可持续发展理想特征的能源技术进入能源结构，其比例将越来越大，并成为能源主体构成之一。

3. 光伏建筑一体化设计的几个影响因素

光伏建筑一体化并网发电设计需考虑以下几个方面的因素：

（1）考虑建筑物的周边环境，尽量避开或远离遮荫物。

（2）建筑物的朝向应尽量为东西向或南北向。

（3）根据当地的经纬度，确定屋面的倾斜角度。一般情况下，由于地球是在不停地围绕太阳转动，所以屋面倾斜角度对整体太阳能发电量的影响并不大，一般不超过5%。相同角度，相同功率的太阳电池，东、西屋面的发电量几乎相等。

（4）根据组件的大小，计算每一个屋面可以安装的组件总数及排列方式。

（5）根据逆变器输入直流电压，确定每组可串联的总数，由于每一个屋面的朝向不同，光照量和光照时间都不同，一般一个屋面对应一个逆变器，以提高逆变器的效率。

另外，光伏建筑一体化系统的关键技术问题之一，是设计良好的冷却通风，这是因为光伏组件的发电效率随其表面工作温度的上升而下降。理论和试验证明，在光伏组件屋面设计空气通风通道，可使组件的电力输出提高8.3%左右，组件的表面温度降低15℃左右。

课后思考题

1. 什么是太阳辐射？太阳能量是怎么传送的？
2. 太阳能的辐照度受哪些因素的影响？
3. 太阳能有什么优点和特点？
4. 我国的太阳能资源是怎么进行分区的？
5. 建筑中利用太阳能有哪些方式？
6. 自然采光有什么意义？
7. 自然采光的设计步骤分为哪几步？并简单介绍各步骤内容。
8. 光导照明系统的主要适用于建筑中哪些部位？
9. 什么是被动式太阳房？它主要有哪些形式？
10. 什么是"特朗勃墙"？它冬季和夏季是怎样进行运行的？
11. 被动式太阳房的设计主要包括哪几部分内容？

12. 太阳能热水器有哪些形式？简单介绍各自的工作原理。

13. 太阳能集热器主要有哪些形式？

14. 太阳能集热器可设置在建筑中的哪些部位？

15. 家用太阳能热水器有哪些类型？

16. 太阳能热水系统与建筑一体化有什么优点？

17. 太阳能光伏发电的原理是什么？

18. 太阳能光电系统包括哪几个部分？各部分的作用是什么？

19. 太阳能光电系统为什么要联网？联网时应采取什么措施？

20. 什么是光伏建筑？它是怎么实施的？

本章参考文献

[1] 张国强，徐峰，周晋等. 可持续建筑技术 [M]. 北京：中国建筑工业出版社，2009.

[2] 喻李葵，杨建波，张国强. 智能建筑与可持续发展 [M]. 北京：中国建筑工业出版社，2010.

[3] 张神树，高辉. 德国低/零能耗建筑实例解析 [M]. 北京：中国建筑工业出版社，2007.

[4] 付祥钊. 建筑节能技术 [M]. 北京：中国建筑工业出版社，2002.

[5] 徐吉浣，寿炜炜. 公共建筑节能设计指南 [M]. 上海：同济大学出版社，2007.

[6] 王长贵，郑瑞澄. 新能源在建筑中的应用 [M]. 北京：中国电力出版社，2003.

[7] 徐伟. 可再生能源建筑应用技术指南 [M]. 北京：中国建筑工业出版社，2008.

[8] 丁国华. 太阳能建筑一体化研究、应用及实例 [M]. 北京：中国建筑工业出版社，2007.

[9] 罗运俊，何梓年，王常贵. 太阳能利用技术 [M]. 北京：化学工业出版社，2005.

[10] 张鹤飞. 太阳能热利用原理与计算机模拟 [M]. 西安：西北工业大学，2007.

[11] 喜文华. 被动式太阳房的设计与建造 [M]. 北京：化学工业出版社，2007.

[12] 丹尼尔·D·希拉. 太阳能建筑——被动式供暖和降温 [M]. 薛一冰，管振忠译. 北京：中国建筑工业出版社，2008.

[13] 罗运俊，李元哲，赵承龙. 太阳能热水器原理、制造与施工 [M]. 北京：化学工业出版社，2005.

[14] 郑瑞澄. 民用建筑太阳能热水系统工程技术手册 [M]. 北京：化学工业出版社，2006.

[15] 刘宏，吴达成，杨志刚等. 家用太阳能光伏电源系统 [M]. 北京：化学工业出版社，2007.

[16] 谢秉正. 绿色智能建筑工程技术 [M]. 南京：东南大学出版社，2007.

[17] 何梓年，朱敦智. 太阳能供热供暖系统的设计 [J]. 太阳能，2012，2：16-18.

[18] 于晓峰，陶汉中，金叶佳，陈俊功. 家用太阳能热水系统的防胀冻方案 [J]. 太阳能，2010，6：22-27.

第二章 风能及其在建筑中的应用

第一节 我国的风能资源

一、风能概述

1. 风能概要

空气流动所形成的动能即为风能，风能是太阳能的一种转化形式。太阳辐射造成地球表面受热不均，引起大气层中压力分布不均，从而使空气沿水平方向运动形成风。风能利用主要是将大气运动时所具有的动能转化为其他形式的能。风的形成，主要是由于地球上各纬度所接受的太阳辐射强度不同而形成的。在赤道和低纬度地区，地面和大气接受的热量多，温度较高；而高纬度地区，地面和大气接受的热量小，温度低，从而形成了南北之间的气压梯度，使空气作水平运动。地球自转过程中，也会产生使空气水平运动发生偏向的力，所以地球大气运动除受气压梯度力外，还要受地转偏向力的影响。大气真实运动是这两种力综合影响的结果。此外在很大程度上还受海洋、地形的影响。山谷和海峡能改变气流运动的方向，还能使风速增大；而丘陵、山地却摩擦大，使风速减小，孤立山峰因海拔高使风速增大。因此，风向和风速的时空分布较为复杂。再有海陆差异对气流运动也有较大影响，白天由于陆地与海洋的温度差，而形成海风吹向陆地；反之，晚上陆风吹向海上；冬季大陆气压高于海洋气压，风从大陆吹向海洋，夏季相反。山区白天山坡受热快，温度高于山谷上方同高度的空气温度，由于热力原因风由谷地吹向平原或山坡，夜间由平原或山坡吹向山谷。这是由于坡地上的暖空气从山坡流向谷地上方，谷地的空气则沿着山坡向上补充流失的空气，这时由山谷吹向山坡，夜间山坡因辐射冷却，其降温速度比同高度的空气要快，冷空气沿坡地向下流入山谷。

2. 开发风能的动因

风能资源取决于风能密度和可利用的风能年累积小时数。风能密度是单位迎风面积可获得的风的功率，与风速的三次方和空气密度成正比关系。各国开发利用风能的动因并不相同，而且随着时间的推移，开发利用风能的动因也在变化，其中主要集中体现在经济、环境、社会和技术四个方面。

（1）经济驱动力

能源供应的经济性是风能开发利用的根本驱动力。在偏远地区，电力供应困难，利用小型离网风力发电系统供电有成本优势；化石能源日益减少，其成本也在不断增加，为了人类社会的可持续发展，当务之急是找寻和研究利用其他可再生能源，风能作为新能源中最具有工业开发潜力的可再生能源，引起了人们的格外关注。此外，风电产业是朝阳产业，较早的开发利用风能技术的国家和企业，能够占据风能利用的技术和市场优势。

（2）环境驱动力

与常规化石燃料相比，风能不会带来区域性的环境污染及 CO_2 等温室气体的大量排放，从而可延缓或减少因全球气候变暖给人类社会带来的有害影响。

（3）社会驱动力

风能份额增加时，会创造很多直接和间接的就业机会。民众对风能的关注也日益增加，并将利用风能和其他可再生能源当成他们的生活方式。

（4）技术驱动力

随着科技的进步、理论的成熟以及新材料的出现，都将为风电技术向大功率、高效率、高可靠性和高度自动化方向提供条件。人们对可用在建筑物内的可持续资源发电或供热技术产生了很大的兴趣。人们已经认识到从风能获得建筑物能源供应具有很大的应用前景。这种技术能够有助于减少温室气体的排放，同时也提高了能源的使用效率。

二、我国风能资源特点

各地风能资源的多少，主要取决于该地区每年刮风的时间长短和风的强度，因此这里涉及风能的基本特征，例如风速、风级、风能密度等。风的大小常用风的速度来衡量，风速是单位时间内空气在风流方向上移动的距离，其值是一个随机性很大的量，必须通过一定长度时间的观测计算出平均风功率密度。风级是根据风对地面或者海面物体影响而引起的各种现象，按风力的强度等级来估计风力的大小，目前实际应用的是 $0 \sim 12$ 级风速，在本章第二节中将详细介绍风速风级的划分情况。

通过单位截面积的风所含的能量称为风能密度，风能密度是决定风能潜力大小的重要因素。风能密度与空气密度有直接关系，而空气密度则取决于气压和温度，因此，不同地区、不同气候条件下的风能密度是不同的。

表征风能资源的主要参数是年有效风能密度和有效风速全年累计小时数。据宏观分析，我国 10m 高度层的风能资源总储量（理论可开发总量）为 32.26 亿 kW，实际可开发利用量按总量的 1/10 估计，并考虑风轮实际扫掠面积为计算气流正方形面积的 0.785 倍，故实际可开发利用的风能约为 2.53 亿 kW。我国各地的风能资源储量差异较大，开发利用潜力各不相同，总体表现为沿海及东部地区、西部地区风资源较丰富，中部地区风资源较贫乏。

我国东南沿海及其附近岛屿是风能资源最丰富地区，有效风能密度大于或等于 $200W/m^2$ 的等值线平行于海岸线，沿海岛屿有效风能密度在 $300W/m^2$ 以上，全年中风速大于或等于 3m/s 的时数约为 $7000 \sim 8000h$，大于或等于 6m/s 的时数为 4000h，风能利用潜力高。

新疆北部、内蒙古、甘肃北部也是风能资源丰富的地区，有效风能密度为 $200 \sim 300W/m^2$，全年中风速大于或等于 3m/s 的时数在 5000h 以上，全年中风速大于或等于 6m/s 的时数为 3000h 以上。

黑龙江、吉林东部、河北北部及辽东半岛的风能资源也较好，有效风能密度在200W/m² 以上，全年中风速大于或等于3m/s 的时数为5000h，全年中风速大于或等于6m/s 的时数为3000h。

青藏高原北部有效风能密度在150～200W/m² 之间，全年风速大于或等于3m/s 的时数为4000～5000h，全年风速大于或等于6m/s 的时数为3000h，但青藏高原海拔高、空气密度小，所以有效风能密度也较低。

云南、贵州、四川、甘肃、陕西南部、河南、湖南西部、福建、广东、广西的山区及新疆塔里木盆地和西藏的雅鲁藏布江，为风能资源较贫乏地区，有效风能密度在50W/m² 以下，全年中风速大于或等于3m/s 的时数在2000h 以下，全年中风速大于或等于6m/s 的时数在150h 以下，风能潜力很低。

我国部分地区风能资源的储量尤为丰富，表2-1 显示了我国一些全年平均风速大于6m/s 的地区，这些地区风能利用潜力大，非常适合风能开发利用。

我国平均风速大于6m/s 的地区　　　　　　　　表2-1

省（市、区）	地区	海拔（m）	年平均风速（m/s）	省（市、区）	地区	海拔（m）	年平均风速（m/s）
吉林	天池	2670.0	11.7	福建	九仙山	1650.0	6.9
山西	五台山	2895.8	9.0	福建	平潭	24.7	6.8
福建	平潭海洋站	36.1	8.7	福建	崇武	21.7	6.8
福建	台山	106.6	8.3	山东	朝连岛	44.5	6.4
浙江	大陈岛	204.9	8.1	山东	青山岛	39.7	6.2
浙江	南鹿岛	220.9	7.8	湖南	南岳	1265.9	6.2
山东	成山头	46.1	7.8	云南	太华山	2358.3	6.2
宁夏	贺兰山	2901.0	7.8	江苏	西连岛	26.9	6.1
福建	东山	51.2	7.3	新疆	阿拉山口	282.0	6.1
福建	马祖	91.2	7.3	辽宁	海洋岛	66.1	6.1
台湾	马公	22.0	7.3	山东	泰山	1531.0	6.1
浙江	嵊泗	79.6	7.2	浙江	括苍山	1371.9	6.0
广东	东沙岛	6.0	7.1	内蒙古	宝音图	1509.4	6.0
浙江	岱山岛	66.8	7.0	内蒙古	前达门	1510.9	6.0
山东	砣矶岛	66.4	6.9	辽宁	长海	17.6	6.0

三、我国风能资源的区划

依据年有效风能密度和有效风速全年累计小时数这两个主要指标，把我国各地风能资源分为4 个类型：丰富区、较丰富区、可利用区和贫乏区（见表2-2），现扼要分述如下：

（1）风能丰富区：包括东南沿海、辽东半岛和山东半岛沿海区；南海群岛、台湾与海南岛西部沿海区；内蒙古的北部与西部；松花江下游地区。

（2）风能较丰富区：东南离海岸 20～50km 的地带；辽宁、河北、山东和江苏的离海岸较近的地带，海南岛和台湾较大部分；东北平原、内蒙古南部、河西走廊和新疆北部；青藏高原。

（3）风能可利用区：福建、两广离海岸 50～100km 的地带；长江及黄河下游、两湖沿岸；辽河流域；华北、西北和西南较多地域；大、小兴安岭等。

（4）风能贫乏区：四川、贵州和南岭山地；湘西、陕西；雅鲁藏布江和昌都地区；塔里木盆地西部等。

中国风能资源划分及占全国面积的百分比　　　表2-2

评价指标	丰富区	较丰富区	可利用区	贫乏区
年有效风能密度（W/m²）	≥200	150～200	50～150	≤50
风速≥3m/s 的年小时数（h）	≥5000	4000～5000	2000～4000	≤2000
占全国面积（%）	8	18	50	24

第二节　风能利用技术概述

一、风速和风级

1. 风的形成

我们通常所说的风，主要是指空气相对于地球表面的平行流动，它是最常见的自然现象之一。风形成的主要原因是太阳辐射而引起的空气流动。当地面（或海面）受到太阳辐射，温度升高，空气的体积膨胀、变轻，向上流动，地面气压降低，附近的温度低、气压高的空气就会流来补充。流来的冷空气受热后，又会上升，如此不断流动的空气便形成了风。相邻地域的空气压差越大，空气流动就越快，风也就越大。

在不同的地域，形成风的条件也不同。假如地球表面各处地貌是一样的，地球也不转动，赤道处温度高，两极处温度低，则赤道附近空气受热膨胀上升后，从高空流向两极；两极处的冷空气，沿地球表面流向赤道，就形成了简单的、有规律的环流。然而，实际情况并非如此。例如，地球由西向东在不停地转动，从南、北方向沿地球表面流到接近赤道附近的冷空气，由于惯性作用而向西偏移；地球的旋转轴线与地球绕太阳旋转平面的垂线呈 23°27′ 的夹角，致使地球表面各处在一年之内接受太阳光的条件在变化着，形成了春、夏、秋、冬，各地的气温在不停地变化，空气的流动情况则受到了季节的影响。

地球表面各处地貌千差万别，有海洋、陆地、高山、平原、湖泊……。由于陆地的比热比海洋小，因此白天陆地上的气温比海面上的气温上升得更快，这样，陆地上较热的空气就膨胀上升，而海面上较冷的空气便流向陆地，以补充上升的热空气，这种吹向陆地的风称为"海风"。在夜间，其风向恰恰相反，因为陆地比海洋冷却得更快，所以陆地上的冷空气流向海面以补充那里上升的热空气，这种从陆地吹向海洋的风称为"陆风"。它在中纬度地区可以从海岸线深入内陆50km；而在热带地区则可深入内陆200km。海风、陆风的形成过程如图2-1所示。这种现象在内陆较大的湖泊附近也能感受到。

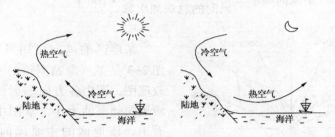

图2-1　海风、陆风的形成过程

住在山区的人都熟悉，白天风从山谷吹向山坡，这种风叫谷风；到夜晚，风从山坡吹向山谷，这种风称山风。山风和谷风总称为山谷风。山谷风的形成原理与海陆风类似。白天，山坡接受太阳光热较多，成为一只小小的"加热炉"，空气增温较多；而山谷上空，同高度上的空气因离地较远，增温较少。于是山坡上的暖空气不断上升，并在上层从山坡流向谷底，谷底的空气则沿山坡向山顶补充，这样便在山坡与山谷之间形成一个热力环流。下层风由谷底吹向山坡，称为谷风。到了夜间，山坡上的空气受山坡辐射冷却影响，"加热炉"变成了"冷却器"，空气降温较多；而谷底上空，同高度的空气因离地面较远，降温较少。于是山坡上的冷空气因密度大，顺山坡流入谷底，谷底的空气因汇合而上升，并从上面向山顶上空流去，形成与白天相反的热力环流。下层风由山坡吹向谷底，称为山风。

2. 风向与风速

一般用风向和风速来表征风的基本特征。在不同地区、不同自然环境、不同时间里，风向和风速是各不相同的，并且是变化着的，但是，就某一地域而言，在年复一年的岁月里，风向和风速的变化又常常具有一定的规律性。

风向是指风吹来的方向，如从西面吹来的风称为西风。地球上各地域的风向是不同的，并且常常在变化着。影响风向的因素较多，如地理位置、地表状况、季节变动等。风向可以利用风向标测出。观测陆地上的风向，一般采用16个方位（海上的风向采用32个方位），以正北为零，顺

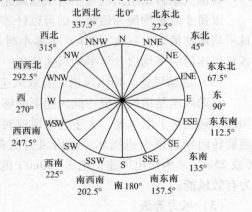

图2-2　风向的方位

时针每转过 22.5° 为一个方位，如图 2-2 所示。

尽管风向时刻都在变化，但如果对某一地点的风向进行长时间的连续测定，就可以得到每一种风向的风向频率。风向频率就是将某一段时间内（月、季、年）风向观测的次数，按方位分类统计，然后以每一方位的观测次数，除以该段时间内观测的总次数，再乘以 100% 便得到各种风向的风向频率。即

$$\text{某风向频率} = \frac{\text{某风向出现次数}}{\text{风向的总观测次数}} \times 100\% \tag{2-1}$$

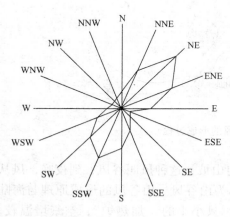

图 2-3　风向玫瑰图

某地区的风向可用风玫瑰图来表示。图 2-3 是某气象站测得的平均风向频率的玫瑰图，图中各方向辐射线的长度代表相应风向频率的大小。从图中可以很清楚地看出，该地区的主要风向是东北和西南方位。

风速是指风在单位时间内所流过的距离，常以 v 表示，单位是 m/s，或 km/h。下面介绍几个有关风速的基本概念。

（1）瞬时风速与平均风速

在某一瞬间（0.5~2s）所测得的风速称为瞬时风速。

国际上对风力状况进行分析并作为计算风能资源的基本依据是每小时平均风速值。每小时平均风速值可以通过以下几种方式测算得出：

1）将每小时内测量的瞬时风速取平均值。

2）将每小时最后 10min 内测量的风速取平均值作为每小时的平均风速值（世界气象组织规定采用此方法）。

3）将每小时内几个瞬间测量的风速值取平均值。

我国气象台站给出的每小时平均风速值是按第二种方式测定的。

以每小时平均风速值为基础可以计算得出每日、每月、每年的平均风速值，其中，日平均风速值为一昼夜（24h）中各小时风速值的平均值；月平均风速值为一个月中各日风速值的平均值；年平均风速值为一年中各月风速值的平均值。

（2）起动风速、切出风速、有效风速

起动风速是指风力机在此风速下能够开始转动起来工作的风速（也称起始风速）。切出风速也称上限风速，大于这个风速时，必须使风力机停止转动，否则将可能因超速旋转而导致风力机损坏。国内风力机常以 3m/s（或 3.5m/s）为起动风速；20m/s（或 25m/s）为切出风速；把 3~20m/s 的风速称为有效风速，根据此值算出的风能称为有效风能。

（3）风力等级

风力等级是依据风速来划分的。国际上通用的风力等级表最早是由英国的费朗西

斯·蒲福爵士制定的，世界气象组织对这个风力等级表进行过修改，成为现行的风力等级表，用于判定风速与风级的对应关系，如表2-3所示。表2-3中风级 B 与风速 v（m/s）的关系为：

$$v = 0.86B^{\frac{3}{2}} \tag{2-2}$$

不同风级下陆地与海洋的观察征象如表2-3所示。表中最后一项是不同风级的风力大小参考值，该数值是指风垂直吹向平板时，平板受到的平均压强 p（单位是 Pa），其大小可用式（2-3）计算：

$$p = 1.3v^2 \tag{2-3}$$

常用的风级是0~12级，表2-3中后面的几级是海洋里的特殊情况。

风力等级表　　　　　　　　　　　　　　　　　　　　　　表2-3

风力等级 B	风速 v（m/s）	风的名称	陆地观察征象	海洋观察征象	海面浪高（m）	作用在平板上的压强 p（Pa）
0	0~0.2	无风	烟垂直上升	海面平如镜	0	
1	0.3~1.5	软风	烟被风吹斜，但风向标不能转动	海面出现波纹，但未构成浪	0.1	1.3（1m/s）
2	1.6~1.3	轻风	人脸部感觉有风，树叶颤动，风向标转动	海面上小波浪清晰，出现浪花，但不翻滚	0.2	8（2.5m/s）
3	1.4~5.4	微风	树叶和细树枝轻轻摇动不息，旗子展开	小波浪增大，浪花开始翻滚，玻璃状波面出现泡沫，波峰可能散布白沫	0.6	32（5m/s）
4	5.5~7.9	和风	风将尘土吹起，树枝摇动，树叶落下，纸片飘起	小波浪增长，白浪增多	1.0	64（7m/s）
5	8.0~10.7	清劲风	小树开始摇动	波浪中等，形成更明显的长浪，白浪更多	2.0	130（10m/s）
6	10.8~11.8	强风	大树枝摇动，电线发出响声，举伞感觉困难	大浪形成，白色泡沫的浪峰扩展到各处，飞沫更多	1.0	220（13m/s）
7	11.9~17.1	疾风	整个树木摇动，人迎风行走感觉不便	浪大，翻滚，白色泡沫像带子一样顺风吹成线状	4.0	330（16m/s）
8	17.2~20.7	大风	小树枝折断，迎风行走很困难	波浪加大变长，浪花顶端出现水雾，泡沫顺风吹成明显的条带	5.5	520（m/s）
9	20.8~24.4	烈风	树枝折断，建筑物有轻微损坏（如烟囱倒塌、瓦片飞出）	出现高的大波浪，浪前倾、翻滚，顺风吹成粗的、浓密的泡沫带，飞溅的浪花影响能见度	7.0	690（23m/s）

续表

风力等级 B	风速 v（m/s）	风的名称	陆地观察征象	海洋观察征象	海面浪高（m）	作用在平板上的压强 p（Pa）
10	24.5～28.4	狂风	可使树木连根拔起，屋顶被吹毁或将建筑物严重损坏（陆地上少见）	形成更大的波浪，浪更长；大片的飞沫形成白色带子随风飘动，整个海面呈白色，波浪翻滚	9.0	950（27m/s）
11	28.5～32.6	暴风	可造成重大损毁，树根翻起，建筑物遭到破坏（陆地上绝少见）	惊涛骇浪，浪大高如山，在浪涛后面的中小船只有时被浪涛挡住而看不见，海面完全被大片白色泡沫覆盖，能见度很差	11.5	1170（30m/s）
12	32.7～36.9	飓风		空气中充满泡沫和浪花，整个海面笼罩在白色飞雾之中，能见度极差	14.0	1600（35m/s）
13	37.0～41.4					2080（40m/s）
14	41.5～46.1					2650（45m/s）
15	46.2～50.9					3250（50m/s）
16	51.0～56.0					3650（54m/s）
17	56.1～61.2					4700（60m/s）

注：1. 风速指距地 10m 高处的相当风速。

　　2. 海面浪高指一般状况。

二、风能密度和风能的计算

1. 风的能量

（1）风能及风能密度

风能就是空气流动的动能。风和其他运动的物体一样，其具有的动能用式（2-4）计算：

$$W = \frac{1}{2}mv^2 \tag{2-4}$$

式中　W——风的能量，J；

　　　　m——流动空气的质量，kg；

　　　　v——空气流动速度，m/s。

若风速为 v，垂直通过的面积为 A，经过时间 t，流过的体积为 Q，则 $Q = Avt$。设 ρ 为空气的密度（单位：kg/m³），则流过的风所具有的动能为：

$$W = \frac{1}{2}Q\rho v^2 = \frac{1}{2}Avt\rho v^2 = \frac{1}{2}\rho v^3 At \tag{2-5}$$

每秒垂直通过面积为 A 的空气所具有的动能，称为风所具有的功率，以 N_v 表示，

单位为 W。则

$$N_v = \frac{1}{2}\rho v^3 A \tag{2-6}$$

由式（2-5）和式（2-6）可知，风能与空气密度成正比，与通过的面积成正比，与风速的立方成正比。

每秒垂直通过 $1m^2$ 面积的风所具有的动能，称为风能密度，以 E_0 表示（单位为 W/m^2），则有：

$$E_0 = \frac{1}{2}\rho v^3 \tag{2-7}$$

风能密度是评价风能资源的一个重要参数。

（2）平均风能密度

由于风速是变化的，因而风能密度的大小也是随时间变化的。一定时间周期内（如 1 年）风能密度的平均值称为平均风能密度，可用式（2-8）计算：

$$\overline{E} = \frac{1}{T}\int_0^T \frac{1}{2}\rho v_t^3 \, dt \tag{2-8}$$

式中 $\overline{E}$——一定时间周期内的平均风能密度，W/m^2；

T——时间周期，s；

v_t——随时间而变化的风速值，m/s。

在风速测量中，若能得到 T 时间周期内的不同风速 v_1，v_2，v_3，$\cdots$，v_n 及其所对应的持续时间 t_1，t_2，t_3，$\cdots$，t_n，则其平均风能密度可按式（2-9）计算：

$$\overline{E} = \frac{1}{T}\left(\sum_{i=1}^n \frac{1}{2}\rho v_t^3 t_i\right) \tag{2-9}$$

（3）年有效风能密度

前面讲过，假设风力机的有效风速为 3～20m/s，则一年内垂直通过 $1m^2$ 面积的有效风能 W_i 为：

$$W_i = \frac{1}{2}\rho\left[\sum_3^{20} v_i^3 t_i\right] \tag{2-10}$$

式中 v_i——3～20m/s 各级风速；

t_i——3～20m/s 各级风速在一年内刮的小时数；

ρ——空气密度，在标准大气压下，15℃时的空气密度为 $1.225kg/m^3$，有些参考文献也常取 $\rho = 1.25kg/m^3$。

年（平均）有效风能密度 E 为：

$$E = \frac{1}{T} \times \frac{\rho}{2} \times \left(\sum_3^{20} v_i^3 t_i\right) \tag{2-11}$$

式中 T——有效风速在一年里累计的小时数，等于各有效风速频率乘以 8760h，再相加。

例如，我国某地的年有效风能为 $2647kWh/m^2$，而该地的年有效风速持续时间为 7541h，则该地的年有效风能密度为 $2647 \div 7541 = 0.351kWh/m^2$。

（4）风能玫瑰图

风能玫瑰图能反映某地风能资源的特点，图 2-4 是某气象站对当地风力情况进行实测、统计和计算后，绘制成的风能玫瑰图。图中每一条辐射线代表不同的方位，在各辐射线上按一定比例取值，其值大小是该方向的风向频率 q 的百分数与同方向的平均风速 $\bar{v}$ 的立方的乘积，即 $q\bar{v}^3$，再把各矢量终点依次连线，便成为如图 2-4 所示的风能玫瑰图。从图 2-4 上可直观看出，该地的风能资源主要分布在东北和西南方位上。

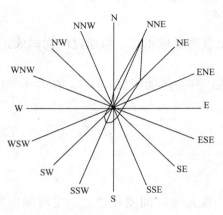

图 2-4　风能玫瑰图

（5）风能影响因素

由式（2-5）可知，影响气流中可利用能量的因素是空气密度、叶轮扫风面积以及风速。由于风功率和风速成三次方关系，因此风速对风功率的影响最显著。

温度、大气压力、海拔以及空气组分这些因素都对空气密度有影响。干空气可以按理想气体考虑，根据理想气体状态方程：

$$pV_{\mathrm{G}} = mRT \tag{2-12}$$

式中　p——大气压力；

$\quad\quad V_{\mathrm{G}}$——气体体积；

$\quad\quad m$——空气质量；

$\quad\quad R$——空气的气体常数；

$\quad\quad T$——温度。

空气密度为每摩尔空气的质量和其体积的比，由下式给出：

$$\rho = \frac{m}{V_{\mathrm{G}}} \tag{2-13}$$

由式（2-12）和式（2-13），密度可表示如下：

$$\rho = \frac{p}{RT} \tag{2-14}$$

如果风场的海拔 Z 和温度 T 已知，那么空气密度可由下式求得：

$$\rho = \frac{353.049}{T}e^{\left(-0.034\frac{Z}{T}\right)} \tag{2-15}$$

从式（2-15）可以看出，空气密度随着风场海拔和温度的增加而减少。对大多数实际风场而言，空气密度的值可以取为 $1.225\mathrm{kg/m^3}$。正是由于空气密度相对较小，风能是比较分散的能源形式，为了获得具有实用价值的产能，通常需要大尺寸的风能收集系统。

风速是对风频谱中可利用风功率影响最显著的因素，风速增大为原来的两倍，可利用的风功率增大为原来的 8 倍。换言之，为了获得相同的风功率，通过把系统建在风速为原来两倍的风场，可以把叶轮面积减少为原来的 1/8，这一效益是显著的，因此风场的正确选址对风能项目的成功具有至关重要的作用。

2. 风力机风功率与扭矩

式（2-6）给出的是风中理论上可以开发利用的能量。然而，风力机无法从风中全部提取上述能量，当风流过风力机时，一部分动能传递给叶轮，剩下的能量被流过风力机的气流带走。叶轮能够产出的实际功率取决于能量转换过程中风与叶轮相互作用的效率，这种效率通常称为功率系数（C_p）。因此，叶轮的功率系数可以定义为由叶轮转换的实际风功率与风中具有的全部功率的比值：

$$C_p = \frac{2P_T}{\rho A v^3} \qquad (2\text{-}16)$$

式中　P_T——风力机实际转换的风功率。

风力机的功率系数取决于许多因素，例如叶轮叶片的外形、叶片的装配与设置等。为了在更广的风速范围内获得最大的功率系数 C_p，风力机设计者需要尽量把上述参数都调整到功率系数 C_p 最优的水平。

作用在叶轮上的推力（F）可以表示为：

$$F = \frac{1}{2}\rho A v^2 \qquad (2\text{-}17)$$

由此，我们还能求得叶轮扭矩（T）为：

$$T = \frac{1}{2}\rho A v^2 R \qquad (2\text{-}18)$$

式中　R——叶轮半径。

上述扭矩是最大理论扭矩，而实际上，叶轮仅能获得上述最大限值的一部分。

叶轮获得的实际扭矩与理论最大扭矩值的比值称为扭矩系数（C_T），由此，扭矩系数可由下式求得：

$$C_T = \frac{2T_T}{\rho A v^2 R} \qquad (2\text{-}19)$$

式中　T_T——叶轮实际获得的扭矩。

叶轮在某特定风速下能够捕获的功率很大程度上取决于叶轮叶尖速度和风速之间的相对速度。例如，考虑下面这样的情况，叶轮以很慢的速度旋转，然而风却以很快的速度流向叶轮，此时，由于叶片旋转得很慢，一部分流向叶轮的气流可能未与叶片发生作用、未进行能量转换就从叶轮流过去了。类似地，如果叶轮旋转得很快而风速很慢，此时，风力机可能会使气流转变方向，能量可能会因为湍流和旋涡分离而损失掉。在上述两种情况下，叶轮和气流之间的作用效率都很低，因而导致上述过程的功率系数较低。

叶尖速度和风速之比被定义为叶尖速比（λ），于是：

$$\lambda = \frac{R\Omega}{v} = \frac{2\pi N R}{v} \qquad (2\text{-}20)$$

式中　Ω——叶轮角速度；

　　　N——叶轮旋转速度。

叶轮的功率系数和扭矩系数都随叶尖速比的变化而变化。对某一特定叶轮，存在

一个最优叶尖速比 λ，使能量转换效率最高，即功率系数最大（$C_{p,max}$）。

现在，首先考虑功率系数和叶尖速比的关系：

$$C_p = \frac{2P_T}{\rho A v^3} = \frac{2T_T \Omega}{\rho A v^3} \qquad (2\text{-}21)$$

式（2-21）除以式（2-19），得到：

$$\frac{C_p}{C_T} = \frac{R\Omega}{v} = \lambda \qquad (2\text{-}22)$$

可见，叶尖速比为叶轮功率系数与扭矩系数的比值。

【例题】一台风力机的叶轮直径为 5m，叶轮在 10m/s 风速下的转速为 130r/min，此时，叶轮的功率系数为 0.35。求其叶尖速比与扭矩系数。叶轮主轴可利用的扭矩是多少？假定空气密度为 1.24kg/m³。

叶轮面积为：

$$A_T = \frac{\pi}{4} \times 5^2 \ m^2 = 19.63 \ m^2$$

由于叶轮速度为 130r/min，其角速度为：

$$\Omega = \frac{2\pi \times 130}{60} \ rad/s = 13.6 \ rad/s$$

在 10m/s 风速下的叶尖速比为：

$$\lambda = \frac{2.5 \times 13.6}{10} = 3.4$$

扭矩系数为：

$$C_T = \frac{0.35}{3.4} = 0.103$$

由此，可以求得叶轮能获得的扭矩为：

$$T_T = \frac{1}{2} \times 1.24 \times \frac{\pi}{4} \times 5^2 \times 10^2 \times 0.103 \ N \cdot m = 313.39 N \cdot m$$

三、风力发电原理

随着能源危机的日益加剧，人类对自然界能源的利用越来越被重视，其中风力发电就是很重要的方面。风力发电的主要设备是风力机，本节主要对风力机的分类、结构形式，以及风力发电系统的原理、组成等方面进行阐述。

1. 风力机的分类

从风能技术诞生时起，世界各地就设计开发出了各种不同类型的风力机械。其中的一些设计类型具有创新性，但是没有成功商业化。尽管有许多不同的风力机分类方法，但各类风力机都可根据其旋转轴的不同而大致分为水平轴风力机和垂直轴风力机两种类型。

（1）水平轴风力机

水平轴风力机（Horizontal Axis Wind Turbines，HAWT）的旋转轴为平行于地面的水平轴，和空气来流方向也接近平行（见图 2-5），大多数商业化的风力机都属于这一类型。水平轴风力机有许多显著的优点，例如，低切入风速以及易于过载时切出保护等。通常，水平轴风力机具有相对较高的功率系数。然而，需要把水平轴风力机的发电机和齿轮箱置于塔架上方，使其设计更加复杂与昂贵。水平轴风力机的另外一个缺点是需要使用尾翼或者偏航系统来使风力机对风。根据叶片数目的多少，水平轴风力机可以进一步分为单叶片、双叶片、三叶片以及多叶片类型，如图2-6所示。单叶片机组由于节省叶片材料，成本较低，风阻损失也最小。但是，必须在轮毂的对面增加相应的配重，以平衡叶片。单叶片设计由于平衡性以及人们视觉认可性的问题应用不是很广泛。双叶片机组也有类似的平衡缺陷，但是严重程度比单叶片机组要轻。目前，大多数商业化的风力发电机组都是三叶片机组。由于其空气动力荷载相对一致，三叶片机组更稳定。多叶片机组（6叶片、8叶片、12叶片、18叶片甚至更多）也有应用。实际叶片面积与叶轮扫风面积的比值称为实度。因此，多叶片叶轮也被称为高实度叶轮，由于开始起动时有更多的叶片和风相互作用，多叶片叶轮起动更容易。一些低实度设计的叶轮可能需要外力起动。

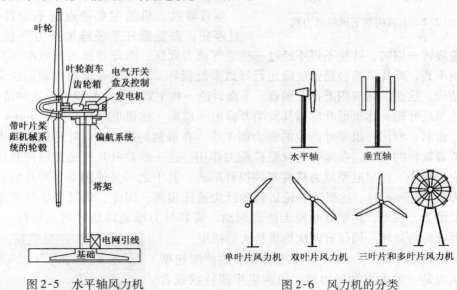

图2-5　水平轴风力机　　　　　　图2-6　风力机的分类

　　考虑两个直径相同，叶片数不同的叶轮，一个是3叶片，另外一个是12叶片，在相同风速下，哪一个会产生更大的功率？由于扫风面积和速度相同，理论上两个叶轮应该产生相同的功率。然而，对多叶片而言意味着更多的空气动力损失，因此，对于相同的叶轮尺寸和风速，三叶片叶轮会产生更大的功率。

　　那么，为什么还需要多叶片风力机呢？有些应用形式，比如风力泵系统需要大起动扭矩，对这类系统而言，起动扭矩比运行扭矩要大3~4倍，起动扭矩随实度的增大而增大，因此为了获得更大的起动扭矩，风力泵风车多采用多叶片叶轮形式。

　　依据迎风方向的不同，水平轴风力机可以分为上风向机组和下风向机组，如图2-7所示。上风向机组的叶轮直接朝向风的方向，由于风先流经叶轮再流经塔架，因此上风向机组没有塔影效应的问题。然而，为了使叶轮对风，偏航系统对上风向机组而言至关重要。而另一方面，下风向机组更加灵活并且不需要偏航系统。但是，由于叶轮置于塔筒的下风侧，由于叶片在塔影效应下风侧的气流中旋转，可能造成叶片荷载分布不均。

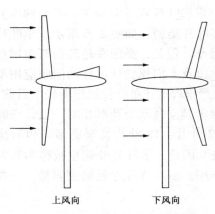

图 2-7　上风向与下风向风力机

（2）垂直轴风力机

由图 2-6 可见，垂直轴风力机（Vertical Axis Wind Turbines，VAWT）的旋转轴垂直于地面，和空气来流方向也接近垂直。垂直轴风力机可以接受各个方向的风，因此不需要复杂的偏航装置。这类系统的发电机和齿轮箱也可以置于地面上，由此，塔架设计更加简单经济。此外，垂直轴风力机的维护工作可以在地面进行。当采用同步发电机时，这类风力机不需要变桨控制系统。

垂直轴风力机的主要缺点是不能自起动，一旦停止，需要额外系统施加推力来起动它。当叶轮旋转一周时，叶片不得不经过一些空气动力死区，因此导致系统效率不高。如果控制不当，叶片可能会超速危险运行导致系统损坏。而且需要使用张紧的拉索固定塔架结构，这在实际应用上存在困难。下面讨论一些主要的垂直轴设计形式和特点。

达里厄叶轮：达里厄叶轮以其发明者乔治·琼斯·达里厄（Georges·Jeans·Darrieus）命名，利用一组桨叶产生的升力而工作。在最初的设计中，叶片的形状类似打蛋机或者旋转的绳子，在运行时仅受拉应力作用。这一经典叶片构造能够使其所受的弯曲应力最小。达里厄型风力机有多种设计形式，其中之一是使用垂直叶片的直线翼型风力机（Giromill）。达里厄叶轮运转的叶尖速比很高，因此，将其用于风力发电也有开发潜力。然而，达里厄叶轮无法自起动，需要外力推动以使其切入运行。此外，达里厄叶轮每运转一周仅有两次提供最大的扭矩。

萨渥纽斯叶轮：S·J·萨渥纽斯发明的萨渥纽斯风力机也是一种垂直轴风力机，由两组半圆柱状或者半椭圆柱状的叶片组成"S"形（见图 2-8）。如图 2-9 所示，半圆柱面的凸面和凹面同时朝向来流。萨渥纽斯叶轮的根本驱动力是风的推力，凹面的推力系数比凸面的推力系数大，因此，朝向来流时，凹面半圆柱上的推力会比另外一半凸面半圆柱上的推力大，从而驱动叶轮旋转。有时，为了平滑旋转过程中扭矩的波动，可将两组或者更多组叶轮错位 90°异步安装。为了提高叶轮的性能，另一种方法是在叶轮上加装导流增压器，导流增压器可以使凸面尽量避开来流，并把来流引向凹面，由此增强推力，提高叶轮性能。

作为推力型机械，萨渥纽斯叶轮的功率系数相对

图 2-8　萨渥纽斯风力机

要低。然而，一些实验型的叶轮表现出高达35%的功率系数。这类叶轮的实度较高，因而起动扭矩大，工作时，其叶尖速比低，最大值大约为1。萨渥纽斯叶轮制造非常简单，甚至把油桶竖向劈开成两半就可制造一组萨渥纽斯叶轮。所以，萨渥纽斯叶轮多应用于高扭矩低风速情况，例如风力提水。

缪斯格洛夫叶轮：缪斯格洛夫叶轮的开发者是英国里丁（Reading）大学缪斯格洛夫（Musgrove）教授领导的研究团队。基本上，它是一种垂直轴升力型机械，装有"H"形叶片和一个中心轴（见图2-10）。在大风速时，由于离心力的作用，叶轮倾斜到一个水平点，叶轮顺桨，避免了叶轮和其他结构经受较大的空气动力作用力的风险。

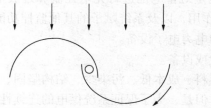

图2-9　萨渥纽斯叶轮的工作原理　　　　图2-10　缪斯格洛夫风力机

依据驱动力的空气动力学性质，可以将风力机分为升力型机械和推力型机械，主要靠升力工作的风力机被称为升力型机械，而靠推力工作的风力机被称为推力型机械。使用升力来驱动风力机通常都优于使用推力。风力机从几个千瓦到数兆瓦大小不等。基于其尺寸，风力机可以分为小型（＜25kW）、中型（25～100kW）、大型（100～1000kW）和超大型（＞1000kW）。

2. 风力发电系统

（1）风力发电的基本原理

风能具有一定的动能，通过风力机把风能转化为机械能，机械能拖动发电机发电，这就是风力发电的基本原理。风力机发出的电经过整流器以及变换器得到稳定、小功率的直流电供给无线传感网络，或者把电能利用蓄电池储存起来，当不能发电或者发电效率不高时使用。这里蓄电池不只具有储能作用，还能达到稳压的作用。

（2）风力发电系统的分类

大型风力发电系统有两种，即并网运行系统和独立运行系统（又称离网运行）。它们产生电能供给人类日常的生活、生产使用。

1）独立运行系统

在独立运行时，由于风能是一种不稳定的能源，如果没有储能装置或其他发电装置的配合，风力发电装置难以提供可靠而稳定的电能。解决上述稳定供电的方法有两种：一是利用蓄电池储能来稳定风力发电机的电能输出；二是风力发电机与光伏发电或柴油发电等互补运行。

独立运行发电系统的组成如图2-11所示。

①风力发电机组：由风力机、发电机和控制部件组成的发电系统(简称风电机组)。

②耗能负载：持续大风时，用于消耗风力发电机组发出的多余电能。

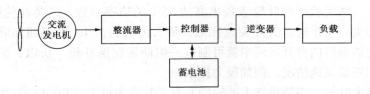

图 2-11　独立运行系统框图

③蓄电池组：由若干台蓄电池经串联组成的储能装置。

④控制器：系统控制装置。主要功能是对蓄电池进行充电控制和过放电保护，同时对系统输入/输出功率起着调节与分配作用，以及系统赋予的其他监控功能。

⑤逆变器：将直流电转换为交流电的电力电子设备。

⑥交流负载：以交流电为动力的装置或设备。

独立运行的风力发电系统具有无需燃料、成本低、污染少、结构坚固、扩充灵活、安全、可自主供电、非集中电网等优点。但是，为了保证系统供电的连续性和稳定性，需要利用储能装置，增加了成本，需要定期维护检修，从而增加了工作量，系统的工作效率不高，而且技术相对复杂。

2）并网运行系统

这种运行方式是采用同步发电机或异步发电机作为风力发电机与电网并联运行，并网后的电压和频率完全取决于电网。无穷大电网具有很强的牵制能力，有巨大的能量吞吐能力。并网后的风力发电机按风力大小自动输出大小不同的电能。这种方式中风力发电机必须具有并网和解列控制，只有当风力发电机电压频率与电网一致时才能并网，当风力发电机因风速太小而不能输出电能时，就会从电网解列。

使用同步机作为风力发电机并网的优点是同步机可以提供自身励磁电流，可以改善电网的功率因数；缺点是成本高，并网控制复杂。使用异步机作为风力发电机与电网并联的优点是发电机结构简单、成本低、并网控制容易；缺点是要从电网吸收无功功率以提供自身的励磁，这一缺点可以在发电机端并接电容器来改善。

不论是同步机还是异步机，与电网并联工作方式有一个共同的缺点，那就是风速低于一定值时，风力机没有电功率输出，为防止功率逆流，风力机系统应与电网解列。低风速没有被利用，高风速时也不能全部运行在最佳运行点，风能利用率低。但在有电网地区，采用并网运行是比较合适的。

3. 微小型风力发电系统的基本组成

一个微小型风力发电系统的组成如图 2-12 所示，图中所示的风力发电机是直流风力发电机。传感器的节点使用的是很小的直流电压，一般为 5V 以内。风力发电机经过控制器找到最佳功率点发出的直流电，经过变换器或者储能装置传给变换器，经变换器转换成合适的电压送给负载使用。

（1）风力发电机

风力发电机包括风力机和发电机两部分。

发电机包括直流发电机和交流发电机。由于无线传感网络或嵌入式系统中电子器件的电压是直流电，因此这种结构使用直流电机。由于永磁无刷直流电机既具备交流电机结构简单、运行可靠和维护方便等优点，又具备直流电机动态特性好、调整性能优良等特点，同时具有重量轻、体积小、动态性能好、出力大、设计简便等特点，因此采用永磁无刷直流发电机。

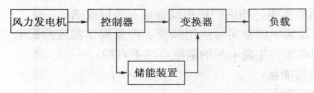

图 2-12　微小型风力发电系统框图

（2）控制器

在发电系统中必须要配备控制器，保证风力发电机对蓄电池的正常充电、放电，防止蓄电池因为过度充电或放电而减少寿命。并且利用控制器控制叶尖速比使得风力发电机工作在最佳功率点处，从而达到整个系统效率最高。

（3）储能装置

由于风能的间歇性和不稳定性，如果风力发电系统直接接在无线传感网络的节点上供电，可能供电或有或无、忽高忽低等不稳定现象，这种现象不仅会造成无线传感网络各节点电子器件的损坏，还使系统不能正常工作。所以，储能装置可以提供一个稳定、无间歇的供电装置，保证无线传感网络安全、持续地工作。蓄电池和电容都可以作为系统中的储能元件。电容主要为两种：传统电容和超级电容。利用电池存储能量的能量存储技术种类繁多，性能各异的电池为能量的存储提供了众多的选择。有关储能装置的具体介绍请参考相关参考资料，这里不再赘述。

（4）变换器

由于各个传感器节点使用的电压范围不一样，因此从储能装置或风力发电装置出来的电能需要进行调节送到各个传感器节点。因为风力发电机采用的是直流发电机，所以这里的变换器采用的是 DC-DC 变换器。DC-DC 变换器包括降压型 DC-DC 变换器、升压型 DC-DC 变换器、降压—升压复合型 DC-DC 变换器、库克 DC-DC 变换器等。

（5）负载

这里的负载可以是无线传感网络的各个节点，也可以是嵌入式系统的各个芯片。注意：要准确地根据负载的特性来调节控制风力发电机发电，以获得最大的效率。

第三节　风力发电技术在建筑中的应用

近年来风能利用越来越广泛，在总能源中占有越来越高的比例，风力发电是清洁可再生能源，蕴存量巨大，具有实际开发利用价值，风力发电在芬兰、丹麦等国家很流行。风能在目前实际应用中还存在以下缺点：

（1）风速不稳定，产生的能量大小不稳定；

（2）受地理位置限制严重；

（3）风能的能量转换效率低；

（4）技术不成熟，还不能普及；

（5）风能是新型能源，相应的使用设备也不是很成熟。

因此，为了在建筑中能够实际应用风能，需要提供相应的配套系统来储存多余的电能和补充不足的电能，主要采用的措施有以下六种：

（1）储存多余的能量；

（2）卖掉多余的能量；

（3）"人工"蓄能；

（4）电力公司弥补不足；

（5）蓄电池弥补不足；

（6）配套备用发电设备。

一、风能在建筑中的应用

建筑中风力的应用主要有两个方面：风力发电和风力制热。

1. 风力发电

风是没有公害的能源之一，而且它取之不尽、用之不竭，利用风力发电已越来越成为风能利用的主要形式，风力发电通常有三种运行方式：一是独立运行方式，通常是一台小型风力发电机向一户或几户提供电力，它用蓄电池蓄能，以保证无风时的用电；二是风力发电与其他发电方式（如柴油机发电）相结合，向一个单位或一个村庄或一个海岛供电；三是风力发电并入常规电网运行，向大电网提供电力，常常是一处风场安装几十台甚至几百台风力发电机，这是风力发电的主要发展方向。

对于缺水、缺燃料和交通不便的沿海岛屿、草原牧区、山区和高原地带，因地制宜地利用风力发电，非常适合、大有可为。与乡村旷野相比，城镇建筑环境中的风场有紊流加剧、风速降低的特点。因此，只有解决了风力强化和集中的问题才能对风能有效地加以利用。将建筑物作为风力强化和收集的载体，将风力透平与建筑物有机地结合成一体，进行风力发电。建筑增速型风力透平有3种不同的类型（见图2-13）：非流线体型（位于建筑物之上）、平板型（位于建筑物的通道内）和扩散体型（位于扩散体型建筑物之间）。

非流线体型模式适用于保持原有样式的建筑，不改变建筑的形状，将风机放置在建筑顶部，或者沿屋顶放置风机，是很好的方式。平板型模式应用前景很好，其空气动力效率非常高。但是建筑的形式需要做出一些改变和调整。扩散体型模式利用建筑物的形状和排列形式作为风力透平的风力集中器，使建筑物的风能利用效率比平板型建筑物高很多。

图2-13　三种基本的空气动力集中器模型

由于现代风力涡轮机里安装有控制装置，它产生的能量不会超过最高限额，但是产生的能量不会总与需求吻合，对于这一情况需要提供相应的配套设施，包括：储存多余的能量、将多余的能量卖掉、电力公司弥补不足、蓄电池弥补不足、备用发电设备等。

2. 风力制热

风力制热是将风能转换成热能，目前有三种转换方法：一是风力机发电，再将电能通过电阻丝发热，变成热能。虽然电能转换成热能的效率可以达到100%，但风能转换成电能的效率却很低。二是由风力机将风能转换成空气压缩能，再转换成热能，即由风力机带动一离心压缩机，对空气进行绝热压缩而放出热能。三是利用风力机直接将风能转换成热能，这种方法制热效率最高。风力机直接转换热能也有多种方法，最简单的是搅拌液体制热，即风力机带动搅拌器转动，从而使液体变热。此外还有固体摩擦制热和涡电流制热等方法。

在过去的二三十年里，世界上一些国家，如日本、丹麦、美国、荷兰、英国、德国、俄罗斯、捷克等，都投入了不少人力和财力开展风力致热的研究，先后研制出了不同形式的风力致热装置，有的已用于生活、农业和工业方面。我国在这方面也进行了一些具有成效的探索和研究。

图2-14是丹麦皇家农牧大学研制的搅拌液体致热试验装置的基本结构。风力机带动传动轴转动，在传动轴的下端安装了8个动叶片，构成了转子，叶片呈放射状，均布安装，转子直径为450mm，叶片用等边角钢制造，其截面尺寸为50mm×50mm×5mm。转子的上方是定子，定子是在空心轴的下端固定着6个高度为30mm的叶片，也是呈放射状均布安装的。定子可以做上、下少量移动，靠调节手柄来实现，定叶片与动叶片的最小间距为

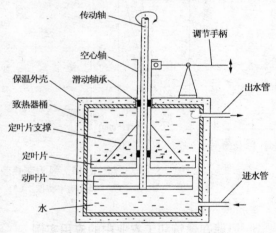

图2-14　风力制热装置示意图

12mm。致热桶用钢板制造，外面的保温外壳是100mm厚的石棉层。

此致热装置用风轮直径为6m的风力机驱动。根据试验结果绘制出了转子的转速与致热器吸收功率的关系曲线，如图2-15（a）所示。当转速为400r/min时，吸收功率为4～10kW。图2-15（b）所示是致热器的吸收功率与水的温度的变化情况，测量时环境温度为15℃。曲线2和曲线1分别代表水流量为9.1L/min时的入口处水温（曲线2）和出口处水温（曲线1）；当水流量为16.4L/min时，入口处水温如曲线4、出口处水温如曲线3所示，在此流量情况下，当进水温度为50℃，出水温度升至59℃时，致热器吸收的功率为10kW。

经过多次试验，统计各参数的变化规律，得出了致热器吸收能量（功率）的关系式：

$$N_e = K\left(\frac{d}{1000}\right)^5\left(\frac{n}{100}\right) \tag{2-23}$$

式中　n——转子转速，r/min；

　　　d——转子（叶片）的直径，mm；

　　　K——结构系数，其值为 1～20，结构系数 K 由转子（含叶片）、定子（含叶片）等相互条件来决定；

　　　N_e——转子吸收的功率，kW。

试验表明，当致热桶盛水量为 135L 时，当地年平均风速在 6m/s 左右的情况下，全年可产出 25000kWh 的能量。

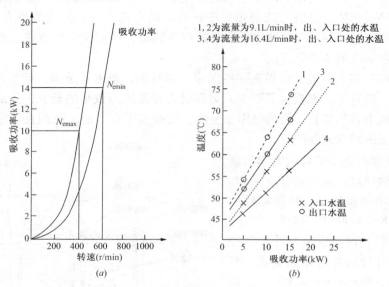

图 2-15　风力制热装置性能曲线

(a) 吸收功率特性；(b) 桶内水温的变化

3. 风能在建筑和工农业中的应用实例

（1）巴林世界贸易中心

耗资 3500 万巴林第纳尔的巴林世贸中心是世界同类建筑中首座利用风能作为电力来源的建筑。三座风能涡轮机的安装费用为 100 万巴林第纳尔。巴林世贸中心高 240m，建筑本身"翅膀"状的外形有助于气流穿过涡轮机，提高效率和电流输出（见图 2-16）。三座涡轮机是由双子塔之间 30m 的桥梁支撑的，并和发电机相连接，给大厦提供电力。这将减少额外的电力供应，对大厦的用户

图 2-16　巴林世贸中心

来说也减轻了经济负担。这是第一次把这么巨大的风力发电和摩天大厦结合起来。三个巨大的涡轮机，每个直径长达29m。由设计师按照独特的空气动力学安装在三个高架桥中。每次工作，这三个巨大的螺旋桨大约能给大楼提供11%～15%的电力，合每年1100～1300MWh，足够给300个家庭用户提供1年的照明用电。

（2）美国风力旋转公寓

美国洛杉矶建筑师迈克尔·伽特泽设计出一栋划时代的建筑：风力旋转公寓（见图2-17）。此建筑共有7层，除了底部的一层不能转动之外，上面的6层可以随风转动，因此每分钟看到的房子外形都是不一样的。建成后的旋转公寓为世界上第一栋以风作为旋转动力的建筑。居住在这所公寓里的人还可以随喜好自行操控自家房子，例如改变房子的朝向、温度和景色等。风在吹动房子改变其外观的同时还可以用来发电，为居民提供夜间照明。

（3）美国风能穹顶

这个巨大的风能穹顶与"会转的房子"出自同一位设计师之手（见图2-18）。它巨大的穹顶不仅可以为路人提供阴凉的休憩场所，上面密密麻麻的涡轮还能够通过风能来发电供应穹顶内部的各项用电需求。

图2-17　风力旋转公寓

图2-18　风能穹顶

（4）风力为牛奶保鲜及为奶牛场供应热水

奶牛场用于低温保鲜牛奶和制取热水而消耗的能量很多，图2-19所示是用风力机带动压缩式热泵制冷和供热系统。

风力机通过传动机构驱动压缩机，在传动机构中有超负荷安全离合器和离合器，前者为保护设备免于损坏，后者是为了降低起动转矩、停机、开机而设置的。压缩机从冰柜中的蒸发器抽出低沸点工质冷冻剂（气态），压缩后输入冷凝器中，来自水泵的冷却水将其降温而凝结成饱和液体。饱和液体经过膨胀阀（节流阀）降压、降温，变成湿蒸气，然后进入冰柜中的蒸发器中，吸热气化成饱和蒸气，再被压缩机抽走，进入下一个循环。在此流程中获得了两个有效结果：一是冷却水经过冷凝器升温变成热水，供奶牛场使用；二是在冰柜中积存着足够的冰块。

牛奶的流动线路如图2-19中虚线所绘。刚挤出的牛奶储入鲜奶罐中，经初冷器被冷却水降温，然后流经再冷器，再冷器中温度很低，这种低温是由流经冰柜（用耐盐的管道和泵）的冷冻盐水来保证，从再冷器中流出的牛奶温度降至 1～4℃，流入储奶箱中保鲜，等待运走或加工。

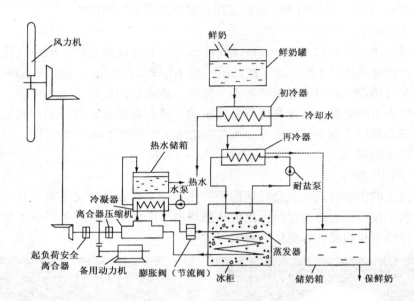

图 2-19　风力制热（冷）用于牛奶保鲜及奶牛场热水供应系统示意图

（5）风力干燥农产品

在农作物收获季节，有许多种产品等待及时干燥，下面介绍用风力致热干燥玉米棒的情况。玉米成熟后，农村习惯的做法是剥去穗皮，将玉米棒装进"玉米篓子"里。"玉米篓子"常用木棍、向日葵秆或玉米秆围结而成，缝隙较多，靠自然通风来干燥玉米棒，所用时间很长。这种自然干燥方式存在的主要弊病：一是由于干燥速度慢，大大推迟了玉米脱粒作业；二是较长时间在室外存放，难免造成损耗；三是遇上雨雪天气，玉米棒可能发霉、变质。

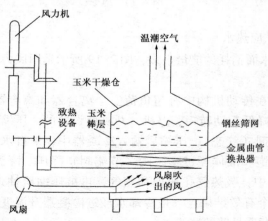

图 2-20　风力制热干燥玉米棒示意图

图 2-20 所示是风力致热干燥玉米棒的情况，它可显著地缩短玉米干燥时间。风力机通过传动机构驱动挤压液体式致热设备（用搅拌液体致热或固体摩擦致热设备也可以），得到的热水流入金属盘管换热器内，利用风扇将空气吹入干燥仓底部，并自下而上流动，流经金属盘管换热器后，冷空气变成了暖风，穿过钢丝筛网吹入待干燥的玉米棒层。具有一定流速的暖风能较快地把潮湿的玉米棒干燥好。

暖空气穿过玉米棒层后，温度有所下降，含水量也多了一些。将出仓的温湿空气用管道（图中未绘）引入温室（或塑料大棚），提高温室的温度，可以延长蔬菜的生长期。

玉米干燥仓可利用"玉米篓子"的传统结构，当用风力致热干燥玉米时，可以用塑料布将其包裹严密；无风天风力机不工作时，将塑料布揭开，让玉米自然干燥。

二、建筑中风能与其他可再生能源的综合利用

1. 多能互补为建筑供电

风能和太阳能作为可利用和可再生自然能源，在转换成电能的过程中都受到季节、地理位置和气候条件等多种因素的影响、制约，具有周期性和不稳定性。然而，两者的变化趋势基本上是相反的，因此它们又具有互补性。例如，新疆、内蒙古等地，冬春季风力强，夏秋季风力弱；而太阳辐射则刚好相反，冬春辐射弱，夏秋辐射强。在风力强的季节或时间内可以风力发电为主，太阳能发电为辅；而在风力弱的季节或时间以太阳能发电为主，以风力发电为辅，从资源利用上恰好可以进行互补。即使在同一个季节，一天 24h 内也可以互补，白天风力弱可以太阳能发电为主，晚上风力强可以风力发电为主。因此，扬各自之长，补各自之短，实现风能和太阳能相互配合利用，因地制宜，能发挥出二者最大的作用。风光互补发电系统主要由风力发电机组、太阳能发电阵列、控制器、蓄电池组、逆变器、系统监控、直流交流负载等部分组成，如图 2-21 所示。

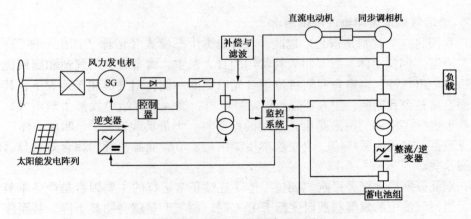

图 2-21 风光互补系统原理图

除可采用风光互补的形式，还可采用风能与生物质能，甚至是常规能源，如柴油发电机等多种能源相结合，解决风能的不稳定性问题，提高建筑供电的可靠性。

英国"最环保住宅"就是风能与多种可再生能源联合使用的很好例证，如图 2-22所示。迎风缓缓转动叶片的微型风能发电机正在成为一种新景观。家庭安装微型风能发电设备，不但可以为生活提供电力、节约开支，还有利于环境保护。堪称世界"最环保住宅"就是由英国著名环保组织"地球之友"的发起人马蒂·威廉历时 5 年建造

成的，首先在住宅迎风的院墙前建了一个扇状涡轮发电机，随着叶片的转动，不时地将风能转化为电能。此外，在斜面屋顶外铺设着数块巨大的太阳能电池板，将强烈的日照转化成电能，并加以储存。而一楼的储藏间里则安装了一台生物发电机，将食物的残渣和人畜的粪便发酵变成沼气，继而转化为电能。除利用风能、太阳能和生物质能发电外，所有门窗的普通玻璃被清一色的双层真空隔热玻璃取代；原有混凝土墙体经过改造，内部夹层统一添加了保温材料。

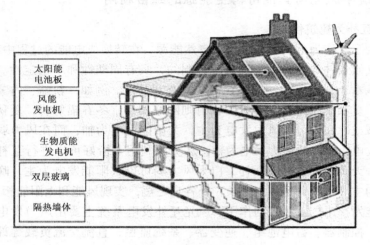

图 2-22　最环保住宅示意图

2. 为沼气池增温和给洗浴供热水

在我国北方（特别是东北）地区，农村能源生态模式（俗称"四位一体"）发展很快，所谓"四位一体"就是将农村常用的日光温室、禽畜舍、沼气池和厕所优化组合成一体。沼气池、禽畜舍和厕所位于日光温室的一侧，沼气池建于地表下，其上面和侧面有禽畜舍和厕所，用人畜粪便作发酵原料，投入沼气池中发酵生产沼气，供农户作炊事燃料；沼渣、沼液是生产蔬菜的好肥料。大量实践表明，"四位一体"是农民发家致富、改善生活环境、改变炊事用能结构、节省能源消耗、综合效益显著的能源生态模式。

在东北等寒冷地区，影响"四位一体"连续正常运行的主要因素是严冬季节气温太低。当沼气池中的发酵料液温度低于15℃时，沼气产量就会明显下降，甚至停止产气。而冬季又往往是风能最丰富的时候，所以，可以用风能制热，对沼气池进行加热，以提高沼气产气量。图 2-23 所示为采用风力致热为沼气池发酵料液增温，解决北方地区的沼气越冬运行问题的示例。

风力机带动制热设备生产热水，热水由管道输入沼气池发酵料液中的金属盘管换热器（弯管布置不要妨碍出料与检修作业），将热量传导给发酵料液，料液的温度只要不小于15℃，基本上就能正常发酵，产出沼气。

北方地区的农民冬季洗浴存在一定困难，有了风力致热装置，困难就很容易解决了。当沼气池达到需要的温度时，可将制得的热水输往洗浴室，其温度有40℃左右就可以满足要求。洗浴者可用补水箱的凉水适当地调节喷淋水的温度，用调节水阀控制凉水的混入量。用热水洗浴时，应打开补水阀向系统内补水，还要及时地向补水箱中注水，这些水来自水井，用注水泵抽注。

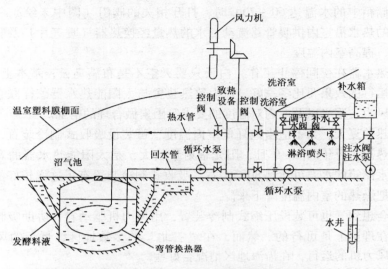

图 2-23　风力制热为沼气池增温和提供生活热水

当沼气池的温度已满足要求、住户室内又不需热水时的风力正旺，致热设备产出的热水又较多时，可用分支管路（图中未绘）将热水输入温室，通过温室中的换热器（如暖气片）加热温室中的空气，提高温室的环境温度。

3. 风能与太阳能联合调节室内温度

将风力致热与太阳能热利用装置联合起来，冬季向室内供暖，夏天为室内降温，图 2-24 所示是其中的一种设计方案。

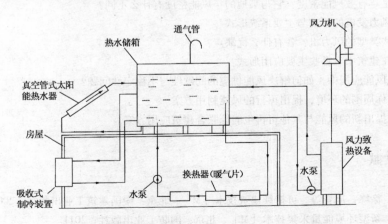

图 2-24　风能与太阳能结合调节室内温度系统示意图

风力致热装置如前面所述，制得的热水储入热水储箱中；真空管式太阳能热水循环加热热水储箱中的水。风力致热装置和太阳能热水器共同将热水储箱中的水加热，冬季用于向室内供暖。由于"三北"地区严冬季节室外温度很低，因此热水储箱和管道要特别做好保温措施。

当热水储箱中的水温达 60～70℃ 时，打开相关的阀门（图中未绘），开动水泵，让热水储箱的热水沿室内供暖管路流动，水的热量经换热器（暖气片）及管路传递给室内的空气，提高室内温度。

太阳能热水器在夜间停止工作，白天只要天空不是布满乌云，基本上都能运行，当然，夏季运行的效果要比冬季好。风力致热装置与太阳能热水器怎样联合运行，要根据昼夜、风力、阳光以及室内对温度的要求等因素做合理的搭配。

到了炎热的夏天，为了适当地降低室内温度，可装设吸收式制冷装置，以储水箱中的热水作热源。每年的 6～9 月，阳光辐射量较大，是太阳能热水器的有利工作季节，此时热水储箱的水温可达到 80℃ 左右，吸收式制冷装置有了这样较好的热源，通过运行即可把燥热的室内温度降下来。

你可能会想到，也可装设压缩式制冷装置，用风力机驱动它，协助吸收式制冷装置工作，这在理论上是可行的。然而，在"三北"的多数地区，夏天的风力常常很小，不利于风力机的运行，在沿海地区情况会好些。

课后思考题

1. 风是怎样形成的？与哪些因素有关？
2. 为什么白天风由山谷吹向山坡，而晚上又从山坡吹向山谷？
3. 请根据您所在地区的风能特点，说明本地是否适合风能开发利用。
4. 风玫瑰图与风能玫瑰图各表示了什么意义，从图中如何判断某地的主导风向？
5. 风能大小与哪些因素有关？
6. 什么是年有效风能密度？它与某地的年风能密度有什么不同？
7. 解释风力发电的原理与主要系统形式。
8. 有哪些类型的风力机？各有什么优缺点？
9. 风能在建筑中有哪些主要应用形式？
10. 建筑风能应用中，如何解决风能供应的间歇性与不稳定性问题？
11. 结合你周围的环境，提出可行的风能利用方案。
12. 请您提出新的风能与其他可再生能源联合建筑应用方案。

本章参考文献

[1] 张国强，徐峰，周晋等．可持续建筑技术［M］．北京：中国建筑工业出版社，2009.
[2] 陈仁文．新型环境能量采集技术［M］．北京：国防工业出版社，2011.
[3] Sathyajith Mathew 著．风能原理、风资源分析及风电场经济性［M］．许锋飞译．北京：机械工业出版社，2011.
[4] 王士容，沈德昌，刘国喜．风力提水与风力制热［M］．北京：科学出版社，2012.

第三章　地热能及其在建筑中的应用

第一节　地热能资源概述及地热资源分类

一、地热能资源概述

地球是一个巨大的能源宝库，进入地球内部越深，温度就越高。每天由地球内部向地表传递的热量相当于全人类一天所消耗能量的2.5倍。这种储存于地球内部的能源其实远比化石燃料丰富，特别在当今人们日益关注全球气候变化和各种环境污染问题的形势下，地热能作为一种清洁能源而备受关注。

按一般概念，地热能是指以热能为主要形式储存于地球内部的热量。这部分热量一方面来源于地球深处的高温熔融体，另一方面则来源于放射性元素（U、TU、^{40}K）的衰变。这些热量通过火山爆发、间歇喷泉和温泉等途径，源源不断地把地球内部的热能通过传导、对流和辐射的方式传到地面上来。据估计，全世界可用地热资源的总量大约为14.5×10^{25}J，相当于4954×10^{12}吨标准煤燃烧时所放出的热量，是全球煤炭总储量的17000万倍，主要分布在环太平洋地热带、地中海—喜马拉雅地热带、大西洋中脊地热带、红海—亚丁湾—东非裂谷地热带。

二、地热资源分类

1. 根据地质环境和热量传递方式分类

根据地热资源系统的地质环境和热量传递方式不同，将地热资源系统分成对流型地热系统与传导型地热系统。

（1）对流型地热系统。在对流型地热系统中，则可以细分为年青浅层侵入岩浆体相关的对流型水热系统、区域热背景高至正常地区的大气—水环流系统。

（2）传导型地热系统。在传导型地热系统中，则可以细分为区域热背景值正常或略偏高地区沉积岩中的中低温地热系统（包括地压地热带）和干热岩系统。

2. 考虑水岩作用的地热资源系统分类

考虑水岩作用，地热资源系统可以分为：现代地热系统、洋底地热系统、古地热系统、人工地热系统、模拟地热系统。

3. 按地下热能的赋存形式分类

（1）蒸汽型

蒸汽型地热资源是指地下以蒸汽为主的对流水热系统，它以生产温度较高的蒸汽为主，含有少量其他气体，水很少或没有，进而又可细分为：

1）湿蒸汽型（如新西兰怀拉开）；

2）干蒸汽型（如意大利拉德瑞罗、美国盖瑟尔斯、日本松川等）。这类地热田开发比较容易，发电技术比较成熟，但资源少，地区局限性大。对这类资源，只要不是埋藏过深，以致钻井费用过高，就应该充分开发利用。

（2）热水型

热水型地热资源是指地下热储中以水为主的对流水热系统，此类地热田又可按温度的高低分类：

1）高温地热田（≥150℃）；

2）中温地热田（90℃～150℃）；

3）低温地热田（≤90℃）。

（3）地压型

所谓地压型地热资源是埋深在2000～3000m以下第三纪碎屑沉积物中的孔隙水。这种资源的能量由以下三方面构成：

1）异常高的压力势能；

2）地压地热流体热能；

3）地压地热水中饱和的烷烃气体化学能。

地压地热现象是几十年前在墨西哥湾勘探开发石油过程中遇到的，对其开展研究工作在近几年才开始。我国在南海石油勘探时揭露出来，已在东海油气田勘探开发及松辽盆地油气开发中进行相关研究。

（4）干热岩体型

干热岩体型地热是储存在地球深部岩层中的天然热量。由于埋深大（地下1600m或更深）、温度高和含水少，开采此种能源的一种方法是注水采热。这一设想最初由美国新墨西哥州洛斯阿拉莫斯国家实验研究所的研究人员于20世纪70年代提出并进行了现场试验及试运行。有人估计，美国所拥有的可钻探深度内的干热岩有用热量，可满足国家5000多年的能源需求。此种能源具有良好的应用前景，目前我国的赵阳升等在此方面进行一些相关研究工作。

（5）岩浆型

岩浆型地热资源是指蕴藏在熔融状和半熔融状岩浆中的巨大能量。它的温度为600～1500℃，主要分布在一些多火山地区。而多数这类资源则深埋在可钻探深度以外。日本政府已提出了火山发电的研究课题，美国桑迪亚实验室亦开展了此方面的研究工作。

第二节　我国的地热能资源概述

我国地热资源丰富，储量居世界第二位，在地热勘查与开发方面也取得显著的成绩，尤其是近10年来，我国地热能源开发利用以每年10%的速度在增长。目前，全国已施工地热井近2500眼，深度从数百米到4km，每年开发地热水总量估计在5亿t左右，地热能的利用相当于500万吨标准煤的发热量。根据我国所处的大地构造位置及地热背景，我国高温对流地热资源主要分布在滇藏及台湾地区，而滇藏地热带（或称"喜马拉雅地热带"）实际上是地中海地热带的东延部分，我国台湾地热资源带属于全球"环太平洋地热带"；中低温对流型地热资源主要分布在我国东南沿海地区，包括广东、海南、广西以及江西、湖南和浙江；中低温传导型地热资源是一类能源潜力巨大的地热资源，主要埋藏在大中型沉积盆地之中（如华北、松辽、苏北、四川、鄂尔多斯等地）；高温岩体地热资源主要分布在云南腾冲地区。

一、高温对流型地热资源

1. 喜马拉雅地热资源带

该带位于喜马拉雅山脉主脊以北和冈底斯—念青唐古拉山系以南的区域，向东延伸到横断山区经川西甘孜后转折向南，包括滇西腾冲和三江（怒江、澜沧江和金沙江）流域地区。该带西端经巴基斯坦、印度以及土耳其境内的高温地热水地区后，与地中海地热带衔接。该带东南端出我国国境，进入泰国北部清迈高温水热区，并向南到印度尼西亚与环太平洋地带相接。由此可见，喜马拉雅地热带是绵延上万公里的地中海地热带的重要组成部分。

目前我国大陆所有的高温喷泉，包括沸泉、间歇喷泉、水热爆炸都出露在该带上，所有著名的高温地热田也都分布在该带上。喜马拉雅地热资源带在西藏和滇西地区考察到的水热区分别达到653个和670个，几乎占全国温泉区总数的44%。地热带出露的温泉在西藏海拔4800m的查布间歇喷泉区，水温为96.4℃。云南金平县海拔160m的勐坪，最高水温为102.2℃，在羊八井ZK4002钻井测取的最高温度为329.8℃。

2. 我国台湾地热资源带

我国台湾地热带位于太平洋板块和欧亚板块的边界，属环太平洋地热带的一部分，但不具有该地热带的典型意义。在著名的台湾大纵谷深断裂带内，蛇绿岩带发育，说明断裂已深入上地幔。岛上地壳运动活跃，第四纪火山活动强烈，地震频繁，是我国东南部海岛地热活动最强烈的一个带。我国台湾及其邻近岛屿有温泉区103处。其中，达到或略高于当地沸点的沸泉有8处。地热带出露于地表显示中，测到的大屯水热区喷汽孔的最高温度为120℃，测到的七星山附近马槽钻井最高温度为293℃，热流体中的蒸汽含量高达30%。虽然流体水温高，由于矿化度较高（每升达5～12g），水质的碱度偏低，具强烈的腐蚀性（pH<3），给开发利用带来极大的困难。我国台湾曾于1981年和1985年在清水和土场建造的小型地热发电站，均因腐蚀结垢的困扰而停产，目前仅用于浴疗。

二、中低温对流型、传导型地热资源

1. 中低温对流型地热资源

我国的中低温对流型地热资源主要分布在我国东南沿海地热带和胶辽半岛地热带。从成因上来说，这类地热资源是在正常或略微偏高的地热背景下（以"大地热流值"来衡量），大气降水经断层破碎带或裂隙发育带渗入地下，并从围岩中汲取热量成为温度不等的地下热水。这类地下热水在适当地质构造条件下（如遇断层）可出露地表，从而成为温泉，构成一个完整的地下环流系统。一般情况下，地热背景越高，下渗（或循环）深度越大，地下热水温度亦越高。

东南沿海地热带，包括广东、海南、广西及江西、湖南和浙江，是我国大陆东部地区温泉分布最密集地带。其中广东有257处，福建174处，海南30处。温泉水温一般均在40～80℃之间，其中以广东阳江新州温泉为本带水温之最，高达97℃，接近当地高程的沸点。钻井记录到的最高温度为福建漳州一口地热井，在90m深的井底实测温度为121.5℃，井口水温为105℃。

东南沿海地热带没有现代火山作用，但自新生代以来地壳运动活跃，深大断裂发育，致使本带出露的水热区有三大特点：

（1）按地热田的结构可分为两类：1）以福建福州、漳州以及广东潮安东山湖热田为代表，有厚数十米第四纪地层覆盖在热田的热储之上，或形成盖层，或形成浅部热水储。热田为花岗岩热储，钻井深度100～500m的井口水温要比地表温泉水高出20～40℃；2）没有盖层的热田，这种开放型的水热系统，数量众多，井口水温与泉口水温的温度比较相差无几，井口仅高出0.5～2℃。

（2）在正常或略为偏高的地热背景条件下，由于地下水的深循环而获取到热量，在适当的地质构造部位和地貌条件下，热水沿断裂上升至浅部或出露于地表形成温泉，其温度的高低主要取决于地下水的循环深度。本带的循环深度在3.5～4km以内，推算地下热储的基准温度≤140℃，属板内型中低温水热系统，其中绝大部分为低温水热系统。

（3）热田面积狭小，一般小于1km²，个别大者也超不过10km²。该地热带是我国大陆东部地区地热直接利用潜力最大的地区。

胶辽半岛地热带包括胶东半岛和辽东半岛及沿郯庐大断裂中段两侧的地区，出露温泉共有46处，这里新构造运动活跃、地震频繁。该带多为低温水热系统，只有4个中温水热系统，即辽宁鞍山的汤岗子—西荒地、辽宁盖平的熊岳、山东招远汤东温泉区和山东青岛即墨温泉区。胶辽半岛地热带也属于中低温对流型地热资源带。

2. 中低温传导型地热资源

中低温传导型地热资源是一类能源潜力巨大的地热资源，主要埋藏在大中型沉积盆地之中（如华北、松辽、苏北、四川、鄂尔多斯等）。据估算，我国10个主要沉积盆地的可采资源量可达到18.54亿吨标准煤的量级，可见其资源潜力之巨大。目前，北京、天津、西安等大中城市及广大农村开发利用的就是这类地热资源。此类资源可进一步划分为断陷盆地型和坳陷盆地型两类。上述地热资源区，一般地表无显示，热储温度低，无特殊热源，只靠正常的地温梯度增温。华北平原牛驼镇地热田就属于板内断陷盆地型地热资源系统。牛驼镇地热田均位于冀中坳陷区，冀中坳陷地处华北平原北段，自20世纪70年代以来在坳陷地段勘探石油天然气过程中，发现有较为丰富的低温地下热水资源。冀中坳陷是一个中新生代的断陷盆地，坳陷内的地温梯度略偏高于正常值0.5℃（每百米增温3℃），个别地区超高6～13.7℃。牛驼镇热田出露在冀中坳陷北，坝县以西的牛驼镇凸起地热带上，面积约650km²。热田为多层状热储层。最上一层是上第三纪的明化镇组砂层，构成浅层的孔隙型热储，只要进尺500m，即可钻取到 35 ~ 70℃ 的热水；第二层为中上元古界雾迷山组碳酸盐岩的岩溶裂隙热储，埋深 500 ~ 1500m。一般在 1000m 深度可钻取到 60 ~ 80℃ 的热水。第三层是下古生界奥陶—寒武系府君山组碳酸盐岩热储，这层热水的水温低于第二层。

另外，中低温对流型地热资源及中低温传导型地热资源是按温度高低和传热机制进行分类；实际上，在自然界很难看到单纯的传导或对流型地热资源。通常情况下，往往是两种类型的叠加，或传导—对流，或对流—传导。

三、高温岩体地热资源

相关研究表明，我国的活火山主要有：黑龙江五大连池火山、黑龙江镜泊湖火山、吉林长白山天池火山、吉林龙岗火山、云南腾冲火山、新疆阿什库勒火山、台湾岛大屯火山和龟山岛火山、海南琼北火山等。并且观测与研究表明，长白山、腾冲等火山区存在火山地震、高热流、水热活动等地温异常现象。根据我国区域地质构造特征、大地热流分布特点、地温分布规律、高地温梯度分布以及火山与岩浆活动的相关研究及分析，在我国存在或可能存在高温岩体地热资源的地区主要是第四纪以来的火山活动区和年轻岩侵区，即藏南地区、云南腾冲地区、东北长白山与五大连池地区、海南琼北火山地区等。

云南腾冲地区是我国高温岩体地热资源带的典型代表。腾冲地区位于我国的云南省，泛指我国云南省高黎贡山以西广大地区，西部、南部与缅甸接壤，面积约为 1.9 万 km^2。该地区具有复杂的地质发展史，是著名的特提斯—喜马拉雅造山带的一部分，热流极大值为 120.5mW/m^2（毫瓦/平方米），约为全球均值（61.6mW/m^2）的两倍；温泉数量居云南首位，已知温泉数为 139 处；该区面积仅为全省面积的 6%，而放热热能却占全省总量的 19%，就单位面积的放热能量而言，它是全国最高的地区之一。腾冲地区位于印度板块与欧亚板块碰撞带东侧的欧亚板块仰冲抬升拉张部位，是一个狭长的微大陆，以发育的断裂构造及年轻的火山活动为特征。自新生代以来，地质活动一直很强烈，先后出现高温变质作用、花岗岩入侵、火山喷出以及频繁的地震活动等。据不完全统计，自公元 1512 年至 1984 年，发生在腾冲及邻近地区的地震等级别大于 4.7 的地震就有 88 次。印度板块目前仍以 64mm/a 的速率挤压缅甸和腾冲地区，造成腾冲地区的活断裂挤压—剪切或剪切运动速率达 3 ~ 5mm/a。腾冲地区上部地壳发生的大规模断裂作用、褶皱作用、岩浆作用和多期次的火山活动，为腾冲地区的地热资源提供了良好的导热通道和强大的热源。腾冲火山群位于地中海—喜马拉雅—东南亚火山带上，在近南北长约 90km、东西宽约 50km 的范围内分布有 8 座中上新世火山和 60 座第四纪火山。腾冲地区最近的一次火山喷发是公元 1609 年的打鹰山喷发，距今不到 400 年。腾冲地区水热活动分布范围很广，其空间展布明显受弧形断裂构造的控制。共有温热泉 139 处，其中沸泉 5 处，总的天然热流量约 163×10^6J/s，相当于每年燃烧 18 万吨标准煤释放的热量。腾冲地区水热活动可以划分为三个带：大盈江水热活动带、龙川江水热活动带和龙陵—瑞丽水热活动带。

另外，根据相关研究并从经济性等角度出发，我国高温岩体地热资源开发优先地区依次为：藏南羊八井热田的深钻与扩容，云南腾冲高温岩体地热开发，海南琼北火山区高温岩体地热开发。

第三节　地热能发电技术

地热发电是 20 世纪新兴的能源工业，它是在地质学、地球物理、地球化学、钻探技术、材料科学以及发电工程等现代科学技术取得辉煌成就的基础上迅速发展起来的。地热电站的装机容量和经济性主要取决于地热资源的类型和品位。

地热发电至今已有近百年历史，世界上最早开发并投入运行的是 1913 年意大利拉德瑞罗地热发电站，只有 1 台 250kW 的机组。随着研究的深入、技术水平的提高，拉德瑞罗地热电站不断扩建，到 1950 年全部机组投产后，总装机容量达到 293MW。此后，新西兰、菲律宾、美国、日本等相继开发地热资源，各种类型的地热电站不断出现，但发展速度不快。至 20 世纪 70 年代后，由于世界能源危机发生，矿物燃料价格上涨，使得一些国家对包括地热在内的新能源和可再生能源开发利用更加重视，世界地热发电装机容量才逐年有较大的增长。据统计，全世界地热发电装机容量 1980 年仅为 2110MW，2007 年已上升到了 9700MW。截止到 2005 年地热发电装机容量中，美国居第一位（占 30.5%），菲律宾居第二位（占 21%），以下依次为墨西哥、印度尼西亚和意大利，日本居第六位。预计到 2020 年世界主要国家或地区的利用地热发电情况见表 3-1。

2020 年世界部分地区地热发电预测　　　　　　　　表 3-1

项　　　目	1997（TWh）	2020（TWh）	项　　　目	1997（TWh）	2020（TWh）
OECD 北美	14.9	25.1	东亚	9.8	38.1
OECD 欧洲	4.4	7.5	拉美	6.9	11.2
OECD 亚太	5.8	23.6	非洲	0.5	3.1
转型国家	0.0	0.9	中东	0.0	0.0
中国	0.0	2.5	南亚	0.0	0.0
世界	42.0	112.0			

注：1. "TWh"指万亿瓦小时。

2. "OECD"，即 "Organization for Economic Cooperation and Development" 经济合作与发展组织（工业化国家鼓励贸易和经济发展的组织）。

一、地热蒸汽发电技术

1. 概述

1904 年，意大利首次试验成功利用高温地热蒸汽推动汽轮机发电。100 多年来，该技术已得到不断改善和发展。2007 年世界上共有 24 个国家建立了地热电厂，总装机容量 9700MW。美国的地热发电居世界第一，为 2687MW。意大利的拉德瑞罗地热田和美国的盖依瑟斯地热田都是干蒸汽地热田，即从井口喷出的是100%高温过热干蒸汽，直接用输送管道送往汽轮机就能发电了。另外，新西兰、日本、冰岛等都是湿蒸汽地热田，井口喷出高温两相流体，既有蒸汽又含水，这种情况要先实行汽、水分离，然后蒸汽去发电，热水另作利用。世界上的高产地热井，温度能达300℃，甚至350℃，流量能达500t/h，单井地热发电潜力能达30MW。我国西藏羊八井地热田ZK4001地热井，井口工作压力为15bar，工作温度为200℃，汽水总流量为302t/h，其中蒸汽流量为37t/h，单井发电潜力为12.58MW。我国西藏另一处已经勘探评价的羊易地热田，最高温度为207℃，工作温度为105~190℃，闭井压力为2.8~9.4bar，工作压力为0.95~11.3bar，单井汽水总流量为32~373t/h，其中蒸汽流量为3.5~100t/h，该热田目前可建厂的地热发电潜力30MW。我国西藏南部经四川西部至云南西部，属于全球性地中海—喜马拉雅地热带的东段，带内有温泉1000余处，其中高于当地沸点的有81处。目前开发用于发电的仅羊八井地热田1处，完成勘探评价的有羊易地热田1处，其余丰富的高温地热资源仅在青藏铁路沿线的谷露、董翁、续迈、吉达果等10余处进行过详细勘查，所有这些勘查过的地热田其地热发电潜力为13.75×10^4kW。西藏地热资源普查估算的资源总量为2.99×10^8kW。

2. 地热蒸汽发电的基本原理

目前，利用高温地热蒸汽发电主要有三种方法，分别是直接蒸汽发电法、扩容（闪蒸式）发电法、全流循环式发电法。

（1）直接蒸汽发电法

直接蒸汽发电法仅适用于高温蒸汽热田。高温蒸汽首先经过净化分离器，脱除井下带来的各种杂质后推动汽轮机做功，并推动发电机发电。所用发电设备基本上与常规火电设备一样。直接蒸汽发电又分为两种系统：

1）背压式汽轮机循环系统。该系统适用于超过0.1MPa压力的干蒸汽田。天然蒸汽经过净化分离器滤去夹带的固体杂质后进入汽轮机中膨胀做功，废气直接排入大气（见图3-1）。这种发电方式最简单，投资费用较低，但电站容量较小。1913年世界上第一个地热能电站，即意大利拉德瑞罗地热电站中的第一台机组，就是采用背压式汽轮机循环系统，容量为250kW。

2）凝汽式汽轮机循环系统。此发电方式适用于压力低于0.1MPa的蒸汽田，地热流体大多为汽水混合物。事实上，很多大容量地热电站中，有50%~60%的出力是在低于0.1MPa下发出的。经净化后的湿蒸汽进入汽水分离器后，分离出的蒸汽再进入汽轮机中膨胀做功（见图3-2）。蒸汽中所夹带的许多不凝结气体随蒸汽经过汽轮机时往往积聚在凝汽器中，一般可用抽气器排走以保持凝汽器内的真空度。美国盖瑟斯地热电站（1780MW）和意大利拉德瑞罗地热电站（25MW）就是采用这种循环系统。

（2）扩容（闪蒸式）发电法

扩容法是目前地热发电最常用的方法。扩容法是采用降压扩容的方法从地热水中产生蒸汽。当地热水的压力降到低于该温度所对应的饱和压力时，地热水就会沸腾，一部分地热水则相变为蒸汽，直到其温度降至该压力下所对应的饱和温度时，相变终止。这个过程进行得很迅速，所以称为闪蒸。

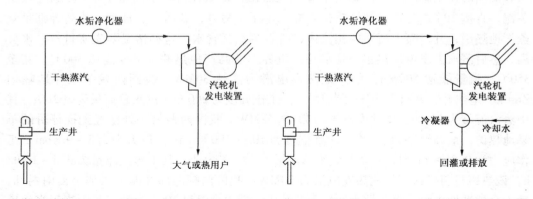

图 3-1 背压式地热蒸汽发电系统示意图　　　图 3-2 凝汽式地热蒸汽发电系统示意图

　　扩容法发电系统的原理如图 3-3 所示。地热水进入扩容器降压扩容后所转换的蒸汽通过扩容器上部的除湿装置，除去所夹带的水滴变成干度大于 99% 以上的饱和蒸汽。饱和蒸汽进入汽轮机膨胀做功，将蒸汽的热能转化成汽轮机转子的机械能。汽轮机再带动发电机发电。汽轮机排出的蒸汽习惯上称为乏汽，乏汽进入冷凝器重新冷凝成水。冷凝水再被冷凝水泵抽出以维持不断的循环。冷凝器中的压力远远低于扩容器中的压力，通常只有 0.004 ~ 0.01MPa，这个压力所对应的饱和温度就是乏汽的冷凝温度。冷凝器的压力取决于冷凝的蒸汽量、冷却水的温度及流量、冷凝器的换热面积等。由于地热水中不可避免地有一些在常温下不凝结的气体在闪蒸器中释放出来进入蒸汽中，同时管路系统和汽轮机的轴也会有气体泄漏进来。这些不凝结气体最后都会进入冷凝器，因此还必须有一个抽真空系统把它们不断从冷凝器中排除。在扩容发电方法的减压扩容汽化过程中，溶解在地热水中的不凝结气体几乎全部进入扩容蒸汽中。因此，真空抽气系统的负荷比较大，其抽气系统的耗电往往要占其总发电量的 10% 以上。对于不凝结气体含量特别大的地热水，在进入扩容器之前要采取排除不凝结气体的措施，或改用其他发电方法。

　　（3）全流循环式发电法

　　全流循环式发电法是针对汽水混合型地热水而提出的热力循环系统（见图 3-4）。核心技术是一个全流膨胀机，地热水进入全流膨胀机进行绝热膨胀，膨胀结束后汽水混合流体进入冷凝器冷凝成水，然后再由水泵将其抽出冷凝器而完成整个热力循环。从理论上看，在全流循环中地热水从初始状态一直膨胀到冷凝温度，其全部热量最大限度地被用来做功，因而全流循环具有最大的做功能力。但实际上全流循环的膨胀过程是汽水两相流的膨胀过程，而汽水两相膨胀的速度相差很大，没有哪一种叶轮式的全流膨胀机能够有效地把这种汽水两相流的能量转化为叶轮转子的动能。目前容积式的膨胀机，如活塞式、柱塞式及螺旋转子膨胀机等的效果较好，但膨胀比比较小，难以满足实用的要求。如果地热水不能完全膨胀，功率难以提高，那就只能做成小功率的设备，因而全流循环的优点就体现不出来。

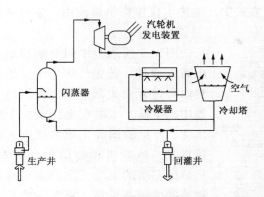

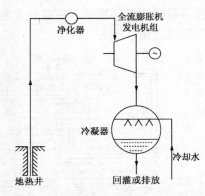

图 3-3　扩容（闪蒸式）发电法系统示意图　　图 3-4　全流循环式发电法系统示意图

二、地热水发电技术

1. 概述

中低温地热水发电主要是应用双工质循环法,利用地下热水加热某种低沸点的有机工质,该工质的沸点仅 30℃ 左右,因此靠中低温地下热水加热后,就能产生 3~5bar 的压力,就可以推动汽轮机发电。从汽轮机流出的、发电后的有机工质气体,经冷凝为液体后,再去参与下一轮循环。我国 20 世纪 70 年代的中低温地热水发电已具备相当水平,并创造了 67℃ 的当时世界最低温度发电实例。但是,30 年来,这一技术领域没有扩大应用,在跨入市场经济后,没有市场需求,因此技术上未取得新的进步。然而,在这 30 年中,世界上中低温地热水发电技术却在不断进步,使整套发电系统的效率得以提高,成本得以降低。近些年来,我国还在研究开发另一种中低温地热水发电技术,称为螺杆膨胀动力机。其发电原理就是螺杆压缩机的逆向应用。压缩机是靠电力驱动而产生压力,现在将中低温地热水(或工厂余热水、含污热液、含污热水等)或汽液混合物以一定压力送入螺杆膨胀动力机,就能使动力机运转而发电。我国自 20 世纪 80 年代起开始研究,制成了 5kW 的试验机组。1993 年又作为国家"八五"攻关项目开始工业试验机的技术研究,并通过国家级专家评审验收。此后,深圳市某公司接手进一步研究开发,已实现 300kW 机组在工厂余热发电应用,现在已能生产 1500kW 的机组。我国有 3000 多处天然温泉,其中温度在 60℃ 以上的占 24%,即 730 余处,我国还有 3000 多眼地热井,其中温度高于 80℃ 的至少有百余眼,这些资源可以用作中低温地热水发电。实际上,发电只是利用这些地热流体的高温段资源,例如将 90℃ 热水用于发电至 70℃ 排出,而这些排出的 70℃ 热水仍可应用于目前的综合地热直接利用。

目前,除了中间工质地热水发电法外,还出现诸如联合地热发电法等。

2. 地热水发电基本原理

（1）中间工质地热水发电法

中间介质法,又叫双循环法。一般应用于中温地热水,其特点是采用一种低沸点的流体,如正丁烷、异丁烷、氯乙烷、氨和二氧化碳等作为循环工质。由于这些工质多半是易燃易爆的物质,必须形成封闭的循环,以免泄漏到周围的环境中去。所以有

85

时也称为封闭式循环系统，在这种发电方式中，地热水仅作为热源使用，本身并不直接参与到热力循环中去。

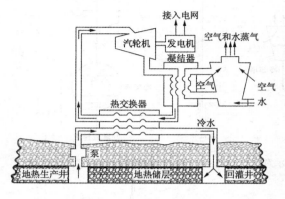

图 3-5 中间工质法地热水发电系统示意图

图 3-5 所示为中间介质法地热发电系统原理。首先，从井中泵出的地热水流过表面式蒸发器，以加热蒸发器中的工质。工质在定压条件下吸热汽化，产生的饱和工质蒸汽进入汽轮机做功，汽轮机再带动发电机发电。然后做完功的工质乏汽再进入冷凝器被冷凝成液态工质。液态工质又由工质泵升压打进蒸发器中而完成工质的封闭式循环。

这种最基本的中间介质法的循环热效率和扩容法基本相同。但中间介质法的蒸发器是表面式换热器，其传热温差明显大于扩容法中的闪蒸器，这将使地热水热量的损失增加，循环热效率下降。特别是运行较长时间，换热面地热水侧面产生结垢以后，问题将更为严重，必须引起足够的重视。当然，中间介质法也有明显的优点，当工质的选用十分合适时，其热力循环系统可以一直工作在正压状态下，运行过程中不需要再抽真空，从而可以减少生产用电，使电站净发电量增加 10% ~ 20%。同时由于中间介质法系统工作在正压下，工质的比容远小于负压下水蒸气的比容，从而蒸汽管道和汽轮机的通流面积可以大为缩小。这对低品位大容量的电站来说是特别可贵的。

如果选用的工质临界温度低于地热水温度，就可以实现中间介质法的超临界循环。这种循环相当于蒸发次数无限多的多级蒸发循环，可以使单位流量地热水的发电量增加 30% 左右。这是中间介质法潜在的最重要的优点。但是，目前还没有找到适合作超临界循环的理想工质。由于中间介质地热发电法系统中，地热水回路与中间工质回路是分开的，互不混溶，因此特别适合不凝结气体含量过高的地热水。

（2）联合循环地热发电法

20 世纪 90 年代中期，以色列 Ormat 公司把地热蒸汽发电和地热水发电两种系统合二为一，设计出一个新的被命名为联合循环地热发电系统，该机组已在世界一些国家安装运行，效果很好。这种联合循环地热发电系统的最大优点是，可以适用于大于 150℃ 的高温地热流体（包括热卤水）发电，经过一次发电后的流体，在不低于 120℃ 的工况下，再进入双工质发电系统，进行二次做功，这就充分利用了地热流体的热能，既提高发电的效率，又能将以往经过一次发电后的排放尾水进行再利用，有利于地热资源及其开发利用和保护，大大节约了资源。图 3-6 为该系统示意图。从生产井到发电最后回灌到热储，整个过程是在全封闭系统中运行的。因此，即使是矿化度甚高的热卤水也照常可用来发电，不存在对生态环境的污染。同时，由于是封闭系统，所以电厂厂房上空见不到团团白色汽雾的笼罩，也闻不到刺鼻的硫化氢气味，是百分之百环保型地热电站。由于发电后的流体全部回灌到热储层，无疑又起到节约资源延长热田寿命的作用，达到可持续利用之目的，所以它又是可持续型地热电站。

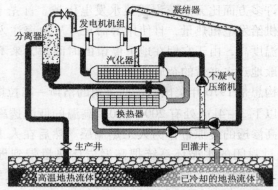

图3-6 联合循环地热发电系统示意图

三、其他地热能发电技术

随着地热发电理论及技术的进步，出现了利用火山岩浆热能、高温岩体地热能发电技术，及闪蒸—双工质循环联合地热发电系统等新技术进展。

1. 火山岩浆热能发电技术

火山爆发时喷出的高温岩浆蕴藏着巨大能量，如何利用地下的高温岩浆发电是能源科学研究的一大课题。美国能源部在20世纪80年代初开始进行火山岩浆发电的可行性基础研究。并在夏威夷岛基拉厄阿伊基熔岩湖设立实验场，实验是成功的。美国于1989年选定了用岩浆发电的发电厂址，在加利福尼亚州的隆巴列伊地区打了一口6000m的深井，利用地下岩浆发电，20世纪90年代中后期建成岩浆发电厂，其设计思想是用泵把水压入井孔直达高温岩浆，水遇到岩浆变成蒸汽后喷出地面，驱动汽轮发电机发电。计算机模拟表明，从一口井中得到的蒸汽热能发电，相当于一台5万kW的发电机组。美国能源部计算后称，美国的岩浆能源量可折合为250亿~2500亿桶石油，比美国矿物燃料的全部蕴藏量还多。日本也从1980年开始进行高温火山岩发电的实验。日本新能源开发机构成功地从3500m深处的地下高温岩体中提取出了190℃的高温热水。其方法为：首先，在花岗岩体中打两口井，往其中一口井中灌入凉水；再从另一口井中抽出高温热水。每分钟灌入1.1t凉水，可连续回收0.9t190℃的高温水。1989年，日本新能源开发部又利用高温岩体连续地获得高温热水和蒸汽。他们在相隔35m的距离内钻了两口1800m的深井，以每分钟0.5t的流量向一口井中灌进凉水，从另一口井抽出的水就被岩体加热到100℃以上。他们的目标是设法使凉水变成200℃的蒸汽，最终实现发电。

2. 高温岩体地热能发电技术

高温岩体发电的方法是打两口深井至地壳深处的干热岩层，一口为注水井，另一口为生产井。首先用水压破碎法在井底形成渗透性很好的裂隙带，然后通过注水井将水从地面注入高温岩体中，使其加热后再从生产井抽出地表进行发电。发电后的乏水

87

再通过注水井回灌至地下形成循环。

高温岩体发电在许多方面比天然蒸汽或热水发电优越。首先干热岩热能的储量比较大，可以较稳定地供给发电机热量，且使用寿命长。从地表注入地下的清洁水被干热岩加热后，热水的温度高，由于它们在地下停留的时间短，来不及溶解岩层中大量的矿物质，因此比一般地热水夹带的杂质少。

这种发电方式的构想是1970年美国新墨西哥州的洛斯—阿拉斯国立研究所提出的（见图3-7）。在地面以下3~4km处有200~300℃高温的低渗透率的花岗岩体，通过注入高压水制造一个高渗透的裂隙带作为人工热储层。然后在人工储层中打一口注水井和一口生产井。通过封闭的水循环系统把高温岩体热量带到地面进行发电。1977年，洛斯—阿拉斯国立研究所钻了两口深度约为3km的井，温度约为200℃。这一循环发电试验进行了286天，获得3500~5000kW的热能，相当于500kW电能。从而在世界上首次证实了这种方案的可行性。1978年，日本在岐阜县上郡肘折地区也进行了高温干热岩体的发电实验，该实验钻探了三口生产井，1991年开始在深度为1800m、温度为250℃的干热岩中进行了为期80天的循环实验，估计得到8000kW的热能。

3. 闪蒸—双工质循环联合地热发电系统原理简介

我国地热资源主要是以中低温热水为主，其中为数较多的是100℃左右的热水资源，这种资源在全球分布甚广，因此利用这种地热资源发电，具有广泛的现实意义。地热电站的主要目的是生产电能和提供热水。若将闪蒸系统发电与双工质循环发电联合起来，将使电站的出力提高，从而提高对地热资源的有效利用。吴治坚等提出了闪蒸和双工质循环联合地热发电技术，实际上是将闪蒸器产生的蒸汽直接用于发电，而产生的饱和水则用于低沸点有机工质发电。这种特殊的能量转换系统，能使地热资源得到充分利用。闪蒸—双工质循环联合地热发电的热力系统简图如图3-8所示，该系统包括闪蒸系统发电和双工质循环发电两部分，系统输出的功率是闪蒸系统和双工质循环发电的总和。闪蒸—双工质循环联合地热发电的最大总功率，比闪蒸系统或双工质循环单独发电时的最大功率要大20%以上。

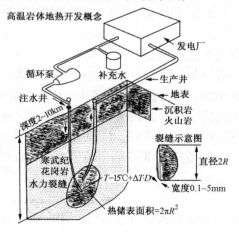

图3-7　高温岩体地热能发电系统示意图

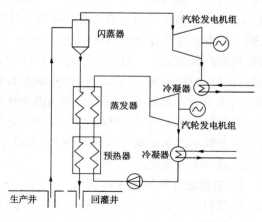

图3-8　闪蒸—双工质循环联合
地热发电系统示意图

四、地热能发电电站实例简介

1. 日本八丁原地热电站

八丁原地热电站是世界上首次采用二次闪蒸的日本最大的地热电站。汽轮机用单缸分流冷凝式（5 级×2），一次和二次蒸汽分别进入汽缸。抽气器采用一台电动机驱动 4 段弧形增压器的方式。在第 2 段与第 3 段之间设置有中间冷却器，冷却水采用机械通风式冷却塔。从 1982 年 10 月开始，八丁原地热电站和大岳地热电站（相距约 2km）实行远距离无人监视运行，两个电站只有 16 个工作人员，十几年来从未发生过生产事故，年运行率平均达 96%，发电成本低于日本的水电站（日本水电站利用率很低，故成本高），与火电站接近。八丁原地热电站的热力系统如图 3-9 所示。

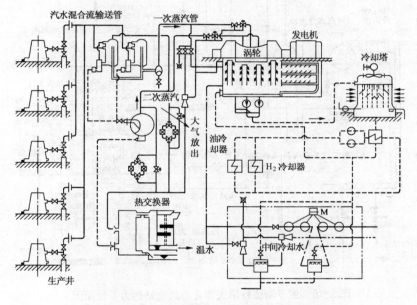

图 3-9　日本八丁原地热电站热力系统简图

八丁原地热电站既是发电站也是实验研究基地，例如汽水两相流输送技术：从井口出来的汽水混合物用一根管道送至汽水分离器，分离后的蒸汽进入汽轮机，热水送入闪蒸室，产生二次蒸汽。这种技术不受地理条件制约，可在机房附近设置 1~2 个大容量分离器和闪蒸室，使设备个数减少，最后排水也只需一根输送管送往回灌井。这种方式经济性合理，容易维护。由于采用二次蒸发，可充分利用热能，提高电站出力 8% 左右，减少排水 10% 左右；并且改善了汽机入口一次蒸汽的条件，减少了汽机排汽湿度。但是输送混合流的管道压力损失增加，当管内流速在 30m/s 以上时，压力损失比蒸汽输送大 5 倍；采用二次蒸发单缸混压汽机，可使电站出力增加约 18%，排放热量减少约 10%，汽轮机入口一次蒸汽条件改善，汽轮机出口排汽温度下降，使整个装置的经济性提高；汽轮机基础与冷凝器构成一个整体，冷凝器抽气采用电机驱动 4 段抽气新技术，冷凝器在汽轮机下部与汽轮机基础形成一体，壳体用钢筋水泥制成，内壁涂环氧层，具有喷射冷凝功能。汽轮机排汽口与冷凝器连接口直径 3m。

2. 俄罗斯穆特洛夫斯克地热电站

俄罗斯穆特洛夫斯克地热电站由三口地热生产井抽出的地热流体，通过管道输至"采汽包"，经二级汽水分离系统对地热水进行离析后，纯净的地热蒸汽进入 3 台容量为 4MW 的发电机组（见图 3-10）。汽轮机进口气压为 0.8MPa（蒸汽温度约 170℃），湿度不超过 0.05%，保证了汽轮机内的低含盐量。为了提高地热载体热量利用效率，利用"热分离"式汽水分离器（约 170℃），蒸发器（膨胀器）在压力约 0.4MPa 下运作，蒸发器内蒸发的蒸汽（约 10t/h）用抽气器排除凝汽器内的不凝结气体和硫化氢，使进入汽轮机的蒸汽凝结水中杂质很少。

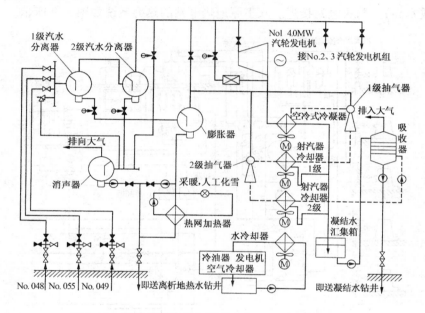

图 3-10　俄罗斯穆特洛夫斯克地热电站热力系统简图

3. 我国西藏羊八井地热电站

西藏羊八井地热电站是国内目前最大的地热电站，位于拉萨市西北约 90km 处，属当雄县羊八井区。热田位于羊八井盆地的中部，地势开阔平坦，海拔 4300m 左右。藏布曲河从热田东南部流过，夏季流量可达每秒几十立方米，枯水期最小流量仅 1m³/s 左右，河水年平均水温 5℃，对发电很有利。当地的大气压只有 0.6bar 左右。

羊八井地热田热储埋深较浅，地热生产井的深度一般不超过 100m，汽水混合流体的最大流量为 160t/h，其中蒸汽量为 7.8t/h，地热水中不凝结性气体含量约占 1%（质量分数）。

羊八井第一台 1MW 试验机组是用闲置的国产 25MW 汽轮发电机组改装的。由于当时地热资源尚未探明，只能依据少量井口参数进行设计，使机组设计的进汽参数比热田实际参数高，因出力达不到设计要求而未能连续发电。后来通过一系列试验研究和改进，至 1978 年 10 月才投入正常运行。但 1 号机的试验为地热发电积累了经验和数据，为以后 3MW 地热机组的设计提供了宝贵的资料。除 5 号机（日本进口机组，单机容量为 3.18MW）外，2~9 号机单机容量均为 3MW 机组。在设计和制造上吸取了 1 号机的经验和教训，采用了两级扩容，而且汽水混合流体通过井口分离器分离后分别由汽、水两根母管送到各机组扩容器，使热效率由 3.5% 提高到 6.0%。另外，根据热田的实际参数所计算的最佳发电值，使汽轮机的参数和热田参数能很好地匹配。图 3-11 为西藏羊八井地热电站热力系统示意图。汽轮机采取小岛式布置，运行层标高 6m。冷凝器为混合式，采用高位布置。汽轮机的调节方式为节流调节，其优点是调节系统的结构简单，气流阻力小。汽轮机的通流部分共由 4 个压力级组成，第一、二进汽口后面各有两个压力级。

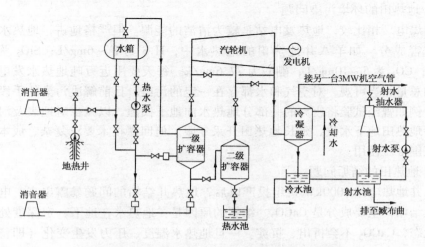

图 3-11　我国西藏羊八井地热电站热力系统简图

羊八井地热发电站通过多年运行与管理，总结并提出如下需要注意的技术问题及难题：

（1）汽—水两相流介质的输送问题

要利用地热水中的水和蒸汽热能发电，同时要投资省，这就需要解决好汽—水两相流介质输送中的流动稳定、压力损失和结垢问题。

1）流动的稳定性问题。当汽—水两相流出现弹状流时，流态不稳定；当汽—水两相流出现环状流或雾状流时，流态是稳定的。这是设计汽—水两相流输送管必须考虑的重要因素。其次，设计中应尽量避免大于 6° 倾角的上升管道设计，否则流态不稳定。

2）压力损失问题。经实测和计算，汽—水两相流的压力损失较大，为 107.877~166.719kPa/km，所以不宜长距离输送。对于面积较大的地热田，宜实行一厂多站、分散建厂、短距离输送方案。

3）管道结垢问题。累计近 2 年的通水试验表明：试验管道内壁有黑色氧化皮垢，厚度为 0.8mm。

（2）地热田的腐蚀问题

地热流体中都含有一定数量的 H_2S 和 CO_2 等酸性气体和氯离子（羊八井地热田的 H_2S 含量为 0.12%，CO_2 为 0.17%），而 H_2S 是主要的腐蚀介质。这些酸性气体遇到水和空气中的氧时，腐蚀作用加剧。地热电站腐蚀严重的部位集中于负压系统，如汽机排汽管、冷凝器和射水泵及管路；其次是汽封片、冷油器、阀门等。腐蚀速度最快的是射水泵叶轮、轴套和密封圈。未经处理的铸铁叶轮一般运行 3～6 个月就要更换，排汽管和射水管路一般运行 3 年就要更换。目前采取的主要措施：1）在腐蚀的主要部件上涂防腐涂料，如环氧树脂或 RTF 涂料；2）采用不锈钢材质的设备及部件，如不锈钢射水泵、阀门、管道；3）提高射水系统水的 pH，pH 由 5 提高到 6，使其接近中性。

（3）地热田的环境污染问题

与燃煤电厂相比较，地热发电站是较为清洁的能源。但严格地讲，地热水和蒸汽中含有有害成分。如羊八井地热田的地热水中，H_2S 为 3～6mg/L；SiO_2 为 100～250mg/L；CO_2 为 5～10mg/L；硼酸为 77.6mg/L。每天要用近万吨地热水发电，其有害成分的总量相当可观，对空气和水都存在一定的污染。目前解决污染的手段和办法都不多，例如曾经试验将废弃的一部分地热水向地下回灌，以减少对地表及河水的污染、保持地热田地下水位、延长地热田开采年限。但回灌技术要求复杂、成本高，至今未大范围推广使用。

（4）地热田的结垢问题

羊八井地热电站 1000kW 机组投产以后，地热井结垢的问题暴露出来，电站管道及设备也结垢，主要成分是 $CaCO_3$。结垢的原因是：地热水在地下一定深度处于稳定的饱和状态，$CaCO_3$ 不会析出、沉淀。一旦地热水温度、压力发生变化（即稳定状态被打破）$CaCO_3$ 就会析出产生沉淀、结垢。经试验研究，得出了消除地热水结垢的措施：1）自喷的地热井采用机械空心通井器定期、轮流通井除垢（一般 1 天 1 次），可做到通井时减负荷、不停机、连续发电；2）不能自喷的地热井采用深井泵升压引喷，使地热水不发生汽化，也就不会结垢；3）对地热水、气输送母管系统，在井口加设药泵，加入水质稳定剂，如低聚马来酸酐、磷酸盐等，但后来由于各种原因坚持不好；也用过盐酸等清洗输汽、输水母管；4）更换结垢严重的管道、设备。

羊八井地热电站已经连续运行了 30 多年，其 3000kW 的汽轮发电机组的批量投入运行，标志着我国地热发电设备设计和制造的水平已基本能满足生产要求。

第四节　地热能供暖、制冷及热泵技术

一、地热能供暖技术

地热供热主要包括地热供暖和生活用热水两个方面。一般人体感到舒适的最佳环境温度是在 16～22℃ 之间，这一温度范围与人们的体力活动和环境因素，如相对湿度、空气流速、阳光辐射等有一定的关系。利用地热供暖就可以保持这种温度，不仅室温稳定舒适，避免了燃煤锅炉取暖时忽冷忽热的现象，而且还可节约燃料，减少对环境的污染。这就是近十多年来全球在地热供暖领域发展很快的重要原因之一。另一方面，地热供暖与其他清洁能源的生产成本相比较，具有一定的竞争优势。例如，法国巴黎地区的地热供应站，把提供生活饮用水也包括在内，但以地热供暖工程为主，其他两项为辅。

1. 地热供暖国内外利用现状

（1）国外利用现状

世界上利用地热供暖的主要国家有冰岛、法国、匈牙利、意大利、罗马尼亚、俄罗斯、日本等。这其中最著名的应属冰岛。冰岛是地热供暖的创始国。因为冰岛地处寒带，一年有 335 天左右室内需要取暖，冰岛国内没有可以利用的矿物燃料资源，只有少量的泥煤和褐煤，却有得天独厚的地热资源。1928 年，首都雷克雅未克附近第一口井钻出了流量 14L/s、水温 87℃的热水后，就开始建设一条 3km 长的输送管道，将热水引入城市，供给一个供暖试验小区，70 间住房、一个室内游泳池、一个露天游泳池和一个公共学校的校舍。目前，首都雷克雅未克基本"地热化"，被誉为世界著名的"无烟城"。

另一个地热供暖面积较大的国家是法国。巴黎盆地东南约 50km 的默伦地区利用石油废井（井深 1500~1800m）提取 70℃的热水，为 3300 套住房供暖，并取得良好的效果。随着成功范例的推广，大约有 40 万~50 万套住房相继用上了地热供暖。法国地热供暖有以下特点：一是巴黎盆地属于正常增温梯度（3~3.5℃/百米）盆地型低温地热资源。二是由于地热水矿化度高，并含 H_2S，因此供热必须采取热交换系统，不能直供。三是使用热泵扩大供热面积。既节能又可少打井，且降低生产运行成本。四是打对井和斜井。使地面上靠得很近的生产井和回灌井通过打斜井，在地下储层两井相距 1km，实施这一措施既延长系统的使用年限（回灌水不致很快影响生产井的参数），同时也节省土地和地面的管线。

新西兰北岛的罗托鲁阿市被誉为地热城，这个不大的城镇地热井就有 700 多口，井深一般在 60~120m，最高温度达 194℃。这里的多数建筑物和居民住房都用上地热供暖。特别是在 7 座政府大楼集中区，1 万多平方米的建筑群采用组合式联合供暖系统，由一个中心供热房的热交换器提供热源。该市建设的一座接待旅游的宾馆，不仅在冬季用地热供暖，而且夏季用地热为动力，用溴化锂吸收式制冷，向房间送冷风。

美国利用地热供暖已有近一个世纪的历史。在克拉马思福尔斯，为地热供暖打了400 口井，水温 40~110℃。如俄勒冈工学院的宿舍，就有 3 口 600m 深井，生产 89℃的热水，供热给近 $4.7 \times 10^4 \text{m}^2$ 的校舍。地热供热既经济又环保，而且效果好。

（2）国内利用现状

目前，我国的地热供暖面积在全球居第一位。1990 年，全国地热供暖面积 $190 \times 10^4 \text{m}^2$，供生活热水 1 万户；2008 年，供热面积为 $2400 \times 10^4 \text{m}^2$，供水 50 万户。其中，天津市和北京市是国内的典型代表。

天津市地处我国华北平原东北部，东邻渤海，北依燕山，蕴藏着丰富的地热资源。天津地热以其储量大、品质优、好利用等优势，成为促进天津经济发展和改善城市环境质量不可多得的清洁能源。2007 年，天津市地热开发利用年开采总量约 2450 ×

$10^4\mathrm{m}^3$，供热面积约 $1200\times10^4\mathrm{m}^2$，居民生活用水约10万户，地热资源勘查及开发利用以及管理水平均居全国前列。自开发地热资源以来，天津市地热利用经历了30多年的历程，在20世纪70~80年代，由于开发利用的热水储层浅，水温低，用途单一，大部分用于工农业（占总量的73%）。20世纪90年代之后，采出的地热水温度最高可达97℃，并且由单一用途转为综合利用，逐步发展为地热供暖为主，工业洗涤、农业温室、水产养殖、医学理疗、旅游康乐和饮用矿泉水等综合利用系统。

世界上只有六个国家的首都有地热资源，北京是其中之一。然而这一优势过去没有得到很好的重视，随着城市污染的日益严重，地热开始重新在京城"热"起来了。北京地区地热水主要用于供暖和洗浴两大方面。其中供暖占据了较大的开采量。北京市地热水供暖始于1975年，至2004年底，全市地热水供暖单位已达25家，主要集中在城区地热田和小汤山地热田，启用地热井近40眼，供暖面积已超过80万 m^2。早期的地热水供暖多采用直供直排方式，地热水直接进入暖气管道，产生腐蚀作用。供暖后的地热尾水一般在40℃以上，除部分用于生活热水外，绝大部分排入下水道，造成了很大的资源浪费。目前，在地热供暖系统中多采用换热器、热泵和先进的末端散热装置，地热水通过换热器与暖气循环水间接相隔换热，不进入暖气管道；利用热泵回收地热尾水中的余热，增大地热利用温差；使用先进的末端散热器提高供暖效率。这种多级间供方式既减少了地热水的开采量，又提高了地热能的利用率，收到了良好的效果。此外，目前地热水供暖主要采用"对井"（由一口抽水井和一口井回灌井组成）供暖方式，这种供暖方式几乎不消耗地热水。选择适当的抽、灌井间距，并对回灌温度进行合理控制（如大于25℃），不会出现地热水温度下降问题。另外，为了更好地利用和节约地热水，北京市还制定了《地下热水资源收费方法》。

此外，我国北方许多地区都开发地热供暖工程，例如河北省的雄县、深州市、衡水市的城区都已经开发了地热供暖工程，供暖面积已达 $200\times10^4\mathrm{m}^2$ 左右。例如河北雄县，从1993年到2004年近十年间，雄县地热水的年开采量从 $95.6\times10^4\mathrm{m}^3$ 增加到 $226.5\times10^4\mathrm{m}^3$。

2. 地热供暖系统的组成与分类

（1）地热供暖就是以一个或多个地热井的热水为热源向建筑群供暖。在供暖的同时满足生活热水以及工业生产用热的要求。根据热水的温度和开采情况，可以附加其他调峰系统（如传统的锅炉和热泵等）。地热供暖系统主要由三个部分组成（见图3-12）：

第一部分为地热水的开采系统，包括地热开采井和回灌井，调峰站以及井口换热器；

第二部分为输送、分配系统，它是将地热水或被地热加热的水引入建筑物；

第三部分包括中心泵站和室内装置，将地热水输送到中心泵站的换热器

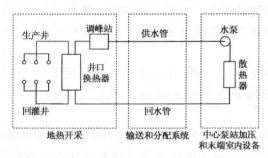

图3-12　地热供暖系统示意图

或直接进入每个建筑中的散热器，必要时还可设蓄热水箱，以调节负荷的变化。

（2）地热供暖系统的类型

根据热水管路的不同，地热供暖系统有以下三种方式（见图3-13）：

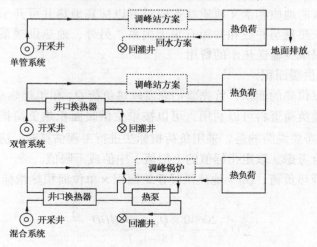

图3-13　常见的地热供暖系统示意图

（1）单管系统：即直接供暖系统，水泵直接将地热水送入用户，然后从建筑物排出或者回灌。直接供暖系统的投资少，但对水质的要求高。直接供暖的地热水水质要求固溶体小于300×10^{-6}，不凝气体小于1×10^{-6}，而且管道和散热器系统不能用铜合金材料，以免被腐蚀。目前我国的地热供暖系统大多是利用原有的室内供暖设备，循环后水温大约降低$10 \sim 15℃$后排放。

（2）双管系统利用井口换热器将地热水与循环管路分开。这种方式就是常见的间接供暖方式，可避免地热水的腐蚀作用。

（3）混合系统采用地热热泵或调峰锅炉将上述两种方式组成为一种混合方式。

（4）地热供暖的优点

1）充分合理地利用资源：用低于90℃的低温地热水代替具有高品位能的化学燃料供热，可大大减少能量的损失。

2）地热供暖可改善城市大气环境质量，提高人民的生活水平。因为我国大城市大气污染中，由燃料燃烧所造成的污染占60%以上。

3）地热供暖的时间可以延长，同时可全年提供生活用热水。

4）开发周期短，见效快。

在地热供暖取代传统锅炉时，北方地区只能满足基本负荷的要求，当负荷处于高峰期时，需要采取调峰措施，增加辅助热源（锅炉、热泵）。其次，合理控制地热供暖尾水的排放温度，大力提倡地热能的梯级利用。

3. 地热供暖系统的设计

地热供暖系统的设计过程主要包括以下几个内容：地热水热量的计算和地热供暖

面积的确定、地热供暖方案的设计以及终端散热设备的选择。

（1）地热水热量的计算和地热供暖面积的确定

1）地热水热量的分析

根据所在地区的地质和水文地质基本资料可以估算地热井可开采的热量，特别注意的是群井的开采热量与井数和井距有很大关系。另外，地热供暖系统的开采井应尽可能靠近使用区以减少输送热水的费用。

2）确定地热供暖面积

为了确定可以供热的面积，首先要估算高峰热负荷 Q_H 和年耗热总量 $\sum Q$。如果一个建筑物没有供暖负荷资料可以利用，可以按单位供暖面积热负荷指标法进行工程估算（见表3-2）。需要说明的是，采用负荷指标法进行工程估算时，应当根据层高、朝向及地点情况综合考虑，取定指标值的上限值、中值或下限值。

供暖设计高峰热负荷，Q_H = 地热供暖建筑面积 × 单位面积热指标；

年耗热总量

$$\sum Q = \frac{20640 \times Q_H \times r \times HDD}{(18 - t_W)} \qquad (3-1)$$

式中　Q_H——高峰热负荷，kW；

　　　　r——修正系数，一般取 0.6~0.7；

　　　HDD——以 18℃ 为基准的度日值，℃·d；

　　　　t_W——供暖设计的室外温度，℃。

热负荷估算指标推荐值　　　　　　　　　　　　　　表3-2

建筑物类型	住宅	居住区综合	学校办公楼	医院幼儿园	旅馆	商店	食堂餐厅	影剧院展览馆	大礼堂体育馆
热指标（W/m²）	58~64	60~67	60~80	65~80	60~70	65~80	115~140	95~115	115~165

用度日值来计算供暖能耗是一种比较简易的计算方法。从长期来看，当室外日平均温度等于某一基准温度时，太阳辐射和室内得到的热量可以弥补热损失。另外，供暖能耗与基准温度和室外日平均温度之差成正比。例如取 18℃ 为基准温度，对于任一天，当室外日平均温度低于 18℃ 时，有多少温度差就有多少度日值。

负荷系数是指供热系统中全年高峰热负荷或满负荷时间所占的比值。实际满负荷小时数就是按高峰热负荷 Q_H 供给的小时数。利用负荷系数可以计算抽水泵的运行费用。当已知年耗热量时，还可以反求出高峰热负荷。一般在一年中高峰热负荷的时间很短，如果采用锅炉调峰可大大减少管道设施和水泵的负荷。

（2）地热供暖方案的设计

常见的地热供暖系统是用地热水直接供暖（见图3-13）。由于有时管道内容易出现排空缺水现象，水力稳定性差，增加了运行管理的难度。而且地热水常含有腐蚀性的离子和少量气体，矿化度较高，在直接供暖系统中，供暖设备腐蚀结垢的问题较突出。当氯离子含量较高、系统密封不好时，供暖设备往往在 1~2 年内就出现缝隙或孔隙性腐蚀。经常更换设备耗资巨大，因为设备投资占到总投资的 10%~15%。为了较好地解决地热供暖系统的腐蚀和水力稳定性问题，国内外较正规的地热供暖大多采用地热间接供暖系统。典型的地热间接供暖系统如图 3-14 所示。

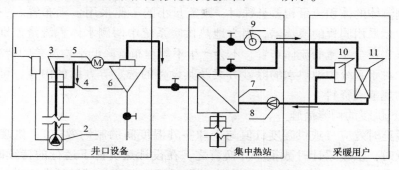

图 3-14 典型地热间接供暖原理图
1—地热井；2—变频泵；3—井口装置；4—回流管；
5—热水表；6—除砂器；7—换热器；8—循环水泵；
9—调峰设备；10—散热器；11—风机盘管

1）换热器的选用

板式换热器较管壳式换热器具有传热系数高、结构紧凑、实用、拆洗方便、节省材料、价格便宜（比管壳式低 40%）等优点，因此在地热供暖系统中得到了广泛应用。

①板片换热器材料的选择。研究表明，在地热水温度为 27℃，氯离子浓度大于 0.5mg/L 时，板式换热器的材料无论选用 316 或 304 不锈钢都有可能产生局部腐蚀。而钛材在地热流体中具有极好的耐腐蚀性，在充气条件下均匀腐蚀率每年只有 0.03mm，即使温度升高和氯离子浓度增加也不会增加钛材的均匀腐蚀速度。但钛材价格较贵，会增加设备的初投资。考虑到地热水质情况及保证系统运行良好，采用钛板换热器应为首选方案。

②板片换热器形式的选择。板片的波纹形式主要有人字形（BR 型）和水平平直波纹形（BP 型）两种。人字形波纹板片的承压能力可高于 1.0MPa，水平平直波纹形板片的承压能力一般在 1.0MPa 左右。人字形板片的传热系数和流体阻力都高于水平平直波纹板片。选择板片的波纹形式要考虑板式换热器的工作压力、流体的压力降和传热系数。由于地热能是低品位热源，通常要求换热性能好的板式换热器，所以多采用人字形板片的换热器。

③板片换热器单板面积的选择。板片面积的大小制约着板片角孔直径的大小。为达到较好的传热效果，应使流体流过角孔的速度达到 6m/s 左右。如采用的单板面积过小，造成板式换热器的板片数增多，不仅使设备占地面积增大，而且使流程增加，阻力增大。反之单板面积较大，虽然占地面积和阻力降减小了，但难以保证板间通道的流速，影响传热效率。因此地热单井的开采量在 100t/h 以上时，换热器的板面积可采用 $0.5m^2$、$0.8m^2$、$1.0m^2$ 等不同大小。

④流体在板间流速的选择。流体在板间的流速同时影响换热性能和流体压力降。流体速度较高可提高换热系数但流体阻力也增大。因此应选择适宜的速度范围，一般应为 0.2 ~ 0.8m/s。

⑤流程的选取。两侧流体的体积流量大致相当时，应设计为对称管道的板式换热器。若两侧流体的体积流量相差悬殊时，则流量小的一侧采用多程布置。一般在地热供暖系统中多采用同程的换热器，因为地热供暖系统中两侧水体积流量差别不大，而且这样可以实现全逆流的流体布置，不会产生不等程布置降低平均温差的情况。

另外，对于系统中地热水的除砂方案及其设备的选定等方面的内容，可参考地热供暖方面的规范或资料。

2）地热供暖的调峰措施

由供暖延时效应（或供暖度日值与干球室外温度间的制约效应），供暖系统在室外气温较低时，供暖累计时数很少。换言之，在设计热负荷下运行的持续时间很短，而单位热负荷很大。由于室外温度的变化，供暖系统大部分时间是在比设计热负荷低的状态下运行。如果供暖系统的设计热负荷完全由地热承担，那么只有在供暖高峰期，地热得以满负荷运行，而在绝大部分的非供暖高峰期，地热未得到充分利用，造成地热排放水温偏高。如果将供暖设计热负荷分为两部分：一部分为基础热负荷，约占总设计热负荷的 75% ~ 85%；另一部分为尖峰热负荷。根据地热供暖系统初投资高、运行费低的特点，基础热负荷可由地热承担；而锅炉供暖虽初投资较低，但燃料消耗费高且随市场变化的特点，尖峰热负荷适合调峰供热设施负担。所以地热和调峰设备相结合，可以扬长避短，优势互补，地热资源在整个供暖期间得以充分利用，是最合理的供暖方案之一。

根据天津地区 1995 年和 1996 年的气象监测数据，如果当室外温度低于 2℃时开始启动调峰，供暖季调峰供暖的度日值大约 370℃·d。另外，调峰设计热负荷与累积热负荷是两个不同的概念，调峰设计热负荷可确定供暖设备的热容量，而累积热负荷可确定运行期间燃料费和运行费。

调峰设计热负荷的计算公式为：

$$Q_{\text{peak}} = \frac{t_{\text{h}_2} - t_{\text{h}_1}}{t_{\text{h}_2} - t_{\text{t}_1}} \times Q_{\text{H}} \qquad (3\text{-}2)$$

式中　　t_{h_2}——调峰锅炉出口温度，℃；

t_{h_1}——调峰锅炉入口温度，℃；

t_{t_1}——散热器出口温度，℃；

Q_{H}——供暖设计高峰热负荷，kW。

另外，调峰设计热负荷，也可以通过循环水量、调峰锅炉出口温度、调峰锅炉入口温度及比热来计算。

如某一供暖方案中，90℃的地热水流量为 100t/h，排水温度为 45℃，经计算地热可供热量约 5230kW，可对 $6 \times 10^4 \text{m}^2$ 居民住宅和 $4 \times 10^4 \text{m}^2$ 的办公楼或学校的公用设施同时供暖。若将该供热项目的居民住宅面积扩大到 $8 \times 10^4 \text{m}^2$，总供暖面积 $12 \times 10^4 \text{m}^2$，则供暖设计热负荷为 6400kW，供暖累积热负荷为 41247GJ，超出地热的供热能力。这时需要采用调峰供暖设施，调峰设计热负荷为 1170kW，累计热负荷为 1387GJ，设计热负荷比例为 18.3%。若从能源（地热和常规能源）分配上分析，调峰锅炉所供热量仅占总热量需求的 3.4%，而供暖面积却增加了 $2 \times 10^4 m^2$。所以，与单纯地热供暖相比，适当配置调峰，在能源消耗不多的情况下供暖面积得到较大的提高，充分体现出地热供暖的优势，使能源得到合理分配和使用。另外，调峰措施提高了供暖系统的供水温度，相应减少了终端散热设备的投资。调峰负荷供热能比例与地热水的排放温度也有一定的关系，在上面讨论的 $12 \times 10^4 m^2$ 的供热方案中，如果地热水排放温度不同，调峰负荷所占供热比例也会有所不同。当地热水排放温度从 40℃ 增加到 50℃，调峰设计热负荷比例也会从 18.3% 增加到 37.4%。

增加调峰设备会增加部分设备投资，但由于合理分配了能源，充分体现出地热供暖的优势。同时，由于设备投资是一次性投资，而供暖效益是长期收益。因此，只要技术可行，环境允许，经济效益明显，采用调峰措施是合理与科学的。

3）地热水可用的热量

地热供热的能力取决于地热井的出水量、水温和系统排放的尾水温度。地热井成井后出水量和水温不能改变，而尾水排放水温可由设计选定。为了保证供暖所需的热量必须提高系统散热设备的效率，尽可能降低排放尾水温度。另外，地下热水的梯级开发利用也是降低尾水温度最为有力的措施。另外，若地热供暖系统为间接式系统方案，循环水量对系统运行效率及运行的经济性的影响，类似于直接地热供暖系统中地热水量对系统的影响；一般情况下，循环水量为地热水流量的 1.0～1.3 倍，比所获得的优化地热水排水温度低 2℃。

（3）终端散热设备的选择

为了提高地热水热量的利用率要选择合适的低温供暖的散热器和散热面积。目前终端散热器常用的有柱形铸铁（钢制）散热器、低温地板辐射供暖和风机盘管。

1）柱形铸铁（钢制）散热器

目前柱形铸铁（钢制）散热器是使用最多的终端设备，如果建筑设计允许应尽量多布置散热器。地热供暖在设计工况下，最低排水温度可以设计在 35℃ 左右。但这种散热器占用室内空间多。一般可采用分段单双管系统。

2）低温地板辐射供暖

当建筑要求和投资许可时，可以考虑采用低温辐射散热板。管材常用交联聚乙烯（PEX）和 PB 管。为了保证人的舒适感，辐射板表面的平均温度有一定的限制。对于地板辐射而言，经常有人停留的地区为 26～32℃（居室、办公 28～29℃，走廊 26℃，浴室 32℃）；不经常有人停留的地区（边缘区）为 35℃；无人停留的地区为 35～40℃。

地板供暖高效节能，可利用各种资源，包括低焓能源，如用于供暖和空调的回水、地热水、工业废热水等等。这种方式对地热水来说，尤为适用。根据供暖方式，终端设备采用散热器的地热排水温度通常在 45℃ 左右。这部分地热尾水的温度恰恰非常适用于地板辐射供暖方式，排水温度可降至 35～30℃ 左右。比如，按地热供暖系统的供水温度为 90℃，供暖后排水温度为 45℃ 来计算，地热供暖利用率只有 57.6%。如果将全部地热尾水进行地板供暖的二次利用，排水温度降至 34℃，地热利用率由原来的

57.6%提高到71.7%。可见散热器结合地板辐射供暖是合理开发利用低温地热资源、扩大供暖面积和提高经济效益的良好方式之一。

3）风机盘管

风机盘管是为了强迫对流散热，低温供暖用强迫对流比自然对流放热效果好，可利用的热量大。当风机盘管中的水温较低时，要考虑风机盘管的布置以避免有冷风感。

4. 地热供热站房的运行与维护

地热供热站房作为地热供热系统的心脏，其运行须遵守安全规定，改善操作条件，讲求经济效益，符合技术先进和经济合理的要求。当出现故障时应尽快组织抢修，同时也要做好日常的保养工作。

（1）运行过程中易出现的故障

1）井下设备发生故障

地热站井下设备包括潜水泵及其配用电机，无论哪个设备发生故障，都需打开井盖，提出设备进行维修。按规定，一般井下设备正常检修的周期为半年，限于资金（每次提泵、下泵约需4000元），一般都等设备发生故障后才打开井盖进行维修，发生故障的周期一般为一年左右，维修费用为10000元左右，维修时间需2～3天。

①潜水泵的故障。潜水泵因长期浸泡在高温地热水中，且地热水还含有砂子，工作条件十分恶劣，轴及其轴承、轴套及叶轮都有可能发生故障，工作人员可以从其运转声音判断出故障的发生。

②潜水泵电机的故障。潜水泵电机的工作条件也十分恶劣，若其线圈的绝缘程度为零时，则表明电机已烧坏。

2）换热器发生故障

①换热器换热量不足。地热站内换热器一般为占地面积小、换热性能好的板式换热器。换热器的换热量不足一般有两个原因：一为水垢太多，二为潜水泵提水量不足。

②换热器泄漏。换热器泄漏一般为超压所致。在换热器冷水侧的进水管道上，即供暖的主回水管道上设有电接式压力表，其寿命不是很长。当电接式的压力表失灵后，如果是下限失灵则补水泵不会开启；如果是上限失灵，则补水泵不会停转，从而使板式换热器内水压超过允许值而造成泄漏。解决的办法是停止供暖，拆开板式换热器，对受损的垫片进行更换。

3）循环水泵发生故障

循环水泵一般都有备用泵，当正在运行的泵发生故障后，只需将备用泵投入使用即可。

4）管网突然失压

管网突然失压的原因可能是室外管网破裂或泵房内无法补水或循环水泵突然停转，应先检查泵房内是否有故障，然后再检查室外管道。

5）自控系统发生故障

自控系统发生故障率最高的为变频水泵的变频器和控制补水泵启动的接触器。

①变频器的故障。变频器常见的故障有过流、短路和反转等。过流一般是因为电机轴承磨损严重，负荷太大；短路一般是由于电机线圈已烧坏；反转一般出现在初安装时，当电线接反时，电机会反转，变频器会给出故障提示。

②接触器的故障。当系统漏水或其他原因造成循环系统压力过低时,微机控制接触器动作,启动补水泵给系统补水,当系统压力达到时微机控制接触器动作,停止补水。

(2) 停电前的处理

地热供热站一般是专线供电,不会突然停电。即使是停电,也会提前通知。这时地热站的工作人员需做的工作如下:

1) 关潜水泵。因突然停电以后,潜水泵停转,井下地热水的自喷压力就会全部施加在井盖和井口壁上,而井盖和井口壁承受不了这么大的压力。

2) 关计算机。虽然自控室设有稳压电源,但因地热站很少停电,稳压电源很少有放电的机会,因此当突然来电时可能由于稳压电源不能正常工作而使计算机损坏。

3) 停电时循环水泵一般自动停转,来电后再人工启动(为安全起见,所有电机均无来电后自动启动的功能,均需人工启动)。

(3) 设备的清洗

1) 换热器的清洗

板式换热器经过长时间运行以后需定期清洗,一般为两年一次,时间选择在停止供暖以后或开始供暖以前,采用手工清洗和化学清洗相结合的方法。先用自来水对板式换热器的每片金属板进行冲洗,去掉大污垢,再把金属板浸泡在清洗溶液的化学池中,用铜丝刷蘸着清洗溶液对每片金属板的正反两面都进行刷洗。刷洗后用自来水冲洗,然后上垫片组装。刷洗金属板时不能用钢丝刷,因板式换热器一般为钛合金的,价格昂贵,而钢丝刷太硬,会损伤换热片。清洗溶液一般选用专用的水垢清洗剂。

2) 除砂器的清洗

除砂器是接在地热水出水主管道上的第一个设备。如果长时间不清洗,除砂效果就会下降,砂子会进入到除砂器后面的板式换热器,板式换热器就会被堵。一般供暖季 1 个月清洗一次,非供暖季 2 ~ 3 个月清洗一次。清洗时,将除砂器下面的球阀打开,地热水就会将除砂器中的砂从球阀中冲出,然后关闭球阀,清洗完毕。

3) 除污器的清洗

除污器一般每年清洗两次,供暖以前清洗一次,1 ~ 2 个月以后再清洗一次。

4) 水罐的清洗

水罐一般两个月清洗一次,用自来水冲洗,废水通过排污管排走。

(4) 设备及管路的保养

1) 设备的保养

电机、水泵等外表面需每两年刷一遍漆。对于电机轴承、水泵轴承,当夏季不运转时,加一次油,冬季运转时视情况每 20 ~ 30d 加油一次。油加得少了,轴承磨损加快,油加得多了,影响线圈散热,严重时有可能烧坏电机。

2) 管路的保养

在非供暖季,提倡用湿式保养法,在管内充满水,使管的内壁少与空气接触,减少腐蚀。

二、地热能制冷技术

利用地热制冷空调或为生产工艺提供所需的低温冷却水是地热能直接利用的一种

有效途径。地热制冷是以足够高温度的地热水驱动吸收式制冷系统，制取温度高于7℃的冷冻水，用于空调或生产。一般要求地热水温度在65℃以上。用于地热制冷的制冷机有两种：一种是以水为制冷剂、溴化锂溶液为吸收剂的溴化锂吸收式制冷机；另一种是以氨为制冷剂、水为吸收剂的氨水吸收式制冷机。氨水吸收式制冷机由于运行压力高、系统复杂、效率低、有毒等因素，除了要求制冷温度在0℃以下的特殊情况外，一般很少在实际中应用。

溴化锂吸收式制冷机具有无毒、无味、不燃烧、不爆炸、对大气无破坏作用等优点。虽然机组要求保持高度真空，且输出的冷媒水最低只能达到3℃左右等，但溴化锂吸收式制冷机仍然是低温热源制冷系统中的最佳制冷机型。地热制冷的溴化锂吸收式制冷机有一级（单效）溴化锂吸收式制冷机和两级溴化锂吸收式制冷机两种机型。

利用地热能进行制冷为建筑物或生产工艺提供所需的低温冷冻水，不仅能使地热能得到高效利用，而且吸收式制冷机使用的工质对大气层没有破坏作用，与氟利昂（CFCs）相比是一种对环境友好的制冷机型。同时，利用地热制冷空调或为生产工艺提供所需的低温冷冻水，可节约大量的电能，与常规的电压缩制冷系统相比，地热吸收式制冷系统可节电60%以上。

地热制冷系统主要有地热井、地热深井泵、热交换器、热水循环泵、制冷机、冷却水循环泵、冷却塔、冷冻水循环泵、空调末端设备和控制器等组成（见图3-15）。

地热井是开采地热水的必要设备，地热井的直径、深度由地质条件和所需开采量决定。地热深井泵用于提取地热水。由于从井中抽取的地热水普遍含有固体颗粒和腐蚀性离子，为了保护制冷机的安全，必须在制冷机与地热井之间设置热交换器，采用清洁的循环水为介质，将地热水的热量传递给制冷机。降温后的地热水则从热交换器排出，再作其他用途。

1. 单级溴化锂吸收制冷机

（1）单级溴化锂吸收制冷机工作原理

单级溴化锂吸收制冷机系统由蒸发器、吸收器、冷凝器、发生器、溶液热交换器和溶液循环泵组成。单级吸收式制冷循环过程主要由吸收剂的循环和制冷剂的循环两部分组成，如图3-16所示。

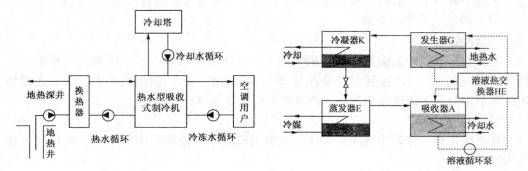

图3-15　地热制冷系统流程示意图　　　图3-16　单级溴化锂吸收式制冷系统流程示意图

1）吸收剂的循环过程（虚线表示）：当吸收器 A 吸收了来自蒸发器 E 的水蒸气后，其中的溶液被稀释（浓度为 ξ_a，温度为 T_a），经过溶液循环泵加压后，进入溶液热交换器 HE，在此与来自发生器的浓溶液换热，然后进入发生器 G，地热水将稀溶液加热，溶液温度逐渐升高，当发生器内压力达到 P_g 时，溶液开始沸腾，部分水分蒸发，溶液浓度逐步提高，直至发生器内的溶液达到温度 T_g 和对应的浓度 ξ_g 为止，使溶液得到再生，重新具有吸收水蒸气的能力。然后，浓度为 ξ_g 的浓溶液经溶液热交换器与稀溶液换热降温后重新进入吸收器 A，吸收过程中产生的热量通过循环冷却水排出。

2）制冷剂的循环过程（实线表示）：在发生器中所产生的冷蒸汽进入冷凝器，在冷却水的作用下被冷凝成液态水，经过减压阀（或 U 形管）进入蒸发器 E。当压力降至 P_0 时，冷凝水汽化成压力为 P_0 的蒸汽，同时带走蒸发器管内冷媒水的热量，达到制冷的目的。

由于冷凝器与发生器、蒸发器与吸收器分别在同一容器内，冷剂蒸汽流动阻力很小，如果忽略由此产生的压差，可以认为冷凝压力 P_k 等于发生器的工作压力 P_g；吸收器的工作压力 P_a 等于蒸发器的工作压力 P_0。该循环的工程分析与计算，可详见制冷技术方面的资料。

（2）单级溴化锂吸收式制冷机的设计计算

1）已知参数：①冷量取决于建筑物的空调负荷；②冷媒水出口温度，一般可选取 10℃；③冷却水进口温度，一般可选取 29～32℃。④地热水温度，当选用单级吸收式制冷机时，地热水的温度要求 85℃以上（由于地热水普遍对金属材料有腐蚀性，不能直接输入制冷机，必须通过换热器，用地热水加热其他清洁水，然后将被加热的水输入制冷机）。

2）选择参数：①蒸发器内冷剂水的蒸发温度 T_0 取决于流出的冷媒水温度，一般比它低 2～3℃，蒸发压力 P_0 为蒸发温度对应的饱和蒸气压；②吸收压力 P_a 一般比蒸发压力低 2.7～8.2mmH$_2$O；③由于地热吸收式制冷机的驱动热源温度一般较低，所以吸收器和冷凝器的冷却水采用并联方式，从中流出的冷却水温度一般可取 35℃；④冷凝温度 T_k 取决于从冷凝器流出的冷却水的温度，在低温热源驱动的吸收式制冷系统中，T_k 与冷却水的温差可取 3℃。冷凝压力 P_k 为 T_k 对应的饱和蒸气压，可从水蒸气图表中查得；⑤发生器压力与冷凝压力近似；⑥从吸收器流出的稀溶液的温度 T_a 一般比流出的冷却水的温度高 5℃；⑦从吸收器流出的稀溶液的浓度取决于 P_a 和 T_a，通常的浓度范围为 54%～60%；⑧从发生器流出的溶液的浓度决定于发生器的压力和流出的溶液的温度，浓度范围在 59%～64% 之间，其大小应根据地热水的温度和制冷机的效率进行综合分析；⑨从热交换器流出的溶液温度一般应比从吸收器流出的稀溶液的温度高 10～15℃。

2. 两级溴化锂吸收式制冷机

（1）两级溴化锂吸收式制冷机的制冷循环原理

两级溴化锂吸收式制冷循环系统由蒸发器、低压吸收器、高压吸收器、低压发生器、高压发生器、冷凝器、低压溶液热交换器、高压溶液热交换器、溶液循环泵和冷剂泵组成（见图 3-17）。制冷过程由三个循环组成。

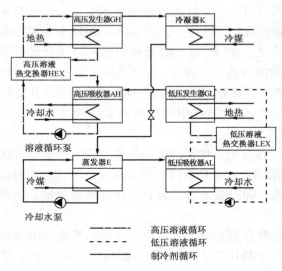

图 3-17　两级溴化锂吸收式制冷系统流程示意图

1）制冷剂循环（实线表示）：循环线路为 E→AL→GL→AH→GH→K→E。由蒸发器 E 出来的冷剂蒸汽输入低压吸收器 AL，并被来自低压发生器的浓溶液吸收；然后用溶液循环泵将低压热交换器中的溶液输入低压发生器 GL；在低压发生器 GL 中用地热水加热所生成的水蒸气进入高压吸收器 AH；再用溶液循环泵将溶液输入高压发生器 GH，被地热水加热产生水蒸气；最后在冷凝器 K 中变为液态冷剂水，并经减压阀或 U 形管重新进入蒸发器 E 蒸发。

2）低压级溶液循环（虚线表示）：循环线路为 AL→LEX→GL→LEX→AL。在低压吸收器 AL 中的浓溶液吸收水蒸气后成为稀溶液，然后由溶液循环泵增压后输入低压溶液热交换器 LEX，在此与来自低压发生器 GL 的浓溶液进行热交换，热交换后的溶液进入低压发生器，被地热水加热后再次被浓缩，最后依靠发生器与吸收器之间的压力差回到低压吸收器 AL。

3）高压级溶液循环（折线表示）：循环线路为 AH→HEX→GH→HEX→AH。在高压吸收器 AH 中的浓溶液吸收来自低压发生器的水蒸气后成为稀溶液，然后由溶液循环泵增压后进入高压溶液热交换器 HEX，在此与来自高压发生器的浓溶液进行热交换后进入高压发生器 GH，在高压发生器中被地热水加热并再次浓缩，浓溶液依靠发生器与吸收器之间的压力差，经过高压溶液热交换器与稀溶液换热降温后回到高压吸收器 AH。

由两级吸收式制冷循环原理可知，两级吸收式制冷机与一级吸收式制冷机的区别是增加了高压吸收器和低压发生器，增加的目的是在相同的环境条件下，当地热水温度较低时可获得同样低温的冷冻水。

（2）两级溴化锂吸收式制冷机的设计计算

1）已知参数：①制冷量取决于建筑物的空调负荷；②从蒸发器流出的冷媒水温度，它对制冷机性能影响较大，一般制冷机为 7℃，由于地热水的温度一般都在 100℃以下，因此在设计地热吸收式制冷机时，一般可选取 10℃；③冷却水温度，吸收式制冷系统一般使用循环冷却水，冷却水的温度受夏季气候环境的影响，不同地区有较大的差别（在设计地热型吸收式制冷机时，应充分了解当地的气候环境，一般冷却水进口温度为 29～32℃）；④地热水温度，地热水是驱动制冷机的动力，当选用两级吸收式制冷机时地热水的温度要求大于 70℃。

2）选择参数：①蒸发温度和压力，蒸发器内冷剂水的蒸发温度 T_0，一般比流出蒸发器的冷媒水温度低 $2 \sim 3℃$；蒸发压力 P_0 为蒸发温度对应的饱和蒸汽压力；②低压吸收压力 P_a，一般比蒸发压力低 $2.7 \sim 8.2mmH_2O$；③从高压吸收器、低压吸收器和冷凝器流出的冷却水温度：由于地热吸收式制冷机的驱动热源一般较低，所以高压吸收器、低吸收器和冷凝器的冷却水采用并联方式，冷却水的温升一般可取 $5℃$；④冷凝温度和冷凝压力：冷凝温度 T_k 由冷凝器流出冷却水温度决定，在低温热源驱动的吸收式制冷系统中，两者相差 $3℃$。冷凝压力 P_k 为冷凝温度 T_k 对应的饱和蒸汽压，可由水蒸气图表查得；⑤高压发生器压力与冷凝压力近似；⑥高压吸收器和低压发生器压力，一般取 $200 \sim 266mmH_2O$；⑦从低压吸收器流出的稀溶液温度 T_{12}，一般应比流出的冷却水温度高 $5℃$；⑧从低压吸收器流出的稀溶液浓度由 P_a 和 T_{12} 决定，通常的浓度范围为 $54\% \sim 60\%$；⑨从低压发生器流出的溶液浓度由低压发生器压力和浓溶液出口温度决定，一般在 $59\% \sim 64\%$ 之间，其大小应充分考虑地热水温度以及制冷机的效率，进行综合分析；⑩从高压吸收器流出的稀溶液温度 T_{h2}，一般应比流出的冷却水温度高 $5℃$；从高压吸收器流出的稀溶液浓度由 P_m 和 T_{h2} 决定，通常为 $45\% \sim 50\%$；从高压溶液和低压溶液热交换器流出的溶液温度应高于从吸收器流出的稀溶液温度 $10 \sim 15℃$。

3. 氨—水吸收式地热制冷机简介

在该系统中，氨是制冷剂，水是吸收剂。从冷凝器引出的氨饱和液体经节流阀节流减压，其压力和温度都下降。此时，干度很低的湿蒸气被送入蒸发器（冷藏室），在等压下吸热汽化，使之成为饱和蒸汽或过热蒸汽，然后进入吸收器。同时有稀氨水溶液自氨蒸气发生器经另一个节流阀减压后进入吸收器，此溶液因吸收氨蒸汽而变浓。在吸收过程中氨蒸气凝结放出的热量由冷却水带走，以保持吸收器内的氨溶液有较低的温度而能吸收较多的氨蒸气。浓氨水溶液经溶液泵升压，送入氨蒸气发生器，利用外部热源（如地热流体）对溶液加热。蒸发出来的氨蒸气进入冷凝器被冷却，在压力不变的情况下，放热凝结成饱和液体而完成循环。此外，利用地热热泵技术也可以实现系统的夏季制冷，此方面的内容将在地热热泵技术进行介绍。

三、地热能热泵技术

地源热泵（Ground source heat pump）也称为地热热泵（Geothermal heat pump），它是以地源能（低温地热水和供热尾水）作为热泵夏季制冷的冷却源、冬季供热的低温热源，同时实现供暖、制冷和生活用热水的一种系统。地源热泵用来替代传统的用制冷机和锅炉进行空调、供暖和供热的模式，是改善城市大气环境和节约能源的一种有效途径，也是国内地热能利用的一个新发展方向。

1. 国内外利用现状

（1）国外应用现状

1912 年，瑞士 Zoelly 首次提出利用浅层地热能（地源能）作为热泵系统低温热源的概念，并申请了专利，这标志着地源热泵系统的问世。至 1948 年，Zoelly 的专利技术才真正引起人们普遍的关注，尤其在美国和欧洲各国，开始重视此项技术的理论研究。1974 年以来，随着能源危机和环境问题日益严重，人们更重视以低温地热能为能源的地源热泵系统的研究，具代表性的有 Oklahoma 州立大学、Oak Ridge 国家实验室、Louisiana 州立大学、Brookhaven 国家实验室等。现今，地源热泵已在北美、欧洲等地广泛应用，技术也趋于成熟。20 世纪 70 年代末到 90 年代初，美国开展了冷热联供地源热泵的研究工作，其中 1997 年安装 12kW 的地源热泵 4 万台，2000 年时有 40 万台左右，2010 年总装机量可以达到 150 万台。目前地源热泵在美国应用最多的还是学校和办公楼，大约有 600 多万所学校安装了地源热泵，主要集中在中西部和南部地区，地源热泵技术真正的商业应用是从最近几十年开始的。

（2）国内应用现状

我国地源热泵系统的研究与应用虽起步较晚，但发展势头良好。国内地下水地源热泵系统的应用开始于 20 世纪 80 年代。1985 年，广州能源研究所设计并在东莞建造了用于加热室内游泳池的热泵系统。该地温加热系统由太阳房和水—水热泵组成，制热性能系数约 5～6，用 25～40m 深井中的 24℃ 地下水作热源。到了 20 世纪 90 年代中期，国内才开始批量生产水—水热泵，以井水（单井抽灌技术或多井抽灌技术）为低品位热源，通过阀门的启闭来改变水路中水的流动方向，实现机组的供冷工况与制热工况的转换。由于地下水系统比较简单，投资少，运行也较简单，在山东、河南、湖北、辽宁、黑龙江、北京、河北等地已有很多地下水热泵工程。其中有代表性的工程有：山东龙口中国银行综合楼、北京友谊医院病房和门诊综合楼、北京物探局丰汇公司综合服务楼等。根据对国内 160 余项典型工程的统计显示，办公楼占 40%，宾馆、酒店占 18%，住宅占 12%，厂房占 9%，别墅、度假村占 7%，商场占 6%，学校建筑占 5%，医院建筑占 3%。可以看出，地源热泵技术已经在多种类型的工程中应用。调查显示，从空调供热（制冷）面积来看，面积在 $5 \times 10^4 m^2$ 以上的项目约占 14%，在 $1 \times 10^4 \sim 5 \times 10^4 m^2$ 的约占 47%，$1 \times 10^4 m^2$ 以下的约占 39%。从项目投资上看，1000 万元以上的项目占 14%；500 万～1000 万元以上的项目占 21%，500 万元以下的项目占 65%。可见目前实施地源热泵技术的工程中还是中小项目居多。从竣工的时间看，2000 年 2 项、2001 年 4 项、2002 年 11 项、2003 年 21 项、2004 年 43 项、2005 年 83 项，从中不仅可以看出近年来地源热泵工程应用日益增多，而且呈现成倍增长的趋势。

北京市已安装地源热泵 $1800 \times 10^4 m^2$，到 2010 年底已安装完成 $3500 \times 10^4 m^2$。2008 年北京奥运会主体育场"鸟巢"使用了地源热泵，通过从土壤中吸收能量用于补偿体育场空调系统，实现了冬季吸收土壤中蕴含的热量为"鸟巢"供热，夏季吸收土壤中存贮的冷量向"鸟巢"制冷。沈阳市在已经形成地源热泵供热（制冷）面积 $312 \times 10^4 m^2$ 的基础上，全面推进地源热泵系统的建设和应用。全市计划实现地源热泵技术应用面积 $6500 \times 10^4 m^2$，占全市当期供热面积的 2.5%。在我国，地下水循环式热泵系统的应用工程近年来已逐渐增多。这些工程的应用表明，地下水循环式热泵系统相对于传统的供热、供冷方式及空气源热泵具有很大的优势。但是由于大量关键技术尚待解决及运行管理不当，现在看来在已有的工程实例中不乏出现如下失败的情况，如：系统不匹配，考虑风机、水泵后实际系统的总 COP 很低（甚至低于 2.5），并不节能；埋管漏水，不可修复，不得已关闭部分埋管，造成换热恶化；冬季地下埋管工作温度低于零度，必须添加乙二醇等防冻液，除增加成本，也使流动阻力加大，耗功增加；

夏季工况下换水不容易，容易造成向地下排热的困难；回水回灌不下去，开始还可以勉强回灌，回灌量越来越小，只好将大量回水任意排放，造成水资源浪费，以致数年后无水可采；地下水矿化度较高，换热器很快因结垢和腐蚀而报废。

2. 地下水水源热泵工作原理及其特点

（1）地下水水源热泵工作原理

地热源热泵系统主要由三部分组成：室外地热源换热系统、地热水源热泵机组和室内供暖空调末端系统。地热源热泵的工作原理比较简单（见图3-18）。夏季运行时，热泵机组的蒸发器吸收建筑物内的热量，达到制冷空调，同时冷凝器通过与地下水的热交换，将热量排到地下；冬季运行时，热泵机组的蒸发器吸收地下水的热量作为热源，通过热泵循环，由冷凝器提供热水向建筑室内供暖。

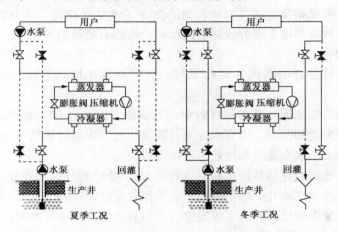

图3-18 地热源热泵制冷供暖循环示意图

（2）地热源热泵的特点及优势

1）清洁可再生的能源利用技术。我国大部分地区拥有中低温地热水地热资源，而地源热泵技术能成功地利用储存于其中的热能。

2）高效节能的技术。地热源热泵以地热水的热能作为热源，冬季在制热运行时，地下水温度比环境温度高，使水源热泵的蒸发温度比其他类型热泵的蒸发温度大大提高，且不受环境变化的影响，所以能效比提高；夏季制冷运行时，由于夏季地下水、地表水温度比环境温度低，冷凝压力降低，压缩机输入功率减少，使制冷性能比风冷式或冷却塔式制冷机组有较大提高。大量测试数据表明，由此导致的机组效率提高，可节省能源达20%以上。

3）环境保护和经济效益显著。地热源热泵以电为动力，运行时不产生对环境有害的物质。抽取地热水或利用地热供暖系统尾水，并且大多实行封闭式回灌，对地下水资源和环境不产生破坏作用，效益显著。地热源热泵耗电量少，与空气热泵相比，节电40%；与电供热比较，节电70%。制热时与燃气锅炉比较，节能50%；与燃油锅炉比较，节能70%。

4）节省建设用地。采用地源热泵供冷和供热系统，不需要建锅炉和冷却塔以及堆放燃料和燃烧废物的场地，节省了建筑场地和经费。

5）一机多用，应用广泛。地热源热泵系统可供暖、制冷和提供生活热水，对于同时要求供热、供冷的建筑物，地源热泵有着明显的优势。

6）运行稳定可靠。地热水的温度波动范围远远小于环境空气温度的变动，使地热水源热泵全年运行稳定。系统部件少，维护费用低，自动化程度高，使用寿命可达15年以上。

（3）地热源热泵系统设计流程介绍

地源热泵系统的设计包括两个大部分，即建筑物内空调系统的设计和地热源热泵系统的地下部分设计（或利用地热供暖系统尾水的地热水源热泵系统设计及排放系统设计）。前者已有比较成熟的技术，地下水系统的钻井系统等方面的设计国内还不够规范。但两部分之间又相互关联，如建筑物的供冷（供热）负荷、水源热泵的选型、进水温度、性能系数都与地下部分换热器的结构、性能有密切的关系。

1）基础资料

地源热泵系统设计的基础资料除了与一般空调系统相同之外，还必须具备以下资料。

①项目实施区的范围、现有和规划中的建筑物、树木和其他地面设施、自然或人造地表水资源的类型和范围、现有水井及其腐蚀状况、附属建筑物和地下服务设施。

②有关的地质、水文地质和地表水基础资料。

③地下水系统试验井的基础资料。一般要求 $2700m^2$ 的建筑物布置一个试验井，较大的建筑物布置两个试验井，以了解地下水资源状况。

④监测井所观测的地温和地下水温度、水位和水质的变化等方面的资料。

2）空调制冷和供热负荷

地源热泵系统的空调制冷和供热负荷的计算与一般的空调系统基本是一样的，但又有不同之处，应加以注意：

①计算分区负荷：应按不同区域计算空调负荷，然后选择不同的水源热泵机组，以便满足不同功能的要求。

②计算制冷和供热高峰负荷及选定合理调峰措施，作为埋管换热器或井水用量设计的依据：这两个高峰负荷根据建筑物功能的不同可能发生在不同的时间，一般制冷高峰负荷多在白天，供热高峰负荷多发生在夜间。

③平均负荷的计算结果直接影响工程的造价，考虑地下工程的永久性，建议采用负荷计算软件，以保证计算结果的可靠性。

④总耗能量的计算。国内外目前进行空调系统全年的总耗能量计算比较多，计算结果也基本可靠。

3）室内空调系统设计

根据各区的冷热负荷和工厂提供的资料就可以初步选定各种性能数据的水源热泵机组。一般地源热泵机组有整体式和分体式两种，整体式机组制冷剂充注量少，环路密封性好，减少了现场充注和连接不良而引起的制冷剂泄漏和运行不良问题。

地源热泵的室内空调系统与普通空调系统相似，可以选择风机盘管系统、全空气系统、地板供暖等多种方式，能满足用户多样化需要。

4）所需水量及水温确定与优化

水流量是影响水源热泵制冷（热）效果的重要因素，水量的多少是由建筑物的冷（热）负荷、水源热泵机组效率和换热温差决定的。地下水流量对热泵机组的制冷（热）量有着直接的影响。在制冷工况下，当冷凝器中水流量增大时，由于换热系数增大，冷凝压力降低，制冷量增加。但当水流量增大到某一数值时对换热系数影响不大，冷凝压力基本保持不变，制冷量趋于恒定。制热工况下，当蒸发器内水流量增大时，换热系数同样增大，蒸发压力增大，制热量增加。水流量的大小间接影响水源热泵机组的 COP 值。在制冷工况下，冷凝器中水流量增加时，冷凝压力下降，使压缩机的压缩比减小，输入功率将降低，COP 值增大。但当水流量增大到一定数值时，COP 值增加的梯度趋缓；制热工况下，蒸发器内水流量增加时，蒸发压力也增加，导致压缩机的输入功率增加，但压缩机输入功率增加的梯度较制热量缓慢，则 COP 值增加。

水温是影响水源热泵效率的主要因素。在制冷工况下，当冷凝器的进水温度升高时，冷凝压力增大，制冷量下降，压缩机的输入功率增大，COP 值下降。制热工况下，当蒸发器进水温度升高时，蒸发压力增大，制热量增加，但压缩机的输入功率缓慢增加，COP 值增加。当进水温度达到一定值后，进水温度对 COP 值的影响不大。

5）换热器的选择

对于间接供水系统或梯级地热利用系统，可根据地下水总需求量、建筑物内循环水量和地下水温度、建筑物内循环水温来选择换热器，常用的换热器为板式换热器。

6）地下水源热泵系统中地下水回水的处理

为避免地面沉降、保护环境和水源，回水的处理是十分重要的。一般可采用地表排放和地下回灌两种方式。采用地表排放方式时，附近必须有合适的地表水体（江、河、湖、塘）。但最理想的办法还是系统中设有专门的回灌井，并形成封闭的地下水循环系统。

第五节 地热能利用新技术及其工程应用

我国地热工程技术的发展已经历了三代技术。第一代技术是地热地质技术，即以地热地质勘探技术为主体，以简单的直接利用为标志，如洗浴、生活热水的直接利用等。20 世纪 70 年代初，在著名地质学家李四光教授的倡导下，开始了大规模的地热资源普查勘探工作，揭开了第一代技术的序幕。第二代技术是工程热物理技术，即工程热物理专家介入后，以换热器、热泵等地热利用设备的出现为标志。第三代技术是集约化功能技术，是 20 世纪 90 年代后期发展起来的，它是面向工程对象，通过地上地下工程一体化设计平台，实现各种地热资源、设备工艺参数整体优化组合和整个利用系统功能达到最佳的现代化地热工程技术。

一、地热资源梯级利用工艺

1. 地热资源梯级利用工艺的基本思路

我国广泛分布着中低温地热资源，非常有利于供热、养殖、种植等直接利用。然而由于目前在一定程度上存在着粗放型开发现象，我国的地热利用还存在利用结构单一、利用技术（工艺及设备配套）尚需进一步优化、尾水排放温度高等方面的问题。

为了解决地热尾水排放温度高、资源利用率低与环境热污染问题，提出了地热资源梯级利用技术。地热梯级利用就是多级次地从地热水中提取热能，多层次地利用地热能。通常情况下，可以将地热能要供暖的总负荷分成高温供暖部分与低温供暖部分，先按照高温供暖设计方法提供一部分供暖负荷，然后按照低温供暖设计方法提供其余的供暖负荷。高温供暖部分一般可以采用散热器供暖方式，低温供暖部分可以采用地板辐射供暖和风机盘管。

地热梯级利用工艺充分发挥了地板辐射供暖、地热热泵的优势。地板辐射供暖与热泵技术，可以大大降低地热水的排放温度，从而提高热利用率，即地热水首先通过板式换热器换热，供管网系统供暖，再二次换热供地板辐射供暖系统（完全非金属系统也可直供），地辐射供暖系统下来的地热水再利用热泵技术提热或直接供热，或采用调峰。在这三个温降级次间，根据需要，拓宽生活洗浴、康乐理疗、矿泉水、花卉种植等项目，以减少这些配套项目所需要的资金投入和土地、能源、淡水资源的消耗，使地热水的多种功能得以发挥。在以供热为主要用途的系统，必须采取回灌开发方式，使当时不能完全消化的尾水重新回到热储层，经过地下的热交换，可以再开发出来更多的热能。所有这些都需要以科技为先导，以创新为突破，解决系统功能实现的瓶颈问题，依靠科技进步提高地热资源利用的集约化水平。

2. 技术原理与技术关键

（1）技术原理

以往的地热供热设计是通过一级换热进行的，即地热水抽取后进入换热器，提取热量后排放。由于换热器所能换取的热量是有限的，使得这种供热方式的热能利用率不高，并造成严重的热污染。为了解决这个问题，提出热、水双循环系统梯级利用新技术。根据建筑物的规模、负荷、末端设备进行分类，分成若干组团，根据各组团的负荷，将系统总负荷划分成几个部分，并且要结合各组团设计参数和负荷量来确定各部分的系统参数，同时使各部分参数与负荷之间相互耦合，优化配置，在满足部分负荷要求的同时，使整个系统总负荷能力得到增强。

具体实施方法如下：

1）开采出来的地热水，经过换热器提取热能供管网系统供热，即为第一梯次。

2）第二梯次是将经过一级换热的地热水进行再次换热，提取能量供地板辐射供暖系统供热。

3）由第二梯次系统排出的地热水，进入热泵机组进行温度的提升后用于供暖，或者热泵机组将温度提升后，将热送回第二梯次热网中，供热负荷并入第二梯次热网中，即为第三梯次。

4）热泵机组排出的地热水由另一眼地热井回灌到地下。至此完成了一个循环过程。由此解决地热资源利用中存在的诸多问题。

图3-19所示为地热资源梯级利用工艺图，该技术的目的是使地热供暖从一级利用扩展到多级利用，从而充分发掘地热资源的潜力，减少环境热污染，提高能源利用率。

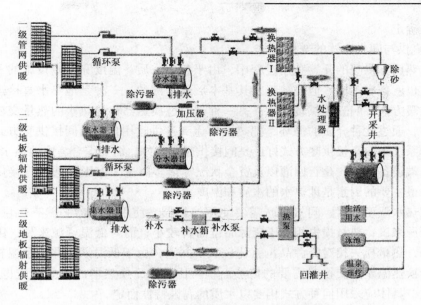

图 3-19 地热资源梯级利用工艺原理图

(2) 技术关键

1) 耦合自控双循环调温技术

地热供暖、供水系统的控制核心是要做到节水、节电，并保证供暖和供水的良好效果。因此，地热梯级利用系统中的一个核心问题是要将利用系统与地热开采系统有机地联系起来，做到利用多少开采多少。实现这一要求的关键是解决好系统的控制技术问题。

地热供热中存在两个循环系统：一个是用户热力子系统，负责室内供热，该系统的特点是水温可调而流量不可调，即调质不调量；另一个是地热水子系统，负责热水开采并向用户热力子系统提供热能。由于地热水温度是相对恒温的，总热量的变化只能通过流量来控制，因此该系统的特点是调量不调质。两个系统之间通过换热设备连接并进行热交换。地热水开采量的变化决定了供热总能量的变化，从而决定了用户热力子系统的变化，最终决定了室内温度的变化。利用这一特点，建立自动控制系统，将室内温度需求反馈到地热水子系统中，对开采量进行调节，最终实现室内温度的调节。这个调节过程是由耦合自控双循环调温系统来控制的。耦合自控双循环调温技术的基本原理是：根据室外温度的变化，调节室内供热负荷，再将室内供热负荷信号传送到地热水子系统中，调节地热水流量，实现对地热水总热量的调节，进而调节用户热力子系统的循环水温度，最终实现对室内供热负荷的调节，保证室内恒温。

2) 各级参数的耦合匹配

地热梯级利用工艺的另一个关键是各级参数的耦合匹配。首先是用户热力子系统各级参数的匹配，用户热力系统一般分三级进行，各级的供热温度要根据供热面积与负荷要求确定。确定各级供热温度后，就可以相应地确定地热水系统的换热温度。地热水系统一般采用两级换热一级提温的方式，各级换热温度与提温量由自控系统根据供热参数确定。

　　3）直供与间供方式的选择

　　在地热用于供暖的开发利用过程中，由于各地水质、温度和供暖设施的不同，利用的形式也就各有不同。但总结起来其基本形式有两种：一种是地热水直接进入末端设备的供暖方式，叫直接供暖方式；另一种是通过换热器将地热水的热量交换到另一种介质中，通过此种介质的循环，把热量传递到各供暖用户，叫间接供暖方式。对于地热供暖系统采取直接供暖方式好还是间接供暖方式好，需要综合考虑地热水的水质、水温、末端设备选型、是否回灌以及资金状况等诸多因素。但影响选择直接供暖和间接供暖的最主要的因素是地热水的水质和温度。

　　①地热水温度因素。间接供暖需要使用换热器，使用换热器必然有热量的损失。对高温资源来说，热量损失相对于资源品位而言较小；而对低温资源来说，由于本身温度不高，热量损失相对资源品位就比较大。并且，由于低温地热井的水温较低，为尽量减少换热温差热交换时需要的传热面积就比较大，换热器的成本相应也要增加。尽管如此，具体应采用何种方式仍要以水质的腐蚀特性而定。

　　②地热水水质因素。利用地热进行直接供暖存在腐蚀结垢问题。地热水的水质将会直接影响到整个供热系统设备的腐蚀程度。采用间接供热时，可以选用耐腐蚀性很强的钛板换热器，避免地热水和供暖系统管道的直接接触，也就避免了系统的腐蚀结垢问题。因此，对于水质差的地热水应优先选用间接供暖方式。

　　（3）设备组成及其功能

　　该工艺主要包括井口装置、换热器、热泵、分水器、集水器、除污器、循环泵、补水泵、补水箱等，其功能如下：

　　1）井口装置：将地热井进行封闭，缓冲热胀伸缩，安装潜水电泵；

　　2）除砂器：净化与过滤地热水中的砂粒与杂质，避免堵塞及破坏系统设备；

　　3）换热器：进行热交换；

　　4）热泵：提升及交换热能；

　　5）分水器：进行供水分流；

　　6）集水器：进行回水汇集；

　　7）除污器：清除水中的杂物；

　　8）循环泵：提供动力，推动水循环；

　　9）补水泵：补充二次网的水量消耗；

　　10）补水箱：贮存水以供补水泵使用。

　　3. 地热梯级利用工艺工程实例

　　（1）工程概况

　　天津某物流加工区距市中心约13km，具有加工制造、保税仓储、物流配送、科技研发、国际贸易等功能，是一个享有国家级保税区和开发区优惠政策、高度开放的外向型经济区域。为了立足于建设国际一流的绿化景观和生态环境，注重资源开发与环境保护，打造精品工程，该物流加工区分为两期开发建设，一期工程 $14 \times 10^4 m^2$，进行地热资源开发，利用地热能为工业建筑、公共建筑及居民住宅供热。

（2）工程地质

物流加工区设计地热井位置处于山岭子地热田大东庄凸起之上，该凸起是一个由中上元古界地层为核部，古生界地层为翼部组成的背斜构造，背斜构造上覆第四系和上第三系松散堆积物，形成了良好的储热系统，其控制性边界有沧东断裂和海河断裂。地热井所处区域地层基本特征如下。

1）新生界：系松散沉积层，分为第四系、上第三系明化镇组和馆陶组。第四系由冲洪积相砂层与黏土层呈不等厚互层组成，厚度为 300~500m。上第三系明化镇组上段以砂岩与泥岩不等厚互层，下段以泥岩为主，平均厚度为 700~980m。馆陶组以含砾砂岩、粗砂岩、泥岩为主要特征，除在构造凸起部位缺失外，沉积厚度多为 60~150m。

2）古生界：由奥陶系和寒武系组成。奥陶系主要分布在构造单元内北堤头—荒草坨—空港物流—么六桥连线西南侧，顶板埋深 1000~1300m，钻孔揭露厚度为 170~20m；寒武系在该区分布比较普遍，顶板埋深 1200~1900m 之间，钻孔揭露厚度为 300~640m。

3）中上元古界：由青白口系和蓟县系雾迷山组组成，发育普遍。查阅基岩地质图可知，中上元古界分布于山岭子以北，赤土村以东，略呈长轴状展布，轴向北东，顶板埋深为 1500~1800m。

（3）地热资源利用

1）设计井水温、水量预测

经计算，蓟县系雾迷山组热储层，取水段中点温度约为 93℃。地热流体经井筒向井口运移过程中，因受热水流动速度、流量大小、井壁阻力等诸多因素影响，使得井口水温均小于热储层内流体的温度，故确定设计井井口温度为 90℃。预测设计井出水量为 80~120m³/h。

2）设计对井开采的动态预测

①预测模型。AQUA3D 模型是基于 Galerkin 有限元方法的三维地下水水流和溶质运移模型软件包，用于解决二维、三维水流和溶质运移问题。该工程采用 AQUA3D 模型软件包进行预测分析，计算边界扩大到自然边界，选定天津断裂、海河断裂、沧东断裂和汉沽断裂所围成的区域。

②资源开采潜力分析。在充分研究自然界循环的基础上，掌握均衡规律，建立热储地质模型，再通过概化建立数学模型，定量计算地热系统的补给资源和储存资源，对该层地热资源的开发潜力提出分析和预测。假设未来 30 年内在保持现有地热井开采现状的基础上，增加新设计开采井的开采量，但新增设计井均采取回灌措施（回灌量按开采量的 80% 考虑）。

3）地热井设计

设计对井为一采一灌直井，井口距离为 1200m 左右。井结构为 4 开，裸眼直径152mm。采灌对井的井底距离主要取决于冷热水的混合面自回灌井向开采井运移的时间和速度。根据 AndreMENJOE 公式，确定采灌对井间距，计算所得对井井底距离为642m，设计对井井底距离为 1200m，能满足要求。

4）地热资源利用工艺

①设计参数。天津年平均温度为12.2℃，冬季供暖室外计算温度为-9℃，极端最低温度为-22.9℃，最大冻土深度为69cm。冬季供暖工业建筑室内温度为18℃，公共建筑室内温度为18℃，住宅建筑室内温度为20℃。物流加工区一期工程建筑物热负荷为8400kW。

②工艺原理。该供热系统采用地热资源梯级开发循环利用工艺，分4级从地热水中取热，分3个不同参数的独立系统进行供热（见图3-20）。

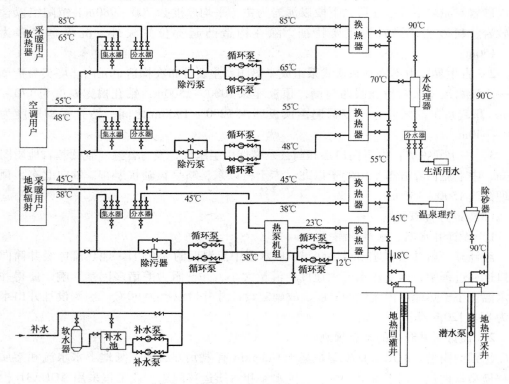

图3-20　某工程梯级地热能工艺流程图

一级供热系统：90℃高温地热水通过一级换热器加热工业建筑供热系统，终端设备采用散热器和暖风机，系统供/回水温度为85℃/65℃。

二级供热系统：一级换热器的地热尾水经过二级换热器为公共建筑空调系统提供热媒，系统终端设备采用风机盘管空调器，系统供/回水温度为55℃/48℃。

三级供热系统：二级换热器的地热尾水经过三级换热器加热居民住宅供热系统，系统终端设备采用地板辐射盘管，系统供/回水温度为45℃/38℃。

四级供热系统：利用热泵机组从三级地热尾水中提取热量，提高地热利用率。经过四级换热与提热后，18℃的地热尾水全部回灌到地热回灌井中，实现地热资源的可持续发展利用。四级供热系统供给居民住宅供暖系统。

③设备选择。由于地热水具有轻微腐蚀性，换热器采用水—水钛板换热器，三级

换热器换热量为 5500kW。2 台水源热泵机组并联运行，以四级换热器的循环水为水源，进行联合供热。水源热泵机组的总制热量为 2900kW。

④负荷分配与调峰措施。该供热系统基础热负荷为 6300kW，调峰负荷为 2100kW。在初寒和末寒阶段，地热水开采量调至 90m³/h，并且只运行 1 台水源热泵机组，即可满足建筑物供热的要求。这样既能减小地热资源开采量，又节约运行成本。在严寒阶段，作为调峰措施，地热水开采量增加到 100m³/h，同时运行 2 台水源热泵机组，为用户供热。

按该工程折旧年限 15 年，行业财务基准收益率按 10% 计取，主要财务指标值均能较好地满足工程建设要求。其中，内部收益率为 15.5%，财务净现值为 400 万元，静态投资回收期为 5 年。该项目采用地热资源梯级开发循环利用集约化工艺，地热水资源的采灌平衡，地热资源利用率达 92%，实现了地热资源的最优配置，减少了废气废物的排放，节约了城市污染的治理费用，有效地保护了生态环境。

二、混合水源联动运行空调技术

1. 混合水源联动运行空调技术的基本思路

长期以来，供暖与制冷消耗了大量煤炭、石油、电力等能源，同时造成了严重的环境污染。冬季，我国北方城市大多使用燃煤、燃油锅炉进行供暖，大量的二氧化碳、二氧化硫、煤尘等污染物排放到大气中，造成严重的大气污染。夏季，我国南方城市的最高气温达 42℃ 左右，北方城市如北京、石家庄等，最高气温也达到了 40℃ 左右，空调制冷已成为必不可少的生活条件。大量使用空调制冷，必然加剧环境温度的上升，产生"热岛效应"及热的恶性循环。

混合水源联动运行空调技术就是一项立足于技术革新的新的能源利用技术。这项技术利用处理后的工业废水与城市污水、湖水、地热尾水等低品位的能源作为空调系统的热、冷源，利用水源热泵提取热能与冷能进行供热与制冷。这项技术的热、冷源是工业废水等混合水源，除了少量使用电能外，没有其他常规污染能源的使用，是一项无污染的能源利用技术。

目前，我国大量的工业废水、城市污水、湖水以及地热尾水等低品位能源被闲置或直接排放，不仅带来了环境热污染，也造成了资源浪费。这项技术的应用，不仅可以解决能源短缺问题，还可以缓解能源的使用给环境带来的巨大压力。

2. 技术原理与主要设备

（1）技术原理

混合水源联动运行空调技术的基本原理是：以城市中水（处理后的城市污水、工业废水等）、湖水、地热尾水等低品位的能源作为空调系统的热、冷源；根据水温在冬季比大气温度高，而夏季比大气温度低的特点；冬季利用水源热泵从水中提取热能进行供暖，必要时利用高温地热水进行调峰；夏季利用水源热泵从水中提取冷能进行制冷。图 3-21 为混合水源联动运行空调工艺图。

混合水源联动运行空调技术包括供暖与制冷功能，具体工艺过程如下：

1）冬季初寒、末寒阶段，系统从中水中提取热能，采取并联方式送入热泵机组，热能提升后送入建筑物供暖，利用后的中水经过压差调节泵进行压差补偿后送回中水管网，当中水系统下游无水量消耗时可使用人工湖水，由提水泵从湖水中提水经净化装置进入热泵机组（并联），使用后的湖水再返回到人工湖中。

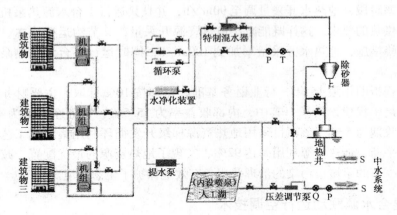

图 3-21　混合水源联动运行空调技术原理图

2）严寒期系统将启动地热水，经过除砂净化后进入特制混水器，与系统中的低温回水混合（按满足系统运行参数的配比），以串联方式进入热泵机组，形成梯级取能，提高利用率。

3）夏季使用空调制冷时，利用提水泵提取湖水，送入热泵机组提取冷能供建筑物制冷，提冷后的湖水通过管网回到湖中；湖水水量不足时，可以利用中水进行补充。

（2）主要设备

1）除砂器：净化与过滤地热水中的砂粒与杂质，避免堵塞及破坏系统设备。

2）特制混水器：用于高温小流量与低温大流量的水混合，解决由于温差大而不易均匀混合的难题（采用高温水喷射，低温水旋转方案）。

3）净化装置：过滤与净化系统回水中携带沉淀物及其他杂物。

4）热泵机组：从低温水中将热能提升后供建筑物供暖，机组之间具有串并联两种方式。

5）管路及阀门：解决多水源条件下低温水源并联运行、高温水源串联运行的切换，解决了热泵机组只能使用单一水源的问题。

6）循环泵：提供动力，推动水循环。

7）压差调节泵：用于补偿中水进入系统后产生的压降，实现封闭式的中水采用只提热不耗水的工艺要求。

3. 混合水源联动运行空调技术工程实例

（1）工程概况

天津 975 工程位于天津市珠江路与友谊路的交汇处，总用地 $20.81 \times 10^4 m^2$，其中可建设用地 $17.87 \times 10^4 m^2$（包括水面 $6.12 \times 10^4 m^2$ 和城市道路绿化用地 $1.05 \times 10^4 m^2$），其他用地 $2.94 \times 10^4 m^2$，规划总建筑面积 $9.05 \times 10^4 m^2$，一期建筑面积 $6.11 \times$

$10^4 m^2$。该工程建筑密度为 16.13（不包括含水面及城市道路绿化用地），容积率为 0.6（不包括水面及城市道路绿化用地），平均层数为 3.76 层，水面占可建设用地比为 34.24%，绿化率为 35.15%（不包括水面及城市道路绿化用地）。总体设计注重与环境的协调，竣工后的 975 工程成为天津市一道亮丽风景。总平面设计中布置有中水构成的人工湖，水面达 $6.12 \times 10^4 m^2$，湖水由中水及雨水予以补充。

（2）资源条件、气象参数及工程目标

1）资源条件。975 工程水源热泵中央空调系统可利用的水源有 3 部分：

①城市中水。距该项目建设场地 1.5km 处，由市政投资正在建设一座规模为 5 万 t/d 的中水处理厂；距该项目 1km 处的天津纪庄子污水处理厂可提供满足水源热泵需要的低温热源水，该污水处理厂日处理能力为 26 万 t/d（可满足 $180 \times 10^4 m^2$ 供热需要），可直接从二沉池排出口取水。

②湖水。该项目建设场地内已有 1 个自然养鱼塘，按总平面设计要求，要建成 $6.12 \times 10^4 m^2$ 的水面作景观，建成后水体总量为 $9.0 \times 10^4 m^3$。冬季平均水温为 5℃ 左右，夏季平均水温为 22℃。

③地热水。经主管部门批准，在建设场地内开凿了一口深约 900m 的地热井，开采明化镇热储层热水，单井出水量为 $80 \sim 100 m^3/h$，出水温度为 60℃。

2）气象参数

冬季供暖空调室外计算温度：-9℃；

年平均温度：12.3℃；

极端最低温度：-20.9℃；

冬季平均温度：-1.2℃；

空调相对湿度：50%~60%；

夏季空调日平均温度：26.9℃；

夏季空调室外计算温度：33.2℃；

极端最高温度：39.6℃；

计算平均风速：3.2m/s；

最大冻土深度：0.8m。

3）工程目标

①以城市中水、地表水为空调系统基础负荷的冷、热源，使其具有多重利用价值。

②解决地热尾水排放温度过高、能源浪费和环境污染等问题，做到合理开发，梯级利用。

③应用多热源互补联动技术，使空调系统在使用低品位热源时具有环保、经济、可靠等特点。

④为推广新能源技术提供系统技术支持和经济分析。

（3）工程方案设计

天津 975 工程地热资源丰富，具有优越的人工湖环境及中水系统。良好的冷、热能资源为工程的供暖和制冷提供了强有力的水资源保障体系。根据现有资源条件，系统采用混合热源联动运行空调技术（两眼地热井，一采一灌）。

1) 冬季供暖工艺方案设计

冬季供暖以中水为主、地热深井水为辅，中水建设期利用地热水、湖水过渡，确保水源系统万无一失。在最不利工况下，启动地热深井水，与系统回水部分混合至25℃。混合水进入热泵机组后，分3级提热，其中一级提热后温度降至18℃，二级提热后降至12℃，三级提热后降为7℃；热泵机组的供热温度为55℃，进入终端管网后的回水温度为45℃。由于水源热泵技术的应用，地热水的回灌温度可降低至10℃以下，既避免了由于地热水大量排放带来的热污染，又消除了地表沉降等负面影响。

975工程空调及生活热水工程、冬季供暖方案是多种方案的综合应用。一方面，初寒、末寒阶段利用水源热泵以并联方式从中水中提取热能；另一方面，高寒期启动地热井，把地热井水与中水混合后由水源热泵串联3级提热后联合供热。

2) 夏季制冷工艺方案设计

夏季制冷以人工湖水为主，在最不利工况下，一方面在晚上启动湖中人工喷泉，将湖水降温；另一方面还可采用中水作为补充冷源。具体工艺流程为：利用湖水提升泵提取湖水，湖水进入净化处理设施，净化处理后的湖水以并联方式进入热泵机组，冷凝后，供空调系统制冷。工程要求制冷空调每年运行81d，每天平均运行10h。在正常工况下，人工湖水可满足夏季制冷的需求。当湖水温度过高时，可采用喷泉冷却。既可使湖水温度降低，又可美化环境。这里采用球形雾状喷泉，冷却效果较好。盛夏季节最不利工况下，可用中水系统作为备用冷却水源。

3) 方案比较

将本方案与其他方案进行了经济、环保等方面的比较。参与比较的方案分为两类：传统方案，包括城市直供 + 溴化锂空调系统、燃气锅炉 + 制冷机组、电锅炉 + 制冷机组；浅井 + 水源热泵。

①环保状况对比

（a）与传统方案的对比。本方案使用的能源全部为清洁能源，系统运行过程中无任何废气、废物的排放，具有很好的环境效益，是绿色空调系统。传统方案一般都存在直接或间接的环境污染，并且都不同程度地破坏了城市景观，占地面积大。因此，本方案与传统方案相比在环保方面具有绝对的优越性（见表3-3）。

混合水与传统方案对比　　　　　　　　　　　　　　　　　　　　　表3-3

比较项目	混合水源联动运行空调方案	传统方案		
		城市直供 + 溴化锂空调系统	燃气锅炉 + 制冷机组	电锅炉 + 制冷机组
能源类型	清洁能源	间接污染能源	污染能源	间接污染能源
污染状况	无废气、废物的排放	间接污染环境	有污染气体排放	间接污染环境
是否影响景观	与环境协调	影响景观	影响景观	影响景观

（b）与浅井方案的对比。浅井 + 水源热泵方案使用的也是清洁能源，没有任何废

气、废物的排放，但该方案的致命弱点在于：井的数量多，占地面积大，影响了周围环境景观；由于浅井方案抽取的是第三、第四含水层组的水，这两个含水层组位于第四系，回灌非常困难，大量抽水导致的地表沉降大且无法治理。本方案的冷、热源是深井地热、湖水与中水。在环保方面的优点主要体现在：有回灌，控制了地表沉降；由于采用了梯级利用，地热尾水温度低（10℃以下），并直接回灌，不会造成环境热污染与化学污染；本方案的占地面积小，能与自然环境、人文景观相融合。

②经济状况对比

（a）本方案与城市直供供热＋溴化锂空调制冷、燃气供热＋制冷机组制冷、电热锅炉制热＋制冷机组制冷、浅井＋水源热泵等方案相比，初期投资高于燃气供热＋制冷机组制冷，低于其他方案。

（b）本方案的运行费用最低，仅分别为其他方案的 36.7%，22.2%，30.2%，55.4%，节省大量占地面积，有效利用建筑周边环境。

（c）综合考虑初期投资与运行费用，该方案在系统运行 4 个月后达到几个参比方案的最低值。

（d）运行安全可靠，以电为能源动力，机组主要部件完全进口，可安全可靠运行 20~25 年。运行成本 4 年后依次是其他几种方案的 56.6%，47.4%，55.3% 和 69.2%。通过以上比较，本方案具有明显的经济优势。

三、深层地层储能反季节循环利用技术

1. 概述

随着我国国民经济的快速发展和人民生活水平的不断提高，人们的日常生活以及大、中、小型企业对能源的需求迅速增长。在大量能源消费的同时，不仅加大了环境污染，也造成了大量的能源浪费。在如今能源十分短缺的形势下，这种能源利用方式及其造成的负面影响是与国民经济发展极不适宜的。

国内外自 20 世纪 70 年代开始进行地层储能的研究，其应用对象多为区域供热和空调制冷。20 世纪 70 年代初期，许多国家报道了包括现场试验与数学模拟的项目。有瑞士的 Neuchatel 大学、美国的 Auburn 大学、美国地质调查局、法国地质采矿研究局等。直至 1976 年美国加州大学柏克莱分校劳伦斯柏克莱试验室（简称 LBL）地球科学部报道了含水层储能概况，以及详细的数学模拟研究。我国含水层储能技术的应用，并不是单一地为解决能源问题，还有增加地下水补给量、抬高地下水位、控制地面沉降、改善地下水水质等多种目的。我国含水层储能的储水构造具有多种类型，既有坚硬岩层的岩溶裂隙含水层，又有松散层的孔隙含水层。储能管井的回灌方法，除上海采用压力回灌外，其他城市大都采用真空回灌，回灌水的水源北方多为地下水，南方则采用地表水、地下水和工业过滤回水。

2. 技术原理

在城市供热与制冷中，通常存在着夏季为了制冷把热的能源直接排放掉，冬季为了供暖又把冷的能源直接排放掉的现象，即为直线性能源利用，不仅造成能源浪费，而且带来了严重的环境污染。针对这种现象，提出了深部地层储能反季节循环利用技

术。基本思路是：在夏季把热能储存于深部地层热能库，在冬季把冷能储存于深部地层冷能库；通过地表建筑物热泵空调系统，在冬季把热水源抽出来供暖，在夏季把冷水源抽出来制冷，实现"夏灌冬用"进行供热，"冬灌夏用"解决制冷的反季节循环利用，即为循环性能源利用，形成城市封闭性供热与制冷系统。这项技术的应用不仅可以解决供热制冷问题，还节约了能源，避免了环境的污染问题。深部地层储能反季节循环利用技术工艺流程如图 3-22 所示。

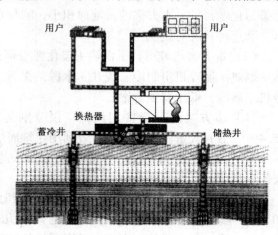

图 3-22　深部地能储能反季节循环利用技术原理图

3. 技术关键

（1）储能地层与储能井

1）储能地层的选择

深部地层储能技术是借助于管井灌采工程，将冷水或热水储存在地下含水层里。因此进行含水层储能时，必须注意下列几个基本条件：①水文地质条件利于进行含水层储能；②回灌水源的水质和水温满足储能要求；③拟定的含水层储能方案经济合理，且不至于产生有害的环境地质问题。

储能含水层的水文地质条件，应符合下列要求：①含水层分布平缓，具有一定渗透性，地下水流速缓慢；②含水层厚度大，空间分布广；③含水层地温梯度无异常，温度变化小；④储能含水层上下隔水层分布稳定，隔水和保温性能好；⑤含水层地下水中不含腐蚀滤水管的有害气体和化学成分；⑥含水层储能后，不能引起区域性热污染和地面沉降等有害的环境地质问题；⑦深层含水层应以储热为主，浅部含水层则以储冷为主。

2）储能井的结构

储能井与一般抽水井的结构基本相同，由井壁管、滤水管、沉砂管、填砂层和止水层组成，如图 3-23 所示。由于储能井兼作回灌与开采两用，要承受灌采两方向的压力。因此，对储能井的结构须满足以下几点要求：

①井壁管采用抗压、抗剪、防腐、防渗和无毒的管材，一般选用铸铁管或钢管。成井时，井管之间丝扣接头需先用再生胶布或麻丝白漆缠绕，或直接焊接以防灌水过程中漏水。

②滤水管选用缠绕了梯形铜丝的钢管滤水管，即在打孔钢管外，加焊垫筋缠绕 11~12 号梯形铜丝，再焊接压条和压箍，以增加滤水管的抗压强度。滤水管的缠丝间隙，按含水层颗粒级配资料确定，一般细、中砂含水层为 0.75~10mm。滤水管长度和设置部位按水层的岩性、厚度和埋深条件而定。实践证明，采用"笼状滤水管"结构（双层缠丝过滤器），能增加井的单位回灌量和出水量，能延长井的使用年限，对压力回灌尤为适用。

③沉砂管用于因灌采水进入井内的细颗粒的沉淀，防止滤水管淤塞，其长度视含

水层岩性和井的深度而定，一般长 3～5m。沉砂管底部应设置在含水层底板处，以防管井下沉。

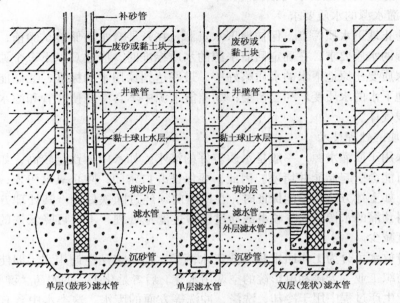

图 3-23　储能井的成井结构示意图

④填砾层对储能井的灌采水量和使用寿命有较大影响。增加填砾层高度和厚度，不仅有助于减小水力坡度，避免产生紊流，而且可防止灌采水过程中因填砂层压密下沉而产生"跑砂"现象。因此，为了避免"跑砂"，保持一定回填高度，储能井宜采用"鼓形井"和补砂管结构。

3）储能井的布局与环境条件

储能井的布设应根据储能的目的和当地的水文地质条件，制定区域性的统一规划。不能各自为政，以免引起井温干扰、水质污染或产生其他不良后果。在制定储能井布设方案时，必须了解或查明下列各项环境条件：

①当地的水文地质条件，包括含水层的埋深、厚度、岩性，渗透性和富水性流向、补给来源、天然补给量、地下水水位、水化学成分和水温动态变化等。

②地下水水位动态和区域地下水位降落漏斗的发展情况。

③了解现有各含水层灌、采井的分布和灌、采动态。

④测定与管井回灌有关的水文地质参数：包括单位出水量、单位回灌量、地下水水位、水温、水质的背景参数等。

⑤储能水源情况，包括地面水或其他水源。

⑥储能井应避开地面和地下有污水和废热水贮水工程的地段，以防止地下水受到污染。

⑦对于只需布设单一冬灌夏用井或夏灌冬用井的地段，井的布置可仅从利于回灌和开采使用方面考虑。但对于有对井或群井同时储冷、储热的地段，为了防止长期灌

采过程中冷水或热水在含水层中的互相干扰，则必须计算合理的井距。

（2）回灌水源水质要求与预处理技术

1）回灌水源的水质要求

为了防止地下水质污染，保护地下水资源，在开展含水层储能试验前，必须提出对回灌水源的水质要求，在确定回灌水源的水质标准时，应注意以下三个原则：①储能水源的水质要比原地下水的水质略好些，最好达到饮用水的标准；②储能后不会引起区域性地下水的水质变坏和受污染；③储能水源中不含有能使井管和滤水管腐蚀的特殊离子或气体。

2）水质的处理技术

地下水用于回灌水源，一般是水质较好的淡水。如水中含铁量较高，如果直接用于回灌，可能会引起储能井堵塞。因此，要保证井口密闭，防止氧气渗入；也可配置氮气保护。如上述方法均不能保证时，在回灌前须经过除铁处理。其处理方法较为简便。只要将预灌的水源经大气喷淋或通过锰砂过滤池处理，不仅可降低铁的含量，并可使混浊度减少。

工业排放水可分为工作回水和工业废水两类。前者多是空调用水，即使用过的地下水，如纺织工业、大楼和电影院的空调用水等。后者是化工，如农药、漂染、造纸、冶炼等工业生产过程中用于冷却、洗涤、冲洗等方面的废水。这类水中含有害物和多种盐类，水质处理技术复杂，成本很高，不宜作为回灌水源。

工业回水一般不含有害物质。例如纺织工业的工业回水只要经过砂过滤池等的简易处理，就可以除掉水中的棉纱纤维和杂质，降低水的混浊度，用作回灌水源。

一般处理工业回水中的杂质，过滤池有砂过滤池、塔式砾石过滤池、泡沫塑料珠过滤池和压力滤池等多种形式。为适应储能井的压力回灌，目前上海多采用占地较少的压力滤池处理工业回水。

4. 工程应用实例简介

（1）工程概况

以天津地矿珠宝公司为实例，对深部地层储能反季节循环利用技术与水源热泵联合应用进行分析。该公司位于天津市中心，占地面积1850m²。长期以来，公司冬季采用传统的锅炉方式供暖，夏季制冷采用分体式空调机。由于锅炉燃烧时排放的废气废物，因此，改造该公司的供暖及制冷系统势在必行。为实现有效利用低温地热及降低能耗，采用深部地层储能与水源热泵联合技术改造公司原有系统，改造后的系统应具有供暖、制冷和提供生活热水的功能。

（2）工程设计

1）储能含水层

天津市地矿珠宝公司位于海相冲积平原，其水文地质特征为：上部潜水层（含水层底板埋深56.6m，接受大气降水补给，为淡化的海水层，矿化度为8.6g/L，为Cl-Na型水，又称为上部咸水层）；第一承压含水组（含水层底板埋深99m，含水粉细砂层厚25m。水质微咸，为$Cl-SO_4-Na-Mg$水，矿化度为4.6g/L，水温14℃）；第二承压含水组（含水层底板埋深138m，含水粉细砂层厚26m。水质微咸，矿化度为

3.311g/L，水化学类型是 Cl-SO₄-Na-Mg 水，氯离子含量 1009.8mg/L，全硬度是 62.2 德国度，水温 15.5℃）；第三承压含水组（含水层底板埋深 237.25m，含水细砂层厚 42m。单井出水量 55~65m³/h，水温 18℃，水质为 HCO₃-Na 型，矿化度为 607mg/L，pH8.25，氯离子含量 102mg/L）。根据储能层选择要求知，第三承压含水组的水温及水质符合储能条件，因此，选用该层作为储能含水层。

2）储能井

含水层厚度为 40m、供暖期为 129d，算出两井间距不得小于 57m。由于工程场地仅有 1850m²，实际工程中两井间距为 34m。成井时，开采井出水量为 40~50m³/h，水温为 17.5℃，井深分别为 209m、210m。两井的动水位 28m，静水位 17m。开采井与回灌井均采用双层滤网装置。

3）冷、热负荷

冬季室外计算干球温度为 -9℃，相对湿度为 58%；夏季室外计算干球温度为 33.2℃，湿球温度为 26.4℃。冬季室内设计温度为 16~18℃，相对湿度小于 50%；夏季室内设计温度为 25~27℃，相对湿度小于 55%。根据《建筑设备专业设计技术资料》以及《公共建筑节能设计标准》GB 50189-2005 等标准及数据，确定热指标为 60W/m²，冷指标为 76W/m²，供暖、制冷面积为 6105m²。因此，系统所需热、冷负荷分别为 366.3kW、457.1kW。

4）水源热泵

根据热、冷负荷及储能井的出水量，实际工程中共选用 SSRB-0.3MW、SSRB-0.2MW 各一台。其中 SSRB-0.3MW 的额定功率为 66kW，制热量为 300kW，制冷量为 280kW；相应的 SSRB-0.2MW 性能参数分别为 45kW、198kW、182kW。

（3）系统运行分析

从 2002 年 11 月 7 日至 2003 年 3 月 15 日，共 129d，全天每隔 2h 观测并记录系统运行数据。跟踪记录系统运行状态参数一方面为了深入研究系统冬季供暖的运行效果，另一方面为最佳利用低温地热提供科学依据，为地热供暖利用设计提供可靠的设计数据。主要记录参数有抽水井和回灌井的温度和流量、供水温度、回水温度、室内温度、室外温度。流量是用流量指示计算仪 + 涡轮流量仪来测定；供回水温度及抽水井与回灌井水温度来自水源热泵数字仪表显示，精度达 0.1℃；室内外温度的记录采用温度计，精确为 1℃。

1）在冬季供暖期，室外温度不断变化，其日平均温度变化范围为 -8.25~7.67℃，而室内温度变化范围为 17.5~23.6℃。因此，室内温度能够满足供暖要求。

2）供暖期内，抽水井的温度变化可分为 3 个阶段，即供暖初期至供暖期开始后的第 60 天，抽水井温度基本稳定成井温度在 17.5℃左右；随着回灌量的增加，在供暖期开始后的第 60 天和第 72 天，抽水井温度发生两次明显的变化后，温度降低至 12.81℃。此后，随着供暖期的继续，抽水井温度变化不大，并略呈上升趋势。另外，室外温度的变化也影响抽水井的温度，当 1 月份气温最低时开采井水温降到最低点，仅为 12.81℃，随着室外温度的上升，开采井温度逐渐回升，供暖期结束时，抽水井温度为 13.3℃。

3）回灌量与开采量基本持平，并基本稳定在 $40 \sim 50 m^3/h$ 范围内。这是由于在该工程中应用的是同层采灌模式，两井间距为34m，故两井之间的水力联系较强，热储层的压力基本恒定，一方面增加了地热尾水的回灌能力，另一方面也保持了生产井的开采量。

4）当室外温度变化时，供、回水温度也随之变化，其变化规律与室外温度变化规律基本保持一致。在供暖过程中，供水温度最高为48.07℃，与之对应的回水温度为44.98℃，供回水温差保持在3.7℃左右，为今后利用地热供暖设计提供科学依据。

（4）效益分析

天津地矿珠宝公司供暖总面积为 $6105m^2$，每年供暖期实际消耗热负荷为2325GJ，相当于113.55t标准煤。因此，每年减少二氧化硫、氮氧化物、二氧化碳和煤尘等污染物的排放量分别为4769.4kg、1430.82kg、$122.41m^3$、1112.86kg，为天津市的大气环境明显好转起到促进作用。

第六节 地热能在其他领域中的应用

一、地热生物工程技术

1. 概述

地热生物工程技术主要研究以地热作为主要能量供应形式在生物工程中的应用，包括地热养殖与种植技术。生物的生长与环境温度有着非常紧密的联系，不同地域、不同气候的生物所需的温度千差万别，很难异地存活。温室大棚技术使得生物的异地生存与反季节栽培与养殖成为可能。利用温室为生物营造适宜的生存环境，使得生长于温暖湿润环境里的南方蔬菜、花卉能够在寒冷、干燥的北方种植。地热是一种复合型资源，非常适合生物的反季节、异地养殖与种植。利用地热的热能可以为温室供暖，利用地热水可以进行温带水生物的养殖，地热水中的矿物质还可以为生物提供所需的养分。地热复合功能特性，非常有利于人工营造适宜的生物栖息环境。多年来，国内许多专家学者致力于地热在农业生产中的应用。早在1980年，福建省农科院就成立地热研究所，专门研究地热种植与养殖，建立了试验基地，建造了多个温室大棚、地热苗圃与越冬鱼池。中国农业工程研究设计院在地热农业方面也进行了深入的研究与探索，他们选择有条件的县作为试验示范县进行地热农业利用研究，并撰写了《地热农业利用手册》，为地热农业利用提供了参考。

近年来，地热农业得到了快速发展，天津、北京、福建、山东等地都进行了地热养殖与种植。以天津市为例，天津83%的地域都有地热资源分布，地热资源作为农业生产常规能源的补充，尤其是在现代控制农业、设施农业等农业现代化进程中的洁净能源极具市场竞争力。截至1998年，天津市农村地热综合利用达到18处，种植面积 $47.2 \times 10^4 m^2$，养殖面积 $94.9 \times 10^4 m^2$。养殖育苗品种已由原来单一的罗非鱼越冬，发展到对虾、甲鱼、河蟹、河豚等10多个名优品种。蔬菜育苗、种植，花卉育苗、种植，名贵植物品种育苗、种植等。

这些现代农业设施的建立为农业的发展起到了极大的推动作用，但随之也增加了很大的能源消耗。特别是在地热的利用方式上较多的是延续早期的简单利用方法，资源消耗量大，利用率低，效能没能充分发挥，缺乏必要的技术指导和研究，最主要的矛盾就是现行热负荷匹配不合理，尾水温度过高，造成很大的资源浪费。因此，有必要总结经验和教训，优化现有利用系统，科学合理地利用地热资源，以降低资源消耗，取得更好的效益。

地热生物工程技术立足于将地热的复合功能特性与生物生长栖息环境相结合，建立生物的不同温度需求与地热温度梯级变化的耦合关系，形成地热的矿物资源在生物栖息系统中的生物链。

2. 技术思路

（1）技术原理

本项技术的基本思路是把地热资源的复合特性与生物生长的环境需求相结合，具体内容包括以下几个方面：①对地热的热能利用按照生物所需进行系统合理配置形成梯级利用；②将生物所需的各种资源综合考虑，复合设计，耦合利用，形成一个既满足生物基本生长条件要求，又能充分利用自然资源，而且，更接近于自然环境的生长条件；③对水的利用形成多重往复利用系统；④将地热供暖、空调、回灌等方面的新技术、新工艺、新方法借鉴或引进到农业生产中来，增加现代农业的高技术含量；⑤将农业生产中的废弃物进行资源化再利用。

（2）工艺流程

该项技术的工艺流程如下：

1）根据植物生长对温度的不同要求，将暖棚供热系统进行梯级利用工艺设计。可以采用系统串联方式，利用循环水的自然温降，使暖棚内的温度不同；也可采用系统并联增加或减少末端设备使暖棚的温度不同，但整个大系统应考虑不同温度地热水的利用，即大系统分几个子系统串联，方可实现梯级利用热能。

2）在调整暖棚温度时，系统要具备自动控制功能，它所实现的功能是：冬天，要充分利用白天太阳的照射，即补充热能，也提供生物必需的光合作用条件。系统要自动降低供热的负荷，并将暖棚内温度控制在规定范围内。晚间或气候过冷情况下，要启动调峰系统补充热能（调峰系统可为燃油、燃气炉、热泵等）。夏天，天气过热时，首先考虑暖棚的自然通风，如果不行，要启动降温系统（冷源可为地下冷水、热泵）。

3）地热水在冬季散热降温后，可进入室内养鱼池，养殖热带水产品，而后再排入露天养鱼池。一方面，可进行适合当地自然条件的生产（如，作为鸭、鹅养殖所需水面）；另一方面，将水进行氧化、活化，再供暖棚内植物浇灌用水。地热水中的一些微量元素也随着水体进入植物中，不免是生产保健型蔬菜或瓜果的基地。如此，将地热水的复合功能都得到利用。

4）在暖棚供热系统中，可根据地热水的不同温度以及暖棚所需温度，采用管网、地辐射、热泵等多种工艺系统，使供热效果和设备投入得到整体优化。使集约化技术发挥系统优化、降低投资、节约资源的作用。同时还可利用地下储能技术将热泵系统排出的冷水进行储冷，用于夏季暖棚的降温。

5）农业生产中会产生大量的动物粪便和植物的根、茎、叶，可建一沼气池生产沼气。利用地热的少部分热水便可大量增加冬季产气量。沼气可用于系统的调峰，也可用于民用或其他，既避免了污染源。图 3-24 为地热生物工程技术的工艺流程图。

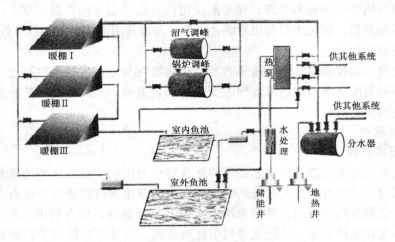

图 3-24 地热生物工程技术的工艺流程示意图

（3）设备组成及其功能

1）井口装置：将地热井进行封闭，缓冲热胀伸缩，安装潜水泵。

2）地热井：开采地下热水资源供系统利用。

3）储能井：储存经过处理的低温地热尾水。

4）分水器：进行水量分流。

5）水处理器：清除水中的有害物质及杂物。

6）循环泵：提供动力，推动水循环。

7）热泵：提升及交换热能。

8）锅炉：调节水的温度。

9）暖棚：农业种植、养殖。

10）室内外鱼池：进行水产品的养殖。

3. 地热种植应用实例

天津华泰现代农业示范园区是天津市东丽区华泰现代农业发展公司根据天津市实际情况，改造低洼沼泽荒田，着力突出综合发展，体现城郊特色，发挥地热资源独特优势的现代化生态农业项目。把新能源开发与菜篮子工程相结合，投资 2800 万元，改造低洼沼泽荒田 502 亩，兴建现代农业示范园区。该项目还结合天津城市文化旅游事业的发展需求，开展田园旅游项目；同时把乡镇企业节能技术改造作为项目建设的重点，把地热资源开发利用集约化技术充分加以利用，不断拓宽建设领域，扩大项目覆盖面，节约了资源，取得了效益，增加了资源潜能，由此，赢得了发展的机遇。

天津华泰现代农业示范园区地处地热地质条件优越地区，具有埋藏浅、水质好、温度高、水量大的特点。于 2000 年 7 月打成一眼地热井，井深 1331m，取水段 1276 ~

1324m，井口出水温度 80℃，矿化度 1.6g/L，水量 118t/h，成井时静水位 - 48.5m，动水位 - 55m。

利用初期，由于规划规模较大，利用方式简单，刚刚初见规模，地热井的负荷能力很快显现了不足，使发展受到了制约。因此，地热资源在现代农业生产中的应用技术研究成为当务之急。也由此提出了根据生物不同的温度需求，借鉴其他领域地热利用的新技术、新方法、新工艺，探索出一套适合于现代农业生产的梯级、综合、高效利用地热资源的技术思路。具体地解决该项目能源不足以及资源的综合利用问题。

系统根据蝴蝶兰在不同的生长阶段，需要的温度不同进行供热设计。育苗期是在试管内进行，由于受日光照射和试管的保温作用，需要的棚内温度相对较低。生长中期，由于需要扎根和为花期积蓄能量，需要的温度适中。当需要蝴蝶兰开花时，特别是控制开花时间时，需要棚内有足够的温度保证。因此，采用了地热水梯级供热的方式。

4. 地热养殖应用实例

天津海发珍品实业发展有限公司是成功利用地热进行水产养殖的典型实例。该公司位于天津市塘沽区学校大街 430 号，占地面积为 $5 \times 10^4 m^2$，第一养殖车间建筑面积 9640m^2，第二养殖车间建筑面积 $1.48 \times 10^4 m^2$，育苗车间建筑面积 2092m^2，水处理车间建筑面积 3000m^2，办公、科研楼面积 1400m^2。该公司以养殖牙鲆鱼为主，年生产量达 650t。另外，公司对石斑鱼、左口鱼也有一定的生产能力。

牙鲆鱼、石斑鱼和左口鱼均属于高级经济性鱼类，具有营养价值高、生长快、繁殖能力强等优点，但适应性较差，对水质、水温等多方面的要求比较严格。海发珍品实业发展有限公司紧靠渤海，一年之中，渤海水域自然水温低于 10℃ 的时间大约为 5 个月，年最低水温在 - 1℃ 以下，最高水温在 31℃ 以上（每年持续时间约为 1 个月）。所以，要使牙鲆鱼、石斑鱼和左口鱼的养殖达到高产、稳产，实现工厂化生产的目标，必须建立起养殖温度控制、水质控制等一整套现代化的基础设施，供热制冷工程便是其中最重要的设施之一。针对不同鱼类对温度的不同需求，设计了供热与制冷系统。供热系统采用梯级供热方式，制冷系统采用混合水源联动空调工艺。

二、地热烘干技术

地热烘干技术是地热能直接利用的重要项目，虽然这项技术在地热直接利用领域所占比例很小（仅为 1%）。但随着地热能综合利用和梯级开发利用水平的提高，人们对地热烘干的兴趣日益增大。国外地热烘干所用的地热流体温度大都在 100℃ 以上，而国内所利用地热流体的温度大多在 100℃ 以下，这也是我国地热干燥的一大特点。

1. 地热烘道式香菇干燥装置

该装置是 1986 年福州市能源利用研究所在福建省连江县贵安村建造的我国第一座规模较大的地热干燥专用装置（见图 3-25）。该装置与原地热养鳗场组成一个地热水综合利用系统。整个干燥装置分为左右两个烘道。每个烘道长 12m、宽 1.2m、高 2m，可放 10 部烘车，每部烘车可放 20 层竹帘，总共一次可烘鲜香菇 2000kg，18 ~ 20h 可使香菇含水率降为 11%，平均脱水量为 90kg/h。风机和热交换器放在中间的主风道，热风温度在 30～65℃ 之间连续可调，新风量和回风量可按不同干燥阶段进行调节。

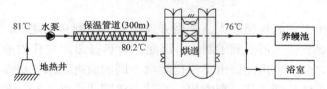

图 3-25　地热烘干与养鳗系统示意图

2. 地热羊毛带式干燥机

河北省高阳县具有良好的地热资源，地热井井口水温达 108℃ 以上，闭井压力为 1.5MPa，最大自流量为 2160m³/d。到 1991 年底，地热利用项目已有地热温室、地热

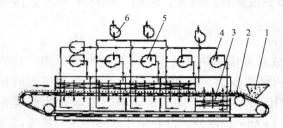

图 3-26　带式地热羊毛干燥机原理示意图
1—加料器；2—输送带；3—热交换器；4—进风风机；
5—循环风机；6—排风风机

鱼池、地热供暖和地热洗浴。为了更好地进行地热综合梯级利用和取得更好的经济效益，在 1992 年成立了温泉洗毛厂，并利用地热水进行羊毛干燥。河北省科学院能源研究所承担了干燥机选型设计和测试改进的工作。该所根据羊毛烘干的特点，选用了带式干燥机，并对热交换器和通风系统进行了选型和改进（见图 3-26）。在 1992 年 10 月投入生产后，目前干羊毛产量

为 450kg/h。它能使含水率 35% 的湿羊毛，经 2min 干燥降为含水率 15% 的干羊毛，平均脱水量为 140kg/h，最高干燥温度可达 95℃ 以上。

三、地热医疗技术

地热被应用于人类医疗及卫生保健事业，远在工农业应用之前，有着十分悠久的历史。关于地热医疗，我国古书上有很多记载，最早可以追溯到公元前四千年。

1. 概况

用于洗浴医疗的地热水，通常称为"矿泉"。地热矿泉治疗疾病，很多年前就被人类所认识，有许多矿泉被供为"圣水、仙水"。世界上许多矿泉出露的地方既是疗养区又是游览区，矿泉的周围青山翠谷，溪水瀑布，加上矿泉独特的疗效，吸引着成千上万的游人前来旅游疗养。

（1）国外地热医疗概况

国外利用地热医疗历史也很悠久，1742 年，一位德国医师 Hoffman 首次测定了某些地热矿泉的化学成分，为地热医疗技术的发展打下了基础。到了 20 世纪初，地热医疗技术才得以迅速发展和广泛应用，先后在罗马尼亚、波兰、德国、法国、美国以及日本都建立了地热矿泉研究所。

日本位于环太平洋火山活动带，有着丰富的地热资源，素有"温泉之国"之称。

他们依据这些优势建起矿泉保健所 700 多家，矿泉旅馆一万多个，并利用地热显示和火山地貌等独特景观开展旅游。

匈牙利虽然人口不多，但地热浴疗和疗养业却很发达，在欧洲和世界都处于前列，目前建有地热疗养院 200 多家。他们在矿泉附近构筑风格各异的建筑群，与秀丽的自然风光相融合，使人乐此不疲。地热疗养院里设施齐全、技术先进、清洁舒适，再加上良好的服务和独特的疗效吸引着众多的国外患者，也是很好的创汇项目。此外，在匈牙利西北部的沙尔堡市一家地热水晶体制造有限公司还利用地热水制造出供家庭矿泉浴疗用的矿物晶体粉，对风湿、皮肤、肌肉扭损、妇科等疾病有疗效。

法国维希矿泉水以其疗养价值闻名于世界。疗养区的环境优美，疗养设施豪华，设备和项目繁多，每年接待来自世界各地的旅游者达数十万人。

（2）我国地热医疗概况

新中国成立以后，我国的矿泉医疗事业得到了迅速的发展，至今上千处矿泉疗养院分布祖国各地，从事矿泉医学的科技和医务人员数以万计，几十年来使数百万慢性病及伤残患者获得康复。我国有矿泉疗养院上千家，历史上著名的有大连的汤岗子、广东的从化、北京的小汤山、西安的华清池等。另外，在辽宁、北京、广东等地还有许多规模不等的矿泉研究机构。特别是近几年来，随着市场经济的发展和各种新型医疗保健技术的引进，再加上人们保健意识的增强和消费观念的改变，全国各地建立了许多现代化的温泉医疗保健和娱乐场所，产生了难以估价的社会效益和经济效益。

汤岗子温泉位于鞍山以南 7.5km，是新中国第一座温泉理疗医院。现拥有床位 1300 张，占地 $64 \times 10^4 m^2$。疗养院共有温泉 18 穴，水温在 57~65℃ 之间，最高可达 70℃ 左右。经过 40 年的努力，现已成为全国最大、蜚声中外的著名疗养胜地和慢性病治疗中心。拥有的七大临床科系及水、泥、蜡、电、声、光、磁等 60 余种物理疗法和传统医学及西医疗法，对治疗风湿、类风湿、腰椎间盘突出症、银屑病等主要疾病有着雄厚的技术力量和丰富的临床经验。

地热水用于医疗在北京历史悠久，小汤山疗养院曾是全国著名的温泉疗养胜地之一。近几年新建的龙化温泉和南宫世界地热博览园也是受到北京人欢迎的旅游度假胜地。其中南宫世界地热博览园有比较高的科技含量，$250 m^2$ 的多功能映视厅系统介绍了地球内部的热状态，以及地热作为新能源开发的意义和远大前景。并在园区内实际展示了地热梯级开发利用的模式，包括两座彩钢拱顶覆盖的 $4000 m^2$ 温泉养殖园和垂钓馆，有热带名贵观赏植物和高档花卉及特种蔬菜的温泉种植园，以及 $4000 m^2$ 建筑新颖的温泉游泳池和嬉水乐园，可满足成人和孩童的不同需要。

广东的温泉形式多种多样，吸引了众多游人，如超声波水力按摩温泉、木温泉、石温泉、花草温泉、酒温泉、咖啡温泉、瀑布温泉、冲喷温泉等。新兴的温泉保健旅游乐园十分注重文化品位，既有田园风情，又有现代风格；既有江南水乡情调，又有日式泉韵；既有宫廷式的服务，又有当代时兴的自助服务。其中最具代表性的是珠海的御温泉，珠海御温泉利用传统中医药理论，研制和开发了多种有益于人体健康的温泉浴池，使游客能享受到不同功效的温泉呵护和滋润。御温泉开发出的灵芝、人参、当归、芦荟、金银花、柴胡、薄荷、甘草、矿物盐、药物浴等几十种不同风格的温泉池，创造了名花汤、名木汤、名酒汤和独创的"六福汤 N 次方"（六大系列多次变化的中药配制）温泉沐浴新概念，深受广大游客的喜爱。广东其他地区，像恩平、阳江、五华等地，都有很好的温泉度假村。

全国各地也有许多地热度假村和康复中心。例如青海西宁市郊 15km 处的塔尔寺风景区，利用地热为 $0.5 \times 10^4 m^2$ 的宾馆和 $1 \times 10^4 m^2$ 的度假村供暖，并有温泉游泳池和理疗中心等。湖北英山县 1978 年兴建的矿泉游泳馆是国家和湖北省体委定点游泳跳水冬训基地。

2. 医疗地热矿泉分类

地热矿泉习惯上常被称为温泉，而实际上两者的含义有所区别。矿泉是依靠水中所含盐类成分、矿化度、气体成分、少量活性离子及放射性成分的多少来划分的，而温泉是以泉水的温度来确定。

关于医疗矿泉的划分和定义，至今世界各国均不统一。我国采用了陈炎冰等人提出的医疗矿泉的定义及分类，其定义如下："从地下自然涌出或人工钻孔提取的地下水，含有 1g（每升水）以上的可溶性固体成分，一定的特殊气体成分与一定的微量元素，或具有 34℃ 以上温度，可供医疗与卫生保健应用者，称为医疗矿泉"。

根据矿泉含有的化学成分的不同，矿泉可分为以下几种：氡泉、碳酸泉、硫化氢泉、铁泉、碘泉、溴泉、砷泉、硅酸泉、重碳酸盐泉、硫酸盐泉、氯化物泉、淡泉等。

根据矿泉温度的不同，又可分为以下几种：冷泉（25℃ 以下）、微温泉（26～33℃）、温泉（34～37℃）、热泉（38～42℃）、高热泉（43℃ 以上）。

此外，还可以根据矿泉的矿化度、渗透性、pH 等方面进行分类。

课后思考题

1. 地热能有哪些分类方法？各分为哪几种？
2. 解释地热蒸汽发电的原理，地热蒸汽发电有哪几种常见系统形式？
3. 解释地热热水发电的基本原理。
4. 地热供暖系统的主要组成部分包括哪些？包括哪几种常见类型？
5. 地热制冷的工作原理是什么？
6. 地能热泵的工作原理是什么？
7. 地热能综合梯级利用的目的是什么？
8. 地热能综合利用的基本思想及结构形式是怎样的？
9. 解释地层蓄能的工作原理，并分析其节能的途径。
10. 分析农村地热能综合利用的方法与途径。
11. 地热能如何与干燥技术相结合？
12. 请分析地热能在建筑中的综合利用方法。

本章参考文献

[1] 汪集晹，马伟斌，龚宇烈等. 地热利用技术 [M]. 北京：化学工业出版社，2005.

［2］何满潮，李春华，朱家玲等．中国中低焓地热工程技术［M］．北京：科学出版社，2003.

［3］赵阳升，万志军，康建荣等．高温岩体地热开发导论［M］．北京：科学出版社，2004.

［4］蔡义汉．地热直接利用［M］．天津：天津大学出版社，2004.

［5］刘时彬．地热资源及其开发利用和保护［M］．北京：化学工业出版社，2005.

［6］朱家玲等．地热能开发与应用技术［M］．北京：化学工业出版社，2006.

［7］田廷山，李明朗，白冶．中国地热资源及开发利用［M］．北京：中国环境科学出版社，2006.

［8］何满潮，李学元．混合水源联动运行空调技术及工程应用［J］．矿业研究与开发，2004，24（01）：30-33.

［9］何满潮，乾增珍，朱家玲．深部地层储能技术与水源热泵联合应用工程实例［J］．太阳能学报，2005，26（01）：23-27.

［10］李高建，胡玉叶，朱秀斌．地源热泵技术的研究与应用现状［J］．节能技术，2007，25（04）：176-178.

［11］苏存堂．日本地源热泵技术发展现状［J］．北京房地产，2007，22（11）：99-101.

［12］徐伟，张时聪．我国地源热泵技术现状及发展趋势［J］．智能建筑，2007，11（09）：43-46.

［13］马一太．我国在地源热泵开发中的现状及出现的问题［J］．中国建设信息供热制冷，2007，8（06）：11.

［14］徐伟，张时聪．中国地源热泵技术现状及发展趋势［J］．太阳能，2007，28（03）：11-14.

［15］王瑞凤．高温岩体地热开发的固流热多场耦合与数值仿真［D］．太原：太原理工大学，2002.

［16］徐军祥．我国地热资源与可持续开发利用［J］．中国人口．资源与环境，2005，15（02）：139-141.

［17］姜盈霓，晁阳，曹相安，et al．地热供热站房的运行与维护［J］．暖通空调，2005，35（03）：127-128.

［18］廖忠礼，张予杰，陈文彬等．地热资源的特点与可持续开发利用［J］．中国矿业，2006，15（10）：8-11.

［19］武选民，柏琴，苑惠明等．冰岛地热资源开发利用现状［J］．水文地质工程地质，2007，41（05）：1-2.

［20］赵菊，萧震宇，袁庆涛等．地热资源在供热空调开发利用中的研究现状和进展［J］．建筑科学，2007，23（08）：87-91.

［21］尤孝才，姚书振，颜世强等．我国地热资源勘查开发利用及保护对策［J］．中国矿业，2007，16（06）：1-3.

［22］高宝珠，曾梅香．地热对井运行系统中回灌井堵塞原因浅析及预防措施［J］．水文地质工程地质，2007，51（02）：75-80.

［23］戴传山．地热供热系统调峰负荷的确定方法［J］．暖通空调，2007，39（02）：79-82.

［24］李志茂，朱彤．世界地热发电现状［J］．太阳能，2007，30（08）：10-14.

［25］刘军，王茉菡，陈亮．地热尾水＋水源热泵技术的应用［J］．暖通空调，2009，39（04）：139-144.

第四章 生物质能及其在建筑中的利用

第一节 生物质能概述

一、生物质能定义及其物质基础

1. 生物质定义及分类

生物质是指通过光合作用而形成的各种有机体，包括所有的动植物和微生物。依据来源的不同，可以将适合于能源利用的生物质分为林业资源、农业资源、生活污水和工业有机废水、城市固体废物、畜禽粪便和工业生物质废物等六大类。

（1）林业资源

林业生物质资源是指森林生长和林业生产过程提供的生物质能源，包括薪炭林、在森林抚育和间伐作业中的零散木材、残留的树枝、树叶和木屑等；木材采运和加工过程中的枝丫、锯末、木屑、梢头、板皮和截头等；林业副产品的废弃物，如果壳和果核等。

（2）农业资源

农业生物质能资源是指农业作物（包括能源作物）；农业生产过程中的废弃物，如农作物收获时残留在农田内的农作物秸秆（玉米秸、高粱秸、麦秸、稻草、豆秸和棉秆等）；农业加工业的废弃物，如农业生产过程中剩余的稻壳等。能源植物泛指各种用以提供能源的植物，通常包括草本能源作物、油料作物、制取碳氢化合物植物和水生植物等几类。

（3）生活污水和工业有机废水

生活污水主要由城镇居民生活、商业和服务业的各种排水组成，如冷却水、洗浴排水、盥洗排水、洗衣排水、厨房排水、粪便污水等。工业有机废水主要是酒精、酿酒、制糖、食品、制药、造纸及屠宰等行业生产过程中排出的废水等，其中都富含有机物。

（4）城市固体废物

城市固体废物主要是由城镇居民生活垃圾，商业、服务业垃圾，园林绿化废弃物和少量建筑业垃圾等固体废物构成。其组成成分比较复杂，受当地居民的生活水平、能源消费结构、城镇建设、自然条件、传统习惯以及季节变化等因素影响。

（5）畜禽粪便

畜禽粪便是畜禽排泄物的总称，它是其他形态生物质（主要是粮食、农作物秸秆和牧草等）的转化形式，包括畜禽排出的粪便、尿及其与垫草的混合物。

（6）工业生物质废物

工业加工过程中排放的生物质废渣,包括中药渣、造纸废物、酿酒废渣和食品加工剩余物等,都富含有机物。

2. 生物量定义

生物量是生态学术语或对植物专称植物量,是指某一时刻单位面积内实存生活的有机物质(干重)(包括生物体内所存食物的重量)总量,通常用 kg/m^2 或 t/hm^2 表示。植物群落中各种群的植物量很难测定,特别是地下器官的挖掘和分离工作非常艰巨。出于经济利用和科研目的需要,常对林木和牧草的地上部分生物量进行调查统计,据此可以判断样地内各种群生物量在总生物量中所占的比例。

广义生物量指是生物在某一特定时刻单位空间的个体数、重量或其含能量,可用于指某种群、某类群生物(如浮游动物)或整个生物群落的生物量。狭义的生物量仅指以重量表示的,可以是鲜重或干重,与生产力是不同的概念。某一特定时刻的生物量是一种现存量,生产力则是某一时间内由活的生物体新生产出的有机物质总量。t 时刻的生物量比 $t-1$ 时刻的增加量(Δ生物量),必需加该时间中的减少量才等于生产力,即生产力 = Δ生物量减少量。

3. 生物质能定义及特点

所谓生物质能(biomass energy),就是指太阳能以化学能形式储存在生物质中的能量形式,即以生物质为载体的能量。它直接或间接地来源于绿色植物的光合作用,可转化为常规的固态、液态和气态燃料,取之不尽、用之不竭,是一种可再生能源,同时也是唯一可再生的碳源。生物质能的原始能量来源于太阳,所以从广义上讲,生物质能是太阳能的一种表现形式。

生物质能蕴藏在植物、动物和微生物等可以生长的有机物中,它是由太阳能转化而来的。有机物中除矿质燃料以外所有来源于动植物的能源物质均属于生物质能,通常包括木材、森林废弃物、农业废弃物、水生植物、油料植物、城市和工业有机废弃物、动物粪便等。地球上的生物质能资源丰富,而且是一种环境友好的能源。地球每年经光合作用产生的物质约 1730 亿 t,其中蕴含的能量相当于全世界能源消耗总量的 10~20 倍,但目前的利用率不到 3%。

生物质能的特点有:

(1)可再生性。生物质能属可再生能源,生物质能由于通过植物的光合作用可以再生,与风能、太阳能等同属可再生能源,资源丰富,可保证能源的永续利用。

(2)低污染性。生物质的硫、氮含量低、燃烧过程中生成的 SO_x、NO_x 较少;生物质作为燃料时,由于它在生长时需要的二氧化碳相当于它排放的二氧化碳的量,因而对大气的二氧化碳净排放量近似于零,可有效地减轻温室效应。

(3)广泛分布性。缺乏煤炭的地域性限制,分布广,可充分利用。

(4)生物质燃料总量十分丰富。生物质能是世界第四大能源,仅次于煤炭、石油和天然气。根据生物学家估算,地球陆地每年生产 1000 亿~1250 亿 t 生物质;海洋年生产 500 亿 t 生物质。2012 年,我国可开发为能源的生物质资源可达 4 亿 t 标准煤。随着农林业的发展,特别是炭薪林与能源植物、能源作物的推广,生物质资源还将越来越多。

4. 生物质能的研究意义

目前，生物质能技术的研究与开发已成为世界重大热门课题之一，受到世界各国政府与科学家的关注。许多国家都制定了相应的开发研究计划，如日本的阳光计划、印度的绿色能源工程、美国的能源农场和巴西的酒精能源计划等，其中生物质能源的开发利用占有相当的比重。

我国是一个人口大国，又是一个经济迅速发展的国家，建设现代化的国家面临着经济增长和环境保护的双重压力。因此改变能源生产和消费方式，开发利用生物质能等可再生的清洁能源资源对建立可持续的能源系统，促进国民经济发展和环境保护具有重大意义。

因此，开发生物质能高新转换技术不仅能够大大加快村镇居民实现能源现代化进程，满足农民富裕后对优质能源的迫切需求，也能显著改善环境质量，同时也可在乡镇企业等生产领域中得到应用。由于我国地广人多，常规能源不可能完全满足广大农村日益增长的需求，而且由于国际上正在制定各种有关环境问题的公约，限制二氧化碳等温室气体排放，这对以煤炭为主的我国是很不利的。因此，立足于农村现有的生物质资源，研究新型转换技术，开发新型装备既是农村发展的迫切需要，又是减少排放、保护环境、实施可持续发展战略的需要。

目前采用生命周期法对生物质能进行分析。生命周期评价（Life Cycle Assessment）是对产品从最初的原材料采掘到原材料生产、产品制造、产品使用以及产品用后处理的全过程进行跟踪和定量分析与定性分析的一种研究方法。在对生物质能进行研究时，包括生物质从生长直至转化为可利用能的全过程，即涉及全部生命周期，但从碳循环的角度研究，仅分析碳在整个生命周期内的循环。在生物生长过程中，生物通过光合作用固定了大量的 CO_2，即进行碳汇，有效地减少了地球表面的温室气体，而在其燃烧时尽管排放出温室气体，但净碳排放量几乎为零，与化石燃料的碳排放量，具有显著的优势。

二、生物质资源估算与发展潜力

生物质能资源，按原料的化学性质分，主要为糖类、淀粉和木质纤维素类。按原料来源分，则主要包括以下几类：农业生产废弃物，主要为作物秸秆；薪柴、枝桠柴和柴草；农林加工废弃物，木屑、谷壳和果壳；人畜粪便和生活有机垃圾等；工业有机废弃物，有机废水和废渣等；能源植物和作物，包括所有可作为能源用途的农作物、林木和水生植物资源等。我国拥有丰富的生物质能资源，据测算，我国理论生物质能资源 50 亿 t 左右，是我国目前总能耗的 4 倍左右。

1. 数据来源及计算

研究的原数据主要来自于《中国统计年鉴 2008》、《中国畜牧业统计年鉴 2008》以及全国第 6 次一类清查森林资源统计数据、《中国林业统计 2007》。在原数据的基础上，通过生物质资源量的估算方法获得的生物质资源量数据，根据目前的利用情况、行业内认可的转换系数，将各种生物质资源量换算成可以替代的标准煤的资源量进行分析。

2. 潜在生物质资源量

（1）农作物秸秆资源

2007 年，全国农作物播种面积为 1. 53 亿 hm²，其中粮食作物播种面积 1. 06 亿 hm²。全年主要农产品产量为 5. 02 亿 t，稻谷、玉米、小麦等谷物产量为 4. 56 亿 t，粮食主产区为河南、山东、四川、黑龙江等省份。

农作物秸秆资源是指农作物在收割或后期加工过程中产生的有机物资源，包括作物的茎、叶、枝、壳等，并不对粮食安全构成威胁。其资源量是以国家统计局农作物产品原始产量为源数据，然后根据每种农产品的草谷比按式（4-1）进行估算：

$$ARP = \sum M_i d_i \tag{4-1}$$

式中　ARP——秸秆资源量，万 t；

M_i——第 i 种农作物产量，万 t；

d_i——第 i 种农作物草谷比，kg/kg。

表 4-1 显示了从 1991 年至 2007 年间我国各类农作物秸秆资源量。

我国历年农作物秸秆资源量（单位：万 t）　　　　　　　　表 4-1

年份	稻谷	小麦	玉米	豆类	薯类	花生	棉花	麻类	糖类	其他	合计
1991	1838	9595	19755	1871	2716	3277	1703	88	842	1670.4	59898.4
1992	1862	10159	19077	1878	2844	3282	1353	94	881	1625.8	59815.8
1993	1775	10639	20541	2926	3181	3608	1122	96	762	1902	62528
1994	1759	9930	19855	3143	3025	3979	1302	75	735	2005.9	61642.9
1995	1852	10221	22397	2681	3263	4501	1430	90	794	1555	65455
1996	1951	11057	25494	2686	3536	4421	1261	80	836	1849.6	70730.6
1997	2007	12329	20862	2813	3192	4315	1381	75	939	1190.6	67170.6
1998	1987	10973	26591	3001	3604	4628	1350	50	979	1442	72489
1999	1984	11388	25617	2841	3641	5202	1149	47	833	1147.9	71714.9
2000	1879	9964	21200	3015	3685	5910	1325	53	764	941.4	65648.4
2001	1775	9387	22818	3079	3563	5730	1597	68	866	932.4	65798.4
2002	1745	9029	24262	3362	3666	5794	1475	96	1029	1101	67268
2003	1606	8649	23166	3191	3513	5622	1458	85	964	961.2	63675.2
2004	1790	9195	26057	3348	3558	6132	1897	107	957	828	69988
2005	1805	9745	27873	3237	3469	6154	1714	111	945	866.2	72173.2
2006	1817	10847	30321	3006	2701	5281	2260	89	1046	764.2	74487.2
2007	1860	10930	30460	2580	2808	5138	2287	73	1219	718	74816

由表 4-1 可知，农作物秸秆资源量变化不大，从 1991 年至 2000 年处于平稳上升的态势，之后有所回落。从 2005 年起，国家调整了农业政策，加大了种粮补助，使得

粮食产量逐步上升，秸秆资源总体上随着产品产量的变化而变化，到 2007 年达到峰值，为 74816 万 t。总的来说，各类秸秆资源总量约 7 亿 t。

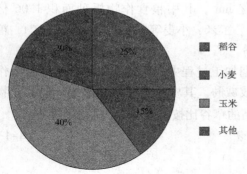

图 4-1　我国农作物秸秆资源组成

各类农作物秸秆的资源量组成如图 4-1所示。

由图 4-1 可知，资源量最多的是玉米、水稻和小麦，其秸秆资源量分别为 30460 万t，18603 万 t 和 10930 万 t，分别占到总量的 40%、25% 和 15%，其他作物（包括豆类、薯类、花生、油料、高粱、杂粮、糖类等）占到 20%。

目前，我国农作物秸秆中的 30% 用作农用燃料，25% 用作饲料，3% 用作工业生产原料，7% 直接还田，35% 被露天焚烧或随意丢弃，每年烧掉的秸秆达 2.0 亿 t，相当于 1 亿 t 标准煤。焚烧秸秆不仅带来严重的环境污染，还浪费了大量宝贵的资源。如果能够重视秸秆的能源利用，将有一半以上的秸秆可用作为生物质能源。

（2）薪柴资源

薪柴资源在很早以前就被人类作为主要的能源，在做饭、取暖以及工业方面都有很大的应用。薪柴资源包括森林采伐木和加工剩余物，薪炭林、用材林、防护林、灌木林、疏林的收取或育林剪枝、四旁树的剪枝等，其资源量按式（4-2）估算。

$$FWP = \sum \sum \left[\left(F_{ij} Y_{ij} Q_{ij} + T_{ij} X_{ij} Z_{ij} \right) \right] + W/3 \qquad (4\text{-}2)$$

式中　FWP——统计区域内薪柴资源量，万 t；

F_{ij}——在 i 区域内 j 种林地各占不同的面积，万 hm^2；

Y_{ij}——某种林地的产柴率（每公顷 1 年产柴量），kg/hm^2；

Q_{ij}——该种林地可取薪柴面积系数（取柴系数）；

T_{ij}——在 i 区域内第 j 种四旁树产柴率（每株 1 年产柴量），$kg/$株；

X_{ij}——在 i 区域内第 j 种四旁树株数，万株；

Z_{ij}——在 i 区域内第 j 种四旁树取柴系数；

W——区域内原木产量。

根据全国第 6 次一类清查森林资源统计数据（见表 4-2）和 2007 年全国森林资源采伐量计算，目前全国的薪柴资源为 10475.8 万 t，其中用材林 3402 万 t，防护林512.7 万 t，薪炭林 2022.4 万 t，疏林 362 万 t 以及四旁树 1453 万 t，采伐和加工剩余木材量为 1152.2 万 t。

我国各类林业用地面积　　　　　　　　　　　　表 4-2

	林业用地面积（$\times 10^2 hm^2$）	宜林荒山荒地（$\times 10^2 hm^2$）	用材林（$\times 10^2 hm^2$）	防护林（$\times 10^2 hm^2$）	薪炭林（$\times 10^2 hm^2$）	疏林（$\times 10^2 hm^2$）	灌木林（$\times 10^2 hm^2$）	旁树（万株）
总计	2828034	402062	786258	547463	30344	59996	452968	725972

用材林和薪炭林为主要薪材资源，分别占到33%和19%，如图4-2所示。目前来看，全国薪柴资源消费量超过2亿t，比可合理利用的资源量要大得多，存在着过度采樵现象，资源没有得到合理开发。数据显示，我国目前未利用的宜林荒山荒地超过5500万hm²，接近林地面积的1/3。这些荒地如果能利用起来，发展速生丰产能源林业，不仅可解决水土流失严重、薪柴资源不足等经济社会问题，还可提供生产将近1亿t生物质液体燃料的原料。同时，保护林业资源也可以发展秸秆生产非木质人造板，按1%的利用率计算，每年有700万t秸秆可生产700万m³的非木质人造板，替代原木约2100万m³。

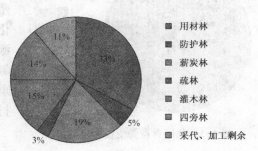

图4-2 我国薪柴资源组成

我国现有森林面积1.75亿hm²，蓄积量124.56亿m³。"中国林木生物质资源调研"得出结论：目前我国陆地林木生物质资源总量在180亿t以上，可用于生产生物质能源的主要是薪炭林、林业"三剩物"、平茬灌木等。国家林业局组织有关单位对我国林业生物质能源资源总量、开发利用和发展潜力等情况进行了调研，初步查明我国油料植物有151科697属1554种，其中种子含油量在40%以上的植物有154种，可用来建立规模化生物质燃料油原料基地的树种有30多种，如黄连木、文冠果、麻风树、光皮树等。

我国发展林业生物质能源的优势和潜力还体现在薪炭林、经济林面积大，可利用的宜林荒山荒地多。据统计，我国现有300万hm²薪炭林，每年约可获得0.8亿~1亿t高燃烧值（生物量）。在我国北方地区，有大面积的灌木林亟待利用，估计每年可采集木质燃料资源1亿t左右；全国用材林已形成大约5700多万hm²的中幼龄林，如正常抚育间伐，可提供1亿t的生物质能源原料；同时，林区木材采伐加工剩余物、城市街道绿化修枝也能提供可观的生物质能源原料。我国有经济林2140多万hm²，其中木本油料树总面积超过600万hm²，油料树的果实产量每年在200万t以上，其中有不少是可以转化为生物柴油的原料。

（3）禽畜粪便资源量

禽畜粪便是生产沼气的理想原料，其产量主要根据禽畜品种和个体大小等因素来进行计算。禽畜粪便资源量根据各地区禽畜存栏数和各类禽畜的年平均排泄量按式（4-3）来进行估算。

$$AMP = \sum P_i A_i \qquad (4\text{-}3)$$

式中　AMP——禽畜粪便资源量；

　　　i——禽畜类别数；

　　　P_i——第i种禽畜的数量；

　　　A_i——第i种禽畜的年排泄粪便量。

2007年，我国禽畜粪便资源量为92228万t（干重），从资源和可获得量来看，主要是鸡、猪和牛，分别占到56%、15%和14%，如图4-3所示。

禽畜粪便的合理化利用既有经济上的效益，还会给环境带来好处。禽畜粪便是生产沼气的理想原料，目前作为沼气原料的禽畜粪便仅占总量的10%左右，80%左右的养殖场则直接将粪水排入各类水体环境。规模化禽畜养殖污染已经成为环境污染的主要来源。禽畜养殖场产生大量的有机污染物和氮、磷等，极易对水环境和大气环境造成严重污染。加强禽畜粪便的处理也是发展新农村的要求。

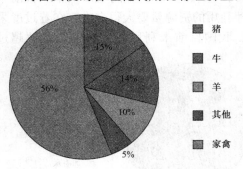

图4-3 我国禽畜粪便资源量的组成

（4）城市生物质废物

城市生物质废物主要包括家庭厨余垃圾、餐厨垃圾、城市粪便以及城镇污泥，其估算产量、主要来源及目前常用的处理方式见表4-3。目前我国大城市的生活垃圾中，厨余和餐饮等有机废物比例大，即生物质废物含量高，有资料表明，近10年来我国生活垃圾中有机物成分明显增加，某些城市高达66.7%以上，含水率高，一般为55%~65%。

我国城市生物质废物的产生量（2005） 表4-3

	产量（Mt）	来　源	目前处理方式
家庭厨余垃圾	68	居民生活	与其他生活垃圾混合处理
餐厨垃圾	15	餐饮业及单位食堂	养猪，排入下水道等
城市粪便	38	城市公厕和化粪池	直接脱水或简单堆肥后用作农肥
城镇污泥	14	城镇污水处理厂	浓缩脱水后直接排放

（5）工业生物质废物

工业生物质废物来自于工业加工过程的生物质废物，包括：白酒糟、醋糟、甘蔗渣、稻壳、中药渣、木材加工废料等，总量近2.0亿t，目前除含水较低的原料得到了较有效的能源化利用外，对于高含水、甚至含酸碱的其他废物仍缺乏有效的利用技术。

（6）能源微藻

微藻与能源植物相比，具有光合作用效率高、含油量高、生长周期短、油脂单位面积产率高，还可利用非可耕地和非淡水资源，富含色素、多糖和蛋白等高附加值产品等独特优势，被认为是发展潜力巨大、最有可能替代石油的生物能源大宗生产原料。

我国耕地有限，但拥有广阔的盐碱地、滩涂和荒漠土地资源，可规模化利用。与其他油料作物相比，利用微藻培养积累的油脂生产生物柴油不仅用地面积最少，而且不占用耕地。同时，微藻，特别是海水微藻培养还可以利用滩涂地和海水资源，有效规避发展生物能源存在"与人争粮、争地和争水"的矛盾。

我国 CO_2 排放点多、量大、面广，适合微藻培养的资源化利用，可大幅度降低微藻光自养培养所需碳源成本，如培养 1t 螺旋藻所需的碳源（常规为 $NaHCO_3$ 成本约为 1 万元）。因此，利用微藻光自养生长过程，大规模吸收工业废气中的 CO_2，在实现 CO_2 减排的同时，生产生物柴油所需的油脂原料（每吨藻大约可固定 2 吨 CO_2），既可大幅度降低能源微藻培养成本，又可从清洁能源发展机制（Clean development mechanism，CDM）中获得收益。由于生物柴油的市场需求量极大（我国每年需求的柴油量约 1 亿 t，如全部通过光自养培养的能源微藻来生产，约需要 3 亿 t 干藻粉，可吸收约 6 亿 tCO_2），因此，微藻能源产业的发展为缓解我国 CO_2 减排的压力带来了新的希望。此外，植物生长仅能吸收空气中的 CO_2，而能源微藻的规模化培养可解决 CO_2 的点源排放问题，这对于解决我国热电厂、钢铁厂、化工厂等 CO_2 排放大户的减排问题，具有重要的潜在应用价值。能源微藻光自养培养还可利用我国量大面广的富含 N/P 废水资源。我国废水中 N/P 含量高，处理成本高，导致水体富营养化并诱发蓝藻暴发。微藻需要吸收 N/P 等营养物质进行光自养生长，例如在培养小球藻的 Walne 培养基中 N 和 P 含量分别为 47mg/L 和 5.2mg/L，与我国城市生活污水中 N、P 含量基本相当。如果充分利用富含 N/P 的废水培养能源微藻，不仅降低了所需的 N 源成本（0.3 万～0.4 万元/t 螺旋藻）和 P 源成本（约 0.3 万元/t 螺旋藻），还可省去废水处理中脱 N 和除 P 环节，节约废水处理成本（脱 N 和除 P 成本约为 0.3 元/t 城市生活废水），达到富含 N/P 废水资源化利用和去除污染物的双重目的。我国在微藻生物技术领域如种质资源和大规模培养技术等方面具有较好的研究工作基础，且微藻产业初具规模，如螺旋藻产量居世界第一。

（7）能源植物

能源植物（又称石油植物或生物燃料油植物）通常是指那些具有合成较高还原性烃的能力，可产生接近石油成分和可替代石油使用的产品的植物，以及富含油脂的植物。因此，能源植物包括：1）富含类似石油成分的能源植物，石油的主要成分是烃类，如烷烃、环烷烃等，富含烃类的植物是植物能源的最佳来源，生产成本低，利用率高，如目前已发现并受到专家赏识的续随子、绿玉树、橡胶树和西蒙德木等；2）富含碳水化合物的能源植物，利用这些植物所得到的最终产品是乙醇，如木薯、甜菜、甘蔗等；3）富含油脂的能源植物，既是人类食物的重要组成部分，也是工业用途非常广泛的原料。世界上富含油的植物达万种以上，我国有近千种以上，其中有的含油率很高，如木姜子种子含油率达 66.14%，黄脉钓樟种子含油率高达 67.12%，还有苍耳子等植物。

能源植物是一种可再生的资源，开发能源植物作为现有能源的补充和替代品，一方面能逐步缓解能源危机，为寻找新能源走出一条新路；另一方面生产成本低，生产和使用不仅不污染环境，而且对保护生态系统具有重要意义，同时也符合可持续发展的要求和趋势。具体地说，开发和利用能源植物有如下优点：

1）能源植物物种资源丰富。我国幅员辽阔，地域跨度大，水热资源分布多样，能源植物资源种类丰富，约有 3 万种维管束植物，其中有经济价值的植物约 15000 种，具有能源开发价值的约 4000 种。

2）属于可再生资源，能有计划地种植和开采。

3）绿色洁净资源，不会污染环境。

4）种植面积大，适应性强。

我国南方约有 $12 \times 108 hm^2$ 荒山荒坡，北方有 $1 \times 108 hm^2$ 盐碱地，利用荒山荒坡和盐碱地、荒滩、沙地种植能源植物既不占用宝贵的耕地资源，又可提供大量的生产原料，还有利于改善生态环境、增加农民收入。

三、我国生物质能资源量及分布

我国生物质能资源丰富、种类多、分布广且产量大，理论生物质能资源约有 50 亿 t，是我国目前总能耗的 4 倍左右。主要来源于以下几个方面：农业废弃物，如各类秸秆、稻壳、蔗渣等；林业废弃物，如废木材、枝桠材、木屑等；工业废弃物，如造纸厂、家具厂、碾米厂、酿酒厂、糖厂和食品厂等的废料；生活垃圾，如城市生活垃圾；有机废水，如人畜粪便、城市污水、工业有机废水等废弃物；能源作物，如甘蔗、木薯、油菜、甜高粱等；能源植物，如速生林、芒草等。

目前，可供开发利用的生物质能资源主要为生物质废弃物，包括秸秆等农业废弃物、林木生物质、畜粪、城市垃圾、城市废水及工业生物质废物等。据统计，2004 年我国生物质资源实物蕴藏量为：秸秆 7.28 亿 t，主要分布在河南、山东、黑龙江、吉林、四川等；畜粪 39.26 亿 t，主要分布在河南、山东、四川、河北、湖南等；林木生物质 21.75 亿 t，主要分布在西藏、四川、云南、黑龙江、内蒙古等；城市垃圾 1.55 亿 t，主要分布在广东、山东、黑龙江、湖北、江苏等；废水 482.40 亿 t，主要分布在广东、江苏、浙江、山东、河南等。实物总蕴藏潜力量为 $10.29 \times 10^{19} J$，其中理论可获得量为 $1.35 \times 10^{19} J$。可获得量中，秸秆、林木生物质和畜粪所占比例分别达 38.9%、36.0% 和 22.14%，如表 4-4 所示。随着农业、林业的发展，特别是我国有计划地研究开发各种速生能源作物和能源植物，生物质能资源的种类和产量将会越来越大，未来开发和利用潜力巨大。据估计，2010 年我国的生物质资源量已经达到 $2.58 \times 10^{19} J$，2020 年可将达到 $2.93 \times 10^{19} J$。

2004 年我国主要生物质能资源　　　　　　　　　　表 4-4

类型	实物总蕴藏量（ $\times 10^8 t$ ）	总蕴藏潜力量（ $\times 10^{19} J$ ）	理论可获得量（ $\times 10^{19} J$ ）	所占比例（%）
秸秆	7.28	1.05	0.52	38.90
畜禽粪便	39.26	5.51	0.30	22.14
林木生物质	21.75	3.64	0.49	36.01
城市垃圾	1.55	0.06	0.03	1.93
城市废水	482.40	0.03	0.01	1.02
合计	—	—	1.33	100

我国生物质能源的分布呈现以下特点：

（1）我国生物质能蕴藏丰富，可开发潜力巨大。生物质能总蕴藏量和可获得量分别达 $35 \times 10^8 t$ 和 $4.6 \times 10^8 t$。随着农业的发展，城乡居民生活水平的提高，生物质能经济和技术可得性逐渐增大，我国生物质能资源量将还有所增加。需要指出的是，本书计算时并没有考虑能源植物与作物的潜力。根据测算，2020 年我国几种主要能源植物有年产液体燃料 5.0×10^7 余吨的潜力，其中乙醇燃料 2.8×10^7 余吨，生物柴油 2.4×10^7 余吨。

（2）总体上分布不均，省际差异较大，西南、东北以及河南、山东等地是我国生物质能的主要分布区。从生物质能蕴藏潜力量地域分布上看，西南地区占据很大优势，四川、云南、西藏三省区总量约占全国的 1/3，其次是东北的吉林和黑龙江，以及中部的河南、河北、山东、湖南等地；分布最少的地区则包括上海、北京、天津、宁夏和海南。从生物质能理论可获得量地域分布上看，最大的 5 个地区依次是四川、黑龙江、云南、西藏和内蒙古，共占全国总量的 38.57%；最小的 5 个地区则依次是上海、北京、天津、海南和宁夏，合计仅占全国总量的 1.52%。不管从蕴藏潜力还是可获得量的角度来说，四川省都位居全国第一位；而上海、北京、天津以及面积较小的宁夏和最南端的海南省处于全国最后五位。

（3）生物质能分布在一定程度上与常规一次能源分布呈现互补状态。这一特点更加突出了在一次能源蕴藏量较低的地区开发利用生物质能的巨大潜力。以西藏为例，该地区常规能源缺乏，一次能源总蕴藏量只占全国的 3.83%，但同时生物质能蕴藏总量却有 2.47×10^8 tce，占全国的 7.08%，与小水电、太阳能、风能等其他可再生能源相结合，高效开发利用生物质能源对于解决这一地区的能源问题具有很大的潜力。上海、天津、宁夏、青海、海南、浙江等地常规一次能源和生物质能都很缺乏，四川、云南、内蒙古等地则两者都比较丰富。

（4）我国现阶段生物质能利用以农村为主，多数为传统利用和直接燃烧，效率低下，严重威胁着农村的生态环境和农民健康。根据近 5 年来的数据测算，我国农村地区消费秸秆和薪柴等非商品能源分别达 1.40×10^8 tce 和 1.15×10^8 tce。低效和浪费使用生物质能一方面很容易使这些地区陷入能源短缺和生态破坏的恶性循环之中；另一方面，人畜粪便和室内空气污染已成为农村地区危害人们健康的主要原因之一。在未来，大力发展生物质燃油、生物质燃气、生物质发电等生物质能利用技术，科学高效地开发利用生物质能源将成为解决我国能源环境问题的有力措施之一。

第二节　生物质能利用技术与现状

一、生物质能利用现状

目前，生物质能是仅次于煤炭、石油和天然气而居于世界能源消费总量第四位的能源，在整个能源系统中占有重要地位。全球生物质每年所能提供的能源总量达到 3×10^{21} J，虽然现在只有 2% 左右的能量被利用，但据估计，到 2050 年生物质可提供世界年能源消耗量中近一半的能量。一些国家生物质能源消费在其总能源消费中已占有相当高的比例，如瑞典为 16.5%，芬兰为 20.4%，巴西为 23.4%。目前生物质只提供了工业国家年能源消耗量中 3% 的能量，但它对大多数发展中国家来说仍很重要。它提供了发展中国家能源消耗量中35%的能量，从而使世界年能源消耗量中生物质提供的比率达到了14%。

我国拥有丰富的生物质能资源，理论生物质能资源量50亿t左右，相当于2012年全部耗能量的1.4倍。主要生物质资源可以转化为能源的潜力合计约为每年8亿~10亿tce。生物质能虽然不是主要的商品能源，但它在我国生产的一次能源中占15%左右，居第二位，特别是在农村仍是主要的能源之一，所以在我国的能源体系中有重要的地位。随着社会的发展，农村生物质能消耗的比例会有所下降，但由于它具有分散性和独立性，可以确保能源系统的安全性和灵活性，在未来的能源体系中将显得越来越重要。

生物质能由于其分散性和能量密度较低，其规模利用和高效利用都较困难，所以经济效益较差，这也是目前生物质能不能成为商品能源的主要原因。随着研究的深入和技术的进步，生物质能利用的技术途径在不断发展和完善，尤其是生物质液体燃料技术发展很快。生物质液体燃料主要包括燃料乙醇、生物柴油、航空生物燃油、直接液化生物质油，以及间接液化燃料所得烃燃料和含氧燃料等。

用于乙醇生产的生物质原料主要包括淀粉质原料、糖质原料等，工艺上已经比较成熟。原料成本对燃料乙醇的影响最大。在我国，以玉米和陈化小麦为原料生产燃料乙醇的成本为4400~4500元/t，以甘蔗和鲜木薯为原料的成本为3300元/t，以甜高粱为原料的生产成本为2600元/t左右。其他一些国家或地区的成本可见表4-5。

一些国家或地区燃料乙醇的生产价格表

表4-5

国家或地区	主要生产原料	生产成本
巴西	甘蔗	0.2美元/L
美国	玉米	0.33美元/L
欧盟	小麦	0.48美元/L
欧盟	甜菜	0.52美元/L

纤维素生产燃料乙醇工艺还处于研究阶段，可以预见的是，由于纤维素量大，价格低廉，一旦纤维素制乙醇工艺难点得以攻克，由于原料成本的大大降低，可以较大幅度地降低乙醇的生产成本。目前我国获准生产燃料乙醇的企业有4家，年产能达到168万t。

生物质制取生物柴油的主要问题是成本高。对比生物柴油与石化柴油价格，即使原油价格达100美元/桶，也仅相当于4700元/t左右，柴油价格按高价6000元/t。而植物油价格一般为5000~6000元/t。即使植物油价格按低价5000元/t，且按占总成本的70%~80%来计算，生物柴油成本价约为7000元/t，还是明显高于石油柴油的市场价。而麻风树等木本油料基和垃圾油脂基生物柴油吨价可降到5000元以下。生物柴油生产成本的大约75%是原料成本，原料路线的选择对生物柴油的竞争力至关重要。

二甲醚（DME）是一种最简单的脂肪醚，又称木醚、甲醚。目前全球的生产能力约为15万t/a，产量约10万t/a，其中我国生产能力约为1万t/a。由于DME具有燃料的主要性质，其热值约为64.686GJ/m^3，是一种理想的清洁燃料。未来DME应用最大的潜在市场是作为柴油代用燃料。

目前，每生产1t二甲醚燃料，理论约需要3t生物质原料（干基），即1t木质生物质原料（干基）可生产500L二甲醚。生物质二甲醚的生产成本主要包括投资成本和原料成本。以年产 20 万 t 二甲醚规模估算，投资成本约 39 亿欧元，折算 2000 欧元/t，仍较天然气过程高。以生物质制造二甲醚工艺的制造成本较低主要是因为生物质原料价格低廉，缺点在于生物质能量密度低，需要合适的收集半径，随着生产规模的扩大，原料的收集、运输和储存的费用将大大增加，从而使二甲醚的原料成本增加，因此从经济性的角度考虑，目前只能在中等的规模上具备竞争力，若能培育和种植高能源作物，则有望扩大利用的规模。

生物质制油等液化技术研究刚刚开始，仍处于实验室和小试阶段；而生物质气化已开始进入应用阶段，特别是生物质气化集中供气技术和中小型生物质气化发电技术，由于投资较小，比较适合于农村地区分级利用，具有较好的经济性和社会效益，在小范围内推广，有比较好的发展前景。例如生物质农村集中供气站全国已建成几百家，最长的已运行 4～5 年。而生物质气化发电已推广 200 多台套，最大的有 1000kW，技术实用性和经济性都处于较高水平。

我国是世界上沼气利用开展得最好的国家，生物质沼气技术已发展得相当成熟，进入了商业化应用阶段。生物质沼气污水处理的大型沼气工程技术也已基本成熟，目前已进入商业示范和初步推广阶段。在落后地区采用分散式小型沼气池可以取得一定的效益，但总的来说沼气技术的效益主要是环境方面的，一次投资大，而能源产出小，所以经济效益比较差。

生物质直接燃烧发电的技术已基本成熟，进入推广应用阶段，如美国大部分生物质采用这种方法利用，近年来已建成生物质燃烧发电站约 6000MW，处理的生物质大部分是农业废弃物或森林废弃物。这种技术单位投资较高，大规模下效率也较高，但它要求生物质集中，数量巨大，只适于现代化大农场或大型加工厂的废物处理，对生物质较分散的发展中同家不是很合适，如果考虑生物质大规模收集或运输，成本也较高，从环境效益的角度考虑，生物质直接燃烧与煤燃烧相似，会放出一定的 NO_x，但其他有害气体比燃煤要少得多。

生物质气化发电是更洁净的利用方式，它几乎不排放任何有害气体。小规模的生物质气化发电已进入商业示范阶段，它比较适合于生物质的分散利用，投资较少，发电成本也低，比较适合于发展中国家应用。大规模的生物质气化发电一般采用 IGCC 技术，适合于大规模开发利用生物质资源，发电效率也较高，是今后生物质工业化应用的主要方式。目前已进入工业示范阶段，美国、英国和芬兰等国家都在建设 6～60MW 的示范工程。但出于投资高、技术尚未成熟，在发达国家也未进入实质性的应用阶段。

生物质制取氢燃料的研究也刚开始，主要是随着氢能的利用技术发展起来的，目前仍处于研究试验阶段。由于生物质比煤含有更多的氢，所以从生物质制取氢气更合理和经济。从生物质制氢被认为是洁净的能源技术，更有发展前途。

二、生物质能利用技术及发展趋势

作为生物质能的载体，生物质是以实物存在的，相对于风能、水能、太阳能、潮汐能，生物质是唯一可存储和运输的可再生能源。生物质能的组织结构与常规的化石燃料相似，它的利用方式也与化石燃料相似。常规能源的利用技术无需做多大改动就可以应用于生物质能。生物质能的转化利用途径主要包括物理转化、化学转化、生物转化等。可以转化为二次能源，分别为热能或电力、固体燃料、液体燃料和气体燃料等。图4-4为目前生物质的主要转化方式。

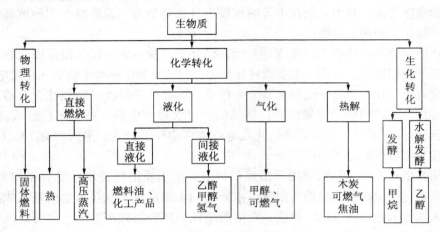

图4-4 目前生物质的主要利用方式

1. 生物质的物理转化

物理转化主要是指生物质的固化，生物质固化是生物质能利用技术的一个重要方面。生物质固化就是将生物质粉碎至一定的平均粒径，不添加粘结剂，在高压条件下，挤压成一定形状。其粘结力主要是靠挤压过程所产生的热量，使得生物质中木质素产生塑化粘结，成型物再进一步炭化制成木炭。物理转化解决了生物质形状各异、堆积密度小且较松散、运输和储存使用不方便等问题，提高了生物质的使用效率，但固体在运输方面不如气体、液体方便。另外，该技术要真正达到商品化阶段，尚存在机组可靠性较差、生产能力与能耗、原料粒度与水分、包装与设备配套等方面的问题。

2. 生物质化学转化

生物质化学转化主要包括：直接燃烧、气化、液化、热解四个方面。

（1）直接燃烧

利用生物质原料生产热能的传统办法是直接燃烧，燃烧过程中产生的能量可被用来产生电能或供热。在生物质燃烧用于烧饭、加热房间的过程中，能量的利用效率极低，只能达到10%～30%。而在高效率的燃烧装置中，生物质能的利用效率可获得较大幅度的提高，接近化石能源的利用效率。供热厂的设备主要由生物质原料干燥器、锅炉和热能交换器等组成。早期开发应用的炉栅式锅炉和旋风锅炉，由于大量热能不可避免地从烟道丢失，其热能转换效率小于26%。芬兰于1970年开始开发流化床锅炉技术。现在这项技术已经成熟，并成为燃烧供热、供电工艺的基本技术。欧美一些国家基本上使用热电联合生产技术来解决生物质原料燃烧用于单一供电或供热在经济上不合算的问题。根据生物质原料的不同特点，研究者又开发了沸腾流化床技术（BFB）和循环流化床技术（CFB）。

（2）生物质气化

生物质气化是以氧气（空气、富氧或纯氧）、水蒸气或氢气作为气化剂，在高温下通过热化学反应将生物质的可燃部分转化为可燃气（主要为一氧化碳、氢气和甲烷以及富碳氢化合物的混合物，还含有少量的二氧化碳和氮气）。通过气化，原先的固体生物质被转化为更便于使用的气体燃料，可用来供热、加热水蒸气或直接供给燃气机以生产电能，并且能量转换效率比固态生物质的直接燃烧有较大的提高。气化技术是目前生物质能转化利用技术研究的重要方向之一。

生物质气化时，随着温度的不断升高，物料中的大分子吸收了大量的能量，纤维素、半纤维素、木质素发生一系列并行和连续的化学变化并析出气体。半纤维素热分解温度较低，在低于350℃的温度区域内就开始大量分解。纤维素主要热分解区域在250~550℃，热解后碳含量较少，热解速率很快。而木质素在较高的温度下才开始热分解。从微观角度可将热分解过程分为四个区域：100℃以下是含水物料中的水分蒸发区，100~350℃之间主要是半纤维素和纤维素热分解区，350~600℃之间是纤维素和木质素的热解区，大于600℃是剩余木质素的热分解区。

（3）生物质液化

生物质的液化过程是一个在高温高压条件下进行的生物质热化学转化的过程，通过液化可将生物质转化成高热值的液体产物。生物质液化是将固态的大分子有机聚合物转化为液态的小分子有机物的过程。其过程主要由三个阶段构成：首先是破坏生物质的宏观结构，使其分解为大分子化合物；其次是特大分子链状有机物解聚，使之能被反应介质溶解；最后在高温高压作用下经水解或溶剂解以获得液态小分子有机物。各种生物质由于其化学组成不同，在相同反应条件下的液化程度也不同，但各种生物质液化产物的类别则基本相同，主要为生物质粗油和残留物（包括固态和气态）。为了提高液化产率，获得更多生物质粗油，可在反应体系中加入金属碳酸盐等催化剂，或充入氢气或一氧化碳。根据化学加工过程的不同技术路线，液化又可以分为直接液化和间接液化。直接液化通常是把固体生物质在高压和一定温度下与氢气发生加成反应（加氢），与热解相比，直接液化可以生产出物理稳定性和化学稳定性都较好的产品。间接液化是指将生物质气化得到的合成气（$CO + H_2$），经催化合成为液体燃料（甲醇或二甲醚等）。生物质间接液化主要有两条技术路线：一个是合成气—甲醇—汽油的 Mobil 工艺路线，另一个是合成气费托（Fischer - Tropsch）合成工艺路线。

（4）生物质热解

生物质的热解是指将生物质转化为更为有用的燃料，是热化学转化方法之一。在热解过程中，生物质经过在无氧条件下加热或在缺氧条件下不完全燃烧后，最终可以转化成高能量密度的气体、液体和固体产物。热解技术很早就为人们所掌握，人们通过这一方法将木材转化为高热值的木炭和其他有用的产物。在这一转化过程中，随着反应温度的升高，作为原料的木材会在不同温度区域发生不同反应。当热解温度达到473K 时，木材开始分解，此时，木材的表面开始脱水，同时放出水蒸气、二氧化碳、甲酸、乙酸和乙二醛。当温度升至 473~533K 时，木材将进一步分解，释放出水蒸气、二氧化碳、甲醚、乙酸、乙二醛和少量一氧化碳气体，反应为吸热反应，木材开始焦化。若温度进一步升高，达到535～775K时，热裂解反应开始发生，反应为放热反应，在这一反应条件下，木材会释放出大量可燃的气态产物，如一氧化碳、甲烷、甲醛、甲酸、乙酸、甲醇和氢气，并最终形成木炭。通过改变反应条件，人们可以控制不同形态热解产物的产量。降低反应温度、提高加热速率、减少停留时间可获得较多的液态产物；降低反应温度和加热速率可获得较多的固体产物；提高反应温度、降低加热速率，延长停留时间可获得较多的气体产物。由于液体产品容易运输和贮存，国际上近来很重视这类技术。而目前，国内外都大量利用快速热裂解技术甚至闪速热裂解制取液体燃料油，液体产物的产率以干物质计，可得70%以上，该方法是一种很有开发前景的生物质应用技术。

3. 生物质生化转化

生物质的生物转化是利用生物化学过程将生物质原料转变为气态和液态燃料的过程，通常分为厌氧消化技术和发酵生产乙醇工艺技术。

（1）厌氧消化技术

厌氧消化是指富含碳水化合物、蛋白质和脂肪的生物质在厌氧条件下，依靠厌氧微生物的协同作用转化成甲烷、二氧化碳、氢气及其他产物的过程。整个转化过程可分为三个步骤：首先将不可溶复合有机物转化成可溶化合物；然后可溶化合物再转化成短链酸与乙醇；最后经各种厌氧菌作用转化成气体（沼气）。一般最后的产物含有50%～80%的甲烷，最典型产物为含65%的甲烷与35%的二氧化碳，热值达20MJ/m³，是一种优良的气体燃料。厌氧消化技术又依据规模的大小设计为小型的沼气池技术和大中型集中的禽畜粪便或者工业有机废水的厌氧消化工艺技术。

（2）发酵乙醇工艺技术

生产乙醇的发酵工艺依据原料不同可分为两类：一类是富含糖类的作物直接发酵转化为乙醇；另一类是以含纤维素的生物质原料做发酵物，必须先经过水解或酸解转化为可发酵糖分，再经发酵生产乙醇。

4. 生物质能技术发展方向

经过过去近二十年的发展，生物质能开发利用技术日趋多样化，为资源综合利用和增加清洁能源供应提供了丰富的途径。但是总的看来，我国生物质能开发利用水平目前较低，各种技术的成熟度和商业化水平很不平衡。

目前少数生物质能利用技术已经比较成熟，具有一定的经济竞争力，初步实现了商业化、规模化应用，如沼气技术；一批生物质能利用技术已进入商业化早期发展阶段，目前需要通过补贴等经济激励政策促进商业化发展，如生物质发电、生物质致密成型燃料、以粮糖油类农作物为原料的生物质液体燃料等。还有许多新兴生物质能技术正处于研发示范阶段，可望在未来二十年内逐步实现工业化、商业化应用，主要是以纤维素为原料的生物质液体燃料，如纤维素燃料乙醇、生物质合成燃料和裂解油，还有能源藻类、微生物制氢技术等。相比较而言，由于可以借鉴煤、天然气工业中的醇醚合成工艺、费托合成工艺的已有研究成果和产业化经验，生物质气化合成技术比较成熟，不存在技术障碍，预期比纤维素乙醇更容易实现产业化。

鉴于生物质能各项利用技术的发展情况，预计未来20～30年，除了农村户用沼气与农业生产、生态环境相结合发展而成的综合利用模式外，更趋向于发展生物质分布式能源系统，即向独立分散的小型生物质气化发电，联合循环发电及热电联供方向发展。同时，随着石油供应风险、天然气资源有限及 CO_2 减排呼声的日益增高，可实现清洁碳循环的、被国际上喻为来自太阳的优质燃料的生物质液体燃料技术将会有更快的发展。

三、生物质能利用技术水平

1. 生物质发电技术

借助于成熟的煤粉燃烧发电技术，生物质燃烧发电技术得到长足的进步。但是由于生物质的多样性，生物质直接燃烧的原料预处理技术和燃烧灰粘结特性等对受热面的影响控制技术还有待进一步发展，以满足生物质能源利用的要求；混合燃烧的生物质原料需要根据已有发电系统的稳定性要求进行有效处理和控制，并达到降低电厂污染排放的目的。

（1）生物质直燃发电

生物质直接燃烧发电与传统的煤燃烧发电相似，采用现代的生物质锅炉设备，使生物质在过量空气供给的情况下充分燃烧，直接释放燃料的热能，得到含二氧化碳和水蒸气等不可再燃成分的高温烟气，加热锅炉换热设备中的工质水，产生高温高压参数的蒸汽，蒸汽通过蒸汽轮发电机膨胀做功发电。蒸汽参数越高，发电效率越高。但是生物质的能量密度低，而且受生物质燃料灰渣特性的限制，生物质锅炉燃烧温度较低，产生的蒸汽温度和压力参数不高，因此系统效率较低。目前的生物质直燃发电规模多数不超过50MW，锅炉效率约80%～90%，整体发电效率约20%～35%，投资成本约1200～1800美元/kWe。

在欧美国家，绝大多数运行的生物质直燃发电厂均采用朗肯循环发电技术，如果采用热电联供，在高温的加热器内产生蒸汽，在较高的压力下冷却；如果无需供热，蒸汽在冷凝器内冷却。生物质直燃发电技术已广泛应用于糖厂、纸浆厂、木材厂和农业加工厂等用户或并网售点，主要的燃烧技术有火床燃烧和流化床燃烧。

直接燃烧发电要求生物质资源集中，数量巨大，在大规模利用下才有明显的经济效益。由于我国农业远未实现集约型生产，农户的生产规模和机械化程度仍比较低，所以各种农业废弃物分布发散，收集和存放主要靠简单的机械或人工办法，成本很高，在这种条件下，利用直接燃烧发电技术比国外更为困难。因此，为了处理我国大量的农业废弃物，在有条件的地方可引进先进设备，发展大规模的直燃发电技术，但项目投资成本高。

（2）生物质混燃发电

生物质的组成是碳氢化合物，与常规的矿物燃料石油、煤等的内部结构和特性相似；而煤和石油都是生物质经过长期的地质作用而形成的，因而生物质能发电可以充分利用已经发展起来的常规能源发电技术，即在现有的以煤、石油、天然气等矿物燃料发电的常规电厂的基础上，对燃料供应和燃烧器进行部分改造，只加装一套生物质系统，利用电厂的现有设备，以生物质燃料替代部分矿物燃料进行混合燃烧发电。尤其是大型电厂的可调节性大，能适应不同程度的生物质混合燃烧，可以根据当地生物质资源的可获得程度灵活匹配生物质混合燃烧规模。

根据生物质与矿物燃料混合燃烧的方式，生物质混合燃烧发电技术又可以分为直接混合燃烧发电和气化混合燃烧发电。1）生物质直接混合燃烧发电方式采取的工艺路线为：在原有电厂锅炉设备的基础上附加生物质接收、储存和预处理设备，使生物质燃料在粒度等性质上适于在锅炉内与煤粉混合燃烧；同时，原有燃料入炉输送系统及锅炉煤粉燃烧器需根据生物质燃料特性相应作局部改造。直接混合燃烧方式中生物质以固相态与矿物燃料混合燃烧。2）生物质气化混合燃烧发电方式采取的工艺路线为：在原有电厂锅炉系统的基础上增加一套独立的生物质气化系统，包括生物质接收、储存和预处理设备。生物质燃料首先在气化炉装置内发生热化学反应生成可燃气，可燃气再引入电厂锅炉内与煤粉混合燃烧。根据生物质气化可燃气在锅炉内所处的燃烧段位置，需在炉内增加生物质气燃烧器或局部改造原有的煤粉燃烧器。气化混合燃烧方式中生物质以气相态产物与矿物燃料混合燃烧。大多数燃煤电厂燃烧的是粉煤，如果生物质燃料不经粉碎预处理不能直接加入粉煤混合燃烧，则可采取先气化再混合燃烧的方式。

（3）生物质气化发电

生物质气化发电是一种新兴的生物质发电技术，首先在气体发生器——气化炉中，在氧气不足的条件下部分燃烧，使生物质在 $700 \sim 800℃$ 的温度下发生热解气化反应，转化为含氢气、一氧化碳和低分子烃类的可燃气体，然后可燃气体经过除尘、除焦、冷却等净化处理，作为燃料驱动燃气轮发电机或燃气内燃发电机发电。可燃气体热值越高，发电效率越高。同时，燃气发电设备对燃气杂质有严格的要求，所以生物质气化炉和燃气净化装置是生物质气化发电的关键技术设备。生物质气化发电的效率取决于系统规模和采用的气化发电工艺，如 MW 级以下的简单气化发电系统效率通常小于20%，而利用余热发电的较大规模的生物质整体气化联合循环发电效率可高于40%。

生物质的气化发电规模可分为大、中、小型，一般认为小于200kW 为小型，大于3000kW 而且采用了联合循环发电方式的为大型，其中间视为中型。小型和中型系统效率为12%～30%，一般功率越大效率越高。大型气化发电系统一般是两级发电，如在燃气轮机/发电机机组发电后，利用高温烟气再生产蒸汽，供汽轮机/发电机机组二次发电，之后再利用其余热，可使大型发电机组的系统效率达到30%～50%。大型生物质气化发电下相对于常规能源系统仍是非常小的规模，所以大型生物质气化发电系统只是相对的。在国际上，大型生物质气化发电系统的技术远未成熟，主要的应用仍停留在示范和研究阶段。

2. 生物质液体燃料

由于50%以上的石油被用作运输燃料，1973 年第一次石油危机后，人类就在寻找可以替代化石燃油的燃料，而液体生物燃料正是理想的选择。液体生物燃料来源于可再生资源，温室气体净排放几乎为零，还可以替代石油生产人类所需的化学品。目前液体生物燃料主要被用于替代化石燃油作为运输燃料，如替代汽油的燃料乙醇和替代石油基柴油的生物柴油。

（1）生物柴油

生物柴油的分子量与柴油十分接近，其十六烷值高，润滑性能好，是一种优质清洁柴油。生物柴油一般以 20% 的比例掺混到柴油中，称 B20 柴油，欧洲用于替代化石运输燃油的生物燃料 80% 是生物柴油。目前生物柴油主要是用化学法生产，即用动物和植物油脂与甲醇或乙醇等低碳醇在酸或者碱性催化剂和高温（230～250℃）下进行转酯化反应，生产相应的脂肪酸甲酯或乙酯，再经洗涤干燥即得生物柴油。2006 年世界生物柴油产量 500 万 t，主要是欧洲以油菜籽生产 400 万 t，美国用豆油生产约 30 万 t 生物柴油。

生物柴油技术的发展趋势是降低生物柴油生产装置的投资和生产成本，减少污水对环境的污染，扩大工艺对原料的适应性。所以，目前生产生物柴油的主流技术包括固体碱（酸）催化酯交换技术。

传统的液碱催化的常压酯交换具有工艺流程复杂、三废排放污染环境、副产物甘油浓度低等缺点。固体碱催化剂代表着近年来研究发展的重要方向，可以解决产物与催化剂分离的问题，使用固体碱催化剂，减少了三废排放。

酶催化酯交换技术：酶催化剂是另一类重要的酯交换催化剂，近年来研究很多。酶催化的优点是：甘油三酯的酯交换反应和游离脂肪酸的酯化反应同时进行，可加工高酸值原料；副产物甘油浓度高；催化剂可以重复利用；反应温度较为温和。缺点是：酶催化剂的成本高、容易失活、寿命短，距工业化生产还有一定距离。我国正在努力开发价格较低且寿命较长的酶催化剂和可以多次循环使用酶技术，降低生物柴油生产成本。

生物柴油是长链脂肪酸单烷基酯，可生物降解、高闪点、无毒、VOC 低，具有优良的润滑性能和溶解性，所以也是制造可生物降解高附加值如溶剂、润滑剂等精细化工产品的原料。同时，脂肪酸甲酯和甘油也可加工生产大宗化学产品，如高碳醇等。因此，在原料价格较高的情况下，生产生物柴油的共生化产品是改善生物柴油企业经济性的有效手段。

植物油是如同石油一样的资源，每年的产量是有限的，以其为原料生产生物柴油不能满足大规模使用需要且经济性不可行；其次，除降低芥酸、低硫甙的"双低"菜籽油外，其他原料油生产的生物柴油只能以 2%～20% 的比例与石油基柴油混合，不能 100% 地使用。因此，利用具有巨大资源潜力的生物质和有机废弃物生产高质量的生物柴油是未来的发展方向。

（2）生物质合成燃料

生物质合成燃料技术工艺中的生物质气化技术、合成气合成醇醚燃料技术、烃类燃料技术都比较成熟，已有工业化的生产装置。由生物质气化合成醇醚燃料或烃类燃料技术开发的重点任务是两段技术的匹配和集成，其技术连接点为合成气，即生物质气化产生的合成气与对应的液体燃料合成工艺要求相匹配。因此发展生物质气化合成燃料在技术上不存在瓶颈。费一托（FT）合成得到的柴油十六烷值可高达 85%，性能优于石油基柴油，是最具前途的生产生物柴油技术之一。德国的 CHOREN 公司成功开发了该技术，并于 2002 年开始进行年产 200t 合成柴油的中间试验示范装置的运行、考核，目前已开始建设年产量达 1.5 万 t 工业示范工程；德国鲁奇公司也拥有类似的技术。

生物质气化/FT 合成生物柴油技术与类似的煤气化循环利用技术相同，但生物质的成分比煤更复杂，并且过程设备和前期投资巨大，尚需通过技术创新进一步提高产品的经济效益。

生物质气化合成二甲醚，主要是用作喷雾剂，将其用作发动机燃料的研究还处于起步阶段。由于二甲醚在 NO_x 减排方面的优越性能，使其成为替代柴油的理想燃料。目前，每生产 1t 二甲醚燃料，理论约需要 3t 木质生物质原料（干基），即 1t 木质生物质原料（干基）可生产 500L 二甲醚。目前，工业上还主要是用甲醇脱水技术生产二甲醚。合成气一步合成二甲醚的工业化，仍在研究开发中。生物质二甲醚的生产成本主要包括投资成本和原料成本。国际二甲醚协会宣称，天然气基二甲醚的成本已经可以同柴油相竞争，仅 25 美元/加仑。从生物质制取二甲醚成本仍较高，主要体现在原料和投资成本约为天然气过程的 2 倍，操作和维护成本约高出 75%。瑞典国家能源部估算，生物质基二甲醚的成本约为 0.27 欧元/L。

（3）生物质裂解油

生物质裂解制油技术一般包括预处理、热解、分离和收集四个过程，技术关键是热解过程，该过程必须严格控制反应温度及原料的滞留时间，以确保在极快的加热和热传导速率下原料能迅速转变为热解蒸汽。在 2006 年世界生物能源大会上生物质催化裂解技术 CDP（Catalytic Depolymerization，CDP）亮相，这是改良的生物质裂解制油技术，由于使用催化剂，生物质液化反应温度、压力都显著降低，在催化剂的作用下更容易控制油品组分，油品质量更好，现正处于中试阶段。但由于液体产物效率低、成分复杂，加之成本较高等原因使该技术在推广上尚有难度，一般认为裂解法生产生物油可能将在 FT 合成生物柴油之后实现商业化生产。

3. 沼气利用技术

针对生物质原料的添加浓度，沼气利用技术可分为湿式发酵（固体发酵物物质含量低于 10%）和干式发酵（固体发酵物含量为 20% ~ 30%）。目前湿式发酵应用较多，湿式发酵厌氧消化器主要有四类：塞流式消化器、升流式固体反应器、升流式厌氧污泥床和污泥床滤器。以升流式固体反应器进行鸡粪沼气发酵为例，其主要技术指标为：进料总固体浓度 5% ~ 6%，COD 浓度 42 ~ 55g/L，悬浮固体浓度 45 ~ 55g/L，在 35℃ 条件下，反应器负荷可达 10kgCOD/（$m^3 \cdot d$），池容产气率可达 4.88m^3/（$m^3 \cdot d$），CH_4 含量为 60% 左右，COD 去除率为 85% 左右，固体悬浮物去除率为 66.16%。据计算当水力停留时间为 5d 时，固形物停留时间为 25d。干式发酵尚处于探索阶段，但代表着该产业技术发展的方向。

沼气发酵技术包括小型用户沼气池技术和大中型厌氧消化技术。集中厌氧消化系统（CAD），代表了目前欧洲沼气工程的发展趋势，即将一定区域内相临的农场畜禽粪便和其他有机废物收集、运输到一处沼气站集中处理。集中厌氧消化装置的优点是具有规模经济效益、可采用较先进的厌氧消化处理工艺和装置设备，从而处理效率更高，装置由当地农民合作协会或社区投资和经营。集中厌氧消化系统是沼气技术顺应环境可持续行动的结果，将更有利于对有机废物的管理和循环利用。集中厌氧消化系统发展较快的欧洲国家主要是丹麦、德国、英国和瑞典。

工业化国家正在开发工业化生产沼气技术，把沼气用于运输燃料或与天然气并网，德国、瑞典和瑞士在此方面走在世界前列。瑞典在沼气开发与利用方面独具特色，利用动物加工副产品、动物粪便、食物废弃物生产沼气，还专门培育了用于产沼气的麦类植物，产气率达 300L/kg 底物，沼气中含甲烷 64% 以上。麦类植物用于生产沼气，除沼气经过净化提纯后被用作运输燃料外，所产生的沼肥又被用于种植。瑞典 Lund 大学开发了"二步法"秸秆类生物质制沼气技术，并已进行中试；还开发了低温高产沼气技术，可于 10℃ 条件下产气，产气率大于 200L/kg 底物。

4. 生物质气化集中供气技术

生物质气化所产生的燃气为热值在 5MJ/Nm^3 左右的低热值燃气，若远距离输送在经济上是不合算的。所以生物质气化集中供气系统比较小，一般只涵盖一个自然村，个别的供应几个村或小城镇，通常采用一级低压燃气管网，压力小于 5kPa，经济供气半径为 1.5km，系统规模一般为数十户至数百户。如北京怀柔区农村地区新型生物质气化集中供气一期工程在怀柔区汤河口镇、庙城镇、喇叭沟门乡等 12 个镇建设 14 处秸秆气化集中供气工程，年供气 876 万 m^3，为怀柔区 14 个村的 3034 户村民提供清洁廉价的管道炊事燃气。

气化炉的选用是根据不同的用气规模来确定的，如果供气户数较少，选用固定床气化炉，如果供气户数多使用流化床气化炉更好。秸秆燃气的炉具与普通的城市煤气炉具有所区别，我国此类炉具的生产厂家也较多，效果也较好，可以达到用户要求，目前我国应用的炉具热效率达到 50% ~ 55%。

生物质气化集中供气系统投资少，经济效益明显。对于一个 200 户居民的自然村，建立生物质气化集中供气站初始投资每户需 2000 元左右，我国较富裕村镇居民基本可以承担。以每户炊事用气量 6m^3/d，燃气价格 0.25 元/m^3 计，每户每月需燃气费 45 元，远低于液化气费用。

第三节　生物质能在建筑中的应用

一、生物质能直接燃烧利用

生物质燃烧技术是传统的能源转化形式，是人类对能源的最早利用。生物质燃烧所产生的能源可应用于炊事、室内取暖、工业过程、区域供热、发电及热电联产等领域。炊事方式是最原始的利用方式，主要应用于农村地区，效率最低，一般在 15% ~ 20% 左右。人们通过改进现有炉灶，以提高燃烧效率及热利用率。室内取暖主要应用于室内加温，此外还有装饰及调节室内气流等作用。工业过程和区域供暖主要采用机械燃烧方式，适用于大规模生物质利用，效率较高；配以汽轮机、蒸汽机、燃气轮机或斯特林发动机等设备，可用于发电及热电联产。

就我国的基本国情和生物质利用开发水平而言，生物质直接燃烧技术无疑是最简便可行的利用生物质资源的方式之一。

1. 技术特点

由于生物质燃料特性与化石燃料不同，从而导致了生物质燃料在燃烧过程中的燃烧机理、反应速度以及燃烧产物的成分与化石燃料相比也存在较大差别，表现出不同于化石燃料的燃烧特性。生物质燃料的燃烧过程主要分为挥发份的析出、燃烧和残余焦炭的燃烧、燃尽两个独立阶段，其燃烧过程的特点是：

（1）生物质水分含量较多，燃烧需要较高的干燥温度和较长的干燥时间，产生的烟气体积较大，排烟热损失较高。

（2）生物质燃料的密度小，结构比较松散，迎风面积大，容易被吹起，悬浮燃烧的比例较大。

（3）由于生物质发热量低，炉内温度场偏低，组织稳定的燃烧比较困难。

（4）由于生物质挥发份含量高，燃料着火温度较低，一般在 250～350℃ 温度下挥发份就大量析出并开始剧烈燃烧，此时若空气供应量不足，将会增大燃料的化学不完全燃烧损失。

（5）挥发份析出燃尽后，受到灰烬包裹和空气渗透困难的影响，焦炭颗粒燃烧速度缓慢、燃尽困难，如不采取适当的必要措施，将会导致灰烬中残留较多的余碳，增大机械不完全燃烧损失。

由此可见，生物质燃烧设备的设计和运行方式的选择应从不同种类生物质的燃烧特性出发，才能保证生物质燃烧设备运行的经济性和可靠性，提高生物质开发利用的效率。

生物质直接燃烧主要分为炉灶燃烧和锅炉燃烧。炉灶燃烧操作简便、投资较少，但燃烧效率普遍偏低，从而造成生物质资源的严重浪费；而锅炉燃烧采用先进的燃烧技术，把生物质作为锅炉的燃料燃烧，以提高生物质的利用效率，适用于相对集中、大规模地利用生物质资源。

2. 传统的生物质直接燃烧利用

薪柴和秸秆的燃用是一种传统利用方式，迄今在经济相对落后的农村地区仍然是主要形式。由于受到常规能源的制约、能源运输能力的限制以及能源供应网的限制，这种状况尚不会在近期内改变，但在炉灶方面却有相当明显的改进。从 20 世纪 80 年代开始，在各级政府的重视下，各种各样的节柴灶相继出现和普及。先进的省柴节煤灶，其热效率可达 50%，升温阶段的热效率也在 20%～25% 以上。与旧灶相比，可节约柴草 50% 左右。

直接燃烧通常是在蒸汽循环作用下将生物质能转化为热能和电能，为烹饪、取暖、工业生产和发电提供热量和蒸汽。小规模的生物质转化利用率低下，热转化损失约为30%～90%。通过利用转化效率更高的燃烧炉，可以提高利用率。

3. 现代的生物质直接燃烧利用

燃池供暖技术是利用生物质能供暖的建筑技术。燃池也称为地坑，燃池取暖就是将植物的碎根、茎、叶、壳，以及锯末子、稻壳、苇花等放在池内，经阴燃（厌氧燃烧）产生热量，经散热面通过传导、辐射、对流等方式，提高室内温度的一种取暖方法。只要管理得当，一次填料可供 2 个月左右。燃池供暖系统包括：池体墙、顶面散热板、进料口、通风管、调温插板、注水管、烟囱等七个部分，如图 4-5 所示。一般情况下可按建筑室内面积与燃池面积之比为 6∶1～7∶1 来确定燃池面积；在确定好室内燃池供暖面积的前提下，可将燃池设计成长方形、正方形或圆形都可，但在挖坑时要求侧面池壁土层垂直、池底层平整夯实。一般要求燃池深度应保持在 1.2～1.4m 为宜。使用燃池取暖，节省了原煤消耗，改善了居民的生活环境和卫生状态。特别是农村中、小学的教室和农民住宅，冬季采用燃池取暖，对改善学生的学习环境，提高学生的身体素质，节省资金和能源、提高农村建筑的可持续性将有重大的意义。

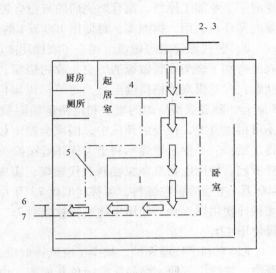

图 4-5　燃池供暖技术
1—池体空间；2—进料口；3—进气口；4—注水管；
5—顶面散热板；6—烟道；7—调温插板

北京怀柔区以新农村建设为契机，大力开发利用新能源，在桥梓镇北宅村试点生物质颗粒燃料项目，为郊区新能源的利用探索出一条新路子。

（1）主要做法

2001 年以来，怀柔区以争创全国生态示范县为载体，加快了清洁型可再生能源替代燃煤的研发工作，先后试制了秸秆气化、生物质压块等项目。2004 年，怀柔区种植业服务中心能源办公室与清华大学清洁能源研究与教育中心、北京九阳工贸公司三方共同负责生物质颗粒成型设备、炉具加工和技术服务等试验、示范工作。2005 年，能源办公室先期投资 500 万元，在杨宋镇租赁了 30 亩场地和部分房屋，由清华大学清洁能源研究与教育中心提供机械设备（成型机 3 台、粉碎机 1 台、炊事取暖两用炉 8 套、炊事用炉 13 套），并在桥梓镇北宅村 7 户村民家中进行免费示范使用，从 2005 年冬季示范结果看，生物质颗粒完全可以替代燃煤，并得到了使用农户的认可。主要体现在：一是生物质颗粒可以实现自动给料燃烧，料箱可连续燃烧 24h，供暖给水温度可稳定在 70℃ 以上，与燃煤相比清洁、方便、室内温度稳定。二是使用成本低。2005 年冬季燃煤价格每吨在 550 元左右，而生物质颗粒加工成本每吨为 260 元，每户每年取暖用煤 4t，如果使用生物质颗粒，一个冬季农民可节省 900 元。三是易于存放、庭院整洁。农村柴草堆放一直是环境建设中难以解决的问题。实施生物质颗粒供暖，可对柴草、树枝等进行加工，而且加工后的颗粒可以装入袋中，便于码放。实践证明，生物质颗粒能源是节能、环保、可再生，具有生命力的一种新型能源，符合新农村建设和发展循环经济的要求。

（2）取得的效果

1）农林废弃物得到再利用，实现了资源变废为宝。怀柔山区面积大，占全区总面积的 88.7%，用于生物质常温压缩成型颗粒的原料为锯末、树枝、植物秸秆、板栗壳等。据初步测算，怀柔区每年有 30 万 t 的农林废弃资源量，加工后可供 4 万户农民炊事、取暖。以前，这些资源再利用的价值不大，在山区、平原镇村部分作为垃圾。使用生物质颗粒新能源，最大限度地使这些再生性农林废弃物得到了开发利用，由垃圾变成了企业加工原料，而且燃烧后的灰份含钾量大，是农作物最好的肥料，实现了资源的循环再利用。据测算，每使用 100 万 t 的生物质颗粒燃料，可产生 5 万 t 的钾肥。

2）替代燃煤取暖做饭，提升了农民用能质量。随着农民生活水平的提高，大多数农民告别了烧柴取暖做饭的历史，改用烧煤。但是在使用燃煤过程中存在着许多潜在问题：一是煤炭价格持续上涨，每吨标煤售价从 2003 年的 250 元，上涨到 2010 年的 800 元，随着煤炭资源的紧缺和道路运输限载，燃煤售价仍有上涨趋势；二是煤炭是不可再生资源，在今后开采中，国家会制定相关政策，实现保护性开采，燃煤供应必将趋紧；三是使用燃煤不利于大气环境保护。因此，开发利用新能源来替代燃煤是大势所趋。使用生物质颗粒燃料替代燃煤，实现了取暖和烧水做饭的功能。据测算，每 100 万 t 生物质颗粒燃料，可替代原煤 75 万 t。按一个农户 3 口人计算，一年炊事、取暖预计使用燃煤 6t，使用生物质颗粒燃料 7t，即北宅村 7 户示范户一个冬季可减少燃煤使用 42t。

3）有利于环境保护，减少了废气排放量。生物质常温压缩成型技术为农民提供了廉价、快捷、方便、高品质的绿色新能源，由于生物质能源被列为零排放能源，使用这种新能源可最大限度地减少室内外二氧化硫、烟尘等废气排放量，保护了大气环境。根据燃煤排放系数，专家测算出，每使用 100 万 t 生物质颗粒燃料，可减少燃煤对大气造成的污染 164 万 t，其中，二氧化碳 161 万 t，烟尘 1.5 万 t，一氧化碳 0.75 万 t。

4）提高了农民用能质量，实现了室内恒温供暖。以前，农民靠土暖气或煤炉取暖，入睡前必须把土暖气、煤炉的火封上，这样就造成封火前室内温度较高、封火后室内温度较低的问题。专门研制的炊事取暖两用炉系自动调节自动供暖，不仅消除了农民夜里封火劳作之苦，而且实现了室内恒温供暖，深受农民欢迎。据北宅村 7 户示范户使用情况看，由于 7 家房屋结构不同，所以室内供暖温度不同，7 户室内温度最低的 12℃，最高的达 19℃。

5）减少了街巷柴草堆放，改善了农村自然环境。山区经济落后，加之传统的生活习惯，冬天农民上山打柴，把柴草堆积在街巷或院外，不仅存在火灾隐患，而且影响村容村貌。推广使用生物质颗粒燃料，通过原料就地粉碎加工，将柴草、树枝、秸秆、板栗壳进行处理，使乱堆、乱放、乱烧现象得到根本治理，有效改善了村容村貌。同时，在原料收购、粉碎、运输过程中，还为农民提供了就业机会，创造了岗位，增加了收入。

4. 生物质块状燃料的新应用

生物质固化成型当作燃料主要有两种类型：一种是加工成体积较大的棒状、块状或饼状的燃料，直径 50～70mm；另一种是加工成颗粒状的燃料，直径 5～12mm，长度 12～30mm。在西方，颗粒燃料的应用较多，用于家庭独立供暖和小区的集中供暖，是传统供暖方式的有效互补，而且已经进入商业化运营阶段。目前我国加工这两种燃料的成型技术和设备已经具备并且成熟，而且提供成型设备的厂家也较多，将燃料配备专用的燃烧设备进行供暖或炊事的技术，大多数厂家正处于试验阶段和商业化的边缘。可以预测：使用生物质成型燃料的供热产品大量、大规模进入市场的时代即将来临，生物质能在炊事和家庭供暖中被高效应用的时代即将到来；未来 5～10 年将是这个产业发展最为迅猛的阶段，2015 年之后生物质能将替代煤炭成为农村家庭炊事和供暖的主要能源，与煤炭资源长期并存。

二、生物质能高效气化利用

1. 技术特点

气化是以氧气（空气、富氧或纯氧）、水蒸气或氢气等作为气化剂，在高温条件下通过热化学反应将生物质中可燃部分转化为可燃气（主要为一氧化碳、氢气和甲烷等）的热化学反应。气化可将生物质转换为高品质的气态燃料，直接应用作为锅炉燃料或发电，产生所需的热量或电力，或作为合成气进行间接液化以生产甲醇、二甲醚等液体燃料或化工产品。

生物质气化是在一定的热力学条件下，将组成生物质的碳氢化合物转化为含一氧化碳和氢气等可燃气体的过程。它的主要优点是生物质转化为可燃气后，利用效率较高，而且用途广泛，如可以用作生活煤气，也可以用于烧锅炉或直接发电。主要缺点是系统复杂，而且由于生成的燃气不便于储存和运输，必须有专门的用户或配套的利用设施。

生物质气化已开始进入应用阶段，特别是生物质气化集中供气技术和中小型生物质气化发电技术，由于投资较小，比较适合于农村地区分散利用，具有较好的经济性和社会效益，在小范围内推广，有比较好的发展前景。

生物质气化发电技术的基本原理是把生物质转化为可燃气，再利用可燃气推动燃气发电设备进行发电。它既能解决生物质难于燃用而又分布分散的缺点，又可以充分发挥燃气发电技术设备紧凑而污染少的优点，所以是生物质能是最有效、最洁净的利用方法之一。

2. 生物质集中气化传统利用

我国生物质资源相当丰富，其中农作物秸秆是我国生物质能源资源的主要来源。我国约 7 亿农民居住在农村，约 2 亿户，传统的耗能方式仍然是以炊事以及北方农村取暖为主，以作物秸秆、薪柴和草为主要资源，基本上是采取直接燃烧方式。直接燃烧转换效率低，浪费严重。我国农村传统炉灶的热效率很低，仅为 10% 左右。近 20 多年来推广的省柴炉灶实际热效率也只有 25% 左右，能量损失仍然较大。

秸秆、薪柴是低品位能源，直接燃用，劳动强度大，不卫生，影响生活质量的提高。随着粮食生产的发展和农民生活质量的改善，富裕起来的农民厌弃了"家家有炊烟"的炊事方式，迫切希望能用上清洁、方便的优质燃料，以摆脱烟熏火燎的生活环境。另外，在一些燃料缺乏地区，农民靠砍伐林木、收割野草来生火做饭或取暖致使森林及草地被破坏，土壤退化、水土流失、旱涝成灾，给生态环境造成了严重的破坏。而在燃料不缺乏的某些地区，每当收获的季节，大量过剩的秸秆在田间地头被直接焚烧，既浪费了能源，又严重污染了环境。因此，秸秆资源的有效利用已成为我国农业可持续发展所面临的重要问题。

生物质气化是生物质能高效利用的良好途径之一。利用生物质气化燃气进行民用炊事和供暖，一是可使农民像城市居民一样用上管道燃气，降低了劳动强度，改善了农民千百年来形成的生活习惯，提高了生活质量。二是可以提高生物质能有效利用，使秸秆有效利用率比直接燃烧提高一倍，既节约了能源，减少环境污染，又节约大量的秸秆用于改善土壤的生态环境，提高秸秆的综合利用。目前秸秆气化集中供气技术的应用仅限于农户炊事用能上，缺乏秸秆燃气供暖锅炉。我国的北方寒冷地区，冬季供暖用能占农村总能耗的80%。秸秆燃气供暖锅炉的研制成功将拓宽秸秆气化集中供气技术的应用领域，解决寒冷地区冬季农户的供暖问题，同时可进一步应用于温室、畜舍供暖、烤烟和粮食烘干等生产领域，取得良好的使用效果和经济效益。

3. 新型生物质气化的利用

新型生物质气化集中供气系统是近几年发展起来的一种以农村生物质（玉米芯、秸秆、稻壳、花生壳、稻草、木块和树枝等）为原料，通过裂解气化进行能量转换，生产出可燃气体（秸秆燃气，以 CO 和 H_2 为主的混合气体），然后通过管网送入用户或其他用气处，用来炊事、取暖、发电等，替代了煤气、天然气、石油液化气和煤等燃料。

在我国，新型生物质气化集中供气系统的研发已有十几年的历史，但成功推广应用还处在起步阶段。

（1）成功案例一：北京怀柔区新型生物质气化集中供气系统的应用情况

1）两个试点村的建设运行情况

在经过多方论证和实地考察的基础上，怀柔区科委将大地村和解村"新型生物质气化集中供气系统"列入怀柔区科技试验推广计划，进行先期试点建设，同时引进2家技术公司作支撑，对其所采用的技术进行比较，为进一步推广做准备。

2）采用民主方法进行试点村的运作

大地村、解村先后召开了村干部会、村支委会、党员代表大会、村民代表会进行研究讨论。解村还组织村民代表、党员代表到河北省青县耿家屯村进行参观学习。村民代表分别到每家每户走访，了解村民对该项目的意见，并进行签字。两个村村民均100%同意投资建设该项目。解村于2007年1月份完成了厂房建设和设备的安装调试工作，进行了试生产，使用效果良好。大地村也在2008年4月份，将燃气全部通到206户村民家中。

3）多方筹集资金，共同建设试点村

怀柔区科委确定试点村后，农委对该项目也给予了重点支持。同时，争取水务局农村改水项目支持，实施水、气管道同时铺设，减少了经费支出。大地村每户村民出资350元，重点用于气灶的购买。解村生物质气化工程共投资240万元，308户，户均投资0.78万元。大地村生物质气化工程共投资180万元，206户，户均投资0.87万元。

（2）工程案例一取得的效果

1）生物质用量大幅度减少。采用传统的直燃方式，平均每户日用量25kg，年用量9125kg。解村常住户数为105户，全村一年生物质用量为958125kg。大地村常住户数 130 户，全村一年生物质用量为 1186250kg。采用生物质气化技术，平均每户日用量 1.4kg，年用量 511kg。按同样常住户数计算，解村一年生物质用量 53655kg，是直燃用量的 5.6%。大地村一年生物质用量 65700kg，是直燃用量的 5.5%。

2）农民经费支出与其他燃料相比大幅度减少。以 3 口人之家计算，应用生物质燃气平均每月用 60m³，每立方米 0.3 元，全年为 216 元；用液化气平均每月用 1 罐，每罐 80 元，全年 960 元；用蜂窝煤每月 120 块，每块 0.6 元，全年 864 元；用秸秆、柴草直燃，每月 750kg，每千克 0.15 元，全年 1350 元。由此可见，用生物质燃气的费用，远远低于其他燃料的费用。

（3）发展新型生物质气化集中供气系统的几点建议

1）制定发展规划，合理开发利用资源。本着因地制宜、合理开发利用的原则，逐步实施，确保工程建设真正造福百姓。

2）制定鼓励引导政策，拓宽多元化融资渠道。发展新型生物质气化集中供气系统，是一件利国利民、造福子孙万代的大好事。由于一次性投入较大，快速发展受到制约，建议各级政府部门，制定鼓励引导政策，实现多元化融资。一是通过立项，向有关部门争取项目、争取资金，对实施村给予补贴。二是分解投资，采取区、镇、村、户四方出资共同建设的方法。三是鼓励企业投资建设，可采取适当收取安装费和运营利润办法收回投资。

3）实行工程市场招标，确保优选施工队伍。百年大计，质量第一，为保证工程质量，按照法定程序，实行招标，并与施工单位签订"交钥匙"工程合同。

4）整合科技资源，设立专项资金，对燃气焦油二次燃烧进行深入研究。通过研究，提高焦油燃烧转化率，减少焦油对环境的污染，使循环冷却水最终达到零排放。

随着农村经济的发展和农民生活水平的提高，农村对于优质低价燃料需求日益迫切，传统能源利用方式已经难以满足农村现代化需求，生物质能源优质化转换势在必行，引进推广新型生物质气化集中供气系统，对于改变农民现有生活方式，是一场革命，具有重大意义，而且也具有非常广阔的前景。

（4）成功案例二

浙江省磐安县内各条河流下游的农民为河面上大批漂浮物而烦恼：木屑、废弃菌棒、蕨根弃渣等随波逐流，沉积后腐烂，气味难闻，还影响了河流的水质。后来，磐安县年推广家用型生物质气化炉，"吃掉"了垃圾，减少了漂浮物，下游农民再也不用烦恼。

磐安县是钱塘江、瓯江、灵江、曹娥江四大水系发源地之一，拥有大小木制品加工厂近千家，每天锯木产生的木屑有近 10t，每年还有 8 万 t 废弃菌棒以及磨制淀粉剩下的蕨根废渣等。这些废弃物放在室外焚烧污染大气，堆在地里占用地方，以往厂里的木屑采用一次性方法处理，待到汛期，让职工推着翻斗车，将木屑倾倒到小河里，随洪水冲走。建设生态县，更要把眼光延伸到下游。于是相关部门投入人力和科研经费，引进家用型生物质气化炉，并首先在大盘、窈川等乡镇农户家中试用。为了加大推广力度，磐安县出台政策，每安装一台气化炉，政府补助 500 元，大大激发了农民使用气化炉的热情。几口之家每天烧饭、炒菜、烧开水只需四五斤木屑就够了，方便又省钱；而废弃菌棒、蕨根弃渣等，晒干后也成了好原料。

在当前的农民生活条件下，推广使用气化炉的优势还是比较突出的。首先是传统优势，农民有着使用柴薪的传统习惯，尽管目前煤气灶得到了一定的普及，但柴薪为主的用能格局还没有得到根本改变，现实为我们提供了群众基础；第二是资源优势，剔除当地柴薪资源多的有利因素，仅全县每年450万袋的香菇菌棒，按每袋0.5kg、每户每天用8kg计算，即可满足全县12%农户的全年炊事用能，此外还有车木下脚料、玉米、稻草、秸秆等，也是一个很大的燃料来源；第三是能源环境优势，无论从长远还是短期来看全球能源价格上升的趋势是一个不争的事实，因此引进和推广成熟、经济、环保、方便的替代能源，降低农民的生活成本，必为广大农民所欢迎。

4. 新型农村生物质气化站

（1）原料供应模式

采用中温热解技术的新型生物质气化站，产生的热解燃气热值要高于直接缺氧条件下的气化燃气热值，原料供应的多少直接决定了热解副产品的多少，通过副产品的回收利用来保证系统的收支平衡。新型农村生物质气化站原料供应可以因地制宜地采用物物交换的模式，用秸秆或薪材换取煤气，保证原料的稳定供应，多产副产品实现收支平衡，无需向村民收取燃气费用。

（2）原料的储存加工技术和方式

生物质的特点是产生的季节性强、堆积密度低，因此原料的储存和加工技术对气化站的运行至关重要。以薪材为主要原料的气化站，可以采用分散储存、定期冷压成型的方式，就是薪材可以根据需要随时由村民供应或外购，分散储存在村民家中，冷压成型可以大大减少生物质的体积，便于使用和短时储存。对于以秸秆为主要原料的气化站，应采取挤压打捆的方式减少秸秆的堆积密度，把堆积密度控制在 $0.2 \sim 0.4t/m^3$，这样可以在雨季和非收割季节来临之前储存所需要的秸秆。

（3）管理模式

中温热解制气从技术上为气化站的收支平衡奠定了基础，气化站能否正常运转的关键在于管理。根据城市燃气工程的运行管理经验，燃气工程的运行管理应由专业人员和专业公司来完成。新型农村生物质气化站在建设完成后，也是由专业的公司负责运营，进行燃气生产和副产品的销售，而用户只提供原料即可，并不缴纳燃气费。这样原料价格和燃气价格可以实现真正的联动，同时对于大部分的农村用户也是可以接受，运行公司也可以通过副产品的销售而获利。

对于具有建设能力和运行能力的公司来说，新型农村生物质气化站是按照建设、运营和移交的模式进行的。当然，作为福利性质的农村生物质气化站建设的投资主体仍然是政府。运行公司从村民处所需要的回报运行费用就是提供原料，无需再缴纳运行费，运营实现了完全的企业化，作为气化站所在村也不存在气化站运行成为村的经济负担的问题了，解决了气化站所在村运行的后顾之忧。

运行公司负责运营气化站的数量达到一定程度，就可以建立完整的由操作人员、维修人员、化验人员和销售人员组成的专业队伍，可以更好地为气化站的正常运行服务。专业运行公司通过气化站数量的增加实现一定的规模效益，把单个气化站的微利变成企业可以接受的利润。现在，北京联合创业建设工程有限公司已经开始了这种建设、运营和移交模式的大胆尝试，并取得了初步的成果。

三、生物质能厌氧发酵利用

目前我国对于生物质能厌氧发酵利用方面，主要集中在沼气的生产和利用。经过多年的技术进步和经验积累，我国的沼气事业也从最初的农村户用式沼气池发展到目前大型的沼气工程。本节针对我国沼气事业发展的历程，总结各发展阶段的技术特点，并对沼气的未来发展进行展望。

1. 农村户用沼气技术

我国的沼气最初主要为农村户用沼气池，20世纪70年代初，为解决燃料供应不足的问题，我国在农村推广沼气事业，这股发展热潮从河南、四川、江苏掀起，很快传遍了全国，短短几年时间内，全国累计修建户用沼气池700个，这一时期存在的主要问题是：1）没有对沼气技术本身进行研究，沼气池建造技术未过关；2）沼气的一些基本常识还没有得到普及；3）片面强调建池速度要快，成本要低，要大力普及。由于上述问题，虽然沼气池数量发展，但质量得不到保证。其中大多数沼气池在短期使用后报废，但也有一部分质量好的沼气池可以长期使用。这一阶段虽然出了一些问题，但为后来的发展提供了经验。

人们对沼气技术更深层次的认识和更广范围的应用主要是从20世纪80年代开始的。这一时期沼气技术在我国的发展主要有以下几个特点：

（1）有了可靠的技术保障。1980年成立了农业部沼气科学研究所，此所也成为联合国亚太区域沼气培训中心。一批省级能源研究所设立了沼气研究室，如湖北、山东、河北等地。一些大学也参加了沼气研究。

（2）沼气池、发酵工艺、沼气原料等有了很大的发展和变化。首先在池形方面，在传统的圆筒形沼气池的基础上，涌现出了许多高效实用的池形，如曲流布料沼气池、强回流沼气池、分离覆罩沼气池、预制板沼气池等。当时采用的水压式储气方式是最具中国特色的，它的采用使户用沼气池达到了优质与低成本的目标。沼气发酵原料实现了秸秆向畜禽粪便的转向，从而解决了利用秸秆作为原料存在的出料难、易结壳等难题。

进入20世纪90年代，我国沼气生产技术经过二十几年的大力推广已经日趋成熟，沼气开发项目的经济性逐步完善，技术市场初具规模，为我国沼气产业化发展奠定了良好的基础。这一时期的进步一方面表现在沼气技术本身的进步上，另一方面还表现在沼气技术与农业生产、与环境、生态、废弃物综合利用等领域的紧密结合并日益发挥出更大作用上。

近年来，我国户用沼气建设步伐加快，发展迅猛。截至2011年底，沼气用户（含沼气集中供气）4168万户，户用沼气池保有量约为3997万户，占适宜农户的34.7%，受益人口约1.6亿人。

10年间，中央政府支持农村沼气建设的资金中约有2/3的额度直接补助给农户用于沼气池的建设。近10年的发展取得了巨大的成效，在新农村建设、改善农村环境卫生和实现农村循环经济中起到了关键作用。截至 2011 年底，农村沼气年产量 155 多亿 m³，约为全国天然气年消费量的 11.4%，年减排二氧化碳 6100 多万 t，生产有机沼肥近 4.1 亿 t，为农民增收节支 470 亿元。与此同时，沼气建设显著改善了农民家居环境和卫生状况，对提高农产品产量和质量，消除传染源和降低疫病发生率发挥了不可替代的重要作用，被广大农民誉为德政工程、民心工程和富民工程。

2. 大中型沼气工程

欧洲的沼气工程技术发展较早，也是世界上沼气厂最普及的地区。欧洲的沼气厂从 20 世纪 70 年代开始建设，20 世纪 90 年代进入快速发展期，到 2000 年以后欧洲的沼气产业更是得到了迅猛发展。在 1997 年，欧洲仅有沼气工厂 767 座，2004 年发展到 4000 多座。以德国为例，在 1997 年拥有沼气厂 500 座，2000 年发展到 1000 座，截至 2006 年，已经突破 3500 座。

欧洲沼气工程技术具有如下特点：

（1）重视原料复配，产气率高。欧洲沼气工程原料不仅包括牛粪、猪粪、鸡粪等畜禽粪便，还有玉米、土豆等能源作物，以及屠宰场废弃物、城市餐厨垃圾、城市污泥等。通过这些原料的混合和合理复配，可以提高原料中的碳、氮含量，并调整出可使产气率最高的碳氮比。德国 90% 以上的农场沼气工程采用混合原料发酵。

（2）工艺统一，热电联产，效益高。在德国和丹麦，90% 以上的沼气工程选用 CSTR 工艺，统一的工艺有利于制定统一的技术标准和管理办法，同时便于接管运营后续服务的开展。热电联产是指产出的沼气主要用于发电，约 33% ~ 37% 的能量转换为电能，在发电的过程中产生大量的余热，用于 CSTR 加热和农场或社区供热，提高了沼气的利用效率，增加沼气工程的经济效益。

（3）实现自动控制，运行管理便捷。利用厌氧消化系统专用的自动控制系统与软件，实现沼气工程的自动化管理和远程监控，节省大量人力的同时又提高了工程生产效率。比如我国一万头牧场大型沼气工程，操作管理人员达 30 人之多，而同等规模工程在欧洲利用远程监控系统只需 1 ~ 2 人。

我国大型沼气工程技术始于 20 世纪 90 年代，二十多年来已从单纯的能源回收，发展成为具有发酵原料前处理与利用、沼气发酵、沼气净化储存与利用、发酵产物的再处理和利用 4 个单元的系统工程。目前在池容产气率、缩短水力停留时间、提高有机物去除率方面已有了较大的进展。但与欧洲等发达国家相比，我国的沼气产业仍存在不小的差距。

我国沼气工程技术具有如下特点：

（1）工艺类型多，效率普遍不高。我国在发展沼气工程的过程中，在户用沼气方面取得较大成就，但是，大中型沼气工程由于缺乏行业权威组织统一的技术指导，南北方地区差异较大，各地分别用土法建沼气工程，发酵温度低，缺搅拌，沼气产气率低。

（2）产品利用率低，经济效益差。我国建大中型沼气工程开始以处理废弃物和生产能源为出发点，而不是以充分利用资源为出发点，在工艺设计中对产品的应用重视不够，包括有机肥的生产、沼气发电余热的利用等。在产品产量低、使用率低的情况下，工程的经济效益自然就差，这也是我国沼气工程发展缓慢、运行困难的根本原因。

（3）工程设备化低，生产方式落后。受限于技术水平和成本控制，普遍采用传统的现场加工安装的方式，没有实现工程的设备化和标准化，传统安装方式工期长，难维护，不便于检修，质量难保障。同时，进出料方式较落后，手动操作管理，不但需要人工较多，而且外观不佳，影响厂区整体环境。

3. 城市生物燃气工程

随着人们对能源需求的剧增，沼气越来越受到重视。沼气生产具有原料来源广、技术成熟等特点。目前沼气生产原料从原来单一的畜禽粪便，发展到目前的生活垃圾、农业废弃物、市政污泥等，都可以作为沼气的生产原料。另一方面，我国大部分城市尤其中小城市燃气缺乏，对居民生活造成很大的不便。因此，目前以城市生活垃圾、市政污泥等为原料生产沼气，沼气净化后作为生物燃气供应受到了广泛的关注。

从统计数据看，目前我国大城市人均日产垃圾达 1.4kg，中小城市每人每天产垃圾量也达到 1kg。由此预计，今后我国城市生活垃圾年产量约为 1.3 亿 t，城市垃圾总量将以 8% ~10% 的速度持续增加。随着生活水平的提高，普通民众的环保意识逐渐提高，人们对环境的要求越来越高。人们对垃圾的认识也发生了巨大变化，过去的废物现在被认为是最具开发潜力、永不枯竭的"城市矿藏"。这些理念的发展不仅为城市发展提供了新动力，也为垃圾产业化发展提供了契机。生活垃圾固含率在 30% ~40%，含有溶解性物质（如糖、淀粉、氨基酸等有机酸）、纤维素、脂肪、蛋白质等，因此可以采用生化方法进行降解。厌氧生物处理的优点主要有：工艺稳定、运行简单、减少剩余污泥处置费用，具有生态和经济上的优点，且能够获得能源物质沼气。

目前，厌氧消化技术在世界各地广泛应用，大部分处理城市生活有机垃圾的厂处理量在 2500t/a 以上。而在我国这样的大型处理厂刚刚开始进行示范，可能是因为厌氧消化的投资成本比好氧堆肥要高，一般多 1.2 ~1.5 倍。但考虑到有机垃圾厌氧消化处理的良好经济效益（生物气用来发电或供热以及优质卫生的肥料），每吨垃圾的处理费用与传统的好氧堆肥相当。并且厌氧消化具有良好的环境效益：与好氧堆肥相比占地少，大大减少了温室气体（CO_2、CH_4）、臭气的排放等。从生命周期观点看，厌氧消化比其他的处理方式更经济。因此，在我国厌氧消化工艺是一项具有很有前景的有机垃圾处理技术。

四、生物质能多联产转化利用

1. 秸秆气化供气及发电

秸秆气化是指农业生产中产生的稻秆、油菜秆、玉米秆等秸秆在缺氧状态下通过热化学反应（在秸秆气化炉中进行），将秸秆转化成含一氧化碳、氢气、甲烷等可燃气体的过程。经粉碎处理的秸秆，由进料系统送进气化炉内。由于有限地提供氧气，生物质在气化炉内不完全燃烧，发生气化反应，生成可燃气体——秸秆气。秸秆气一般与物料进行热交换，然后经过冷却及净化系统。在该过程中，灰分、固体颗料、焦油及冷凝物被除去。秸秆气化技术不仅可以使秸秆利用更加方便清洁，而且能量转换效率比直接燃烧有较大提高。同时，它的生产方便、快捷，不受季节限制，可根据进

161

料的多少随时精确控制产气量，很好地克服了沼气生产中产气量无法精确控制，受温度影响较大，冬季产气量远远低于夏季等缺点。

宁夏为解决村民们用电困难等问题，提出了利用秸秆气化供气发电的技术。采用的是一个上吸式固定床气化炉，并通过管道经加压泵与储气罐相连，各户自行收集秸秆并统一存放，由管理人员定量向秸秆气化炉投放秸秆进行气化，其流程图如图4-6所示。

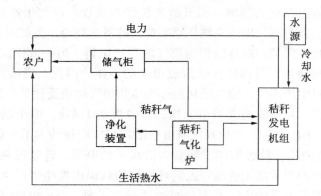

图4-6　秸秆气化供气发电流程图

（1）秸秆气化炉的对比

气化炉是生物质气化的主要设备，生物质在这里经燃烧、气化转化为可燃气。气化炉分固定床气化炉、流化床气化炉及携带床气化炉。

1）固定床气化炉

固定床气化炉可分为下吸式、上吸式、横吸式及开心式4种类型。下吸式固定床气化炉的特征是气体和生物质物料混合向下流动，通过高温喉管区（只有下吸式设有喉管区），生物质在喉管区发生气化反应，而且焦油也可以在木炭床上进行裂解。一般情况下，下吸式固定床气化炉不设炉栅，但如果原料尺寸较小也可设炉栅。此种气化炉结构简单，运行比较可靠，适于较干的大块物料或低灰分大块与少量粗糙颗料的混合物料。上吸式固定床气化炉的特点是气体的流动方向与物料运动方向相反，向下流动的生物质原料被向上流动的热气体烘干、裂解。在气化炉底部，固定碳与空气中的氧气进行不完全燃烧、气化，产生可燃气体。上吸式固定床气化炉的热效率比其他固定床气化炉的高，且对原料要求不很严格。尽管目前没有较大型号，但在原理上其容量不受限制。

横吸式固定床气化炉的特点是空气由侧方向供给，产出气体由侧向流出，气体流横向通过燃烧气化区。它主要用于木炭气化。开心式固定床气化炉同下吸式相似，气流同物料一起向下流动。但是由转动炉栅代替了喉管区，主要反应在炉栅上部的燃烧区进行。结构简单而且运行可靠，主要用于稻壳气化。

2）流化床气化炉

流化床气化炉具有气、固接触良好，混合均匀和转换率高的优点，是唯一在恒温床上进行反应的气化炉。反应温度为 700~850℃，原料要求相当小的颗粒。其气化反应在流化床内进行，产生的焦油也可在流化床内裂解。流化介质一般选用惰性材料（如砂子），由于灰渣的热性质易发生床结渣而丧失流化床功能，因此要控制好运行温度。流化床气化炉分为单床气化炉、循环气化炉和双床气化炉。单床气化炉只有一个流化床，气化后生成的气化气直接进入净化系统；循环流化床的流化速度较高，能使产出的气体中带走大量固体，经旋风分离器后使这些固体返回流化床，与单床相比，提高了碳的转化率；双流化床与循环床相似，不同的是第一级反应器的流化介质被第二级反应器加热，在第一级反应器中进行裂解反应，在第二级反应器中进行气化反应。双流化床的碳转化率也很高。

3）携带床气化炉

携带床气化炉是流化床气化炉的一种特例，它不使用惰性材料，提供的气化剂直接吹动生物质原料。该气化炉要求原料破碎成细小颗粒，其运行温度高达 1100~1300℃，产出气体中焦油成分及冷凝物含量很低，碳转化率可达 100%。由于运行温度高易烧结，故选材较难。

（2）燃气的净化

气体的净化主要是除去产出气体中的固体颗粒、可冷凝物及焦油。常用旋风分离器、水浴清洗器及生物质过滤器来净化气体。焦油问题是影响秸秆气使用的最大障碍，水浴清洗器除焦油效果较其他过滤器稍好些。

（3）发电方式的选择

1）作为蒸汽锅炉的燃料，燃烧生产蒸汽带动蒸汽轮机发电。这种方式对气体要求不很严格，直接在锅炉内燃烧气化气。气化气经过旋风分离器除去杂质和灰分即可使用，不需冷却。燃烧器在气体成分和热值有变化时，能够保持稳定的燃烧状态，排放物污染少。

2）在燃气轮机内燃烧带动发电机发电。这种利用方式要求气化压力在 10~30kg/cm² 之间，秸秆气也不需冷却，但有灰尘、杂质等污染的问题。

3）在内燃机内燃烧带动发电机发电。这种方式应用广泛，而且效率较高。但对气体要求严格，秸秆气必须净化及冷却。

（4）经济性分析

宁夏是我国重要的商品粮基地，农业资源比较丰富，其中粮食产量常年稳定在 300 万 t 左右，除作饲料外，每年剩余 150 万 t 秸秆。宁夏目前有 20 户以上自然村 13533 个，平均户数为 100 户左右，因此平均每个自然村每年拥有 111t 秸秆，扣除年均 3.65 万 kg 的生活用量，按照每 1kg 秸秆气化后可发电 1kWh 计算，每个自然村年发电量可达 7.45 万 kWh，日均发电 204kWh。以每日发电 5h 计算（用电高峰期大约为每日 5h），应采用 40kW 沼气发电机组。沼气池、管道等设备的费用见表 4-6。秸秆气化炉及发电机组可建在村委会，共需 40m² 的房间，平时由 1 人定时加料，1 人进行设备专业维护（厂家负责培训），人员费用参照村委会干部标准。因提供生活用燃气及热水带来的收益和环保收益不好量化，故仅考虑发电收益。设备价格参考市场主流产品价格，电价取 0.8 元/度。柴油机寿命为 10 年，其余设备寿命为 30 年。

村级秸秆气站损益表　表4-6

类　别		价格（万元）
上吸式固定床气化炉		2
储气柜（400m³，含加压泵）		20
40kW发电机（含变压、配电设备）		5
投入		3
40kW柴油机		1
每年人员及维护费用		4
每年设备折旧费用		1.1
每年（人员及维护＋设备折旧）总费用		5.1
产　出	每年发电收益	5.96
	每年纯收益	0.86

由表4-6可以看出，在不考虑生活用燃气、热水及环保收益，仅考虑发电收益的前提下，村级秸秆气电站可带来每年0.86万元的纯收益，因此秸秆气化发电不仅是可行的，也是经济的。如果能在全区推广，将对缓解目前宁夏农村用电难的问题，促进宁夏农村经济可持续、健康的发展起到积极的作用。

2. 农村户用沼气技术

农村户用沼气池是指容积为 $6\sim10m^3$ 的沼气发酵装置，适用于农村各家各户使用，提供沼气用于炊事等用途。我国农村户用沼气池一般采用半连续发酵工艺生产沼气，从沼气池建设完成到投料、产气整个过程如图4-7所示，农村户用沼气池的主要原料是畜禽粪便和农作物秸秆。沼气池初始启动时一次性投入较多原料。一般占整个发酵周期投料总固体量的 $1/4\sim1/2$。经过一段时间正常产气后，产气量将逐渐下降。此后需要每天或定期将畜禽舍、厕所内的粪便输入沼气池，以维持沼气池正常运行产气。

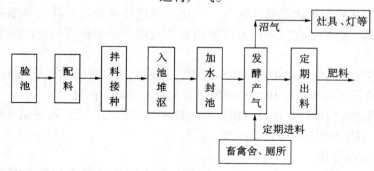

图4-7　农村户用沼气池产气流程

（1）农村户用沼气池的发展现状

我国的沼气利用技术基本成熟，尤其是户用沼气，已经有几十年的发展历史。自2003年农村户用沼气建设被列入国债项目，中央财政资金年投入规模超过25亿元，在政策的大力推动下，户用沼气已经形成了规模市场和产业；自2000年，畜禽场、食品加工、酒厂、城市污水处理厂等的大中型沼气工程也开始发展。据农业部统计，"十五"期间我国政府累计投资34亿元用于农村沼气户用的建设，总计有374万农户从中受益。

到2008年底，全国已经建设农村户用沼气池约3000万口，生活污水净化沼气池

14 万处。禽养殖场和工业废水沼气工程达到 2700 多处，年产沼气约 100 亿 m^3，为近 8000 万农村人口提供了优质的生活燃料。同时，随着沼气技术不断进步和完善，我国的户用沼气系统和零部件基本实现了标准化生产和专业化施工，大部分地区都建立了沼气技术服务机构，具备了较强的技术服务能力。大中型沼气工程工艺技术成熟，已形成了专业化的设计和施工队伍，服务体系基本完备，具备了大规模发展的条件。

（2）2MW 集中型气、热、电、肥联产沼气工程

北京德青源 2MW 集中型气、热、电、肥联产沼气工程日处理蛋鸡粪便 212t，年产沼气 700 万 m^3，发电 144 万 kWh，发电机组余热用于厌氧罐的增温和企业生产供热，沼液用作蔬菜大棚及周边 4 万亩果园和饲料基地的优质液态有机肥料，另有部分沼气集中供应周边 180 户新村居民用气。

该工程主要特点有：

1）采用集中型气、热、电、肥联产工程模式，沼气用于发电上网，发电机组余热用于厌氧罐的增温和企业生产，发电机电效率 38%，热效率 42%，年发电 1400 万 kWh，年供热 1547 万 kWh，发电机电热总效率达 80%，发酵后的沼液用于蔬菜大棚，周边 4 万亩果园和饲料基地，实现养殖场废弃物的零排放。另有部分沼气集中供应周边 180 户新村居民用气。

2）采用 TS10% 的 CSTR 高浓度发酵工艺，38℃中温发酵，装置产气率 1.8 m^3/（$m^3 \cdot d$），沼气年产量 700 万 m^3。

3）采用水解除砂工艺。根据蛋鸡鸡粪特点，粪中砂含量高，经预处理水解除砂后可去除 80% 的砂。避免砂沉积拥堵后续工艺设施。

4）采用生物脱硫工艺。该工程采用沼气生物脱硫工艺，由蛋鸡鸡粪为原料发酵，沼气中 H_2S 含量高（4000×10^{-6}），采用两级生物脱硫工艺，使沼气中的 H_2S 含量降至 300×10^{-6} 以下，满足发电机运行需要。生物脱硫具有脱硫效率高、脱硫成本低、无二次污染等优点。

5）选用双膜干式贮气柜，配有 2t/h 沼气锅炉 1 台，发电机检修期间，沼气用于锅炉供热，确保沼气（甲烷）的零逸散。

北京德青源健康养殖生态园 2MW 集中型气、热、电、肥联产沼气工程是目前我国蛋鸡养殖行业最大的沼气工程，引进了德国、丹麦等发达国家先进的沼气技术，将养殖粪便等废弃物转化为清洁的沼气资源。沼气通过热电联产机组发电，电能并入国家电网，热能用于厌氧自身增温和企业生产供热。沼液用作蔬菜大棚及周围果园和饲料基地的液态有机肥料，实现废弃物的零排放和甲烷的零逸散。沼气工程启动运行以来，各项指标达到设计要求。项目具有显著的经济效益、社会效益和节能减排效益。

课后思考题

1. 什么是生物质？生物质包括哪些种类？
2. 生物量与生产力的定义是什么？某地的生产力与生物质增加量之间有什么不同？
3. 怎样估算某地的生物质资源？

4. 分析能源藻类的碳循环过程，并说明其在节能减排方面的作用以及其应用前景。

5. 能源植物包括哪些？

6. 简述我国的生物质能源资源的分布特点。

7. 生物质能利用技术有哪些？发展的方向是什么？

8. 生物质能发电有哪些方式？各有什么优缺点？

9. 解释燃池供暖的结构与工作原理。

10. 生物质在建筑应用中的主要方式有哪些？

11. 解释生物质气化的工作原理。

12. 解释生物质厌氧发酵利用的工作原理。

13. 解释生物质多联产转化利用途径。

14. 分析集中型气、暖、电、肥联产技术的先进性与合理性。

15. 分析农村生物质废弃物生物质能利用的多重效益。

本章参考文献

［1］中国国家统计局. 中国统计年鉴 2008［M］. 北京：中国统计出版社，2008.

［2］中国畜牧年鉴编辑委员会. 中国畜牧业年鉴 2008［M］. 北京：中国农业出版社，2008.

［3］国家林业局. 中国林业统计年鉴 2007［M］. 北京：中国林业出版社，2008.

［4］袁振宏，吴创之，马隆龙. 生物质能利用原理与技术［M］. 北京：化学工业出版社，2004.

［5］朱明. 浅谈怎样提高"秸秆禁烧"工作成效［J］. 黑龙江环境通报，2009，33（3）：48-49.

［6］刘长荣. 我国木材工业发展现状及前景［J］. 陕西林业，2008（3）：15-16.

［7］王晓明，唐兰，赵黛青等. 中国生物质资源潜在可利用量评估［J］. 三峡环境与生态，2010.

［8］方升佐. 关于加速发展我国生物质能源的思考［J］. 北京林业管理干部学院学报，2005.

［9］费世民，张旭东，杨灌英等. 国内外能源植物资源及其开发利用现状［J］. 四川林业科技，2005.

［10］黄英明，王伟良，李元广等. 微藻能源技术开发和产业化的发展思路与策略［J］. 生物工程学报，2010.

［11］郭平银，肖爱军，郑现和等. 能源植物的研究现状与发展前景［J］. 山东农业科学，2007.

［12］徐衣显，刘晓，王伟. 我国生物质废物污染现状与资源化发展趋势［J］. 再生利用，2008.

［13］曹作中，高海成，陈军平等. 当前我国生活垃圾处理发展方向探讨［J］. 环境保护，2001.

［14］严陆光，陈俊武. 中国能源可持续发展若干重大问题研究［M］. 北京：科学出版社，2007.

［15］袁振宏等. 生物质能利用原理与技术［M］. 北京：化学工业出版社，2005.

［16］吴创之. 生物质能现代化利用技术［M］. 北京：化学工业出版社，2003.

［17］张荣芳. 生物质能技术应用分析和投资项目技术经济评价［D］. 天津：天津大学，2007.

［18］张建安，刘德华. 生物质能源利用技术［M］. 北京：化学工业出版社，2009.

［19］姚向君，田宜水. 生物质资源清洁转化利用技术［M］. 北京：化学工业出版社，2009.

［20］王革华，艾德生. 新能源概论［M］. 北京：化学工业出版社，2006.

［21］王革华，田雅林，袁婧婷. 能源与可持续发展［M］. 北京：化学工业出版社，2005.

［22］刘瑾，邬建国. 生物燃料的发展现状与前景［J］. 生态学报，2008，28（4）：1339-1353.

［23］中国投资咨询网. 2008～2010 年中国生物质能利用产业分析与投资报告［R］. 2008.

［24］周中仁，吴文良. 生物质能的开发与利用［J］. 农业工程学报，2005，2（12）：12-15.

［25］中科院广州能源所．2009～2010年中国生物质能资源产业发展报告［R］．2009.

［26］刘荣厚．生物质能工程［M］．北京：化学工业出版社，2009.

［27］刘文合，李桂文．可再生能源在农村建筑中的应用研究［J］．低温建筑技术，2007，4：110-111.

［28］北京怀柔区政府信息网．www.bjhr.gov.cn（2006.04.11）．

［29］邢立力．生物质能在新农村建设中的应用［J］．农业工程学报，2006，22（1）：28-29.

［30］张建安，刘德华．生物质能源技术利用［M］．北京：化学工业出版社，2009.

［31］李瑜，宋英豪．新型农村生物质气化站的建设与运行模式探讨［J］．再生资源与循环经济，2008，1（4）：27-30.

［32］中新浙江网．www.zj.chinanews.com（2010.2.28）．

［33］王孟杰．2008年中国生物质能产业发展报告［R］．中国资源综合利用协会可再生能源专业委员会，2008.

［34］田晓东，张典，陆军，马爽，刘国喜．农村沼气工程发展现状及对策［C］．第二届全国研究生生物质能研讨会论文集，2007，12.

［35］蓝天，蔡磊，蔡昌达．2MW集中型气、电、热、肥联产沼气工程设计与运行［C］．第二届全国研究生生物质能研讨会论文集，2007，12.

第二篇　建筑能源利用技术

第五章 热泵技术

第一节 热泵的基本知识

一、热泵的定义

热泵是一种利用高位能使热量从低位热源流向高位热源的节能装置。顾名思义，热泵也就是像泵那样，可以把不能直接利用的低位热能（如空气、土壤、水中所含的热能、太阳能、工业废热等）转换为可以利用的高位热能，从而达到节约部分高位能（如煤、燃气、油、电能等）的目的。

由此可见，热泵的定义涵盖了以下几点：

（1）热泵虽然需要消耗一定的高位能，但所供给用户的热量却是消耗的高位热能与吸取的低位热能的总和。也就是说，应用热泵，用户获得的热量永远大于所消耗的高位能。因此，热泵是一种节能装置。

（2）热泵可设想为图 5-1 所示的节能装置（或称节能机械），由动力机和工作机组成热泵机组。利用高位能来推动动力机（如汽轮机、燃气机、燃油机、电机等），然后再由动力机来驱动工作机（如制冷机、喷射器）运转，工作机像泵一样，把低位的热能输送至高品位，以向用户供热。

（3）热泵既遵循热力学第一定律，在热量传递与转换的过程中，遵循着守恒的数量关系；又遵循着热力学第二定律，热量不可能自发的、不付代价的、自动的从低温物体转移至高温物体。在热泵定义中明确指出，热泵是靠高位能拖动，迫使热量由低温物体传递给高温物体。

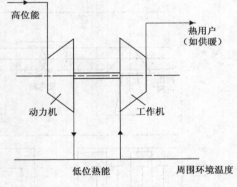

图 5-1 热泵原理

二、热泵机组与热泵系统

图 5-2 给出热泵系统的框图，由框图可明确地看出热泵机组与热泵系统的区别。热泵机组是由动力机和工作机组成的节能机械，是热泵系统中的核心部分。而热泵系统是由热泵机组、高位能输配系统、低位能采集系统和热能分配系统四大部分组成的一种能级提升的能量利用系统。为了进一步理解热泵系统的组成，下面将给出某个典型热泵系统图式说明。

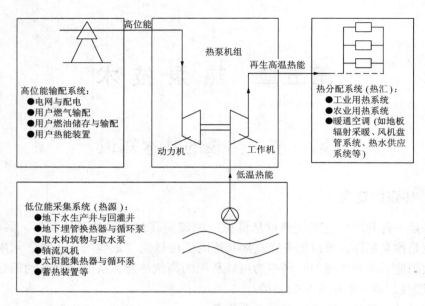

图5-2 热泵系统框图

图5-3 给出典型地下水源热泵系统图，由图可以看出：

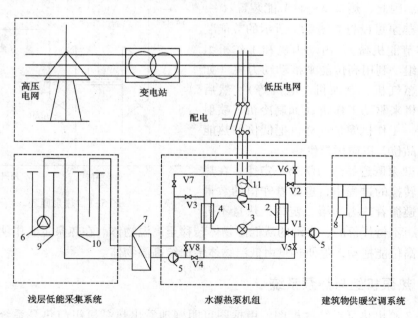

图5-3 典型地下水源热泵系统图

1—制冷压缩机；2—冷凝器；3—节流机构；4—蒸发器；5—循环水泵；6—深井泵；
7—板式换热器；8—热用户；9—抽水井；10—回灌井；11—电动机；V1～V8—阀门

（1）冬季，机组中阀门 V1、V2、V3、V4 开启，阀门 V5、V6、V7、V8 关闭。通过蒸发器 4 从地下水（低位热源）吸取热量，在冷凝器 2 中放出温度较高的热量，将满足房间供暖所要求的热量供给热用户。夏季，机组中阀门 V5、V6、V7、V8 开启，阀门 V1、V2、V3、V4 关闭。蒸发器 4 出来的冷冻水直接送入用户 8，对建筑物降温除湿，而中间介质（水）在冷凝器 2 中吸取冷凝热，被加热的中间介质（水）在板式换热器 7 中加热井水，被加热的井水由回灌井 10 返回地下同一含水层内。同时，也起到蓄热作用，以备冬季供暖用。

（2）低位能采集系统一般有直接和间接系统两种。直接系统是空气、水等直接输给热泵机组的系统。间接系统是借助于水或防冻剂的水溶液通过换热器将岩土体、地下水、地表水中的热量传输出来，并输送给热泵机组的系统。通常有地埋管换热系统、地下水换热系统和地表水换热系统等。低位热源的选择与采集系统的设计对热泵机组运行特性、经济性有重要的影响。

（3）高位能输配系统是热泵系统中的重要组成部分，原则上可用各种发动机作为热泵的驱动装置。那么，对于热泵系统而言，就应有一套相应的高位能输配系统与之相配套。例如，用燃料发动机（柴油机、汽油机或燃气机等）作热泵的驱动装置，这就需要燃料储存与输配系统。用电动机作热泵的驱动装置是目前最常见的，这就需要电力输配系统，如图 5-3 所示。以电作为热泵的驱动能源时，我们应注意到，在发电中，相当一部分一次能在电站以废热形式损失掉了，因此从能量观点来看，使用燃料发动机来驱动热泵更好，燃料发动机损失的热量大部分可以输入供热系统，这样可大大提高一次能源的利用程度。

（4）热分配系统是指热泵的用热系统。热泵的应用十分广泛，可在工业中应用，也可在农业中应用，暖通空调更是热泵的理想用户。这是由于暖通空调用热品位不高，风机盘管系统要求 60℃/50℃ 热水，地板辐射供暖系统一般要求低于 50℃，甚至用 30～40℃ 进水也能达到明显的供暖效果。这为使用热泵创造了提高热泵性能的条件。

三、热泵空调系统

热泵空调系统是热泵系统中应用最为广泛的一种系统。在空调工程实践中，常在空调系统的部分设备或全部设备中选用热泵装置。空调系统中选用热泵时，称其系统为热泵空调系统，或简称热泵系统，如图 5-4 所示。它与常规的空调系统相比，具有如下特点：

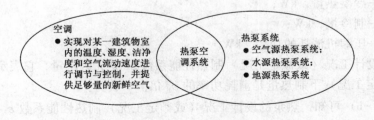

图 5-4　热泵空调系统

（1）热泵空调系统用能遵循了能级提升的用能原则，而避免了常规空调系统用能的单向性。所谓的用能单向性是指"热源消耗高位能（电、燃气、油、和煤等）——向建筑物提供低温的热量——向环境排放废物（废热、废气、废渣等）"的用能模式。热泵空调系统用能是一种仿效自然生态过程中物质循环模式的部分热量循环使用的用能模式。

（2）热泵空调系统用大量的低温再生能替代常规空调系统中的高位能。通过热泵技术，将贮存在土壤、地下水、地表水或空气中的太阳能之类的自然能源，以及生活和生产排放出的废热，用于建筑物供暖和热水供应。

（3）常规暖通空调系统除了采用直燃机的系统外，基本上分别设置热源和冷源，而热泵空调系统是冷源与热源合二为一，用一套热泵设备实现夏季供冷，冬季供暖，冷热源一体化，节省设备投资。

（4）一般来说，热泵空调系统比常规空调系统更具有节能效果和环保效益。

四、热泵的评价

在暖通空调工程中采用热泵节能的经济性评价问题十分复杂，影响因素很多。其中主要有负荷特性、系统特性、地区气候特点、低位热源特性、设备价格、设备使用寿命、燃料价格和电力价格等。但总的原则是围绕着"节能效果"与"经济效益"两个问题。

（1）热泵的制热性能系数

热泵将低位热源的热量品位提高，需要消耗一定的高品位能量。因此，热泵的能量消耗是一个重要的技术经济指标。常用热泵的制热性能系数来衡量热泵的能量效率。热泵的制热性能系数通常有两种：一是设计工况制热性能系数，二是季节制热性能系数。

1）热泵的设计工况（或额定工况）制热性能系数 ε_h

对于蒸气压缩式热泵，其设计工况制热性能系数定义为：

$$\varepsilon_h = \frac{Q_c}{W} = \frac{Q_e + W}{W} = \frac{Q_e}{W} + 1 = \varepsilon_e + 1 \tag{5-1}$$

式中　ε_h——热泵的设计工况（或额定工况）制热性能系数，有的文献用符号 COP 表示；

　　ε_e——热泵的设计工况制冷性能系数；

　　Q_c——冷凝热量，kW；

　　Q_e——制冷量，kW；

　　W——压缩机消耗的功率，kW。

热泵的设计工况（或额定工况）制热性能系数 ε_h 是无因次量，它表示热泵的设计工况（或额定工况）下制热量是消耗功率的 ε_h 倍。

由式（5-1）可知，热泵的设计工况（或额定工况）制热性能系数 ε_h 永远大于1。因此，用热泵供热总比用热泵的驱动能源直接供热要节约高位能。

2）季节制热性能系数 $\varepsilon_{h,s}$

众所周知，热泵的性能系数不仅与热泵本身的设计和制造情况有关，还与热泵的热源、供热负荷系数（供热设计负荷与热泵提供热量之比）、热泵的运行特性等有关。同时，上述 COP 值仅是对应某工况下的瞬态值，无法全面地评价热泵的经济性。因此，为了评价热泵用于某一地区在整个供暖季节运行时的热力经济性，提出了热泵的季节制热性能系数 $\varepsilon_{h,s}$（有的文献用 $HSPE$ 表示）的概念，其定义为：

$$\varepsilon_{h,s} = \frac{整个供热季节热泵供给的总热量 + 整个供热季节辅助加热量}{整个供热季节热泵消耗的总能量 + 整个供热季节辅助加热的耗能量} \qquad (5-2)$$

由于室外空气的温度随着不同地区、不同季节变化很大，因此对于不同地区使用空气源热泵时，应注意选取 $\varepsilon_{h,s}$ 最大时热泵相应的最佳平衡点，并以此来选择热泵容量和辅助加热容量。

（2）热泵能源利用系数 E

热泵的驱动能源有电能、柴油、汽油、燃气等。电能、柴油、汽油、燃气虽然同是能源，但其价值不一样。电能通常是由其他初级能源转变而来的，在转变过程中必然有损失。因此，对于有同样制热性能系数的热泵，若采用的驱动能源不同，则其节能意义和经济性均不相同。为此，提出用能源利用系数 E 来评价热泵的节能效果。能源利用系数 E 定义为：

$$E = \frac{热泵的供热量}{热泵消耗的初级能源} \qquad (5-3)$$

对于以电能驱动的热泵，若热泵制热性能系数为 ε_h，发电效率为 η_1，输配电效率为 η_2，则这种热泵的能源利用系数 $E = \eta_1 \cdot \eta_2 \cdot \varepsilon_h$；对于燃气热泵，若热泵制热性能系数为 ε_h，燃气机的效率为 η，燃气机的排热回收率为 α，则燃气热泵的能源利用系数 $E = \eta \cdot \varepsilon_h + \alpha \cdot (1 - \eta)$。

第二节　热泵系统的分类

一、根据热泵在建筑物中的用途分类

通常有：（1）仅用作供热的热泵。这种热泵只为建筑物供暖、热水供应服务。（2）全年空调的热泵。冬季供热，夏季供冷。（3）同时供冷与供热的热泵。（4）热回收热泵空调。它可以用来回收建筑物的余热（内区的热负荷，南朝向房间的多余太阳辐射热等）。

二、按低位热源的种类分类

通常有：（1）空气源的热泵系统；（2）水源的热泵系统；（3）土壤源的热泵系统；（4）太阳能热源的热泵系统；（5）废热源的热泵系统；（6）多热源的热泵系统。

三、按驱动能源的种类分类

热泵系统常用的有：电动热泵系统，其驱动能源为电能，驱动装置为电动机；燃气热泵系统，其驱动装置是燃气发动机。

四、按低温端与高温端所使用的载热介质分类

通常分为空气/空气热泵系统；空气/水热泵系统；水/水热泵系统；水/空气热泵系统；土壤/水热泵系统；土壤/空气热泵系统。这几种热泵所采用的载热介质、低位热源和简图列入表5-1。

热泵空调系统及典型图示　　　　　　　表5-1

热泵系统名称	低温端载热介质	高温端载热介质	主要热源的种类	典型图示	国内代表性产品
空气/空气热泵	空气	空气	空气、排风、太阳能	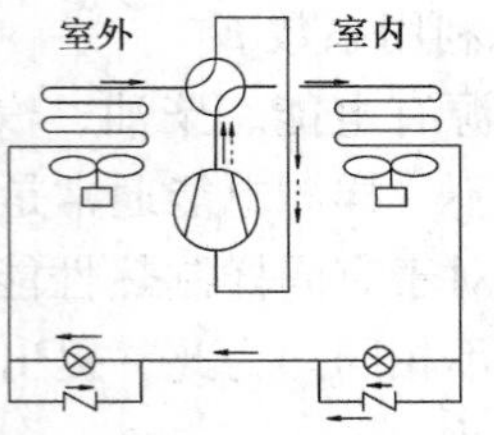	·分体式热泵空调器 ·VRV热泵系统
空气/水热泵	空气	水	空气、排风、太阳能	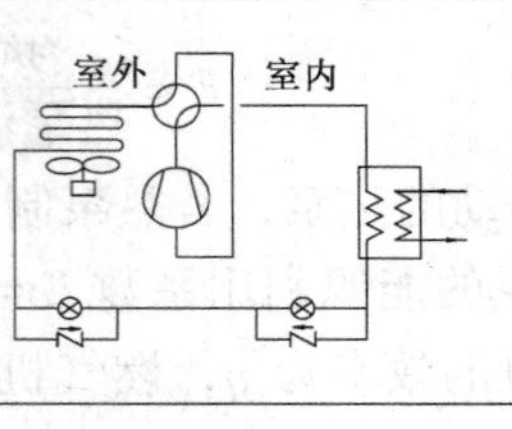	·空气源热泵冷热水机组
水/水热泵	水、盐水、乙二醇水溶液	水	水、太阳能、土壤	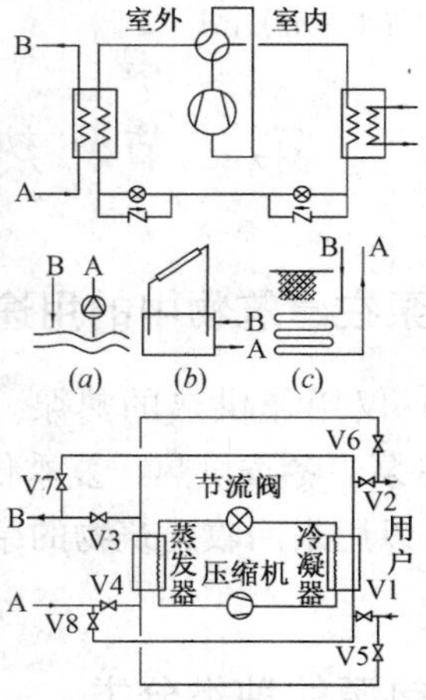	·井水源热泵冷热水机组 ·污水源热泵 ·大地耦合热泵
水/空气热泵	水、乙二醇水溶液	空气	水、太阳能、土壤	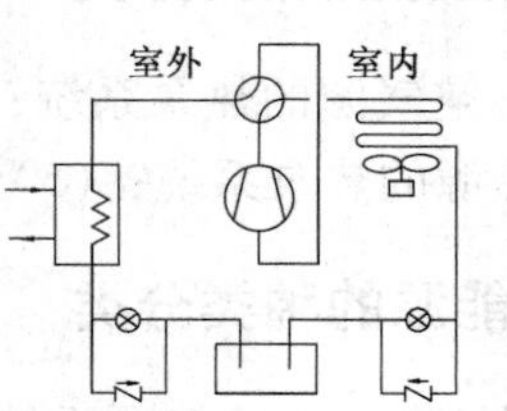	·水环热泵空调系统中的小型室内热泵机组（常称小型水/空气热泵或室内水源热泵机组）

热泵系统 名称	低温端载 热介质	高温端载 热介质	主要热源 的种类	典型图示	国内代表性 产品
土壤/水 热泵	土壤	水	土壤	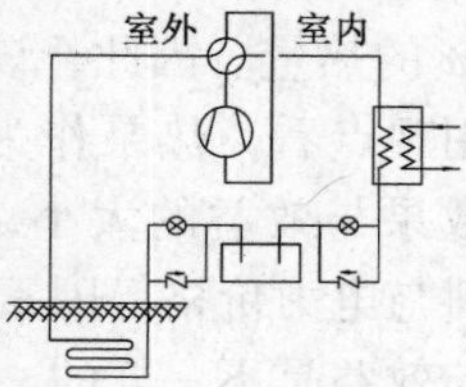	
土壤/空气 热泵	土壤	空气	土壤	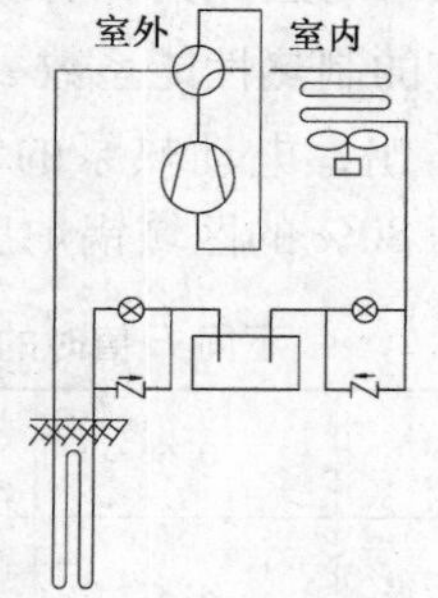	

第三节　热泵的节能效益和环保效益

一、热泵的节能效益

　　热泵空调技术是空调节能技术的一种有效的节能手段，它不是像锅炉那样能产生热能，而是将热源中不可直接利用的热量，提高其品位，变为可利用的再生高位能源，作为空调系统的热源。

　　目前，常用的传统空调热源有：中、小型燃煤锅炉房，中、小型燃油、燃气锅炉房，热电联合供热的热力站，区域锅炉房供热的热力站，燃油、燃气的直燃机（溴化锂吸收式冷热水机组）等。这些供热方式的能源利用系数 E 分别为：

　　（1）小型燃煤锅炉房的供热系统 $E=0.5$。

　　（2）中型燃煤锅炉房 $E=0.65\sim0.7$。

　　（3）中、小型燃气、燃油锅炉，国内产品 $E=0.85\sim0.9$，国外产品 $E=0.9\sim0.94$。

　　（4）燃油、燃气型直燃机（直燃型溴化锂吸收式冷热水机组），冬季供热水工况 $E=0.9$。

　　（5）热电联合供热方式，一般来说，电站锅炉损失为 10%，发电机冷却损失为 2%，发电为 23%，供热量为 65%，则 $E=0.88$。

　　（6）电动热泵作为空调系统的热源，电站锅炉损失为 10%，冷凝废热损失为

177

50%，发电机损失为5%，输配电损失为5%，电动热泵制热性能系数 ε_h 取3.5，则电动热泵供热方式的有效供热量占一次能源的105%，即 $E = 1.05$。

（7）燃气驱动的热泵作为空调系统的热源，首先从周围环境吸取60%的热量（燃气机效率为30%，热泵的制热性能系数为3），并提高其温度；其次从燃气机冷却水和排气热量中回收55%的热量。因此，该方式能源利用系数 E 可达1.45。

虽然从能量利用观点看，热泵作为空调系统的热源要优于目前传统的热源方式。但是应注意其节能效果与效益的大小，取决于负荷特性、系统特性、地区气候特性、低位热源特性、燃料与电力价格等因素。因此，同样的热泵空调系统在全国不同地区使用，其节能效果与效益是不一样的。

如果假定电动热泵与区域锅炉房的 E 值相同，发电总效率为27%，将不同 E 值时的电动热泵所应具有的制热性能系数 ε_h 值列入表5-2中。

由表5-2可以看出，电动热泵的制热性能系数只要大于3，从能源利用观点看，热泵就会比热效率为80%的区域锅炉房用能要节省。

不同 E 值时的电动热泵的制热性能系数　　　　　表5-2

区域锅炉房 E	0.6	0.65	0.7	0.75	0.8
电动热泵相应的制热性能系数 ε_h	2.2	2.4	2.6	2.8	2.96

二、热泵的环保效益

当今世界除了面临着能源紧张问题外，还面临着环境恶化问题。我们最关注的全球性环境问题有：CO_2、甲烷等产生的温室效应；二氧化硫、氮氧化合物等酸性物质引起的酸雨；氯氟烃类化合物引起的臭氧层破坏等环境问题，以及空调冷热源设备的运行过程中产生的直接或间接的环境污染问题。

众所周知，空调冷热源中采用的能源主要有煤、燃气、燃油、电力（火力发电为主）等，可以说，基本是矿物能源。暖通空调系统的能量消耗量很大，日本暖通空调系统的能耗量占总能源消耗量的13.9%，美国为26.3%。尤其是在公共建筑能耗中，空调系统的能耗占了最大比例。矿物燃料的燃烧过程又产生大量的 CO_2、NO_x、SO_x 等有害气体和大量的烟尘，将会造成环境污染和地球温暖化。近十年来全球已升温0.3～0.6℃，使海平面上升10～25cm。预计到2100年，若 CO_2 增加一倍，地球将升温1.5～3.5℃，海平面将上升15～95cm。气温上升，陆地面积减少，将会严重干扰人们的正常生活和生产。

2001年世界银行发展报告列举的世界污染最严重的20个城市中，中国占了16个；中国大气污染造成的损失已经占到GDP的3%～7%。近年来，伴随着工业化、城市化、现代化进程，我国的环境保护问题十分突出。

此外，我国的温室气体排放量也仅次于美国而居世界第二。对此，应引起暖通空调工作者的关注。

减少暖通空调冷热源 CO_2、NO_x、SO_x 和烟尘的排放量，是当务之急，应采取下述有效措施来减少 CO_2、NO_x、SO_x 和烟尘的排放量：

（1）采取各种有效的技术措施，进行暖通空调系统的节能；

（2）暖通空调系统中要合理用能，提高矿物燃料的能源利用率；

（3）大力发展水力发电、核电，在暖通空调系统中使用非矿物燃料；

（4）发展可再生能源，在暖通空调系统中节约使用一次矿物燃料；

（5）采取各种有效的治理环境的技术措施。

热泵作为空调系统的冷热源，可以把自然界或废弃的低温废热变为较高温度的可用的再生热能，满足暖通空调系统用能的需要。这就给人们提出一条节约矿物燃料、合理利用能源、减轻环境污染的途径。

电动热泵与燃油锅炉相比，在向暖通空调用户供应相同热量的情况下，可以节约 40% 左右的一次能源，其节能潜力很大，CO_2 排放量约可减少 68%，SO_2 排放量约可减少 93%，NO_2 排放量约可减少 73%。这大大改善了城市大气污染问题。同时，对城市内的排热量约可减少 77%，又可以大大缓解城市热岛现象。

因此，许多国家都大力发展热泵，把热泵作为减少 CO_2、SO_2、NO_2 排放量的一种有效方法。热泵空调的广泛应用，大大改善了城市环境问题。全球温暖化问题已成为人们瞩目的焦点，人们要求减少温室效应。也就是说，能源效率再次变得非常重要，这不是由于经济问题，而是出于环境原因。

但是，在热泵空调的应用中，还应注意氯氟烃（CFC）类物质对环境的影响。CFC 类热泵工质会造成臭氧层耗减和温室效应。虽然蒙特利尔议定书以及议定书各方的合作已经成功地减少了对臭氧层破坏的威胁，但对于热泵空调来说，如何解决 CFC 对臭氧层的破坏问题，仍是我们面临的一个重要问题，其解决途径主要有三个：一是对现有使用的热泵采取回收/再循环技术；二是积极寻找被淘汰受控物质的替代物；三是采用不破坏臭氧层的其他热泵方式（如溴化锂吸收式热泵等）。

第四节 空气源热泵系统

一、空气源热泵及其特点

空气作为热泵的低位热源，取之不尽，用之不竭，处处都有，可以无偿地获取，而且空气源热泵的安装和使用也都比较方便。但是空气作为热泵的低位热源也有缺点：

（1）室外空气的状态参数随地区和季节的不同而变化，这对热泵的供热能力和制热性能系数影响很大。众所周知，当室外空气的温度降低时，空气源热泵的供热量减少，而建筑物的耗热量却在增加，这造成了空气源热泵供热量与建筑物耗热量之间的供需矛盾。图 5-5 表示了采用空气源热泵供暖系统的特性。图中 AB 线为建筑物耗热量特性曲线；CD 线为空气源热泵供热特性曲线，两条线呈相反的变化趋势。其交点 O 称为平衡点，相对应的室外温度 t_0 称为平衡点温度。当室外温度为 t_0 时，热泵供热量与建筑物耗热量相平衡。当室外空气温度高于 t_0 时，热泵的供热量大于建筑物的耗热量，此时，可通过对热泵的能量调节来解决热泵供热量过剩的问题。当室外空气温度低于 t_0 时，热泵的供热量小于建筑物的耗热量，此时，可采用辅助热源来解决热泵供热量的不足。如在温度为 t_a 时，建筑物耗热量为 $Q_{h.f}$，热泵的供热量为 $Q_{h.e}$，辅助热源供热量为 $(Q_{h.f} - Q_{h.e})$。因此，优化全国各地平衡点温度，合理选取辅助热源及热泵的调节方式是空气源热泵空调设计中的重要问题。

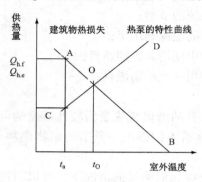

图 5-5 空气源热泵供热系统的特性

（2）冬季室外温度很低时，室外换热器中工质的蒸发温度也很低。当室外换热器表面温度低于周围空气的露点温度且低于 0℃时，换热器表面就会结霜。霜的形成使得换热器传热效果恶化，且增加了空气流动阻力，使得机组的供热能力降低，严重时机组会停止运行。结霜后热泵的制热性能系数下降，机组的可靠性降低；室外换热器热阻增加；空气流动阻力增加。

（3）空气的比热容小，要获得足够的热量时，需要较大的空气量。一般来说，从空气中每吸收 1kW 热能，所需要的空气流量约为 $360\mathrm{m}^3/\mathrm{h}$。同时由于风机风量的增大，使空气源热泵装置的噪声也增大。

二、空气源热泵在我国应用的适应性

我国疆域辽阔，其气候涵盖了寒、温、热带。按我国《建筑气候区划标准》（GB5068-93），全国分为 7 个一级区和 20 个二级区。各一级区气候特点及地区位置列入表 5-3。与此相应，空气源热泵的设计与应用方式等，各地区都应有不同。

我国一级区区划指标 表 5-3

区名	主要指标	辅助指标	各区行政范围
Ⅰ	1 月平均气温 < -10℃；7 月平均气温 <25℃；7 月平均相对湿度 >50%	年降水量为 200～800mm；年日平均气温 <5℃ 的日数 >145d	黑龙江、吉林全境；辽宁大部；内蒙古北部及山西、陕西、河北、北京北部的部分地区
Ⅱ	1 月平均气温为 -10～0℃；7 月平均气温为18～28℃	年日平均气温 <5℃ 的日数为 145～90d；年日平均气温 >25℃ 的日数 <80d	天津、山东、宁夏全境；北京、河北、山西、陕西大部；辽宁南部；甘肃中东部；河南、安徽、江苏北部的部分地区
Ⅲ	1 月平均气温为 0～10℃；7 月平均气温为25～30℃	年日平均气温 <5℃ 的日数为 90～0d；年日平均气温 >25℃ 的日数为 40～110d	上海、浙江、江西、湖北、湖南全境；江苏、安徽、四川大部；陕西、河南南部；贵州东部；福建、广东、广西北部及甘肃南部的部分地区
Ⅳ	1 月平均气温为 >10℃；7 月平均气温为 25～29℃	年日平均气温 >25℃ 的日数为 100～200d	海南、台湾全境；福建南部；广东、广西大部；云南西南部的部分地区

续表

区名	主要指标	辅助指标	各区行政范围
V	1 月平均气温为 0 ~ 13℃；7 月平均气温为 18 ~ 25℃	年日平均气温 <5℃ 的日数为 0 ~ 90d	云南大部；贵州、四川西南部；西藏南部一小部分地区
VI	1 月平均气温为 0 ~ -22℃；7 月平均气温 <18℃	年日平均气温 <5℃ 的日数为 90 ~ 285d	青海全境；西藏大部；四川西部；甘肃西南部；新疆南部部分地区
VII	1 月平均气温为 -5 ~ -20℃；7 月平均气温 > 18℃；7 月平均相对湿度 <50%	年降水量为 10 ~ 600mm；年日平均气温 <5℃ 的日数为 110 ~ 180d；年日平均气温 > 25℃ 的日数 <120d	新疆大部；甘肃北部；内蒙古西部

（1）·III区属于我国夏热冬冷地区的范围。夏热冬冷地区的气候特征是夏季闷热，7 月份平均气温为 25 ~ 30℃，年日平均气温大于 25℃ 的日数为 40 ~ 110d；冬季湿冷，1 月平均气温为 0 ~ 10℃，年日平均气温小于 5℃ 的日数为 90 ~ 0d。气温的日较差较小，年降雨量大，日照偏小。这些地区的气候特点非常适合于应用空气源热泵。《供暖、通风与空气调节设计规范》GB50019—2003 中也指出夏热冬冷地区的中、小型建筑可用空气源热泵供冷、供暖。

近年来，随着我国国民经济的发展，这些地区国内生产总值约占全国的 48%，是经济、文化较发达的地区，同时又是我国人口密集（城乡人口约为 5.5 亿）的地区。在这些地区的民用建筑中常要求夏季供冷，冬季供暖。因此，在这些地区选用空气源热泵（如热泵家用空调器、空气源热泵冷热水机组等）解决空调供冷、供暖问题是较为合适的选择。其应用越来越普遍，现已成为设计人员、业主的首选方案之一。

（2）V区主要包括云南大部，贵州、四川西南部，西藏南部一小部分地区。这些地区 1 月平均气温为 0 ~ 13℃，年日平均气温小于 5℃ 的日数为 0 ~ 90d。在这样的气候条件下，过去一般建筑物不设置供暖设备。但是，近年来随着现代化建筑的发展和向小康生活水平迈进，人们对居住和工作建筑环境要求越来越高。因此，这些地区的现代建筑和高级公寓等建筑也开始设置供暖系统。因此，在这种气候条件下，选用空气源热泵系统是非常合适的。

（3）传统的空气源热泵机组在室外空气温度高于 -3℃ 的情况下，均能安全可靠地运行。因此，空气源热泵机组的应用范围早已由长江流域北扩至黄河流域，即已进入气候区划标准的 II 区的部分地区内。这些地区气候特点是冬季气温较低，1 月平均气温为 -10 ~ 0℃，但是在供暖期内气温高于 -3℃ 的时数却占很大的比例，而气温低于 -3℃ 的时间多出现在夜间。因此，在这些地区以白天运行为主的建筑（如办公楼、商场、银行等建筑）选用空气源热泵，其运行是可行而可靠的。另外，这些地区冬季气候干燥，最冷月室外相对湿度在 45% ~ 65% 左右，因此，选用空气源热泵其结霜现象又不太严重。

三、空气源热泵热水器

空气源热泵热水器为一种利用空气作为低温热源来制取生活热水的热泵热水器，主要由空气源热泵循环系统和蓄水箱两部分组成。空气源热泵热水器就是通过消耗少部分电能，把空气中的热量转移到水中的制取热水的设备。它的工作原理同空气源热泵（空气/水热泵）一样，如图5-6所示，不同的是：

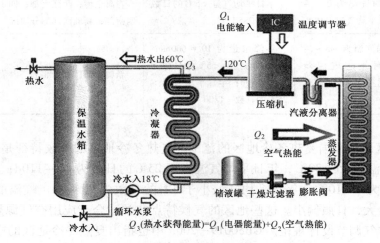

Q_1 电能输入　IC　温度调节器

热水出60℃　Q_3　　120℃

热水

保温水箱　冷凝器　压缩机　汽液分离器

Q_2　空气热能　蒸发器

冷水入18℃

储液罐　干燥过滤器　膨胀阀

循环水泵

冷水入　　Q_3(热水获得能量)=Q_1(电器能量)+Q_2(空气热能)

图5-6　空气源热泵热水器的工作原理

（1）空调用的空气/水热泵供水温度（50～55℃）基本不变，因此，其冷凝温度也是基本不变的，可认为运行工况是稳定的。而空气源热泵热水器的供水温度是变化的，由运行开始时的20℃左右变化到蓄热水箱内水温设计值（如60℃）。因此，空气源热泵热水器在与空调用空气/水热泵相同的室外气温条件下，其冷凝温度随着运行时间的延续而不断升高，它是在一种特殊的变工况条件下运行的。

（2）空气源热泵热水器因其特殊的变工况运行条件，系统工质充注量的变化对系统的工作性能影响很大。如充注量过少，系统的加热时间过长，其COP值小；充注量过多，蒸发、冷凝压力过高，COP值也不高。因此，在实际运行中系统最佳充注量应保证蒸发器出口的气体工质有1～2℃的过热度。

空气源热泵热水器一般均采用分体式结构，该热水器由类似空调器室外机的热泵主机和大容量承压保温水箱组成，水箱有卧式和立式之分。

空气源热泵热水器有以下几个特点：

（1）高效节能：其输出能量与输入电能之比即能效比（COP）一般在3～5之间，平均可达到3以上，而普通电热水锅炉的能效比（COP）不大于0.90，燃气、燃油锅炉的能效比（COP）一般只有0.6～0.8，燃煤锅炉的能效比（COP）更低，一般只有0.3～0.7。

（2）环保无污染：该设备是通过吸收环境中的热量来制取热水，所以与传统型的煤、油、气等燃烧加热制取热水方式相比，无任何燃烧外排物，是一种低能耗的环保设备。

（3）运行安全可靠：整个系统的运行无传统热水器（燃油、燃气、燃煤）中可能存在的易燃、易爆、中毒、腐蚀、短路、触电等危险，热水通过高温冷媒与水进行热交换得到，电与水在物理上分离，是一种完全可靠的热水系统。

（4）使用寿命长，维护费用低：设备性能稳定，运行安全可靠，并可实现无人操作。

（5）适用范围广：可用于酒店、宾馆、学校、医院、游泳池、温室、洗衣店等，可单独使用，亦可集中使用，不同的供热要求可选择不同的产品系列和安装设计。

（6）应考虑冬季运行时室外温度过低及结霜对机组性能的影响。

应注意，近年来国内外都在研究 CO_2 热泵热水器。文献表明，在蒸发温度为 0℃ 的条件下，把水从 9℃ 加热至 60℃，CO_2 热泵热水系统的 COP 值可达 4.3。以周围空气为热源时，全年的运行平均供热 COP 值可达到 4.0，与传统的电加热或者燃煤锅炉相比，可以节省 75% 的能量。

四、空气源热泵在寒冷地区应用与发展中的关键技术

我国寒冷地区冬季气温较低，而气候干燥。供暖室外计算温度基本在 $-5 \sim -15℃$，最冷月平均室外相对湿度基本在 45%~65% 之间。在这些地区选用空气源热泵，其结霜现象不太严重。因此说，结霜问题不是这些地区冬季使用空气源热泵的最大障碍，但存在下列一些制约空气源热泵在寒冷地区应用的问题。

（1）当需要的热量比较大的时候，空气源热泵的制热量不足。

建筑物的热负荷随着室外气温的降低而增加，而空气源热泵的制热量却随着室外气温的降低而减少。这是因为空气源热泵当冷凝温度不变时（如供 50℃ 热水不变），室外气温的降低，使其蒸发温度也降低，引起吸气比容变大。同时，由于压缩比的变大，使压缩机的容积效率降低，因此，空气源热泵在低温工况下运行时比在中温工况下运行时的制冷剂质量流量要小。此外，空气源热泵在低温工况下的单位质量供热量也变小。基于上述原因，空气源热泵在寒冷地区应用时，机组的供热量将会急剧下降。

（2）空气源热泵在寒冷地区应用的可靠性差。

空气源热泵在寒冷地区应用时可靠性差主要体现在以下几方面：

1）空气源热泵在保证供一定温度热水时，由于室外温度低，必然会引起压缩机压缩比变大，使空气源热泵机组无法正常运行。

2）由于室外气温低，会引起压缩机排气温度过高，而使机组无法正常运行。

3）会出现失油问题。引起失油问题的具体原因，一是吸气管回油困难；二是在低温工况下，使得大量的润滑油积存在气液分离器内而造成压缩机的缺油；三是润滑油在低温下黏度增加，引起启动时失油，可能会降低润滑效果。

4）润滑油在低温下，其黏度变大，会在毛细管等节流装置里形成"腊"状膜或油"弹"，引起毛细管不畅，而影响空气源热泵的正常运行。

5）由于蒸发温度越来越低，制冷剂质量流量也会越来越小，这样对半封闭压缩机或全封闭压缩机的电机冷却不足而出现电机过热，甚至烧毁电机。

（3）在低温环境下，空气源热泵的能效比（EER）会急速下降。

文献指出，当供水温度为45℃和50℃，室外气温降至0℃以下时，常规的空气源热泵机组的制热能效比 *EER* 已经降到很低。如室外气温为 −5℃，供50℃热水时，实验样机的 *EER* 已降低至1.5。

为解决上述问题，提出了双级耦合热泵系统，如图5-7所示。用空气源热泵冷热水机组制备10~20℃的低温水，通过水环路送至室内各个水/空气热泵机组中，水/空气热泵再从水中吸取热量，直接加热室内空气，以达到供暖的目的。为了提高该系统的节能和环保效益，又提出单、双级混合式热泵供暖系统。该系统克服了双级耦合热泵系统在整个供暖期内，不管室外气温多高，都按双级运行的问题。在供暖期内，只有室外气温低，无法单级运行时，再按双级运行。系统的主要特点有：

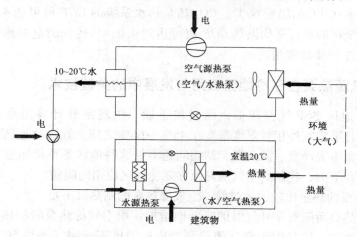

图5-7　双级耦合热泵供暖系统示意图

1）与传统的供暖模式相比，它是一种仿效自然生态过程物质循环模式的部分热量循环的供暖模式。传统的供暖模式是一种"热源消耗高位能、向建筑物室内提供低温的热量、向环境排放废物（如废热、废气、废渣等）"的单向性的供暖模式。随着人们生活水平的提高，人们对居住供暖的要求越来越高，使建筑物能耗急剧增长，也越来越严重地造成了对环境的污染。因此，人们开始认识到现有的这种单向性的供暖模式在21世纪已无法持续下去，而应当研究替代它的新系统。图5-7就是一种较为理想的替代系统。

2）建筑热损失散失到室外大气中，又作为空气源热泵的低温热源使用了。这样，可以使建筑供暖节约了部分高位能，同时也不会使城市中的室外大气温度降低得比市郊区的温度还低，从而减轻建筑物排热对环境的影响。

3）系统通过一个水循环系统将两套单级压缩热泵系统有机耦合在一起，构成一个新型的双级耦合热泵系统。通常可由空气/水热泵 + 水/空气热泵或空气/水热泵 + 水/水热泵组成。若前者系统中水/空气热泵还兼有回收建筑物内余热的作用时，又可将前者称为双级耦合水环热泵空调系统。

4）水/空气热泵直接加热室内空气与水/水热泵间接加热室内空气相比，可以减少热量在输送与转换过程中的损失。同时还可以省掉用户的供暖设备（如风机盘管或地板辐射供暖等）。

另外,还可从热泵机组的部件与循环上,采取改善空气源热泵低温运行特性的技术措施和适用于寒冷气候的热泵循环。如:加大室外换热器面积、加大压缩机容量(多机并联、变频技术等)、喷液旁通循环、准二级压缩空气源热泵循环、两级压缩循环等。

第五节　地源热泵空调系统

地源热泵空调系统是一种通过输入少量的高位能,实现从浅层地能（土壤热能、地下水或地表水中的低位热能）向高位热能转移的空调系统,它包括了使用土壤、地下水和地表水作为低位热源（或热汇）的热泵空调系统,即:以土壤为热源和热汇的热泵系统称为土壤耦合热泵系统,也称地下埋管换热器地源热泵系统;以地下水为热源和热汇的热泵系统称为地下水热泵系统;以地表水为热源和热汇的热泵系统称为地表水热泵系统。

一、地源热泵空调系统的分类

地源热泵空调系统的分类如图5-8所示,系统形式见表5-4。

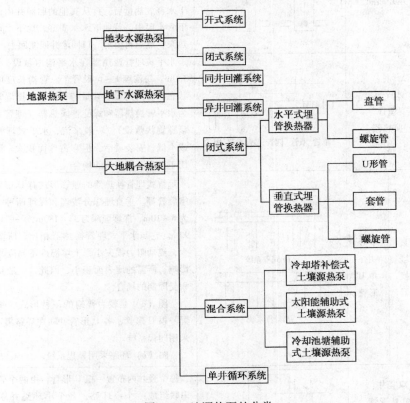

图5-8　地源热泵的分类

地源热泵系统形式　　　　　　　　　　　　表 5-4

热泵形式	系统名称		图式	说明
地表水源热泵	闭式环路系统		盘管　接热泵机组　湖泊或江河	将盘管直接置于水中，通常盘管有两种形式：一是松散捆卷盘管，即从紧密运输捆卷拆散盘管，重新卸成松散捆卷，并加重物；二是伸展开盘管或"Slinky"盘管
	开式环路系统		过滤器　接热泵机组　湖泊或江河	通过取水装置直接将湖水或河水送至换热器与热泵低温水进行热交换，释热后的湖水或河水直接返回湖或河内，但注意不要与取水短路
地下水源热泵	同井回灌		接热泵机组	同井回灌热泵技术是我国发明的新技术。取水和回灌水在同一口井内进行，通过隔板把井分成两部分：一部分是低压（吸水）区；另一部分是高压（回水）区。当潜水泵运行时，地下水被抽至井口换热器中，与热泵低温水换热，地下水释放热量后，再由同井返回到回水区
	异井回灌			异井回灌热泵技术是地下水源热泵最早的应用形式。取水和回水在不同的井内进行，从一口抽取地下水，送至井口换热器中，与热泵低温水换热，地下水释放热量后，再从其他的回灌井内回到同一地下含水层中。若地下水水质好，地下水可直接进入热泵，然后再由另一口回灌井回灌回去
大地耦合热泵	水平式埋管换热器		I-I剖面　I　I　单管 双管 四管 多管增强 板式	水平式埋管换热器在水平沟内敷设，埋深 1.2～3.0m。每沟埋 1～6 根管子。管沟长度取决于土壤状态和管沟内管子数量与长度。根据埋管形式可分为水平管换热器和螺旋管换热器（埋管在水平沟内呈螺旋状敷设）。一般来说，水平式埋管换热器的成本低、安装灵活，但它占地面积大。因此，一般用于地表面积充裕的场合
	垂直式埋管换热器	单竖井、单U形管	(a)同程系统　(b)异程系统	垂直式埋管换热器的埋管形式有 U 形管、套管和螺旋管等。垂直埋深分浅埋和深埋两种，浅埋埋深为 8～10m，深埋埋深为 33～180m，一般埋深为 23～92m。它与水平式埋管换热器相比，所需的管材较少，流动阻力损失小，土壤温度不易受季节变化的影响，所需的地表面积小，因此，一般用于地表面积受限制的场合。 图（a）是较为普遍的一种形式，每个竖井布置一根 U 形管，各 U 形管并联在环路集管上，环路采用同程系统。 图（b）环路采用异程系统
		双竖井、单U形管		每个竖井内布置一根 U 形管，由两个竖井 U 形管串联组成一个小环路，各个小环路并联在环路集管上

续表

热泵形式	系统名称	图　式	说　明
大地耦合热泵	单井循环系统		单井循环系统是土壤源热泵同轴套管换热器的一种变形。相对于土壤源热泵套管换热器而言，取消了套管的外管，水直接在井孔内循环，与井壁岩土进行热交换。井孔直径为150mm，井深152.5～457.5m，井与井之间理想的间距15～23m

二、地表水源热泵的特点

（1）地表水的温度变化比地下水的水温、大地埋管换热器出水水温的变化大，其变化主要体现在：

1）地表水的水温随着全年各个季度的不同而变化。

2）地表水的水温随着湖泊、池塘水的深度不同而变化。

因此，地表水源热泵的一些特点与空气源热泵相似。例如冬季要求热负荷最大时，对应的蒸发温度最低；而夏季要求供冷负荷最大时，对应的冷凝温度最高。又如，地表水源热泵空调系统也应设置辅助热源（燃气锅炉、燃油锅炉等）。

（2）地表水是一种很容易采用的低位能源。因此，对于同一栋建筑物，选用开式地表水热泵空调系统的费用是地源热泵空调系统中最低的。而选用闭式地表水源热泵空调系统也比大地耦合热泵空调系统费用低。

（3）闭式地表水源热泵系统相对于开式地表水热泵系统，具有如下特点：

1）闭式环路内的循环介质（水或添加防冻剂的水溶液）清洁，避免了系统内的堵塞现象。

2）闭式环路系统中的循环水泵只须克服系统的流动阻力。

3）由于闭式环路内的循环介质与地表水之间换热的要求，循环介质的温度一般要比地表水的水温度低2～7℃，由此将会引起水源热泵机组的性能降低。

（4）要注意和防止地表水源热泵系统的腐蚀、生长藻类等问题，以避免频繁的清洗而造成系统运行的中断和较高的清洗费用。

（5）地表水源热泵系统的性能系数较高。

（6）冬季地表水的温度会显著下降，因此，地表水源热泵系统在冬季可考虑能增加地表水的水量。

（7）出于生物学方面的原因，常要求地表水源热泵的排水温度不低于2℃。但湖沼生物学家们认为，水温对河流的生态影响比光线和含氧量的影响要小。不管如何，热泵长期不停地从河水或湖水中采热，对湖泊或河流的生态有何影响，仍是值得我们进一步在运行中注意与研究的问题。

三、地下水源热泵系统的特点

近年来，地下水源热泵系统在我国北方一些地区，如山东、河南、辽宁、黑龙江、北京、河北等地，得到了广泛的应用。它相对于传统的供暖（冷）方式及空气源热泵具有如下的特点：

（1）地下水源热泵具有较好的节能性。地下水的温度相当稳定，一般比当地全年平均气温高 $1 \sim 2 \text{℃}$ 左右。冬暖夏凉，使机组的供热季节性能系数和能效比高。同时，温度较低的地下水，可直接用于空气处理设备中，对空气进行冷却除湿处理而节省冷量。相对于空气源热泵系统，能够节约 $23\% \sim 44\%$ 的能量。我国地下水源热泵的制热性能系数可达 $3.5 \sim 4.4$，比空气源热泵的制热性能系数要高 40%。

（2）地下水源热泵具有显著的环保效益。目前，地下水源热泵的驱动能源是电，电能是一种清洁能源。因此，在地下水源热泵应用场合无污染。只是在发电时，消耗一次能源而导致电厂附近的污染和二氧化碳温室气体的排放。但是由于地下水源热泵的节能性，也使电厂附近的污染减弱。

（3）地下水源热泵具有良好的经济性。美国 127 个地源热泵的实测表明，地源热泵相对于传统供暖、空调方式，运行费用节约 $18\% \sim 54\%$。一般来说，对于浅井（60m）的地下水源热泵不论容量大小，它都是经济的；而安装容量大于 528kW 时，井深在 $180 \sim 240$m 范围时，地下水源热泵也是经济的。这也是大型地下水源热泵应用较多的原因。地下水源热泵的维护费用虽然高于大地耦合热泵，但与传统的冷水机组加燃气锅炉相比还是低的。根据北京市统计局信息咨询中心对采用地下水源热泵技术的 11 个项目的冬季运行分析报告，在供暖的同时，还供冷，供热水、新风的情况下，单位面积费用支出 $9.48 \sim 28.85$ 元不等，63% 的项目低于燃煤集中供热的供暖价格，全部被调查项目均低于燃油、燃气和电锅炉供暖价格。据初步计算，使用地下水源热泵技术，投资增量回收期约为 $4 \sim 10$ 年。

（4）地下水源热泵能够减少高峰需电量，这对于减少峰谷差有积极意义。当室外气温处于极端状态时，用户对能源的需求量亦处于高峰期，而此时空气源热泵、地表水源热泵的效率最低。地下水源热泵却不受室外气温的影响。因此，在室外气温最低时，地下水源热泵能减少高峰需电量。

（5）回灌是地下水源热泵的关键技术。在面临地下水资源严重短缺的今天，如果地下水源热泵的回灌技术有问题，不能将 100% 的井水回灌到含水层内，将带来一系列的生态环境问题，如地下水位下降、含水层疏干、地面下沉、河道断流等，会使已不乐观的地下水资源状况雪上加霜。为此，地下水源热泵系统必须具备可靠的回灌措施，保证地下水能 100% 的回灌到同一含水层内。

目前，国内地下水源热泵系统有两种类型：同井回灌系统和异井回灌系统。同井回灌系统是 2001 年国内提出的一种具有自主知识产权的新技术。它与传统的地下水源热泵相比，具有如下特点：

（1）在相同供热量情况下，虽然所需的井水量相同，但水井数量至少减少一半，故所占场地更少，节省初投资。

（2）采用压力回水改善回灌条件。同井回灌系统采取井中加装隔板的技术措施来提高回灌压力，即使两个区（抽水区和回灌区）之间的压差大约是 0.1MPa，也可以使回灌水通畅地返回地下。

（3）同井回灌热泵系统不仅采集了地下水中的热能，还采集了含水层固体骨架、相邻的顶、底板岩土层中的热量和土壤的季节蓄能。

（4）同井回灌热泵系统也存在热贯通的可能性。在同一含水层中的同井回灌地下水源热泵的回水，一部分经过渗透进入抽水部分是不可避免的，但这种掺混的程度与含水层参数、井结构参数和设计运行工况等有关。

四、土壤耦合热泵系统的特点

与空气源热泵相比，土壤耦合热泵系统具有如下优点：

（1）土壤温度全年波动较小且数值相对稳定，热泵机组的季节性能系数具有恒温热源热泵的特性，这种温度特性使土壤耦合热泵比传统的空调运行效率要高40% ~ 60%，节能效果明显。

（2）土壤具有良好的蓄热性能，冬、夏季从土壤中取出（或放入）的能量可以分别在夏、冬季得到自然补偿。

（3）室外气温处于极端状态时，用户对能源的需求量一般也处于高峰期，由于土壤温度相对地面空气温度的延迟和衰减效应，因此和空气源热泵相比，它可以提供较低的冷凝温度和较高的蒸发温度，从而在耗电相同的条件下，可以提高夏季的供冷量和冬季的供热量。

（4）地下埋管换热器无须除霜，没有结霜与融霜的能耗损失，节省了空气源热泵的结霜、融霜所消耗的3% ~30%的能耗。

（5）地下埋管换热器在地下吸热与放热，减少了空调系统对地面空气的热、噪声污染。同时，与空气源热泵相比，相对减少了40%以上的污染物排放量。与电供暖相比，相对减少了70%以上的污染物排放量。

（6）运行费用低。据世界环境保护组织EPA估计，设计安装良好的土壤耦合热泵系统平均来说，可以节约用户30% ~40%的供热制冷空调的运行费用。

但从目前国内外对土壤耦合热泵的研究及实际使用情况来看，土壤耦合热泵系统也存在一些缺点，主要有：

（1）地下埋管换热器的供热性能受土壤性质影响较大，长期连续运行时，热泵的冷凝温度或蒸发温度受土壤温度变化的影响而发生波动。

（2）土壤的导热系数小而使埋管换热器的持续吸热率仅为20 ~40W/m，一般吸热率为25W/m左右。因此，当换热量较大时，埋管换热器的占地面积较大。

（3）地下埋管换热器的换热性能受土壤热物性参数的影响较大。计算表明，传递相同的热量所需传热管管长在潮湿土壤中为干燥土壤中的1/3，在胶状土中仅为它的1/10。

（4）初投资较高，仅地下埋管换热器的投资约占系统投资的20% ~30%。

第六节 污水源热泵系统

污水源热泵是水源热泵的一种。众所周知，水源热泵的优点是水的热容量大，设备传热性能好，所以换热设备较紧凑；水温的变化较室外空气温度的变化要小，因而污水源热泵的运行工况比空气源热泵的运行工况要稳定。处理后的污水是一种优良的引人注目的低温余热源，是水/水热泵或水/空气热泵的理想低温热源。

一、污水源热泵的形式

污水源热泵形式繁多，根据热泵是否直接从污水中取热量，可分为直接式和间接式两种。所谓间接式污水源热泵是指热泵低位热源环路与污水热量抽取环路之间设有中间换热器或热泵低位热源环路通过水/污水浸没式换热器在污水池中直接吸取污水中的热量。而直接式污水源是城市污水可以直接通过热泵或热泵的蒸发器直接设置在污水池中，通过制冷剂气化吸取污水中的热量。二者相比，各具有以下特点：

（1）间接式污水源热泵相对于直接式运行条件要好，一般来说没有堵塞、腐蚀、繁殖微生物的可能性，但是中间水/污水换热器应具有防堵塞、防腐蚀、防繁殖微生物等功能。

（2）间接式污水源热泵相对于直接式而言，系统复杂且设备（换热器、水泵等）多，因此，间接式系统的造价要高于直接式。

（3）在同样的污水温度条件下，直接式污水源热泵的蒸发温度要比间接式高 $2 \sim 3℃$，因此在供热能力相同情况下，直接式污水源热泵要比间接式节能7%左右。

另外，要针对污水水质的特点，设计和优化污水源热泵的污水/制冷剂换热器的构造，其换热器应具有防堵塞、防腐蚀、防繁殖微生物等功能，通常采用水平管（或板式）淋激式、浸没式换热器、污水干管组合式换热器。由于换热设备的不同，可组合成多种污水源热泵形式，如图5-9所示。

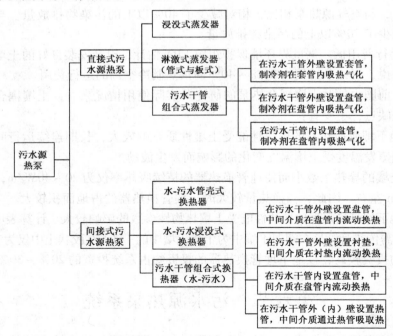

图5-9 污水源热泵形式框图

二、污水的特殊性及对污水源热泵的影响

城市污水由生活污水和工业废水组成，它的成分是极其复杂的。生活污水是城市居民日常生活中产生的污水，常含有较高的有机物（如淀粉、蛋白质、油质等）、大量柔性纤维状杂物与发絮、柔性漂浮物和微尺度悬浮物等。一般来说，生活污水的水质很差，污水中大小尺度的悬浮物和溶解性化合物等污物的含量达到1%以上。工业废水是各工厂企业生产工艺过程中产生的废水，由于生产企业（如药厂、化工厂、印刷厂、啤酒厂等）的不同，其生产过程产生的废水水质也各不相同。一般来说，工业废水中含有金属及无机化合物、油类、有机污染物等成分，同时工业废水的 pH 偏离7，具有一定的酸碱度。正因为污水的这些特殊问题，常使污水源热泵出现下列问题：

（1）污水流经管道和设备（换热设备、水泵等）时，在换热表面上易发生积垢、微生物贴附生长形成生物膜、污水中油贴附在换热面上形成油膜、漂浮物和悬浮固形物等堵塞管道和设备的入口。其最终的结果是出现污水的流动阻塞和由于热阻的增加恶化传热过程。

（2）污水引起管道和设备的腐蚀问题，尤其是污水中的硫化氢使管道和设备腐蚀生锈。

（3）由于污水流动阻塞使换热设备流动阻力不断增大，引起污水量的不断减少，同时传热热阻的不断增大又引起传热系数的不断减小。基于此，污水源热泵运行稳定性差，其供热量随运行时间延长而衰减。

（4）由于污水的流动阻塞和换热量的衰减，使污水源热泵的运行管理和维修工作量大，例如，为了改善污水源热泵运行特性，换热面需要每日3~6次水力冲洗。有文献指出，污水流动过程中流量呈周期性变化，周期为一个月，周期末对污水换热器进行高压反冲洗。也就是说每月需对换热器进行一次高压反冲洗。

三、污水源热泵站

污水水质的优劣是污水源热泵供暖系统成功与否的关键，因此要了解和掌握污水水质，应对污水作水质分析，以判断污水是否可作为低温热源。原生污水中的悬浮物、油脂类、硫化氢等为处理后污水的十倍乃至几十倍，因此，国外一些污水源热泵常选用城市污水处理厂处理后的污水或城市中水设备制备的中水作为它的热源与热汇。而城市污水处理厂通常远离城市市区，这意味着热源与热汇远离热用户。因此，为了提高系统的经济性，常在远离市区的污水处理厂附近建立大型污水源热泵站。所谓的热泵站是指将大型热泵机组（单机容量在几兆瓦到30MW）集中布置在同一机房内，制备的热水通过城市管网向用户供热的热力站。

20世纪80年代初，在瑞典、挪威等北欧国家建造的一些以污水为低温热源的大型热泵站相继投入运行。现将瑞典早期的以城市污水和工业废水为低温热源的大型热泵站列入表5-5内。

瑞典以城市污水和工业废水为低温热源的早期大型热泵站　　　　表5-5

地　点	容量（MW）	制造厂	投入工作时间	低温热源
伊索喔	1×80	Asea-Stal	1986 年	城市污水
哥德堡	27+29	Gotaverken	1983/1984 年	城市污水
	2×42	Gotaverken	1986 年	城市污水
索尔纳	4×30	Asea-Stal	1986 年	城市污水
斯德哥尔摩	2×20+2×30	Asea-Stal	1986 年	城市污水
厄勒布鲁	2×20	Asea-Stal	1985 年	城市污水
乌穆奥	2×17	Asea-Stal	1984 年	城市污水
耶夫勒	14	Stal-Laval	1984 年	城市污水
奥斯特桑德	10	Sulzer	1984 年	城市污水
恩歇尔茨维克	14	Stal-Laval	1984 年	工业废水
博尔隆格	12	Asea-Stal	1985 年	工业废水
塞德维肯	12	Stal-Laval	1986 年	工业废水
阿拉乌	10.5	Frigor/York	1982 年	工业废水
卡尔斯塔德	2×14	Dlajo/Sulzer	1984 年	工业废水

四、城市原生污水水源热泵设计中应注意的问题

　　城市污水干渠（污水干管）通常是通过整个市区，如果直接利用城市污水干渠中的原生污水作为污水源热泵的低温热源，这样虽然靠近热用户，节省输送热量的耗散，从而提高其系统的经济性，但是应注意以下几个问题：

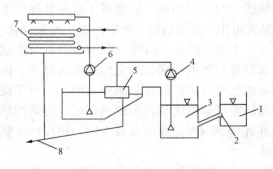

图5-10　污水干渠取水设施

1—污水干渠；2—过滤网；3—蓄水池；
4—污水泵；5—旋转式筛分器；6—已过滤污水水泵；
7—污水/制冷剂换热器；8—回水和排水管

　　（1）污水取水设施如图5-10所示，取水设施中应设置适当的水处理装置。

　　（2）应注意利用城市原生污水余热对后续水处理工艺的影响，若原生污水水温降低过大，将会影响市政曝气站的正常运行，这一点早在1979年英国R·D·希普编的《热泵》一书中已明确指出：在牛津努菲尔德学院的一个小型热泵上，已对污水热量加以利用。由于污水处理要依靠污水具有一定的热量，若普遍利用这一热源，意味着污水处理工程中要外加热量，这是所不希望的。

（3）有文献指出，由初步的工程实测数据可知，清水与污水在同样的流速、管径条件下，污水流动阻力为清水的 2~4 倍。因此，在设计中对这点应充分注意到，要适当加大污水泵的扬程，采取技术措施适当减少污水流动阻力损失。

（4）以哈尔滨望江宾馆实际工程为对象，经 3 个月（2003 年 12 月~2004 年 2 月）的现场测试，基于实测数据得到污水/水换热器总传热系数列入表 5-6 中。而水/水换热器当管内流速为 1.0~2.5m/s、管外水流速为 1.0~2.5m/s 时，其传热系数为 1740~3490W/（$m^2 \cdot ℃$）。同时，污水/水换热器换热系数约为清水的 25%~50%。因此，在设计中要适当加大换热器面积，或采取技术措施强化其换热过程。

污水/水壳管式换热器总传热系数　　表 5-6

工　况	1	2	3	4	5	6	7
污水供回水水温（℃）	10/6.8	14.2/10	14.8/7.2	14.0/8.5	11.5/8.5	14.2/8.1	14.0/8.9
清水供回水水温（℃）	6/3.2	9/6.4	6.8/4.5	7.6/4.7	8.0/5.0	8.3/6.1	9.0/7.4
管内污水流速（m/s）	2.78	2.4	1.72	1.47	1.14	1.0	0.87
总传热系数 K［W/（$m^2 \cdot ℃$）］	654	562	456	442	439	425	410

五、防堵塞与防腐蚀的技术措施

防堵塞与防腐蚀问题是污水源热泵空调系统设计、安装和运行中重要的、关键问题。其问题解决得好与坏，是污水源热泵空调系统成功与否的关键，通常采用的技术措施归纳为：

（1）由于二级出水和中水水质较好，在可能的条件下，宜选用二级出水或中水作污水源热泵的热源和热汇。

（2）在设计中，宜选用便于清污物的淋激式蒸发器和浸没式蒸发器，污水/水换热器宜采用浸没式换热器。经验表明，淋激式蒸发器的布水器出口容易被污水中较大的颗粒堵塞，故设计中对布水器要做精心设计。

（3）在原生污水源热泵系统中要采取防堵塞的技术措施，通常采用：

1）在污水进入换热器之前，系统中应设有能自动工作的筛滤器，去除污水中的浮游性物质。目前常用的筛滤器有自动筛滤器、转动滚筒式筛滤器等。

2）在系统的换热器中设置自动清洗装置，去除因溶解于污水中的各种污染物而沉积在管道内壁的污垢。目前常用胶球型自动清洗装置、钢刷型自动清洗装置等。

3）设有加热清洁系统，用外部热源制备热水来加热换热管，去除换热管内壁污物，其效果十分有效。

（4）在污水源热泵空调系统中，易造成腐蚀的设备主要是换热设备。目前污水源热泵空调系统中的换热管有：铜质材质传热管、钛质传热管、镀铝管材传热管和铝塑管传热管等。日本曾对铜、铜镍合金和钛等几种材质分别作污水浸泡试验，试验表明：

以保留原有管壁厚度 1/3 作为使用寿命时，铜镍合金可使用 3 年，铜则只能使用 1 年半，而钛则无任何腐蚀。因此原生污水源热泵，宜选用钛质换热器和铝塑传热管。

（5）加强日常功能运行的维护保养工作是不可忽视的防堵塞、防腐蚀的措施。

第七节　水环热泵空调系统

所谓的水环热泵空调系统是指小型的水/空气热泵机组的一种应用方式，即用水环路将小型的水/空气热泵机组并联在一起，构成一个以回收建筑物内部余热为主要特点的热泵供暖、供冷的空调系统。20 世纪 80 年代初，我国在一些外商投资的建筑中采用了水环热泵空调系统，这些工程显示出了水环热泵空调系统具有回收建筑物内余热、有利于环保等优点。因此，20 世纪 90 年代，水环热泵空调系统在我国得到了广泛的发展。

一、水环热泵空调系统的组成

图 5-11 给出典型的水环热泵空调系统原理图。由图可见，水环热泵空调系统由四部分组成：（1）室内水源热泵机组（水/空气热泵机组）；（2）水循环环路；（3）辅助设备（冷却塔、加热设备、蓄热装置等）；（4）新风与排风系统。

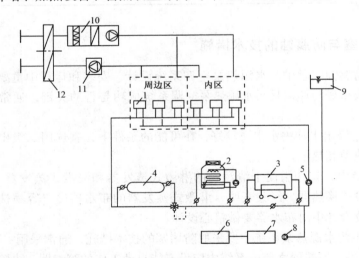

图 5-11　水环热泵空调系统原理图

1—水/空气热泵机组；2—闭式冷却塔；3—加热设备（如燃油、气、电锅炉）；

4—蓄热容器；5—水环路的循环水泵；6—水处理装置；7—补给水水箱；

8—补给水泵；9—定压装置；10—新风机组；11—排风机组；12—热回收装置

二、水环热泵空调系统的运行特点

根据空调场所的需要，水环热泵可能按供热工况运行，也可能按供冷工况运行。这样，水环路供、回水温度可能出现如图 5-12 所示的 5 种运行工况。

（1）夏季，各热泵机组都处于制冷工况，向环路中释放热量，冷却塔全部运行，将冷凝热量释放到大气中，使水温下降到35℃以下。

（2）大部分热泵机组制冷，使循环水温度上升，达到32℃时，部分循环水流经冷却塔。

（3）在一些大型建筑中，建筑内区往往有全年性冷负荷。因此，在过渡季，甚至冬季，当周边区的热负荷与内区的冷负荷比例适当时，排入水环路中的热量与从环路中提取的热量相当，水温维持在13～35℃范围内，冷却塔和辅助加热装置停止运行。由于从内区向周边区转移的热量不可能每时每刻都平衡，因此，系统中还设有蓄热容器，暂存多余的热量。

（4）大部分机组制热，循环水温度下降，达到13℃时，投入部分辅助加热器。

（5）在冬季，可能所有的水环热泵机组均处于制热工况，从环路循环水中吸取热量，这时，全部辅助加热器投入运行，使循环水水温不低于13℃。

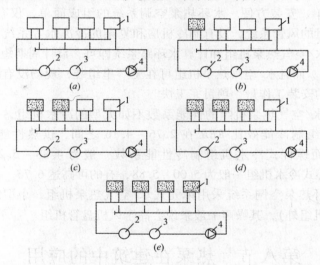

图5-12 运行工况

（a）冷却塔全部运行；（b）冷却塔部分运行；（c）热收支平衡；
（d）辅助热源部分运行；（e）辅助热源全部运行
1—水／空气热泵机组；2—冷却塔；3—辅助热源；4—循环泵
▨ 机组供暖；▢ 机组供冷

三、水环热泵空调系统的特点

（1）水环热泵空调系统具有回收建筑内余热的特有功能。对于有余热，大部分时间有同时供热与供冷要求的场合，采用水环热泵空调系统将会把能量从有余热的地方（如建筑物内区、朝南房间等）转移到需要热量的地方（如建筑物周边区、朝北的房间等），实现了建筑物内部的热回收，以节约能源。从而相应地也带来了环保效益，不像传统供暖系统会对环境产生严重的污染。因此，水环热泵空调系统是一种具有节能和环保意义的空调系统形式。这一特点正是推出该系统的初衷，也是该特点使得水环热泵空调系统得到推广与应用。

（2）水环热泵空调系统具有灵活性。随着建筑环境要求的不断提高和建筑功能的日益复杂，对空调系统的灵活性和性能的要求越来越高。水环热泵空调系统是一种灵活多变的空调系统，因此，它深受业主欢迎，在我国的空调领域将会得到广泛的应用与发展。其灵活性主要表现在：

1）室内水/空气热泵机组独立运行的灵活性；

2）系统的灵活扩展能力；

3）系统布置紧凑、简洁灵活；

4）运行管理的方便与灵活性；

5）调节的灵活性。

（3）水环热泵空调系统虽然水环路是双管系统，但与四管制风机盘管系统一样，可达到同时供冷、供热的效果。

（4）设计简单、安装方便。水环热泵空调系统的组成简单，仅有水/空气热泵机组、水环路和少量的风管系统，没有制冷机房和复杂的冷冻水等系统，大大简化了设计，只要布置好水/空气热泵机组和计算水环路系统即可，设计周期短（一般只有常规空调系统的一半）。而且水/空气热泵机组可在工厂里组装，现场没有制冷剂管路的安装，减小了工地的安装工作量，项目完工快。

（5）小型的水/空气热泵机组的性能系数不如大型的冷水机组，一般来说，小型的水/空气热泵机组制冷能效比 EER 在 2.76 ~ 4.16 之间，供热性能系数 COP 值在 3.3 ~ 5.0 之间。而螺杆式冷水机组制冷性能系数一般为 4.88 ~ 5.25，有的可高达 5.45 ~ 5.74。离心式冷水机组一般为 5.00 ~ 5.88，有的可高达 6.76。

（6）由于水环热泵空调系统采用单元式水/空气热泵机组，小型制冷压缩机设置在室内（除屋顶机组外），其噪声一般来说会高于风机盘管机组。

第八节　热泵在建筑中的应用

目前，热泵系统在建筑中的应用已越来越广泛。20 世纪 80 年代，热泵在我国的应用主要集中在经济相对发达、气候条件比较适宜应用热泵的大城市，而且一些新的热泵空调系统也最早在这些城市开始应用。20 世纪 90 年代，随着我国经济的发展，人民生活水平有了很大的提高，对室内环境的舒适程度也有更高的要求，这些因素促进了我国空调业的发展，同时热泵的形式及技术也有所发展，因此，热泵在我国的应用范围也不断扩大。进入 21 世纪，人们更加注重能源的节约以及环境的保护，为热泵在我国的应用和发展再次提供了新的更大的空间，热泵应用范围几乎扩大到全国。

热泵空调系统在建筑中的应用见图 5-13，主要包括以热泵机组作为集中空调系统的冷热源和热泵型冷剂式空调系统。

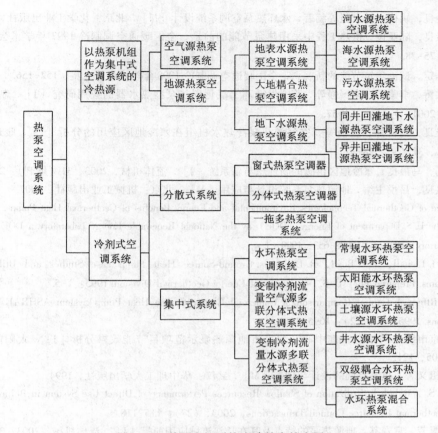

图 5-13 热泵空调系统在建筑中的应用

课后思考题

1. 解释热泵的工作原理。
2. 热泵的评价指标有哪些？哪种指标更合理？
3. 热泵可以分为哪几类？各种热泵有什么特点？分别适用哪些场合？
4. 分析热泵的节能与环保效益。
5. 空气源热泵的特点及其适用的地区有哪些？
6. 空气源热泵热水器的工作原理是什么？
7. 地源热泵可以分为哪几类，各有什么优缺点？
8. 采用污水源热泵需要注意哪些问题？
9. 水环热泵的工作原理是什么？可适用于哪种场合？
10. 在建筑节能设计中，哪些功能可以使用热泵技术来实现？

本章参考文献

[1] 姚杨，马最良. 浅议"热泵"定义 [J]. 暖通空调，2002，32（3）：33.

[2] 马最良，姚杨，杨自强等编著．水环热泵空调系统设计［M］．北京：化学工业出版社，2005.

[3] 马最良，陆亚俊．供热工程中采用热泵节能的前景．全国暖通空调制冷1992年学术会议论文集，75-78.

[4] 龙惟定．试论建筑节能的新观念．全国暖通空调制冷1998年学术会议文集，152-156.

[5] 徐洪涛，李蒙沂，李国强等．跨临界循环二氧化碳热泵型热水器的应用研究［J］．制冷与空调，2001，1（1）：54-57.

[6] 马最良，杨自强，姚杨等．空气源热泵冷热水机组在寒冷地区应用的分析［J］．暖通空调，2001，31（3）：28-31.

[7] 姚杨，马最良．寒冷地区供暖的新理念与新系统［J］．流体机械，2003，31（增刊）：221-223.

[8] 马最良，吕悦主编．地源热泵系统设计与应用［M］．北京：机械工业出版社，2007.

[9] Office of Geothermal Technologies. Environmental and Energy Benefits of Geothermal Heat Pumps. Produced for the U. S. Department of Energy （DOE） by the National Renewable Energy Laboratory. a DOE National Labortory, DOE/Go-10098-653, 1999：1-4.

[10] P. J. Lienall, T. L. Boyd, R. L. Rogers. Ground-Source Heat Pump case Studies and Utility Programs. Prepared For：U. S. Department of Energy Geothermal Division. 1995：1-5.

[11] K. Rffery. A Capital Comparison of Comercial Ground-Source Heat Pump System. ASHRAE Transactions. 1995, 101 （2）：1095-1100.

[12] 北京市统计局信息咨询中心．北京市地源热泵示范项目节能效果分析［J］．太阳能信息，2005，121.

[13] 郑祖义著．热泵空调的设计与创新［M］．武汉：华中理工大学出版社，1994.

[14] Xu S., Rybch L. Utilization of Shallow Resources Performance of Direct Use System in Beijing ［J］. Geothermal Resource Council Transactions, 2003, （27）：115-118.

[15] 张佩芳，袁寿其．地源热泵的特点及其在长江流域应用前景［J］．流体机械，2003，31（2）：50-52.

[16] 高青，于鸣．高效环保效能好的供热制冷装置——地源热泵的开发与利用［J］．吉林工业大学自然科学学报，2001，31（2）：96-102.

[17] 万仁里．谈地源热泵［J］．建筑热能通风空调，2002，（1）：46-47.

[18] 寿青云，陈汝东．高效节能空调——地源热泵［J］．节能，2001，（1）：41-45.

[19] 刘冬生，孙友宏．浅层地能利用新技术——地源热泵技术［J］．岩土工程技术，2003，（1）：57-59.

[20] 孙友宏，胡克，庄迎春等．岩土钻掘工程应用的又一新领域——地源热泵技术［J］．岩土钻掘工程，2002，（增刊）：7-12.

[21] D. A. Ball, R. D. Fischer, D. L. Hodgett. Design Methods for Ground-Source Heat Pumps ［J］. ASHRAE Transactions. 1983, 89 （2B）：416-440.

[22] O. J. Svec, L. E. Goodrich, J. H. L. Palmer. Heat Transfer Characteristics of in-Ground Heat Exchangers ［J］. Energy Research, 1983, （7）：265-278.

[23] 曲云霞，方肇洪，张林华等．太阳能辅助供暖的地源热泵经济性分析［J］．可再生能源，2003，（1）：8-10.

[24] 李元旦，张旭．土壤源热泵的国内外研究和应用现状及展望［J］．制冷空调与电力机械，2002，（1）：4-7.

[25] 冯健美，屈宗长，王迪生．土壤源热泵的技术经济性能分析［J］．流体机械，2001，29

(11)：48-51.

[26] P. J. Petit, J. P. Meyer. Economic Potential of Vertical Ground-Source Air Conditioners in South Africa [J]. Energy, 1998, 23 (2): 137-143.

[27] 王永镖, 李炳熙, 姜宝成. 地源热泵运行经济性分析 [J]. 热能动力工程, 2002, 17 (6): 565-567.

[28] 尹军, 陈雷, 王鹤立编著. 城市污水的资源再生及热能回收利用 [M]. 北京: 化学工业出版社, 2003.

[29] 吴荣华, 张承虎, 孙德兴. 城市污水冷热源应用技术发展状态研究 [J]. 暖通空调, 2005, 35 (6): 31-37.

[30] 吴荣华, 孙德兴, 张承虎. 热泵冷热源城市原生污水的流动阻塞与换热特性 [J]. 暖通空调, 2005, 35 (2): 86-88.

[31] 马最良, 姚杨, 赵丽莹. 污水源热泵系统在我国的发展前景 [J]. 中国给水排水, 2003, 19 (7): 41-43.

[32] R D. 希普. 热泵. 张在明译. [M]. 北京: 化学工业出版社, 1984.

[33] 陆耀庆主编. 供热通风设计手册 [M]. 北京: 中国建筑工业出版社, 1987.

[34] H O Lindstrom. 利用污水作热源, 功率3.3MW热泵使用经验. 国外热泵发展和应用译文集 (之三). 中国科学院广州能源研究所, 1988.

[35] 姚杨, 马最良. 水环热泵空调系统在我国应用中应注意的几个问题 [J]. 流体机械, 2002, 30 (9): 59-61.

第六章　吸收式制冷技术

吸收式制冷机采用溴化锂水溶液或氨水溶液为工质对，制冷剂水或氨均为环境友好自然工质，通过消耗高品位热能（比如燃油、燃气或蒸汽）或低品位热能（比如太阳能、废热或余热）来提供制冷量以维持室内温度、湿度，从而满足人的舒适性要求，具有清洁环保优点，还有节能节电、消除电力峰谷差、应用范围广、操作简单、运动部件少、运行费用低等优势。吸收制冷技术既适应国家可持续能源发展战略需要，又可缓解当今家用空调器使用引起的能源和环境问题；是实现制冷空调业可持续发展关键技术之一。

本章主要讲述吸收制冷发展历史—现状—前景、吸收制冷循环工作原理、特点等重点内容，最后介绍以溴化锂吸收机组为冷热源的典型空调工程设计实例。

第一节　吸收式制冷技术发展历史及现状

吸收式制冷技术从诞生到现在走过两百多年的历史，人们很早就发现吸收制冷现象，可由于当时尚处于工业革命初期，科技还不发达，因此，在经历漫长的一百年时间后，随着制冷技术的发展，人类才真正开始了人工制冷历史，也才开始极大关注这种能为其工作生活服务的制冷方式。早期制冷方式，无论是压缩制冷还是氨/水吸收制冷，并不能直接制冷，而是首先制取大量冰，再用冰块提供冷量。比如，美国南北战争期间，南方联邦为了尽快恢复被北方联邦破坏的冰块供应而利用吸收制冷制冰。战争结束以后，Daniel Holden 对吸收制冷装置作了一些改进，吸收制冷机开始在美国南部大量地被应用于制造冰块。随着技术不断进步，人工间接制冷技术被直接制冷技术所取代。酿酒工业首先采用这种技术，后来才发展到商业、军事及民用等领域。到了20 世纪初期，由于当时能源价格便宜，这就使得吸收制冷机逐渐失去了用武之地而退出市场。直到第一次世界大战以后，由于能源紧张，人们又开始重新使用吸收式制冷机，并从理论和实践上对吸收式制冷技术进行系统研究。吸收式制冷在其应用上的巨大贡献出现在第二次世界大战末期。美国 Carrier 公司首次研制出以燃油或燃气锅炉所产生蒸汽或热水为热源的溴化锂吸收式制冷单效机，自此之后，以热能驱动的大容量吸收式冷水机组开始大量开发应用，并开创了现代制冷利用多种能源的新局面。20 世纪80 年代以后，随着地球环境恶化加剧、能源危机加重，人类从自身利益出发，不得不关注人类长期协调健康发展、走可持续发展道路，国际社会组织和团体纷纷呼吁保护人类生存环境空间、爱护地球。于是，被广泛使用的氯氟烃类制冷工质因其既破坏大气臭氧层又加剧地球"温室效应"，首先备受关注而被国际社会禁用或限制，而占世界总发电量60% 以上所用煤等化石类能源燃烧发电效率低，造成极大的能源浪费，其燃烧产物排放也是引起严重环境问题因素之一，因此也引起国际社会高度重视。由于这些都是与人类社会可持续发展战略背道而驰的，所以，自 20 世纪 90 年代以来，世界各国一方面努力寻找 CFC 和 HCFC 类制冷工质替代物，大力倡导使用氨、水和二氧化碳等天然工质；另一方面加强环境治理与保护，减少温室气体排放，提高能源利用效率，研发和推广节能措施，并大力提倡使用天然气等清洁能源，尤其重视太阳能、地热、风能等可再生能源开发利用。于是环保和节能便成了世纪交替主旋律。此外，近年来许多国家因电能驱动空调器普及所造成冬夏季城市电力高峰负荷供应不足问题已严重影响正常生产、工作和生活，就电驱动空调器所面临挑战，日本、韩国和中国等提出了以燃气为驱动力的吸收制冷方式来缓解冬夏季电力供应比例失调问题，这无疑为燃气吸收制冷机发展带来契机。而溴化锂吸收式制冷机以绿色工质水为制冷剂，以燃烧油、天然气等高品位能源为驱动力，还可实现对太阳能、地热等可再生能源有效利用，节能环保，是电能驱动制冷空调设备的较好替代方式。

一、吸收式制冷的发展历史

吸收制冷效应早期发展可追溯到 18 世纪初期。最初发现是在盛有硫酸容器内纯水蒸发会有结冰现象发生。1755 年，爱丁堡化学教授 Wiliam Cullen 发现乙醚在真空下蒸发可出现使水结冰的人工制冷效应。1777 年，Wiliam Cullen 的学生 Nairne Edward Gerale 使用硫酸把蒸发出来的乙醚重新吸收并循环使用，可制取冰块，这便是人类历史上最早出现的吸收制冷过程，这比美国工程师 Jacob Perkins 所获得蒸气压缩制冷英国专利早 57 年。

1859 年，法国的 Ferdinand Carre 发明了硫酸/水工质对连续型吸收式制冷机样机，然而，这种系统不但存在严重腐蚀问题，还有系统真空气密性等问题。也许正是为克服这两大缺陷，同年他发明了氨/水工质对吸收式制冷机，并于次年获得美国专利。

1945 年，美国 Carrier 公司研制出制冷量为 523kW 的溴化锂水溶液单效吸收式制冷机，而双效机也是于 1961 年首先在美国研制成功。溴化锂溶液吸收式制冷机的问世是吸收式制冷技术发展又一创举，为它此后在世界范围内推广利用奠定基础。

20 世纪 50 年代以后，日本开始从美国引进溴化锂溶液吸收式制冷技术，并先后于 1959 年和 1962 年分别研制成功单效机和双效机，目前日本在溴化锂溶液吸收式制冷领域研发和生产技术已是世界领先，甚至反过来向美国输出这方面技术。

20 世纪 60 年代初，我国也开始致力于吸收式制冷技术的研究工作，经过五十多年不断发展，我国在这方面技术水平也处于世界前列，而且如今已发展成为世界上溴化锂中央空调产量最大的国家。

二、吸收式制冷技术发展现状

吸收式制冷以热能为驱动力，可以是高品位的热能，比如高温高压蒸汽或热水、燃油或燃气，还可以是低品位的热能，比如废热、余热、太阳能或地热等。它的冷凝热或吸收热排除方式有风冷和水冷两种，风冷方式只适用于小型系统。吸收式制冷发展包括吸收制冷工质对发展及循环流程的发展。这两个方面是密不可分的，特定的工质对总是适用于特定的循环流程，而特定的循环流程又需要为其寻找特定的工质对，目的都是为了获得尽可能大的 *COP* 和最佳循环特性。

吸收式制冷循环中工质的化学和热物理性质对系统性能起着关键性作用。一般要求吸收剂和制冷剂沸点相差尽可能大、制冷剂有大汽化潜热、在吸收剂中有大的溶解度；二者所组成溶液具有化学稳定性、无毒性、无爆炸性和黏度、导热性、扩散系数等输运性质有利于传热传质。目前研究所发现吸收式制冷循环系统所用工质对有数十种之多，但依据制冷剂物性不同，可分为水系工质对、氨系工质对、醇系工质对和氟利昂系工质对，其中水系工质对中的溴化锂水溶液和氨系工质对中氨水溶液在工业、商业和民用的制冷空调领域用途广泛。溴化锂溶液吸收式制冷循环主要用于空调系统，由于以水为制冷剂，蒸发温度在零度以上，适合制取 5~7℃ 的空调冷冻水，系统较简单，无精馏部件，而氨水溶液吸收式制冷循环主要用于制冷与低温系统，以氨为制冷剂，蒸发温度可低至 -77.7℃，但需要增加精馏部件。

正如电驱动蒸汽压缩制冷循环，吸收制冷循环也是通过制冷剂蒸发吸收潜热来实现的，不同的是吸收制冷循环是通过热能驱动的，以发生器和吸收器两大部件代替蒸汽压缩制冷循环中的压缩机。无论何种形式吸收式制冷循环都包括发生器、吸收器、冷凝器和蒸发器四大部件。对低温低品位热源，循环流程可为单级单效流程，而对较高热源温度，甚至高品位热源，为提高能源利用效率和循环性能系数，循环流程可为双效流程、双级流程，甚至多级多效流程，但对相同的工质对，循环流程的基本原理均相同。依据各种工质对不同特性和系统存在节流过程与否，基本循环流程有以下几种：

图 6-1 所示是无精馏吸收式节流制冷循环原理图，这类无精馏装置循环，要求制冷剂和吸收剂的沸点相差极大，特别适用于溴化锂水溶液、$LiNO_3 - NH_3$ 溶液和 $NaSCN - NH_3$ 溶液等其他盐溶液工质对，这种循环流程简单，其双效双级循环流程循环性能较高，在民用、商业制冷空调领域得到广泛应用。

图 6-2 所示是设有精馏装置的吸收式节流制冷循环原理图，这类循环流程因制冷剂和吸收剂的沸点相差不大，需要在发生器出口设精馏装置来将制冷剂和吸收剂分离，使进入冷凝器的制冷剂不含吸收剂，从而提高制冷效率。该循环适用于氨水溶液、氟利昂和有机溶剂所组成的吸收工质对，这种循环流程由于增加精馏器，系统变得较为复杂，尤其多级循环流程更为复杂，主要用在较低温度制冷领域。

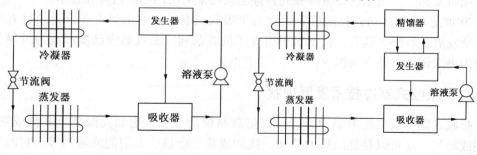

图 6-1　无精馏吸收式节流制　　　图 6-2　设精馏吸收式节流制冷
　　　冷循环原理图　　　　　　　　　　循环原理图

图6-3所示是GAX吸收制冷循环基本原理图。Altenkirch和Tenchhoff于1911提出了在发生器—吸收器间换热的GAX循环（Generator-Absorber heat eXchange cycle）。GAX循环从根本上来说是单级循环结构，然而由于在发生器和吸收器之间存在部分温度重叠，可实现对吸收热回收利用，所以GAX循环的COP值比任何单级循环所获得COP值高，GAX循环的工质对氨水混合物的温度滑移特性是发生器和吸收器出现温度重叠的原因，而溴化锂溶液工质对不可能在发生器和吸收器之间出现温度重叠，故不存在GAX循环。由于GAX循环思想可在循环性能不变的前提下实现对双效双级吸收制冷循环的简化，是简化复杂循环的一种重要的方法，故研究者对其进行大量研究。

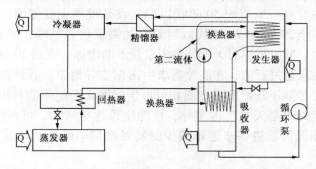

图6-3　GAX吸收制冷循环流程原理图

第二节　吸收制冷空调技术发展前景

目前我国空调主要是靠电能驱动的，电驱动制冷空调设备广泛使用是引起冬夏季城市电力峰谷问题的重要原因，自2003年以来，夏季空调用电负荷占城市高峰用电总负荷40%以上，造成电力供需比例失调；这些空调制冷设备所使用制冷剂主要是R22、R134a等，它们是破坏大气臭氧层及造成地球"温室效应"的有害物质。这些问题使电驱动空调与制冷设备面临严峻挑战。

电能驱动制冷空调设备的广泛使用是人们生活水平、生活质量提高的重要标志，然而其所导致电力供不应求问题反过来又影响人们正常工作和生活，为此，应寻找一种合理方案促进个人、企业和社会共同协调发展。对个人而言，满足追求高品质生活享受，不能因电力峰谷问题而禁用空调；对企业而言，保证电力供应来维持正常生产活动，为个人和社会创造更多财富；对社会而言，调整能源消费结构，采取可持续发展战略满足个人和企业对电力供应需要，而不是盲目建设电站来保证电力供应，造成社会资源浪费闲置，也给个人和社会长远发展带来巨大损害。吸收式制冷技术具有清洁、环保和省电等优点，便是解决电力峰谷问题的较有力措施之一，也是个人、企业和国家可持续和谐发展合理途径。

电能驱动空调制冷设备所使用主导制冷剂含有破坏大气臭氧层的有害物质，还可造成地球"温室效应"，上述问题使电驱动空调器面临严峻挑战，而使用天然气的燃气空调是解决这些问题的很好选择。燃气空调包括燃气直燃型吸收式制冷机、燃气发动机热泵（GHP，Gas-fired Heat Pump，即以燃气发动机直接驱动制冷压缩机进行制冷和供热）以及冷热电联产系统（BCHP，Building Cooling Heating and Power system，即以燃气发动机发电，并利用余热驱动冷热水机组进行制冷和供热，从而实现电、冷、热的三联供）。其中，直燃型吸收式制冷机以溴化锂溶液或氨水为吸收制冷工质对，制冷剂水或氨是优良的自然工质，环保清洁，被认为是环保型空调。

一、世界能源消费格局有利于推动吸收制冷技术发展

图 6-4 所示是世界可供使用能源比例随年代的变化趋势，其纵坐标中 F 表示每种一次能源的市场占有率。20 世纪 50 年代以前，煤是世界主要能源，而石油和天然气需求量不断增大，至 20 世纪 70 年代以后对石油需求达到顶峰，成为世界主要能源，逐渐取代煤的地位，同时世界对天然气的需求量不断增加，直到 20 世纪 90 年代以后，世界对天然气的需求超过石油，在能源需求中占据主导地位，石油次之，而煤的需求量位居第三，同时各国还开始重视核能和可再生能源太阳能等的利用。在未来半个世纪里，世界能源格局将是天然气占主导、核能比重逐年增加、可再生能源利用增大、石油和煤等化石能源需求进一步逐年减少的发展格局。可见，21 世纪的确是天然气世纪。

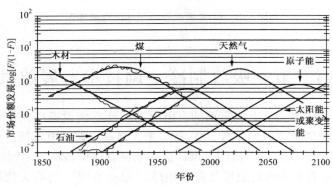

图 6-4 世界可利用能源比例随年代的变化趋势

随世界能源格局调整，电能驱动制冷空调设备需求量逐渐减少，而燃气驱动吸收式制冷空调设备需求量则迅速增大。在欧洲、美国、日本等发达国家和地区，燃气中央空调的普及率逐渐增大。2003 年，欧美地区的市场总量达 10 万台，而日本燃气空调制冷量已经达到全国总空调制冷量的 20%。目前，日本、韩国燃气空调负荷占中央空调总负荷的比例分别高达 80% 和 88%。我国燃气冷热水机组发展也很快，1992 年我国生产出首台 350kW 燃气双效溴化锂冷热水机组，经过短短的 3~5 年，使我国直燃机就跨越了日本 20 多年的生产历程。在性能、质量上进入了世界先进行列，生产规模、数量已上升为世界第二位。

二、中国天然气能源战略为吸收式制冷空调设备应用提供能源保证

随着天然气在世界能源结构中比例越来越大，中国也进行能源结构调整，并计划

在 10 年时间内天然气在我国能源消费结构中所占比例从 2.2% 增加到 7%，规划并实施了"西气东输"、进口液化天然气、近海气登陆、煤层气开发等天然气工程项目，同时加快各地天热气勘探和开发速度。到 2001 年底，我国天然气探明地质储量约 3 万亿 m³，可开采储量约 2 万亿 m³，探明储量在 300 亿 m³ 以上的大气田有 20 个，分布在 8 个盆地，占全国储量的 61%，探明储量在 50 亿 ~ 300 亿 m³ 的油气田共 64 个，储气量达 8000 多亿 m³。全国逐步形成四川、陕甘宁、新疆、南海等 4 个年产量在 100 亿 ~ 200 亿 m³ 和东部 2 个产量在 50 亿 m³ 以上的天然气区。据报道，2011 年我国天然气产量达到 1025 亿 m³，天然气消费量达到 1300 亿 m³。随着全国性天然气管道的建成，全国各地城市将获得气源供应，这些都为燃气驱动吸收式制冷空调设备在全国推广使用提供了可靠的能源保障。

三、燃气驱动的吸收制冷空调设备有利于保护环境

煤、石油和天然气燃烧产物比较
表 6-1

燃料	CO_2	SO_2	NO_x
煤	100%	100%	100%
石油	80%	70%	80%
天然气	60%	0%	20% ~ 40%

燃气驱动吸收式制冷空调设备是以天然气等清洁燃料作为能源。天然气是清洁能源，燃烧排放污染物较少，可以大大减少温室气体和污染物排放。表 6-1 是煤、石油和天然气燃烧产物比较。从表可知，燃气驱动吸收式制冷空调设备比电能驱动空调减少 CO_2 排放量 40%、减少 SO_2 排放量 100%、减少 NO_x 排放量 60% 以上。此外，天然气燃烧产物几乎不产生粉尘。可见，燃气驱动吸收式制冷空调设备极有利于保护大气环境，减少温室气体排放，降低其他污染物对环境的危害。因此，燃气驱动吸收式制冷空调设备是当之无愧的绿色环保型空调。

四、燃气驱动吸收式制冷空调设备低成本、低能耗、低运行费用

从投入成本来看，与燃气驱动吸收式制冷空调设备投入相比，为电力空调提供电能的火力发电投入过大。据统计，火力电厂建设 1kW 容量发电设备投资约 6000 元，配置脱硫设施 1 千瓦再增加 900 元，输配电电网建设每千瓦需要投资 2000 元，再加上工厂用电和线路损失 25%，每千瓦电力需投资 10000 元以上，此外，我国发电设备负荷利用率低，2002 年负荷利用率仅为 54.8%，而美国、法国、德国等先进国家平均利用率为 66.6%，发电设备利用率越低，反映我国电力供给和需求比例不协调，说明我国电力设备利用率低、发电设备闲置情况严重，这对社会资源来说是巨大浪费。通过建设电厂来满足占高峰负荷 35% ~ 40% 的空调负荷，代价是巨大的，与可持续发展战略是相背离的。空调具有季节性特点，年利用率在 10% 左右，也就是说专为空调提供电力的发电设备利用率仅有 10%，据统计，我国有 20000 多兆瓦电力设备专为电力空调服务，而这部分电力建设投资在 2000 亿元以上，这种花费巨资建设电厂来满足短暂电力高峰空调负荷，经济投资巨大，且也十分不利于国家能源消费结构的调整和优化。而每千瓦燃气投资铺设管道费用在 2000 元左右，再加上单位价格高于电力空调的

燃气驱动吸收式制冷空调设备投资，其投入也比电驱动空调少10倍左右。从综合投入来看，燃气驱动吸收式制冷空调设备投资是极低的。

从一次能源利用效率看，燃气驱动吸收式制冷空调设备的能源利用率高。燃气直燃制冷机是在高压发生器中直接燃烧，其燃烧完全、效率高、传热损失小，被传输到最终使用点时天然气的效率可达91%，而火力发电终端煤一次能源利用效率约为30%。

燃气驱动吸收式制冷空调设备可实现对太阳能可再生能源有效利用。我国幅员辽阔，有着十分丰富的太阳能资源。我国陆地表面每年接受的太阳辐射能约为 1.59×10^{11} kWh，年日照时间大于2000h的地区面积较大，约占全国总面积的2/3以上。从我国太阳年辐射总量分布来看，西藏、青海、新疆、内蒙古南部、山西、陕西北部、河北、山东、辽宁、吉林西部、云南中部和西南部、广东东南部、福建东南部、海南岛东部和西部以及台湾省的西南部等广大地区的太阳辐射总量很大，这些都是我国太阳能资源丰富或较丰富的地区，具有利用太阳能的良好条件。可见，在燃气驱动吸收式制冷空调设备联合利用太阳能在我国大部分地区有巨大发展空间，具有节能价值。

燃气驱动吸收式制冷空调设备还可实现分布式能源结构，大大提高天然气利用效率，实现热、电、冷三联供。这种系统由于充分利用了燃气发动机的余热，其效率可以提高40%以上。这种方式对独立的小区、住宅有相当大的发展前景，不需要备用电，大大降低电力成本，节能效果显著，具有很大的经济价值和使用价值。

燃气驱动吸收式制冷空调设备运行费用和电驱动空调运行费用高低受气电价格比影响。有关计算数据表明，1m^{3}天然气消费价格与1kWh价格之比在小于或等2.5:1时，燃气驱动吸收式制冷空调设备运行费用将低于电力空调运行费用。空调使用时间正是电力需求高峰期，电力和燃气分时计价政策，有助于降低燃气驱动吸收式制冷空调设备运行费用，也利于燃气驱动吸收式制冷空调设备推广。

五、燃气驱动吸收式制冷空调设备缓解电力峰谷，平衡燃气季节峰谷

由于电力空调和燃气取暖的使用时间均有季节性和周期性特点，大量电力空调器夏季同时使用，而冬季绝大多数家庭趋向燃气取暖，从而导致电力峰谷和燃气峰谷正好向相反方向变化，这些问题在上海等经济发达城市尤为突出。1999年，上海夏季用电高峰负荷达到9013MW，其中空调用电3250MW，占高峰负荷的36%；2003年，上海夏季用电高峰负荷达到13620MW，其中空调用电达6129MW，占高峰负荷45%；而在1999年，冬季电力最高负荷为7000MW，夏季用电为冬季用电的129%。燃气的峰谷与电力峰谷正相反，夏季由于环境温度高，以取暖与供热为主要目的城市燃气用量趋降，上海市城市燃气1月份平均最高日用气量为629万 m^3，而8月份用气量最低，平均日用气量仅470万 m^3，夏季用气仅为冬季的68%。可见，燃气负荷和电力负荷全年的峰谷分布大致呈互补关系，燃气驱动吸收式制冷空调设备正好可以利用夏季多余的天然气进行制冷，可以有效缓解空调用能对电网的急剧增长的压力，有利于我国能源消费结构的调整和优化。

世界上经济发达国家和地区相当重视利用燃气驱动吸收式制冷空调设备消减夏季

高峰电力、填补夏季低谷燃气。日本在其经济腾飞时期的 20 世纪 60 年代末，从政府到民间一致推动燃气驱动吸收式制冷空调设备的发展，大约用了 10 年的时间，燃气驱动吸收式制冷空调设备占据了日本中央空调市场的 85% 左右，一直保持到现在。韩国在研究了日本的经验之后也大力发展燃气驱动吸收式制冷空调设备，其燃气驱动吸收式制冷空调设备在国内市场上的占有率比日本还高。由于美国早期电力基础设施雄厚，加之 20 世纪 70 年代政府对天然气地下储量态度悲观，因此燃气驱动吸收式制冷空调设备的发展在相当长的时间受到了制约，在 1998 年以前，美国燃气驱动吸收式制冷空调设备市场份额不足 1%。然而，1999 年 7 月因连续高温导致空调用电剧增，纽约地区 14 个电网中有 6 个陷于瘫痪，数十座城市发生拉闸限电，于是美国重新开始大力发展燃气驱动吸收式制冷空调设备。在 2000 年中央空调销售市场中，燃气驱动吸收式制冷空调设备份额迅速提高到 7%。

可见，燃气驱动吸收式制冷空调设备有助于燃气和电力能源均衡利用，既有利于电力负荷率的改善，减轻夏季电力峰谷问题，又有利于燃气的峰谷平衡，提高燃气管网利用效率，降低供气成本，使夏季过剩的燃气得到充分利用，是调整和优化国家能源消费结构重要手段。

六、国家和地方政策鼓励发展燃气驱动吸收式制冷空调设备

目前我国能源消费比例结构中，煤约占 68%，石油约占 23.45%，天然气约占 3%，为了改善能源结构，由以煤为主体转向油、气、核能、可再生能源多元化消费结构，国家确定了在近 10 年时间内将天然气比例增加到 7% 左右，缓解高峰用电紧张局面，国家政策鼓励使用燃气空调并制定有关政策，许多大城市各级政府部门也制定相关优惠政策。上海市 2004 年《关于本市鼓励发展燃气空调和分布式供能系统的意见》的通知中计划在未来三年市区新增 600 台燃气空调，燃气空调占全市中央空调的比重达到 10% 左右，建成十余个利用燃气发电、制冷、制热的分布式供能系统，并出台了补贴方案：2004～2007 年，纳入上海燃气空调和分布式供能系统推进计划的燃气空调和单机规模 10MW 及以下的分布式供能系统项目，按 700 元/kW 装机容量补贴。燃气空调按 100 元/kW 制冷量补贴，并对用户实行季节性差异气价。

为缓解能源紧张，优化能源消费结构，北京市曾下调空调制冷燃气价格，并继续推广燃气空调，对申请油改气的项目开辟快速通道，在最短时间内完成申报手续和安装手续，并在费用方面给予最大的优惠，空调制冷燃气价格将下调为 1.60 元/m³。

此外，天津、南京、杭州等地也大力推广燃气空调，并出台相关鼓励政策。这些优惠政策和措施极大地推动了中国燃气中央空调事业的发展。

第三节　吸收式制冷机的分类

吸收式制冷机可依据吸收制冷循环级（效）数、驱动能源形式、工作循环功能、吸收工质对种类等进行分类。

一、按吸收制冷循环级（效）数划分

吸收制冷循环级数和效数是两个不同的概念：级数是依据吸收器级数不同划分的，如当系统中有两级吸收器时称为双级循环（two-stage cycle）；效数是依据发生器的级数不同划分的，如当系统有双级发生器时称为双效循环（two-effect cycle）。

在热源温度较高条件下，多效多级吸收制冷循环可获得更高的热力系数值。图6-5所示是单效吸收制冷循环流程图，输入到发生器的热能仅一次被利用，从发生器所产生过热水蒸气冷凝热全部在冷凝器中被排出，故循环热力系数值很低。图6-6所示是双效并联吸收制冷循环流程图，它是在单效基础上增加一个高压发生器和溶液热交换器，高压发生器中产生水蒸气在低压发生器中冷凝并加热稀溶液，来自吸收器稀溶液被并联分配到高低压发生器中。除并联外，还有串联连接，在串并联连接方式中，从外界输入系统热能被利用两次，因此循环热力系数值比单效高得多。图6-7所示是三效并联吸收制冷循环流程图，它是在双效循环的基础上增加了一个高压发生器和溶液热交换器，来自吸收器的稀溶液以并联方式被分配到三个发生器。除了并联流程外，还有串联流程、串并联流程等多种连接方式。研究认为三效吸收制冷循环可能存在69种连接方式，并分析推断出逆串联的三效制冷循环是较有价值的循环。同双效水/溴化锂吸收制冷循环相比，三效循环中输入的热能被利用了三次，因此循环热力系数比双效循环高得多。文献对多种连接形式三效循环进行了理论分析和比较，理论计算表明循环热力系数可达2.0左右。表6-2是溴化锂机组热源温度和热力系数。从热源温度和热力系数增加比例来看，三效溴化锂机组是较有发展潜力的一种类型。一方面单效和双效机组热力系数值较低，另一方面，在热源温度每增加50℃时，四效机组热力系数增加值小于0.3。四效机组较三效机组的系统更加复杂，热源温度过高，但获得能效增加很小，三效机组已存在严重的腐蚀问题，而四效机组具有更高压发生器，腐蚀问题将比三效机组更为严重。正因如此，企业厂家尽力发展改进循环工质的三效机组。

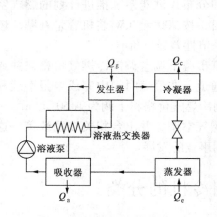

图6-5 溴化锂水溶液单效吸收式
制冷循环流程图

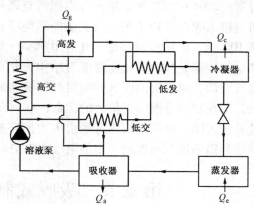

图6-6 溴化锂水溶液双效并联吸收式
制冷循环流程图

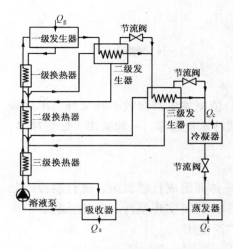

图 6-7　溴化锂水溶液三效并联吸收式
　　　　制冷循环流程图

溴化锂机组热源温度和热力系数值　　表 6-2

机组分类	热源温度（℃）	热力系数值
单效溴化锂机组	85～150	0.5～0.7
双效溴化锂机组	150～180	1.0～1.2
三效溴化锂机组	200～230	1.67～1.72
四效溴化锂机组	250～280	1.93～2.0

三效循环较双效循环能大大提高热力系数值，但因溶液温度升高却带来腐蚀问题，同时，由于发生压力超过大气压力也给容器制造提出要求。

二、按驱动能源划分

1. 直燃型

直燃型以燃油、燃气的热能驱动吸收制冷机，可实现制冷、制热或制备卫生热水中一种或几种功能。燃油型燃料为轻油或重油；燃气型燃料为液化气、城市煤气或天然气等。此外，若同时采用两种燃料则是双燃料型的。

2. 蒸汽型

蒸汽型以蒸汽热能驱动吸收制冷机。依据工作蒸汽品位高低，还可分为单效型和双效型。蒸汽单效型工作蒸汽绝对压力通常在 0.13～0.25MPa；蒸汽双效型工作蒸汽绝对压力通常在 0.5～0.9MPa。

3. 热水型

热水型以热水热能驱动吸收制冷机。热水来源为锅炉、工业余热、废热、地热或太阳能。依据热水温度高低又可分为单效热水型或双效热水型。当热水温度在 85～150℃ 范围内时可驱动单效热水型制冷机组；当热水温度超过 150℃ 时可驱动双效热水型制冷机组。

4. 太阳能型

太阳能型以太阳能集热器所获得的热能驱动吸收制冷机。依据加热方式不同可分为两类：一类是将吸收式制冷机组成部件——发生器与太阳能集热器集合为一体；另一类是利用太阳能集热器所获得的热能先加热循环水，再将热水送入发生器内加热稀溶液，此类以热水作为热交换介质，实质上是热水型吸收制冷机。

5. 混合型

混合型以上述热源中两种或多种驱动吸收制冷机，比如，蒸汽—直燃混合型、热水—直燃混合型、蒸汽—热水混合型等。

三、按工作循环功能划分

1. 制冷循环型

制冷循环型就是通常所谓的吸收式冷水机组，依据发生器级数不同又分为单效吸收式冷水机组、双效吸收式冷水机组、三效吸收式冷水机组等，一般来讲，效数越多，要求热源温度越高。

2. 制冷制热循环型

制冷制热循环型是将锅炉与吸收式机组集成一体而组成直燃机组，进行制冷或制热循环，该型机组不需要另外配置锅炉，燃料范围广，可实现制冷、制热、制备卫生热水三大功能，所以近年来在国内外得到越来越广泛应用。

3. 热泵循环型

热泵循环型就是吸收式热泵，它是将低品位低温热源的热量转移到高品位高温热源，供采暖或其他工艺过程使用的设备。吸收式热泵的输入热量是发生器驱动热源和蒸发器低温热源，其输出热量为冷凝器冷凝热和吸收器吸收热。一般将吸收式热泵分为第一类吸收式热泵和第二类吸收式热泵两种类型。

第一类吸收式热泵又称增热型吸收式热泵，是将低温热源热量传入蒸发器、驱动热源热量输入发生器，从中温热源吸收器和冷凝器输出热量，该类热泵利用低品位低温热源热量，所以具有显著的节能效果。

第二类吸收式热泵又称为升温型吸收式热泵或热变换器，以 $60 \sim 100℃$ 的废热为驱动热源，吸收器输出更高温度热水或蒸汽，其热力系数在 0.4 左右，主要是可获得比驱动热源更高品位高温热源。

四、按吸收工质对划分

吸收式制冷循环系统所用工质对有数十种之多，但依据制冷剂种类与特性不同，主要可分为水系工质对、氨系工质对、醇系工质对和氟利昂系工质对。

1. 水系工质对

除硫酸水溶液以硫酸为吸收剂外，水系工质对主要以水为制冷剂，盐为吸收剂，由于制冷剂与吸收剂沸点相差很大，故不需要精馏部件，水蒸发温度在零度以上，只适合制取 $5 \sim 7℃$ 空调冷冻水。常见的盐水溶液制冷剂—吸收剂工质对见表6-3。

水系工质对　　　　　　　　　　　　　　　　　　　表6-3

盐溶液组分数	工 质 对
二元	$H_2O—LiBr$；$H_2O—LiCl$；$H_2O—LiI$；$H_2O—NaOH$； $H_2O—CaCl_2$；$H_2O—LiSCN$；$H_2O—CsF$；$H_2O—RbF$；$H_2O—CsBr$
三元	$LiBr$ 水溶液 + $LiCl$、$LiSCN$、$NaSCN$、$CaCl_2$、$ZnCl_2$、$ZnBr_2$、$C_3H_8O_2$、 $C_2H_6O_2$ 中一种；$LiCl$ 水溶液 + $CaCl_2$

盐溶液组分数	工 质 对
四 元	LiCl 水溶液 + CaCl$_2$ + ZnCl$_2$; LiCl 水溶液 + CaCl$_2$ + MgCl$_2$
五 元	H$_2$O—LiBr—LiI—LiCl—LiNO$_3$

2. 氨系工质对

氨系工质对中应用最广的是氨水溶液。氨水溶液吸收制冷循环以氨为制冷剂，水为吸收剂，可获得较低制冷温度，但因氨和水沸点相差不大，故该循环却需要增加精馏部件。工质对 LiNO$_3$—NH$_3$ 和 NaSCN—NH$_3$ 溶液的吸收剂和制冷剂之间沸点相差很大，可省去 NH$_3$—H$_2$O 吸收循环所必需的精馏装置。此外，还可在氨水溶液中增加 LiNO$_3$、NaSCN 或 LiBr 组分，组成三元或多元工质对。

3. 醇系工质对

醇系工质对可由甲醇（CH$_3$OH） + 氯溴碘的锂盐或锌盐，也可由 TFE （三氟乙醇）或 HFIP （六氟异丙醇）和高沸点的有机溶剂——DMA、DMEU、DMPU、NMC、NMP、MEDEG、DMETEG （E181）、PYR （吡咯烷酮）组成。

4. 氟利昂系工质对

氟利昂系工质对由 R22、R134a、R32、R152a 或非共沸工质和有机溶剂（如 DMA、DMF、DEGDMF 或 E181）组成。常见的氟利昂系工质对见表6-4。

氟利昂系工质对　　　　　　　　　　　　表6-4

制 冷 剂	吸 收 剂
R134a	DMA、DME、E181、MCL、NMP、DMEU 或 DMF
R22	DMA、DME、E181、MCL、NMP、DMEU 或 DMF
R124	DMA、NMP、MCL、DMEU 或 DMETEG （E181）
R21、R142a 或 R152a	DMF
R134a + R32	DMF

第四节　吸收式制冷循环工作原理

一、吸收式制冷循环概述

1. 吸收制冷机基本构成

如图6-8所示，吸收式制冷机主要由四个热交换设备、溶液泵、膨胀阀、调节阀等基本部件构成，四个热交换设备是指发生器、冷凝器、蒸发器和吸收器。吸收制冷循环由制冷剂循环和吸收剂循环两个循环环路组成。制冷剂循环的工作过程是：由发生器内加热溶液所产生的高温高压制冷剂蒸气流入冷凝器，高温气态制冷剂在冷凝器中被冷却介质冷却成液态，然后经节流阀减压降温成低温低压制冷剂再流入蒸发器，制冷剂在低压下蒸发吸热，吸取被冷却介质的热量从而实现制冷效果。吸收剂循环工作过程是，从发生器流入吸收器的溶液不断吸收蒸发器产生的低压气态制冷剂，以维持蒸发器内低压状态，吸收剂吸收制冷剂后形成的混合溶液经溶液泵升压后进入发生器，在发生器中被加热以产生制冷剂蒸气并进入冷凝器液化，而剩下的混合溶液返回吸收器再次吸收来自蒸发器的低压气态制冷剂。值得注意的是，吸收过程是将制冷剂蒸气转化为液态的过程，需要放出吸收热，正如冷凝过程一样，吸收过程也是放热过程，因此需要冷却介质带走其吸收热。

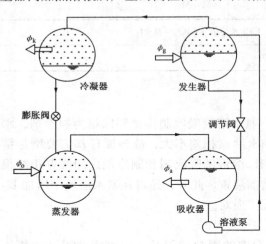

图 6-8　吸收制冷循环基本组成原理图

　　吸收制冷中吸收剂并不是单一工质，而是以混合溶液形式参与循环，此混合溶液从发生器流入吸收器时，含有制冷剂的浓度较低，而从吸收器流进发生器时，由于在吸收器中吸收了气态制冷剂，溶液含有制冷剂的浓度较高。依据吸收制冷工质对的种类不同，制冷机结构也有所不同。就盐溶液工质对（如溴化锂水溶液）而言，由于盐与水之间沸点相差非常大，在发生器中加热盐溶液所产生蒸汽全部为水蒸气，因此在发生器与冷凝器之间不需要设置精馏器，这种循环可称之为无精馏器吸收制冷循环。若吸收剂与制冷剂之间沸点相差较小，比如氨水溶液、氟利昂系有机溶液等工质对，溶液在发生器中被加热所产生蒸汽是制冷剂和吸收剂混合蒸气，因此需要在发生器与冷凝器之间设置精馏器来除去其中的吸收剂蒸气以保证循环制冷效率，这种循环可称之为设精馏器吸收制冷循环。

　　此外，吸收式制冷机可以作为热泵使用，可以从低温环境向高温环境输送热量，这种可实现制热功能的吸收式循环称为吸收式热泵。

2. 吸收式制冷循环热力系数

　　蒸气压缩式制冷用制冷系数 ε 评价其经济性，而吸收式制冷只要消耗热能，故常以热力系数 ξ 作为其经济性评价指标。热力系数 ξ 是吸收式制冷系统的制冷量 ϕ_o 与消耗的热量 ϕ_g 之比。

　　通常，在给定的条件下，热力系数越大，循环的经济性越好。需要注意的是，热力系数只表示吸收式制冷机组工作时制冷量与所消耗的加热量的比值，与通常所说的机械设备的效率不同，其值可以小于或等于 1，或大于 1。

　　在吸收式制冷循环中，工质对在发生器中从高温热源吸收热量，在蒸发器中从低温热源吸收热量，在吸收器和冷凝器向外界放出热量，而溶液泵只是提供输送溶液时克服管道阻力和重力位差所需要的动力，消耗的机械功很小。对于理想的制冷循环，由热力学第一定律得：

$$\phi_g + \phi_o + P = \phi_a + \phi_k \qquad (6\text{-}1)$$

设制冷循环是可逆的，发生器里热媒温度是 T_g，蒸发器中被冷却物的温度为 T_o，环境温度为 T_e，则吸收式制冷循环单位时间内引起外界熵的变化为：对于发生器的热媒 $\Delta S_g = -\phi_g / T_g$，对于蒸发器被冷却物的 $\Delta S_o = -\phi_o / T_o$，对于周围环境的是 $\Delta S_e = -\phi_e / T_e$（$\phi_e = \phi_a + \phi_k$）。由热力学第二定律可知，系统引起外界总熵的变化应大于或等于零，即：

$$\Delta S = \Delta S_g + \Delta S_o + \Delta S_e \geqslant 0 \qquad (6\text{-}2)$$

联立式（6-1）和式（6-2）得：

$$\phi_g \frac{T_g - T_e}{T_g} \geqslant \phi_o \frac{T_e - T_o}{T_o} - P \qquad (6\text{-}3)$$

忽略泵的功率，则吸收式制冷循环的热力系数 ξ_r 为：

$$\xi_r = \frac{\phi_o}{\phi_g} \leqslant \frac{T_o\ (T_g - T_e)}{T_g\ (T_e - T_o)} \qquad (6\text{-}4)$$

吸收式制冷循环最大热力系数 ξ_{max} 为：

$$\xi_{max} = \frac{T_g - T_e}{T_g} \cdot \frac{T_o}{T_k - T_o} = \eta \varepsilon \qquad (6\text{-}5)$$

式中　η——工作在高温热源温度 T_g 和环境温度 T_e 间卡诺循环的热效率，$\eta = \dfrac{T_g - T_e}{T_g}$；

ε——工作在低温热源温度 T_o 和环境温度 T_e 间逆卡诺循环的制冷系数，

$\varepsilon = \dfrac{T_o}{T_k - T_o}$。

由此可见，理想吸收式制冷循环可看作是工作在高温热源温度 T_g 和环境温度 T_e 间卡诺循环与工作在低温热源温度 T_o 和环境温度 T_e 间逆卡诺循环的联合，其热力系数最大值 ξ_{max} 是吸收式制冷理论上所能达到热力系数的最大值，其值只取决于三个热源的温度，与其他因素无关。

在实际过程中，由于存在着不可逆损失，吸收式制冷循环的热力系数总小于相同热源条件下理想循环热力系数，二者之比就是吸收式制冷循环的热力完善度，即 $\beta = \xi_r / \xi_{max}$。可见，热力完善度越大，表示循环的不可逆损失越小。

二、无精馏器吸收式制冷循环工作原理

无精馏器吸收制冷循环是以盐溶液为吸收制冷工质对的制冷循环。溴化锂水溶液是该类循环目前最常用的吸收制冷工质对，因此下面以溴化锂水溶液为吸收制冷工质对来讲述无精馏器吸收制冷循环的工作原理。依据溴化锂溶液吸收制冷循环的效数不同，可分为单效、双效或多效。通常通过溴化锂溶液热力学性质的压温图（$p\text{-}t$ 图）和焓浓度图（$h\text{-}\xi$ 图）可清楚描述各种吸收制冷循环工作原理。

1. 单效溴化锂吸收式制冷循环

单效溴化锂吸收制冷循环是最基本的溴化锂吸收式制冷形式,这种制冷循环热力系数较低,一般为 0.6～0.7,由于这种制冷循环对热源温度要求不高,有利于利用低品位能源,如余热、废热、生产过程的排热等,在利用低品位能源方面有很好应用前景。

图 6-9 为蒸汽型单效溴化锂吸收式制冷系统的原理图,该制冷循环由制冷剂回路、溶液回路、热源回路、冷却水回路和冷冻水回路构成。工作时,由发生器、蒸汽锅炉、疏水器、凝水箱、凝水泵等构成的热源回路向机组提供作为驱动热源的蒸汽;由蒸发器、冷水泵、膨胀水箱等构成的冷冻水回路向空调器或生产工艺中的冷却设备供冷;由吸收器、冷凝器、冷却水泵、冷却塔等冷却水回路向周围环境排放溶液的吸收热和制冷剂蒸气冷凝所释放的冷凝热。如果热源回路由发生器和热水锅炉等构成,系统为热水型单效溴化锂吸收制冷循环;如果热源回路由发生器和燃料燃烧装置等构成,系统为直燃型单效溴化锂吸收式制冷循环。

单效溴化锂吸收式制冷循环溶液回路由发生器、冷凝器、蒸发器、吸收器和溶液热交换器等构成。来自吸收器的低温稀溶液与来自发生器的高温浓溶液在溶液热交换器中换热,这样既提高了进入发生器的稀溶液的温度,减少了热损失;又降低了进入吸收器浓溶液的温度,减少了吸收器的冷却负荷。

在分析理论循环时假定:工质流动时无损失,因此在热交换设备中进行的是等压过程,发生器压力 p_g 等于冷凝器压力 p_k,吸收器压力 p_a 等于蒸发器压力 p_o,发生过程和吸收过程终了的溶液状态,以及冷凝和蒸发终了制冷剂状态都为饱和态。

图 6-10 和图 6-11 分别是图 6-9 所示系统理想循环的 p-t 图和 h-ξ 图。

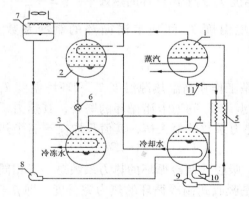

图 6-9　单效溴化锂吸收式制冷
循环工作原理

1—发生器;2—冷凝器;3—蒸发器;

4—吸收器;5—溶液热交换器;6—节流阀;

7—冷却塔;8—冷却泵;9—溶液泵;

10—溶液泵;11—调节阀

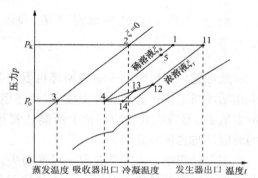

图 6-10　单效溴化锂吸收制冷循环 p-t 图

（1）循环中的溶液回路

图中,4-5 为稀溶液经溶液热交换器的升温过程,温度升高而质量分数不变。从

发生器流出的浓溶液温度较高，为了在吸收器中吸收制冷剂蒸气，需降低温度，而从
吸收器流出的稀溶液温度较低，为了在发生器
中发生蒸气，需升高稀溶液的温度，通过溶液
热交换器，不仅减少了吸收器的冷却负荷，而
且减少了发生器的加入热量，从而节约了能源，
使系统效率提高。

　　图中，5-1-11 为发生过程，其中 5-1 为稀
溶液在发生器里的预热过程，来自溶液热交换
器的稀溶液在发生器里被热源加热，达到 p_k 压
力下的气液相平衡状态点 1。1-11 为稀溶液在
发生器中的发生过程，达到气液相平衡状态的
稀溶液在发生器中被热源加热，在 p_k 压力下定
压发生，溶液温度、质量分数不断升高，过程
终了达到状态点 11。因为发生过程溶液的温度
和质量分数不断变化，其发生的制冷剂蒸气温
度也不断变化，为了简化，通常用平均温度 t_{2b}
作为发生出来的制冷剂蒸气温度，2b 点为 p_k 压
力下发生器中发生出来的制冷剂蒸气状态。

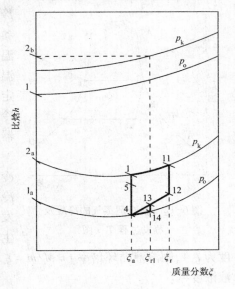

图 6-11　单效溴化锂吸收
制冷循环 h-ξ 图

　　该循环过程如下：

　　11-12：浓溶液在溶液热交换器中的降温过程，温度降低质量分数不变。

　　4/12-13：浓溶液与稀溶液混合成点状态溶液的过程，若采用浓溶液直接喷淋则无
此过程。

　　13-14：溶液进入吸收器后的闪发过程，溶液温度降低，质量分数略有升高，到达
状态点 14。

　　14-4：溶液在吸收器内的吸收过程，混合溶液吸收吸收器内制冷剂蒸气，同时被
冷却水冷却，溶液的质量分数和温度不断下降，终了到达状态点 4。

　　（2）循环中制冷剂回路

　　在 p-t 图上给出的 $\xi=0$ 线为水的饱和线，无法区分气相、液相，也不能表示过热
状态，因此不能反映制冷剂蒸气在冷凝器内的冷凝过程和制冷剂水在蒸发器中的蒸发
过程。在 h-ξ 图上制冷剂水和制冷剂蒸气的状态点都位于纵坐标上，也不能清楚地表
示制冷剂蒸气在冷凝器内的冷凝过程和制冷剂水在蒸发器中的蒸发过程。这里借用温
熵图（T-s 图）来说明，如图 6-12 所示。

　　曲线 AB 表示液态饱和水线，曲线 CD 表示水的饱和蒸汽线，发生器发生出的状态
点 2b 的过热蒸汽，先被冷凝器冷却到饱和蒸汽状态点 a，然后再等温下放出潜热，被
冷凝为状态点 2a 液态下的制冷剂水，然后制冷剂水经节流阀节流降压后进入蒸发器，
喷淋在蒸发器中的传热管束上，吸收管束内冷冻水的热量而蒸发，冷冻水温度降低而
产生制冷效果。过程线 b-3 表示蒸发过程，状态点 3 为饱和制冷剂蒸气状态。

影响单效吸收式制冷热力效率的外部条件包括热源温度 t_h、冷却介质温度 t_w 和被

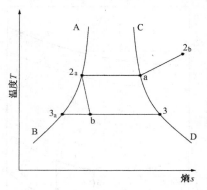

图 6-12 制冷剂蒸气的冷凝及
蒸发过程 $T\text{-}s$ 图

冷却介质的温度 t_{cw}，它们影响着机组的各个内部参数。被冷却介质的温度决定蒸发压力 p_o 和蒸发温度 t_o，冷却介质的温度决定冷凝压力 p_k 和冷凝温度 t_k 及吸收器内溶液的最低温度 t_a，热源温度决定了发生器内的最高温度 t_1，进而，p_o 与 t_a 又决定冷吸收器中稀溶液的浓度 ξ_a，p_k 和 t_1 决定了发生器中浓溶液的浓度 ξ_r。

溶液的循环倍率 f，表示系统中每产生 1kg 制冷剂所需要来自发生器稀溶液数。设从发生器进入冷凝器的制冷剂流量为 m（kg/s），从吸收器流入发生器的稀溶液流量为 M(kg/s)（浓度为 ξ_a），从发生器流入吸收器的浓溶液流量为 $M-m$（kg/s）（浓度为 ξ_r），则溶液循环倍率 $f = M/m = \xi_r/\Delta\xi$，放气范围 $\Delta\xi = \xi_r - \xi_a$，表示浓溶液与稀溶液浓度差。

2. 双效溴化锂吸收式制冷循环

在单效溴化锂吸收式制冷循环中，为了防止浓溶液发生结晶，因此从发生器内流出的浓溶液质量分数不能过高，在发生器中浓溶液的温度受到限制，通常不超过110℃，加热热源的温度也不能过高，为充分利用高品位能源，研发了双效溴化锂吸收式制冷机。

双效溴化锂吸收式制冷循环热力系数较单效溴化锂吸收制冷循环的高，热力系数约为 1.1~1.2，但需要较高品位的热源，常采用 0.25~0.8MPa 的饱和蒸汽或 150℃ 以上的热水作为驱动热源。

根据溶液循环方式的不同，常用的双效溴化锂吸收制冷机主要分为串联流程、并联流程和串并联流程。稀溶液流出吸收器后分成两路，分别进入高、低压发生器的布置称为并联流程；稀溶液流出吸收器后，先后依次进入高、低压发生器的布置称为串联流程；稀溶液流出吸收器分成两路进入高、低压发生器，从高压发生器出来的浓溶液先进入低压发生器，与其中的溶液一起流回吸收器，此形式循环为串并联流程。各流程均有其特点，串联流程操作简单，运行稳定，为国外大部分产品采用；并联流程具有较高的热力系数，为国内大多产品采用；串并联流程介于两者之间，近年来有较多产品采用。根据驱动热源的不同，合理选择循环流程，可以有效地提高系统效率。

（1）并联流程双效溴化锂吸收制冷循环

图 6-13 表示了并联流程蒸汽型双效溴化锂吸收制冷循环的工作原理，从图中可以看出，双效溴化锂吸收制冷循环系统比单效式系统多了一个高压发生器和一个高温溶液热交换器，蒸汽型双效制冷循环系统和单效系统一样，也有热源回路、溶液回路、制冷剂回路、冷却水回路和冷冻水回路。

蒸汽型双效溴化锂吸收制冷系统热源回路有两个：一是由高压发生器和驱动热源等构成的驱动热源加热回路；另一个是由高压发生器和低压发生器等构成的制冷剂蒸

气加热回路。溶液回路由高压发生器、低压发生器、吸收器、高温溶液热交换器和低温溶液热交换器等构成。其他回路与单效系统的相同。

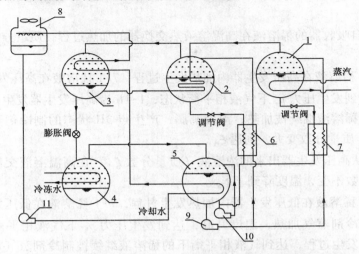

图 6-13　并联流程双效溴化锂吸收式制冷工作原理（低温溶液热交换器前分流）
1—高压发生器；2—低压发生器；3—冷凝器；4—蒸发器；5—吸收器；6—低温溶液热交换器；
7—高温溶液热交换器；8—冷却塔；9—溶液泵；10 溶液泵；11—冷却泵

在并联流程中，根据稀溶液是在低温溶液热交换器之前还是之后分成两路，系统形成不同循环形式。

1）稀溶液在低温溶液热交换器之前分流的双效溴化锂吸收制冷循环

稀溶液在低温溶液热交换器之前分流的双效溴化锂吸收制冷循环工作原理图如 6-13 所示，该制冷循环在 h-ξ 和 p-t 的表示分别如图 6-14 和图 6-15 所示。

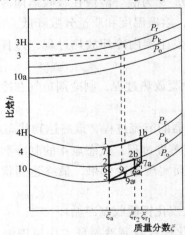

图 6-14　并联流程双效溴化锂
吸收式制冷循环 h-ξ 图
（低温溶液热交换器前分流）

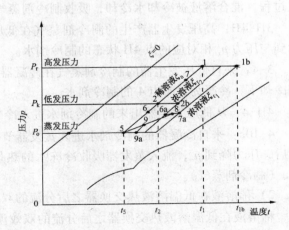

图 6-15　并联流程双效溴化锂
吸收式制冷循环 p-t 图
（低温溶液热交换器前分流）

整个制冷循环由下列过程组成：

5-6：来自吸收器的稀溶液在低温溶液热交换器的加热过程，质量分数不变，温度从 t_5 提高 t_6。

5-7：来自吸收器的稀溶液在高温溶液热交换器的加热过程，质量分数不变，温度从 t_5 提高 t_7。

7-1-1b：稀溶液在高压发生器内加热发生过程，7-1 稀溶液在高压发生器被加热，温度升高，达到发生压力 p_r 下气液相平衡状态，1-1b 为高压发生器发生过程，达到气液相平衡下的稀溶液继续被加热，溶液沸腾，产生点 3H 状态的制冷剂蒸气，溶液温度升高到 t_{1b}，质量分数变大，到达 ξ_{r1}。

1b-7a：从高压发生器出来的浓溶液（质量分数 ξ_{r1}）在高温溶液交换器换热降温过程，质量分数不变，温度降到了 t_{7a}。

6-2-2b：稀溶液在低压发生器内加热发生过程，7-1 稀溶液在低压发生器被来自高压发生器制冷剂蒸气加热，温度升高，达到发生压力 p_k 下气液相平衡状态，2-2b 为低压发生器发生过程，达到气液相平衡下的稀溶液继续被制冷剂蒸气加热，溶液沸腾，产生状态点 3 的制冷剂蒸气，溶液温度升高到 t_{2b}，溶液质量分数变大到 ξ_{r2}。

2b-6a：从低压发生器出来的浓溶液（质量分数 ξ_{r2}）在低温溶液热交换器降温过程，质量分数不变，温度降到了 t_{6a}。

6a/7a-8：来自高温溶液热交换器的浓溶液（质量分数 ξ_{r1}）与来自低温溶液热交换器的浓溶液（质量分数 ξ_{r2}）混合过程，混合后达到状态点 8。

8/5-9：状态点 8 的溶液与吸收器内状态点 2 的溶液混合过程，终了达到状态点 9。若浓溶液直接喷淋到吸收器内则无此过程。

9-9a-5：浓溶液进入吸收器吸收制冷剂蒸气的过程，9-9a 为状态点 9 的溶液进入吸收器闪蒸过程，温度下降，质量分数略有增加，9a-5 为混合溶液在吸收器内冷却吸收过程，混合溶液被冷却水冷却，吸收制冷剂蒸气，溶液温度和质量分数降低。

3H-4H：高压发生器产生的制冷剂蒸气在低压发生器内冷却放热过程，过程终了达到与压力 p_r 相对应的点 4H 状态的制冷剂水。

3-4：来自低压发生器的制冷剂蒸气在冷凝器冷凝放热过程，制冷剂蒸气在冷却水的冷却下，冷凝为状态点 4 的制冷剂水。

4H-4：从低压发生器出来的制冷剂水进入冷凝器的节流过程，最终达到状态点 4。

4-10a：来自冷凝器的制冷剂水进入蒸发器节流蒸发过程，状态点 4 的制冷剂水节流后，压力降到 p_o，流入蒸发器吸收冷冻水的热量而实现制冷效果，最终达到状态点 10a（制冷剂蒸气）。

2）稀溶液在低温溶液热交换器之后分流的双效溴化锂吸收制冷循环

稀溶液在低温溶液热交换器之后分流的双效溴化锂吸收制冷循环工作原理图如 6-16 所示，制冷循环在 h-ξ 和 p-t 的表示如图 6-17 和图 6-18 所示。

该循环与上述稀溶液在低温溶液热交换器前分流的循环形式大致相同，不同的几个过程如下：

5-6：来自吸收器稀溶液，经溶液泵输送全部进入低温溶液热交换器加热升温过程。

6-2-2b：在低温溶液交换器后分流出的一部分稀溶液进入低压发生器被加热，发生制冷剂蒸气的过程。

6-7：在低温溶液交换器后分流出的另一部分稀溶液进入高温溶液热交换器被加热的过程。

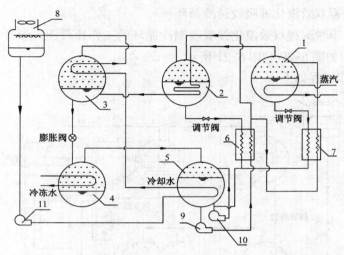

图 6-16　并联流程双效溴化锂吸收式制冷循环工作原理（低温溶液热交换器后分流）

1—高压发生器；2—低压发生器；3—冷凝器；4—蒸发器；5—吸收器；6—低温溶液热交换器；

7—高温溶液热交换器；8—冷却塔；9—溶液泵；10 溶液泵；11—冷却泵

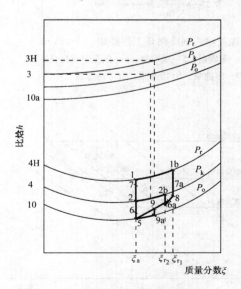

图 6-17　并联流程双效溴化锂
吸收式制冷循环 h-ξ 图
（低温溶液热交换器后分流）

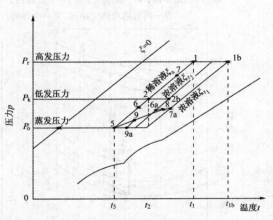

图 6-18　并联流程双效溴化锂
吸收式制冷循环 p-t 图
（低温溶液热交换器后分流）

（2）串联流程双效溴化锂吸收制冷循环

在串联流程中，吸收器出来的稀溶液在溶液泵的输送下，以串联的形式先后进入高、低压发生器。根据稀溶液是先进入高压发生器，还是先进入低压发生器，系统可分为不同的形式。通常稀溶液先进入高压发生器的循环形式称为串联流程双效溴化锂吸收制冷，这种循环最早应用在双效溴化锂吸收制冷中；稀溶液先进入低压发生器的循环形式称为倒串联流程双效溴化锂吸收制冷。

1）串联流程双效溴化锂吸收制冷循环

图 6-19 为串联流程双效溴化锂吸收制冷循环的工作原理图，制冷循环在 $h-\xi$ 和 $p-t$ 的表示分别如图 6-20 和图 6-21 所示。

该循环工作过程如下：

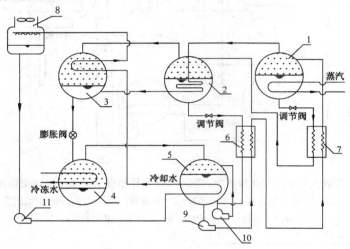

图 6-19　串联流程双效溴化锂吸收式制冷循环工作原理

1—高压发生器；2—低压发生器；3—冷凝器；4—蒸发器；5—吸收器；6—低温溶液热交换器；
7—高温溶液热交换器；8—冷却塔；9—溶液泵；10 溶液泵；11—冷却泵

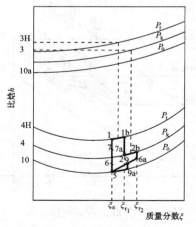

图 6-20　串联流程双效溴化锂
吸收式制冷循环 $h-\xi$ 图

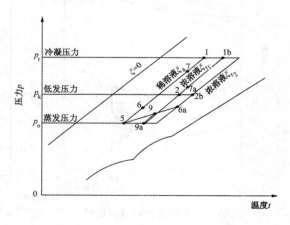

图 6-21　串联流程双效溴化锂
吸收式制冷循环 $p-t$ 图

5-6-7：来自吸收器内的稀溶液，在溶液泵的输送下，先后进入低温溶液热交换器和高温溶液热交换器，被来自低压发生器和高压发生器的浓溶液加热的过程，此过程稀溶液质量分数不变，温度升高。

7-1-1b：来自高温溶液热交换器的稀溶液，在高压发生器内被加热，产生制冷剂蒸气过程，稀溶液被驱动热源加热，温度升高，先到达压力 p_r 下气液平衡状态点 1，然后沸腾产生 3H 状态的制冷剂蒸气，溶液浓度和温度升高，达到状态点 1b，状态点 1b 的溶液质量分数 ξ_{r1}，称为中间溶液。

1b-7a：从高压发生器流出的中间溶液，进入高温溶液热交换器换热降温过程，此过程浓溶液质量分数不变，温度下降到状态点 7a。

7a-2-2b：中间溶液进入低压发生器，被来自高压发生器的制冷剂蒸气加热过程，发生出状态点 3 的制冷剂蒸气，过程最终达到状态点 2b，浓溶液的质量分数为 ξ_{r2}。

2b-6a：从低压发生器流出的浓溶液在低温溶液热交换器中换热降温过程。

从低温溶液热交换器出来的浓溶液进入吸收器吸收制冷剂蒸气过程及制冷剂蒸气冷凝、蒸发过程与并联流程的相同，在此不再重述。

2）倒串联流程双效溴化锂吸收制冷循环

串联流程双效溴化锂吸收制冷循环中，高压发生器的热源温度较高，而加热的溶液的质量分数较低，溶液质量分数从 ξ_0 增加到 ξ_{r1}，溶液所需要的发生温度较低；在低压发生器中，来自高压发生器的制冷剂蒸气的饱和温度较低，而被加热的溶液质量分数较高，溶液质量分数从 ξ_{r1} 到 ξ_{r2}，溶液所需要的发生温度较高。显然，串联流程不能实现对不同品位能源的合理利用，影响制冷系统效率的改善。为了克服这一点，前人提出了倒串联流程双效溴化锂吸收制冷循环，其工作原理如图 6-22 所示，该循环在 $h-\xi$ 和 $p-t$ 的表示分别如图 6-23 和图 6-24 所示。

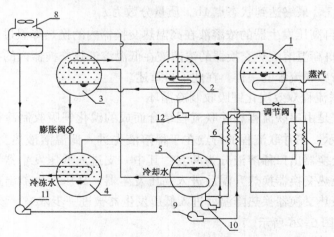

图 6-22　倒串联流程双效溴化锂吸收式制冷循环工作原理图

1—高压发生器；2—低压发生器；3—冷凝器；4—蒸发器；5—吸收器；
6—低温溶液热交换器；7—高温溶液热交换器；8—冷却塔；9—溶液泵；
10—溶液泵；11—冷却泵；12—溶液泵

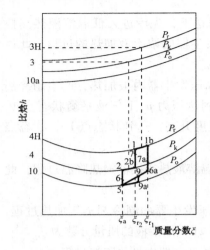

图 6-23 倒串联流程双效溴化锂
吸收式制冷循环 $h - \xi$ 图

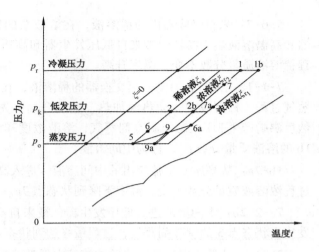

图 6-24 倒串联流程双效溴化锂
吸收式制冷循环 $p - t$ 图

该循环工作过程如下：

5-6：来自吸收器的稀溶液在低温溶液热交换器内换热升温过程。

6-2-2b：从低温溶液热交换器内出来的稀溶液，进入低温发生器被来自高温发生器的制冷剂蒸气加热，溶液到达 p_k 压力下气液相平衡状态点 2，然后沸腾产生状态点 3 的制冷剂蒸气，最终达到状态点 2b。

2b-7：来自低压发生器的浓溶液（质量分数为 ξ_{r_2}），被高温溶液泵输送到高温溶液热交换器，与来自高压发生器的浓溶液换热升温，达到状态点 7。

7-1-1b：质量分数为 ξ_{r_2} 的浓溶液在高压发生器内被驱动热源加热，产生状态点 3H 的制冷剂蒸气，最终达到状态点 1b，质量分数为 ξ_{r_1}。

1b-7a：来自高压发生器的浓溶液在高温热交换器内的换热降温过程。

7a-6a：来自高温溶液热交换器的浓溶液在低温溶液热交换器内的换热降温过程。其他过程与串联流程的一样。在此不再重述。

（3）串并联流程双效溴化锂吸收制冷循环

串并联流程是由串联流程和并联流程结合而成的溴化锂吸收制冷循环，其工作原理如图 6-25 所示，串并联流程的特点在于稀溶液先进入低温溶液热交换器换热升温，在低温溶液热交换器出口稀溶液分为两支：其中一支进入低压发生器被加热浓缩，另一支经高温溶液热交换器换热升温后进入高压发生器，高压发生器出口中间浓度溶液进入经高温溶液热交换器换热降温后进入低压发生器被进一步浓缩。该制冷循环在 $h - \xi$ 图上的表示如图 6-26 所示。

该循环工作过程如下：

5-6：来自吸收器的稀溶液在低温溶液热交换器内换热升温过程。

6-2：来自低温溶液热交换器的稀溶液，一部分稀溶液进入低压发生器，被加热到气液相平衡状态点 2。

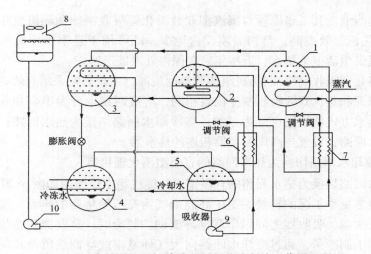

图 6-25 串并联流程双效溴化锂吸收式制冷工作原理图

1—高压发生器；2—低压发生器；3—冷凝器；4—蒸发器；5—吸收器；
6—低温溶液热交换器；7—高温溶液热交换器；8—冷却塔；
9—溶液泵；10—冷却泵

6-7：来自低温溶液热交换器的稀溶液，另一部分稀溶液进入高温溶液热交换器换热升温过程。

2-2b：稀溶液在低压发生器内加热沸腾，产生状态点 3 的制冷剂蒸气。

7-1-1b：来自高温溶液热交换器的稀溶液在高温发生器内加热，沸腾蒸发，产生状态点 3H 制冷剂蒸气。

1b-7a：来自高压发生器内的浓溶液在高温溶液热交换器内换热降温过程。

7a/2b-8：首先来自高温溶液热交换器的浓溶液在低压发生器内闪蒸，质量分数有所增加，再与低压发生器出口点 2b 的溶液混合，成为状态点 8 的溶液。

8-6a：从低压发生器出来的混合溶液在低温溶液热交换器内换热降温过程。

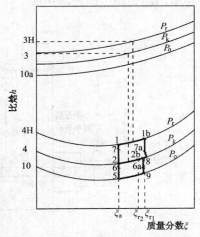

图 6-26 串并联流程双效溴化锂
吸收式制冷循环 $h-\xi$ 图

6a-9：来自低温溶液热交换器浓溶液在吸收器内的闪蒸过程。

9-5：浓溶液在吸收器内吸收制冷剂蒸气，被冷却水带走吸收热，溶液质量分数下降，溶液温度降低。

制冷剂蒸气回路和前面所述双效吸收制冷循环相同。

3. 直燃型溴化锂吸收式冷水/热水机组

直燃型溴化锂吸收制冷/制热机组以燃油或燃气作为驱动能源，产生高温烟气，加热发生器内的溶液。其工作原理与蒸汽型双效溴化锂吸收制冷循环机组相同，直燃型吸收制冷/制热机组效率高，结构紧凑，占地少，既可用于夏季供冷又可用于冬季采暖，还可以提供生活卫生热水，近些年来在国内外发展迅速。

直燃型溴化锂吸收制冷/制热机组热源温度较高，系统通常采用双效式吸收制冷循环，其制冷原理和蒸汽双效吸收制冷机组相同，溶液回路也分为串联和并联流程。通常根据制造热水方式的不同可分为三类：将冷却水回路切换为热水回路；将冷冻水回路切换为热水回路；设置与高压发生器相连的热水器。

（1）将冷却水回路切换为热水回路的直燃型溴化锂机组

将冷却水回路切换为热水回路的直燃型溴化锂机组工作原理如图 6-27 所示，通过切换阀门实现冬夏季工况的转换。图中高温烟气为高压发生器的热源，溶液在高压发生器、低压发生器、吸收器之间以串联循环流动。制冷时，蒸发器和冷却盘管构成的冷冻水回路提供制冷量，通过冷却水回路向大气环境排放空调热负荷和制冷循环的加热量；制热时，冷却塔停止工作，吸收器、冷凝器与空调机组加热盘管连接，将冷却水回路切换为热水回路，向采暖空间提供热量。低压发生器内的溶液被来自冷凝器的水稀释，稀释后稀溶液流入吸收器，喷淋在吸收器管束上放出热量，管内热水吸收溶液的显热而升温，实现第一次加热。来自低压发生器的制冷剂蒸气在冷凝器管束上冷凝放热，管内热水吸收制冷剂蒸气的潜热而升温，实现第二次加热。从冷凝器流出的制冷剂液体流入低压发生器，完成溶液的稀释过程。机组制冷制热工况的变换是通过冷却水回路和热水回路的切换、冷冻水泵的启停和冷热切换阀来实现的。

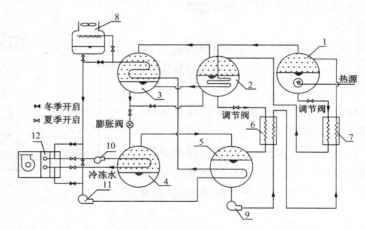

图 6-27　直燃型溴化锂吸收式机组工作原理（将冷却水回路切换为热水回路）
1—高压发生器；2—低压发生器；3—冷凝器；4—蒸发器；5—吸收器；
6—低温溶液热交换器；7—高温溶液热交换器；8—冷却塔；9—溶液泵；10—冷冻水泵；
11—冷却/热水泵；12—冷却/加热盘管

图 6-27 所示的直燃型溴化锂吸收式机组夏季制冷循环在 $h-\xi$ 图上的表示与前面所述的串联流程双效溴化锂吸收制冷循环相同，在此不再重述；冬季制热循环在 $h-\xi$ 图上的表示如图 6-28 所示。

该循环工作过程如下：

5-6-7：来自吸收器的稀溶液在低温溶液热交换器和高温溶液热交换器中加热升温过程。

7-1-1b：从高温溶液热交换器出来的稀溶液在高压发生器中被燃料燃烧产生的高温烟气加热，产生点 3H 状态的蒸气，溶液质量分数升到 ξ_r。

1b-7a：来自高压发生器的浓溶液在高温溶液热交换器内换热降温过程。

7a-8：来自高温溶液热交换器的浓溶液进入低压发生器闪蒸过程，质量分数有所提高，最终到达状态点 8。

8/4-2：来自高温溶液热交换器的浓溶液和来自冷凝器的凝结制冷剂水在低压发生器内混合过程，形成状态点 2 的溶液。

2-2b：混合溶液在低压发生器内发生过程，被来自高压发生器的制冷剂蒸气加热，产生状态点 3 的制冷剂蒸气，溶液质量分数增加到 ξ_a。

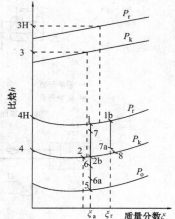

图 6-28 直燃型溴化锂机组制热循环 $h\text{-}\xi$ 图（将冷却水回路切换为热水回路）

2b-6a：来自低压发生器质量分数 ξ_a 溶液在低温溶液热交换器换热降温过程。

6a-5：来自低温溶液热交换器溶液在吸收器内放出显热，温度降低，质量分数不变，加热管束内的热水。

3H-4H：高压发生器内所产生的制冷剂蒸气在低压发生器管束内冷凝成制冷剂水过程。

4H-4/3：来自低压发生器的制冷剂水在冷凝器内闪发过程，压力将降至 p_k，产生状态点 3 的制冷剂蒸气，制冷剂水到达状态点 4。

3-4：制冷剂蒸气在冷凝器冷凝过程，热水吸收制冷剂蒸气的潜热升温，提供采暖所需的热量，制冷剂蒸气凝结为点 4 状态下的制冷剂水。

由于冷凝器中的制冷剂水直接流回低压发生器，低压发生器中溶液的质量分数基本不变，状态点 2 和 2b 基本相近。可以认为低压发生器是在等质量分数下进行的。

（2）将冷冻水回路切换为热水回路的直燃型溴化锂机组

将冷冻水回路切换为热水回路的直燃型溴化锂机组工作原理如图 6-29 所示，热水和冷水采用同一回路，通过阀门的切换制取冷水和热水。制取冷水时，其工作原理和前面所述蒸汽型双效吸收式制冷机组相同。制取热水时，冷却水回路和低温发生器停止工作，从高压发生器流出的制冷剂蒸气在蒸发器管束上冷凝放热，加热管束内的热水，在蒸发器中冷凝下的制冷剂水流回吸收器稀释来自高压发生器内的浓溶液，完成溶液循环。与热水和冷却水采用同一回路的机组相比，这种机组工况变换比较简单，结果较紧凑。

机组制冷水时的循环流程与双效串联溴化锂吸收制冷循环相同。制热循环流程在 h-ξ 图上的表示如图 6-30 所示，其中制取热水工作过程如下：

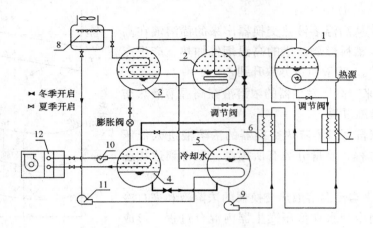

图 6-29　直燃型溴化锂机组工作原理（将冷冻水回路切换为热水回路）

1—高压发生器；2—低压发生器；3—冷凝器；4—蒸发器；5—吸收器；
6—低温溶液热交换器；7—高温溶液热交换器；8—冷却塔；9—溶液泵；
10—冷冻水泵；11—冷却/热水泵；12—冷却/加热盘管

1-2：稀溶液在高压发生器内被燃料燃烧的高温烟气加热，产生状态点 3 的制冷剂蒸气，溶液质量分数升到 ξ_r。

3-4：高压发生器内产生的制冷剂蒸气在蒸发器内的冷凝过程，制冷剂蒸气冷凝放热并加热蒸发器管束内的热水，提供采暖所需要热量。

2-5：高压发生器出口的浓溶液在管路内输送过程中降温。

5/4-6：来自高压发生器的浓溶液和来自蒸发器的制冷剂水混合过程，溶液到达状态点 6。

6-7：吸收器出口的稀溶液在输送到高压发生器的过程中在管道内降温过程。

7-1：稀溶液在高温发生器内加热过程，稀溶液由过冷态加热到气液平衡状态点 1。

（3）设置与高压发生器相连的热水器的直燃型溴化锂机组

在此类直燃型溴化锂机组中专设了热水回路，由热水器、加热盘管和热水泵等构成。这样此系统可以同时制取冷水和热水，或通过阀门的启闭交替作用来制取冷水和热水。该系统工作原理如图 6-31 所示。

制取冷水过程与蒸汽型双效串联溴化锂吸收式制冷循环工作原理相同，制取热水是通过利用热水循环回路来实现的，高压发生器所产生的过热蒸气进入热水器，冷凝

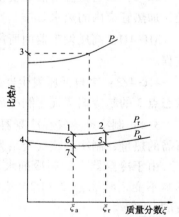

图 6-30　直燃型溴化锂机组
制热循环 h-ξ 图
（将冷冻水回路切换为热水回路）

放热加热管束内的热水，冷凝后的冷凝水依靠位差流回高压发生器，保持发生器内溶液质量分数不变。此机组运行操作简单，缺点是多设了一个热水器，提高了制造成本，增加了设备的体积。

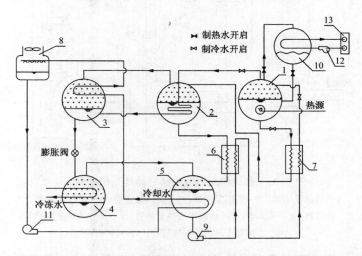

图6-31　直燃型溴化锂吸收式机组工作原理（设置与高压发生器相连的热水器）

1—高压发生器；2—低压发生器；3—冷凝器；4—蒸发器；5—吸收器；

6—低温溶液热交换器；7—高温溶液热交换器；8—冷却塔；9—溶液泵；

10—热水器；11—冷却泵；12—热水泵；13—加热盘管

4. 两级溴化锂吸收制冷循环

当热源温度不高，一般低于100℃时，高压发生器发生过程最终状态点浓溶液质量分数不够高，又受到吸收器内冷却水温度的限制，很难吸收来自蒸发器的制冷剂蒸气，为此采用两级吸收制冷循环。此系统对低品位的能源利用有重要意义。但此系统与单效溴化锂吸收制冷循环相比，热力系数更低，仅为0.3～0.4，约为单效吸收制冷循环热力系数的55%左右，冷却水耗量约为单效系统的两倍，而且设备成本增加，在应用时应将利用低品位能源获得的益处与投资综合比较，以综合评价系统形式的优越性。

图6-32为两级溴化锂吸收制冷循环工作原理图，包括高、低压两级完整的溶液循环。该循环工作流程在$h-\xi$图上的表示如图6-33所示，在焓-浓度图上清楚体现了低质量分数范围的高压循环过程和高质量分数范围的低压循环过程：

1-2-3-4：低质量分数范围的高压循环，高压发生器的溶液在热源加热下，产生状态点5H的制冷剂蒸气，制冷剂蒸气进入冷凝器冷凝放热，冷凝下的制冷剂水流入蒸发器，蒸发吸热，产生制冷效果。在高压发生器的浓溶液（质量分数为ξ_r）进入吸收器，吸收低压发生器产生的制冷剂蒸气，浓溶液稀释为状态点4的稀溶液（质量分数为ξ_a），然后由溶液泵I输送到高压发生器，完成高压溶液循环。

1a-2a-3a-4a：高质量分数范围的低压循环，来自低温溶液热交换器的浓溶液

227

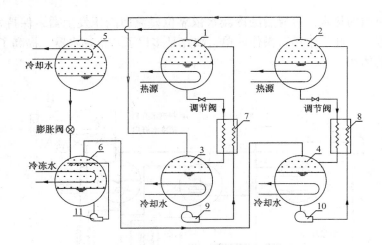

图 6-32　两级溴化锂吸收制冷循环工作原理图

1—高压发生器；2—低压发生器；3—高压吸收器；4—低压吸收器；

5—冷凝器；6—蒸发器；7—高温溶液热交换器；8—低温溶液热交换器；

9—溶液泵 Ⅰ；10—溶液泵 Ⅱ；11—冷剂泵

（质量分数为 ξ_{r_1}）吸收来自蒸发器的制冷剂蒸气而成为稀溶液（质量分数为 ξ_{a_1}），放出吸收热，稀溶液经溶液泵 Ⅱ、低温溶液热交换器流入低压发生器，在驱动热源的加热下，产生压力 p_k 下状态点 5 的制冷剂蒸气，制冷剂蒸气流入高压吸收器，从而使高压循环制冷剂组分质量保持平衡。低压发生器内浓溶液流回低压吸收器，完成低压溶液循环。

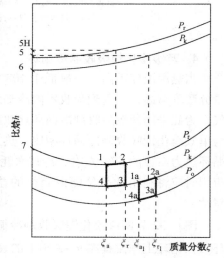

图 6-33　两级溴化锂吸收

制冷循环 $h-\xi$ 图

三、吸收式热泵工作原理

吸收式制冷机可以作为热泵使用，可以利用废热从低温向高温输送热量。根据 1933 年 K. Nesselmann 关于在三热源之间进行热量转换只有两种可能形式的分析，三热源的吸收式热泵可分为两类：输出热的温度低于驱动热源温度的吸收式热泵，称为第一类吸收式热泵（增热型）；输出热的温度高于驱动热源温度的吸收式热泵，称为第二类吸收式热泵（升温型）。

1. 第一类吸收式热泵

此类热泵利用高温热源，把低温热源的热量提高至中温的热泵形式，以溴化锂—水为工质对的第一类吸收式热泵工作原理如图 6-34 所示，此系统同时利用吸收热和冷凝热以制取中温热水。

图 6-34 中的系统形式按单效吸收式制冷循环工作，将单效冷水机组的冷冻水回路切换成低温热源水回路就变成此类吸收式热泵机组，发生器以高温烟气或蒸汽等为驱

动热源，吸收器和冷凝器串联构成热水回路供热，蒸发器通过低温热源水回路从低品位热源吸热。

图 6-35 为第一类吸收式热泵循环 $p-t$ 图。

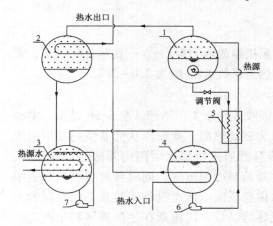

图 6-34 第一类吸收式热泵工作原理

1—发生器；2—冷凝器；3—蒸发器；
4—吸收器；5—溶液热交换器；6—溶液泵；
7—冷剂泵

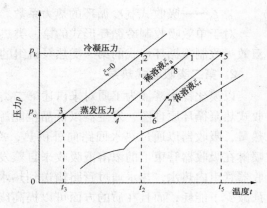

图 6-35 第一类吸收式热泵循环 $p-t$ 图

循环过程如下：

1-5：发生器的发生过程，溶液直接被驱动热源加热，产生 p_k 压力下的制冷剂蒸气，溶液浓缩为质量分数为 ξ_r 的浓溶液。

5-7：浓溶液在溶液热交换器内的降温过程。

7-6：浓溶液进入吸收器的闪发过程，浓溶液温度降低，质量分数略有增加。

6-4：来自溶液热交换器的吸收来自蒸发器的制冷剂蒸气，同时加热吸收器管束内热水，溶液质量分数稀释为 ξ_a，温度降低。

4-8：从吸收器流向发生器的稀溶液在溶液热交换器内升温过程。

8-1：稀溶液在发生内的预热过程。

制冷剂回路循环和前面所述的单效吸收制冷循环大致相同，不同之处在于：在获取制冷量为目的吸收制冷循环中蒸发器管束内流动的是冷冻水，管外制冷剂蒸发产生制冷效果；在制取热水吸收制冷循环中，蒸发器管束内流动的是低温热源水，管外制冷剂蒸发，从热源水中吸收热量，其目的是将低温热源的热量转移到高温环境供热。

对于第一类吸收式热泵，机组的能耗是一个重要的性能指标，在忽略热损失和溶液泵耗功量的条件下，第一类吸收式热泵的热力系数 ξ_{h1} 等于吸收器放出的吸收热和冷凝器放出的冷凝热之和与发生器加热量的比值，即：

$$\xi_{h1} = \frac{Q_a + Q_k}{Q_g} = 1 + \frac{Q_o}{Q_g} = 1 + \xi_r \qquad (6-6)$$

其中，$Q_g + Q_o = Q_a + Q_k$。

式中 Q_g——发生器加热量；

$\quad\quad Q_o$——蒸发器吸收的低品位热量；

$\quad\quad Q_k$——冷凝器中排放的冷凝热量；

$\quad\quad Q_a$——吸收器中排放的吸收热量；

$\quad\quad \xi_r$——吸收式制冷循环的热力系数。

对于单效吸收制冷循环形式的第一类热泵机组的热力系数 ξ_{h1} 一般为 $1.6 \sim 1.7$，而双效吸收制冷循环形式的第一类热泵机组的热力系数 ξ_{h1} 一般为 $2.0 \sim 2.2$。

2. 第二类吸收式热泵

以溴化锂水溶液为工质对来讲述第二类吸收式热泵工作原理。图 6-36 是第二类吸收式热泵循环原理图，发生器以低品位能源为驱动热源，蒸发器从低品位热源中吸收热量，吸收器以通过热水回路向外供热，冷凝器通过冷却水回路向外散热。工作时，喷淋在吸收器管束上的浓溶液吸收来自蒸发器的制冷剂蒸气，同时释放吸收热加热吸收器管束内热水，热水通过管路输送到热水供应系统。此类吸收式热泵不仅在量的方面减少了能耗，而且在质的方面可以提高废热的品位，可重新在生活领域和生产工艺中应用。

图 6-37 第二类吸收式热泵循环 p-t 图。循环过程如下：

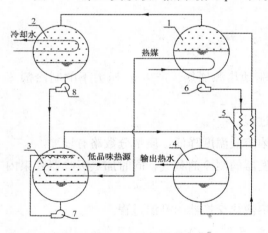

图 6-36 第二类吸收式热泵工作原理
1—发生器；2—冷凝器；3—蒸发器；
4—吸收器；5—溶液热交换器；6—溶液泵；
7—冷剂泵Ⅰ；8—冷剂泵Ⅱ

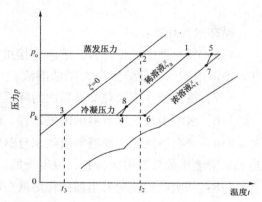

图 6-37 第二类吸收式热泵循环 p-t 图

4-6：稀溶液在发生器内的发生过程，稀溶液被低品位热源加热，浓缩成质量分数为 ξ_r 的浓溶液，同时产生 P_k 压力下的蒸气。

6-7：浓溶液在溶液热交换器中的换热升温过程。

7-5-1：来自溶液热交换器的浓溶液在吸收器内吸收过程。7-5：浓溶液先在吸收器内预热，温度升高，质量分数基本不变；5-1：浓溶液吸收来自蒸发器的制冷剂蒸气，同时放出吸收热，加热管束内的热水，其浓溶液稀释为质量分数为 ξ_a 的溶液，温度降低。

1-8：稀溶液在溶液热交换器内换热降温过程。

8-4：稀溶液进入发生器内，由于压力降低而闪发，温度降低，制量分数略有增加。

制冷剂回路流程：发生器中发生的制冷剂蒸气在冷凝器内放出冷凝热，成为制冷剂水，经冷剂泵Ⅱ加压送入蒸发器，在蒸发器内吸收低品位热源的热量，成为 P_0 压力下的制冷剂蒸气，流入吸收器，被来自溶液热交换器的浓溶液吸收，放出吸收热，加热吸收器管束内的热水，供生活或生产工艺使用。

第二类吸收式热泵的热力系数 ξ_{h1} 等于吸收热与发生器加热量和蒸发器所吸收热量之和的比值，即：

$$\xi_{h1} = \frac{Q_a}{Q_g + Q_0} = 1 - \frac{Q_k}{Q_a + Q_0} \qquad (6\text{-}7)$$

对于单效吸收制冷循环形式的第二类吸收式热泵热力系数一般为 0.5 左右。

第五节　溴化锂吸收式制冷机的特点

溴化锂吸收式制冷机以热能为驱动力，以水为制冷剂，溴化锂溶液为吸收剂，制取制冷温度在 0℃ 以上的冷量，可用作空调或生产工艺过程的冷源。目前溴化锂吸收式制冷机主要在商用或民用领域较多，商用主要为大中型吸收式制冷机，驱动力为蒸汽、热水或燃油（气），民用主要是小型直燃型吸收式制冷机。根据冷却方式不同，分为水冷方式和风冷方式两种。商用大中型吸收式制冷机均采用水冷方式，民用小型吸收式制冷机可采用水冷方式，也可采用风冷方式，但风冷方式往往导致机组小型化困难、机组效率下降、溶液结晶等问题。

一、溴化锂吸收式制冷机的优点

（1）以热能为动力，无需耗用大量电能，而且对热能的要求不高。能利用各种低势热能和废气、废热，如高于 20kPa（0.2kgf/cm²）（表压）的饱和蒸汽；各种排气；高于 75℃ 的热水以及地热、太阳能等，有利于热源的综合利用，因此运转费用低。若利用各种废气、废热来制冷，则几乎不需要花费运转费用，便能获得大量的冷源，具有很好的节电、节能效果，经济性高。

（2）整个制冷装置除功率很小的屏蔽泵外，没有其他运动部件，振动小、噪声低，运行比较安静，特别适用于医院、旅馆、食堂、办公大楼、影剧院等场合。

（3）以溴化锂溶液为工质，制冷机又在真空状态下运行，无臭、无毒、无爆炸危险，安全可靠，被认为是环境友好的制冷设备，有利于满足环境保护的要求。

（4）冷量调节范围宽。随着外界负荷变化，机组可在 10%～100% 的范围内进行冷量无级调节，且低负荷调节时，热效率几乎不下降，性能稳定，能很好地适应变负荷的要求。

（5）对外界条件变化的适应性强。如标准外界条件为蒸汽压力 5.88bar（6kgf/

cm² ）（表压），冷却水进口温度为 32℃，冷媒水出口温度为 10℃ 的蒸汽双效机，实际运行表明，能在蒸汽压力（1.96 ~ 7.84）bar（2.0 ~ 8.0kgf/cm²）（表压），冷却水进口温度为 25 ~ 40℃，冷媒水出口温度为 5 ~ 15℃ 的宽阔范围内稳定运转。

（6）安装简便，对安装基础的要求低。因运行时振动小，故无需特殊的机座。可安装在室内、室外、底层、楼层或屋顶。安装时只需作一般校平，接上气、水管道和电源便可。

（7）制造简单，操作、维修保养方便。机组中除屏蔽泵、真空泵和真空阀门的功能附属设备外，几乎都是热交换设备，制造比较容易。由于机组性能稳定，对外界条件变化的适应性强，因而操作比较简单。机组的维修保养工作，主要在保持所需的气密性。

二、溴化锂吸收式制冷机的缺点

（1）在有空气的情况下，溴化锂溶液对普通碳钢具有较强的腐蚀性。这不仅影响机组的寿命，而且影响机组的性能和正常运行。

（2）制冷机在真空下运行，空气容易漏入。实践证明，即使漏入微量的空气，也会严重地影响机组的性能。为此，制冷机要求严格密封，这就给机组的制造和使用增添了困难。

（3）由于直接利用热能，机组的排热负荷较大，因为冷剂蒸气的冷凝和吸收过程，均需冷却。此外，对冷却水的水质要求也比较高，在水质差的地方，使用时应进行专门的水质处理，否则将影响机组性能正常发挥。

（4）从冷却方式看，吸收式制冷机分为水冷式和风冷式。尽管风冷吸收式制冷机较水冷吸收式制冷机有无可比拟的优点，但是，传统风冷吸收式制冷机存在机组体积过大、效率低等诸多问题，机组小型化困难成为其难以市场化的瓶颈。

（5）相对于压缩式制冷，吸收式制冷的一次能源消耗较大。

第六节　吸收式制冷机的典型应用实例

为了结合空调工程设计的实际情况，本节根据建筑物功能不同，从众多空调工程设计中选择有代表性的 3 个工程，简要介绍空调工程的冷热源设计方案。下面将从各个项目的工程概况、总体设计及冷热源设计等方面作简要介绍。

一、某体育中心冷热源设计方案

1. 工程概况

该工程位于杭州市区西部，气候温暖湿润，日照充足，雨量充沛，年平均气温 16.2℃，夏季平均气温 28.6℃，冬季平均气温 3.8℃，无霜期 230 ~ 260d，年平均降雨量 1435mm，平均相对湿度 76%。中心占地 29 万 m²，其空调冷热源和生活热水热源都由位于其西北角的动力及物业管理中心提供。整个中心由三部分组成：A 区为冷热动力站，B 区为内部食堂及餐厅，C 区为办公及宿舍区。一期工程主要设备投资共计 985 万元，按照主要设备占总系统投资的 60% 核算，一期工程中央空调系统耗资在 1600 万 ~

1700 万元之间。

2．冷热源方案

A 区面积为 1800m²，梁底高度 7m，屋顶设置 1500t/h 中温无底盘低噪声组合式横流冷却塔 4 台（一期工程建 2 台）和 500t/h 中温无底盘低噪声组合式冷却塔 4 台（一期工程建 3 台）。A 区动力中心站房内安装有 4650kW 级直燃油/气两用溴化锂双效吸收式冷温水机 4 台（一期工程已建 2 台），1760kW 级开式电动离心式冷水机组 4 台（一期工程建 3 台），夏季空调总装机容量为 25644kW，冬季总装机容量为 17200kW（含 2 台 1160kW 水—水热交换器）。为满足生活热水供热及其他全年供热系统需要，A 区另设有 4200kW 级燃油/气两用高温热水锅炉 7 套（一期工程建设 4 套），总供热能力为 29400kW。整个动力中心 A 区内共装设冷却水泵、冷热水一次泵和冷热水二次泵共 31 台。空调循环水夏季供水温度为 6℃，回水温度为 13℃；冬季供水温度为 52℃，回水温度为 42℃；高温供热循环水全年供水温度为 120℃（2001～2003 年时间段内暂为 95℃以下），回水温度为 70℃。

一期工程装机容量为一期已知工程设计冷负荷的 85% 和已知设计生活热水热负荷的 80%。从有效利用能源、区域供电状况、电力末端开关及电缆等设备的综合配套状况以及经济方面考虑，采用热力制冷和电压缩制冷混合配套的空调冷热源形式，热力制冷部分采用燃油/气两用直燃双效溴化锂冷温水机组，电压缩制冷部分采用无锡约克 YK 系列 500RT 级电动离心式冷水机组（耗电指标在冷冻水 6/13℃，冷却水 32/38℃下为 0.618kW/RT）。高温供热源采用高温热水锅炉。高温热水锅炉和直燃双效溴化锂冷温水机组的燃料在西气东输工程未接入前采用零号轻柴油，西气东输接入后改为天然气。

图 6-38 为该工程制冷制热站原理图。

3．主要设备型号参数

（1）直燃油/气两用溴化锂双效吸收式冷温水机

型号：ZX—4650；

单价：260 万；

数量：2 台；

冷水进/出口温度：13/6℃；

温水进/出口温度：35/45℃；

设备配电量：71kW；

制冷量：4650kW；

制热量：3700kW；

耗油量：360kg/h；

冷温水流量：572m³/h；

冷却水流量：1210m³/h。

（2）开式电动离心式冷水机组

厂商：无锡约克；

型号：YTL1C4F36COJS；

单价：75 万；

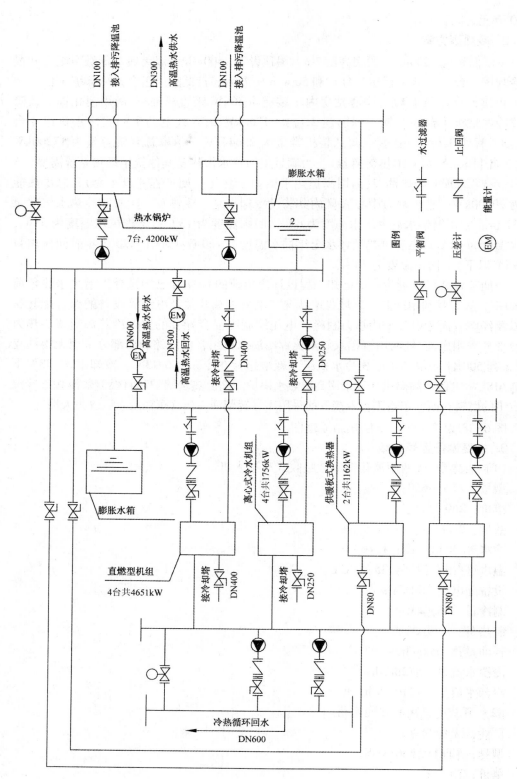

图6-38　某体育中心制冷制热站原理图

234

数量：3 台；

制冷剂侧的设计压力：99.3kPa（蒸发器），99.3kPa（冷凝器）；

水侧设计压力：1.0MPa（蒸发器），1.0MPa（冷凝器）；

流程数：3（蒸发器），2（冷凝器）；

壳侧试验压力：207kPa（蒸发器），207kPa（冷凝器）；

制冷剂：R123；

制冷量：1760kW；

制冷剂充灌量：631kg；

压缩机型号：YDTL-126。

（3）卧式内燃三回程燃油热水锅炉

厂商：广东劲马；

型号：WNS4.2-1.25/130/70-Y（S）；

单价：60 万；

数量：4 台；

额定功率：4200kW；

额定出水压力：1.25MPa；

额定出水温度：130℃；

额定进口水温：70℃。

（4）地下储油罐

形式：地下直埋钢制储油罐；

容量：50m³；

外形尺寸：直径2800mm，长8000mm。

（5）采暖水—水热交换器

形式：不锈钢式热交换器；

加热量：1162kW；

一次热水量：333L/min（120~70℃），背压1600kPa；

二次热水量：1666L/min（42~52℃），背压1600kPa。

（6）膨胀水箱

形式：钢制圆柱形膨胀水箱；

容量：3m³；

工作压力：1000kPa。

（7）冷温水二次泵

形式：单级单吸离心式清水泵；

流量：8833L/min；

扬程：35mH₂O；

吸入压力：1000kPa。

（8）采暖一次泵

形式：单级单吸离心式清水泵；

流量：1666L/min；

扬程：20mH₂O；

吸入压力：1000kPa。

（9）热源机房柴油泵

形式：自暖式齿轮油泵；

流量：200L/min；

扬程：330kPa。

（10）冷源机房柴油泵

形式：自暖式齿轮油泵；

流量：200L/min；

扬程：330kPa。

（11）排风机

形式：壁式排风机；

流量：6000m³/h；

全压：100Pa。

4. 运行情况

2000 年 10 月体育中心体育场部分投入使用，A 区区域冷热源主站也随之部分投入运行。经过 2000 ~ 2001 年冬季、2001 年夏季和 2001 ~ 2002 年冬季的连续调试运行，基本满足设计要求，运行可靠、冷热源调节灵活、能够适应不同运行工况的使用需求。

一期工程设计负荷约 17000kW，实际装机容量约 14500kW，一期工程已建成的建筑物未达到满负荷，故使得夏季冷源峰值负荷出现在夏季主体育场举办足球赛开场时间夜间 8：00 左右，峰值负荷为 11000kW。空调热源冬季热负荷仅为 2000kW 左右（冬季基本不供热）。一期工程系统最大循环水需求为 1500m³/h 左右，二级泵一般白天运行 3 套，夜间 11：00 以后运行 1 套即可，实际空调供水温度为 9℃ 左右，回水温度为 14℃ 左右，循环水温差基本稳定在 5℃ 左右。冬季由于热负荷较小，循环水温差为 2℃ 左右。由于在热网投运初期高温供热循环出水温度暂时控制在低于 95℃，故循环水温差一般在 20℃ 左右。

在调试中和调试后的运行中，热力制冷和电力制冷混合搭配即按需开机的优势非常明显。2001 年上半年，国内零号柴油价格上扬，高峰时达 3600 ~ 3800 元/t，实际运行时，物业管理方可以根据实际冷热负荷需求灵活决定热力制冷和电力制冷的开机比例。在非比赛期，通常白天运行 3 台 500RT 离心机或 2 台 500RT 离心机加 1 台 4650kW 直燃机即可满足区域制冷要求，夜间 10：00 以后，冷负荷下降到 1000kW 左右，仅运行 1 台 500RT 离心机直至第二天上午 9：00 就能够很好地跟踪区域冷负荷的变化。实际运行中，典型日间空调循环水系统的需求一般不低于 1000m³/h，而对应的夏季空调冷负荷却在 1000 ~ 1100kW 间随季节根据环境气候而变化。

二、北京市某综合大楼冷热源设计方案

该工程为北京市某综合大楼。各层功能为：地下一层为车库，地下二层为空调机

房和人防，一层为餐厅和会议室，二层为会议室和办公室，三～八层为宾馆客房。

空调冷热源采用直燃式溴化锂吸收式机组；夏季总冷负荷约为 622.8kW，冬季总热负荷约为 618.3kW。夏季空调供/回水温度为 7/12℃，冬季采暖的供/回水温度为 60/54℃。空调水系统采用双管制定流量系统。空调系统形式：餐厅、会议室、办公室区域为全空气系统，客房设置风机盘管加独立新风系统。

图 6-39 为冷热源机房平面图，其中图 6-39 中图例见表 6-5。

图 6-39 中的图例　　　　　　　　表 6-5

名　称	图　列	名　称	图　列
空调冷水供水管	——ACHS——	电动控制蝶阀	
空调冷水回水管	—— ACHR- —	对夹式蝶阀	
冷却水供水管	——CWS——	浮球阀	
冷却水回水管	—CWR—	逆止阀	
补水管	—W—	软接头	
介质流向		温度计	
静电水处理器		流量控制阀	FS
水泵		压差传感器	ΔP
闸阀		流量计	
压力表		温度传感器	T

三、某商场冷热源设计方案

该工程为建筑面积 8800m² 的商场空调工程设计。冷热源机房面积约 137m²，机房高度 5.3m，冷热源采用直燃机 2 台，燃料为轻油，每台机组运转重量 10.6t，单台制冷量为 756kW（21.5RT），总供冷量为 1512kW，总供热量为 1169kW，空调水系统采用双管制系统。夏季工况冷冻水供水温度为 7℃、回水温度为 12℃，冷冻水流量为 260m³/h，冷凝器冷却水入口水温为 32℃、出口温度为 37.5℃，冷冻水流量为 398m³/h。冬季工况温水供水温度为 65℃、回水温度为 57℃，温水流量为 125.2m³/h。卫生热水供水温度为 60℃、回水温度为 44℃，温水流量为 62.6m³/h。制冷量为 1102.4kW 时机组最大燃油耗量 92.6kg/h，制热量为 1240.5kW 时最大燃油耗量 104.2kg/h。用电安装容量夏季为 121.6kW，冬季为 61.6kW。

冷热源机房主要设备明细表见表 6-6。图 6-40 是冷热源机房原理图，其中该原理图中各管线符号说明见表 6-7。

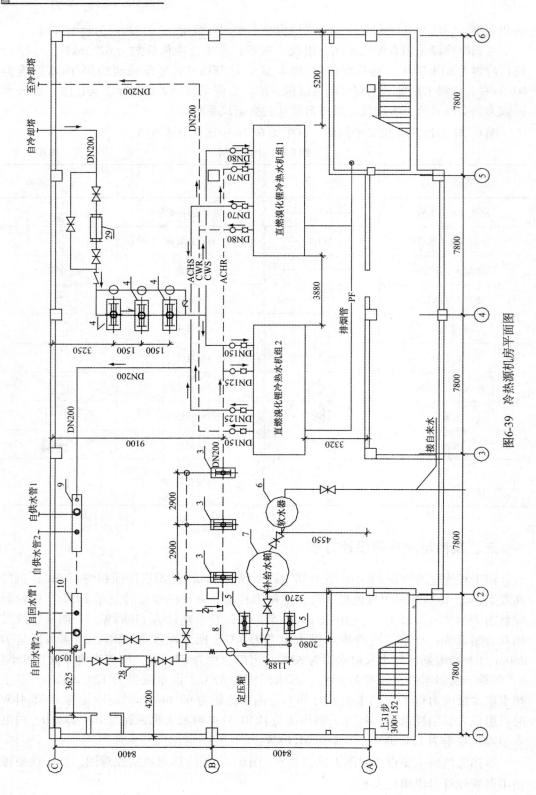

图6-39　冷热源机房平面图

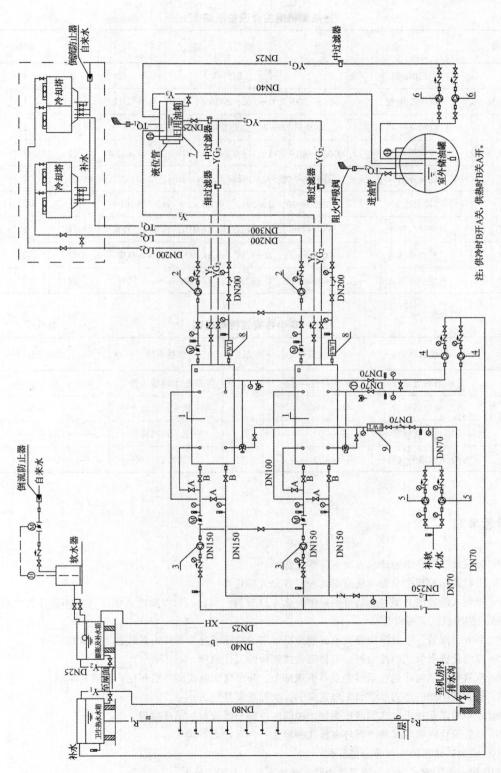

图6-40　某冷热源机房原理图

注：供冷时B开A关，供热时B关A开。

239

冷热源机房主要设备明细表　　　　　　表6-6

编号	名　称	规　格	单位	数量
1	日用油箱	RQ—0.7	个	1
2	电子除垢仪	SYS—200C1.0HG/C，ϕ426，$l=990$，功率120W	台	1
3	直燃机 BZ—V1165	制冷量756kW，供热量583kW，功率5.4kW	台	2
4	空调补水泵	G6.3—40—3NY，$G=6.3\text{m}^3/\text{h}$，$H=40\text{m}$，$N=3\text{kW}$	台	2
5	空调循环泵	GD125—20，$G=162\text{m}^3/\text{h}$，$H=20\text{m}$，$N=15\text{kW}$	台	2
6	冷却水泵	GD250—20，$G=260\text{m}^3/\text{h}$，$H=20.4\text{m}$，$N=30\text{kW}$	台	2
7	圆弧齿轮泵	YCB0.6—0.6，排出压力0.6MPa，功率0.75kW	台	2
8	卫生热水泵	GD80—21，$G=37\text{m}^3/\text{h}$，$H=13.2\text{m}$，$N=4\text{kW}$	台	2
9	卫生热水补水泵	GD80—30，$G=42\text{m}^3/\text{h}$，$H=30\text{m}$，$N=5.5\text{kW}$	台	2

图6-40中各管线符号说明　　　　　　表6-7

编号	管线名称	管线符号	编号	管线名称	管线符号
1	日用油箱进油管	——YG$_1$——	5	膨胀水箱溢水管	—— Y$_1$ ——
2	日用油箱出油管	——YG$_2$——	6	卫生热水水箱溢水管	—— Y$_2$ ——
3	日用油箱通气管	——TQ$_1$——	7	日用油箱回流管	—— Y$_3$ ——
4	室外储油罐通气管	——TQ$_2$——	8	空调水循环管	——XH——

课后思考题

1. 吸收式制冷在节能环保方面有哪些优势？

2. 吸收式制冷机的分类方法有哪几种？各分为哪几类？

3. 吸收式制冷的几级与几效分别是按什么来划分的？例如：双效吸收式制冷机意味着什么？双级吸收式制冷机又意味着什么？

4. 单效、双效、三效溴化锂吸收式制冷机要求的热源温度及其热力系数各是多少？

5. 以溴化锂吸收式制冷为例，解释吸收式制冷的工作原理。

6. 双效吸收式制冷机包括哪些基本组成部分？与蒸气压缩式制冷机相比，有哪些不同？

7. 吸收式制冷的热力系数是怎样定义的？物理意义是什么？

8. 以单效溴化锂吸收式制冷机为例，说明制冷剂与吸收剂的循环过程。

9. 双效溴化锂吸收式制冷循环有哪几种形式？各有什么不同？

10. 吸收式热泵的工作原理是什么？

11. 第一类吸收式热泵与第二类吸收式热泵有什么不同之处？

12. 为什么双效吸收式制冷比单效吸收式制冷的热力系数低？
13. 溴化锂吸收式制冷机的优缺点包括哪些？
14. 吸收式制冷在建筑中有哪些用途？

本章参考文献

［1］陈光明，陈国邦主编．制冷与低温原理［M］．北京：机械工业出版社，2000.

［2］王林．小型风冷绝热吸收制冷关键技术研究［D］．杭州：浙江大学，2006.

［3］L. Wang，G. M. Chen，Q. Wang and M. Zhong. Thermodynamic performance analysis of gas-fired air-cooled adiabatic absorption refrigeration systems［J］. Applied Thermal Engineering，2007，27（8-9）：1642-1652.

［4］Lin Wang，Aihua Ma，Xiwen Zhou，et al. Environment and energy challenge of air conditioner in China. ICBBE2008［J］. The Institute of Electrical and Electronics Engineers，Inc.（IEEE），2008，2（5）：4413-4416.

［5］王林，马爱华，陈光明，谈莹莹．小型风冷吸收式燃气空调技术研究进展［J］．流体机械，2009，37（2）：75-81.

［6］陈光明，王林，王勤．小型节能风冷绝热吸收燃气空调装置．中国发明专利号：ZL200410025649.5，2007.

［7］郑飞，陈光明，王剑峰．三效吸收制冷循环性能分析和优化［J］．工程热物理学报，2000，21（2）：281-284.

［8］Wu Shenyi，Eames Ian W. Innovations in vapor-absorption cycles［J］. Applied Energy. 2000（66）：251-266.

［9］彦启森，石文星，田长青．空气调节用制冷技术（第3版）［M］．北京：中国建筑工业出版社，2004.

［10］戴永庆，耿惠彬，陆震等编．溴化锂吸收制冷技术及应用［M］．北京：机械工业出版社，1996.

第七章 冷热电联产

第一节 冷热电联产技术概述

一、冷热电联产技术的出现

在传统的热电生产过程中，虽然通过提高工质温度，采用回热、再热等措施可以提高发电效率，但是其总体热效率并不高，一般不超过40%，也就是说，燃料燃烧所放出的热量中，有大部分没有得到利用，其中通过凝汽冷却水或尾气排放，有50%以上的热能被白白地散发到大气中。而另一方面，为了满足生产工艺及建筑对热能的需求，又不得不在工厂或建筑物附近，通过锅炉燃料燃烧为其提供必要的热能。很显然，在这种热电分产能源利用方式中，一方面在不断地浪费能源，另一方面又在不断地消耗燃料，是很不合理的能源利用方式，能源利用率低，能源浪费大。因此，如果将发电过程中所产生的"废热"直接用于工厂或建筑供热，就能合理地利用能源，减少能源资源的消耗，同时又能减少对环境的污染，起到保护环境的作用。这种在生产电的同时，为用户提供热的能源生产方式称为热电联产。如果利用热能来驱动以热能为动力的制冷装置，为用户提供冷冻水，满足用户对制冷的需求，则称这种能源利用系统为冷热电三联供系统，简称冷热电联产。

美国从1978年开始提倡发展小型热电联产（Combined Heating and Power, CHP），目前除了继续坚持发展CHP外，正研究走向高效利用能源资源的小型冷热电联产（Combined Cooling, Heating and Power, CCHP）。据美国1995年对商用楼宇终端能源消费统计，供暖用能占22%，热水供应占8%，而制冷空调用能占18%，CHP的供热只能解决29%的用能及提供电力，而CCHP连同制冷可提供47%的用能及电力。

美国能源部本着建立行之有效的研究、开发和商业的目的，广泛而深入地参与CCHP领域合作。目前CCHP是美国能源部所属能源效率及可再生能源办公室执行的一个较大项目的一部分，能源效率及可再生能源办公室与工业部门协作，共同推动CCHP在美国的使用。1998年，美国的冷热电联供高峰会议提出了到2010年美国联产系统的容量在1998年的基础上翻一番目标，这意味着增加46GW的容量。根据估算，新增的46GW容量将减少50亿美元的能源费用支出，减少40万t的NO_x和90万t的SO_2以及3500万t的CO_2排放。1999年，美国的联产系统超过2100个，提供的电力为53GW，其负荷接近美国非商业发电机组负荷的40%，是全部电力负荷的7%。为了确保翻番目标的实现，美国组建了美国热电联供委员会。通过几年的工作，该委员会得出以下结论：1）联产系统通过提高能源的利用效率、减少污染物的排放，可以使用户、能源和设备供应商都受益，间接地也能为社会带来好处；2）联产系统在美国的扩

242

展空间巨大，它可以应用于工业、商业建筑和分布式能源等诸多领域。

欧盟确信，冷热电联供是能够为欧洲气候目标创造单项最大贡献的能源使用方式。1995 年，欧洲已有 66GW 的联供容量，占电力生产 9% 的份额。由于冷热联产系统的诸多优点，近年来，美国、欧洲和日本都分别制定了一系列鼓励政策，促使联供在有章可循的基础上迅速发展。如：日本规定热电联供的上网电价高于火力发电，法国对热电联供投资给予 15% 的政策补贴，丹麦对热网投资给予 50% 的政策补贴，欧盟委员会已经批准了强制购买热电联供和可再生能源发电的政策等。

我国为实现两个根本性转变，实施可持续发展战略，也在 2000 年发布了《关于发展热电联产的规定》："鼓励发展热电联产、集中供热，提高热电机组的利用率"。美国能源部的统计资料显示，2000 年，美国的建筑耗能已占到全部一次能耗的 37%（其中民用建筑耗能为 20%，商业建筑为 17%），而且，这种状况在今后 20 年内估计不会有太大的变化。由于建筑耗能所占的份额，其能源利用率受到了广泛的关注。在美国计划增加的 46GW 负荷中，17GW 为各种建筑、市政设施负荷。到 2020 年，用于建筑的新增热电联供容量预计将达到 35GW。虽然我国与美国的国情不同，但建筑能耗所占比例十分类似，建筑节能同样重要。冷热电联产系统适宜在各种建筑中采用，对建筑节能和天然气的利用都具有重大意义。

二、冷热电联产技术的基本原理与分类

图 7-1 是冷热电三联供系统的示意图。燃料首先通过发电装置发电，发电所产生的废热（乏汽或尾气）通过热交换装置产生生活热水或供暖、空调用热水，以满足建筑对热水的需求，也可生产出低压蒸汽或高温热水，供工业生产需要。通过热交换器所生产的低压蒸汽或热水还可用于驱动制冷装置，来生产出空调冷冻水，以满足建筑夏季空调的需要。由此可见，冷热电联产系统符合能源的梯级利用，是热能利用的一种有效形式，因而可以提高能源的利用效率，一般，三联产系统的热能利用效率可达到 80% 以上。

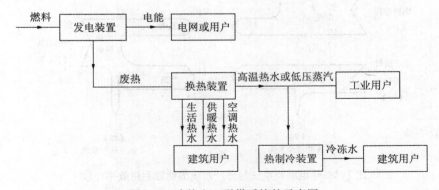

图 7-1 冷热电三联供系统的示意图

冷热电联产系统按照规模大小可分为集中式冷热电联产系统和建筑冷热电联产系统。

集中式冷热电联产系统的规模一般较大，它是以集中式热电厂为中心，中心电厂所产生的电能通过区域电网输配至各级用户。同时，它为某座城市或某个较大的区域提供冷热源，组成区域供热、供冷系统。因此，这种系统的投资规模大，建设周期较长，它所产生的规模效益明显。这种系统一般采用煤为燃料，通过锅炉燃烧产生高压蒸汽发电，发电一般采用以朗肯循环为基础的各种改进的蒸汽动力循环。也可以以石油或天然气为燃料，通过内燃机或燃气轮机发电。为提高热效率，还可采用燃气—蒸汽联合循环。

建筑冷热电联产系统一般是在建筑内部或其附近发电，一部分或者全部满足建筑用电需求，同时为建筑提供冷热源，满足建筑对冷和热的需求。因而这种系统的规模较小，分散分布在各建筑内，所以，这种系统又称作分布式能源系统。但这种系统的投资少、使用灵活、控制方便，可以减少大的输配电网和管网，减少电的传输损失和热的管路损失，因而整体利用效率更高。建筑冷热电联产系统一般采用天然气或石油为燃料，采用微型燃气轮机、小型往复式内燃机或燃料电池作为发电装置。后面的章节将分别对这些技术进行讲述。

三、冷热电联产技术的优点

发展冷热电联产系统对提高能源利用效率、减少能源消耗是非常有益的。图 7-2 是热电联产系统与传统的分产系统的能源利用效率比较。传统的热电分产系统的能源利用效率只有 49% ~ 56%，而联产系统的能源利用效率可高达 85%。两者相比，联产系统比分产系统可减少能源消耗 40%。可见，联产系统可大大提高能源利用效率，对保护有限的能源资源，实现能源的可持续发展是非常有益的。

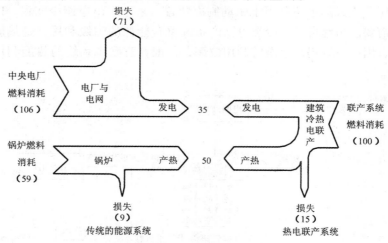

图 7-2　热电联产系统与分产系统的能源利用效率比较

除节约能源外，冷热电联产系统还具有很好的环境效应。与传统的能源系统相比，冷热电联产系统每提供单位的能量，可以减少化石能源消耗 40%，这就意味着可以减少污染排放总量 40%，这可以大大减小环境保护的压力。集中式热电联产系统由于规模大，因此可以对燃烧过程所产生的各种污染进行集中处理，对污染物的排放浓度进行严格控制，起到保护环境的作用。而采用燃用天然气的微型燃气轮机或燃料电池的建筑冷热电联产系统，污染物的排放浓度极低，微型燃气轮机的 NO_x 排放浓度低于10ppm，燃料电池的 NO_x 排放浓度则更低，小于1ppm，环境污染很小。另外，冷热电联产系统一般采用热能为动力的吸收式制冷，可以减少对氟利昂制冷剂的使用，这对减少臭氧层的破坏是有好处的。由此可见，冷热电联产系统具有很好的环境保护作用。

第二节　冷热电联产技术的主要设备及组成形式

一、集中式冷热电联产系统

集中式冷热电联产系统是以中央电厂为冷热源，以蒸汽、高温热水或冷冻水为媒介，将热或者冷从中央冷热源输送至民用、商业或工业用户，为这些用户提供供暖、空调、生活热水以及工业用热等服务，满足用户对热或者冷的需求。同时，中央电厂所发出的电，则通过当地电网输送给用户，满足用户对电的要求。这种以集中方式生产冷能、热能和电能，并通过管网和电网传送至用户的能量生产与传输系统，称为集中式冷热电联产系统。

图7-3是集中式冷热电联产系统的流程图。从图中可以看出，集中式冷热电联产系统由三个主要部分组成：中央热电厂、输配系统和用户转换站。中央热电厂主要是负责能量的转换功能，通过燃料的燃烧，将燃料的化学能转换成热能，再借助于一定的转换装置，将热能转换成电能，同时回收发电所产生的废热，用于供热与供冷。输配系统主要负责能量的传输功能，利用一定的媒介，通过电网和管网，将中央电厂所生产的电能和热能传输到用户。用户转换站是冷热电联供系统与建筑设备系统之间的接口，通过直接或间接的方式，将能量最终传送给用户系统。由于本书主要是关于冷源和热源的，对于电的输配过程，不在本书的范围，因此不予讲述，有兴趣的读者可以查看相关的书籍。下面将主要讲述冷热能的生产与传输。

由于所使用的燃料和工艺不同，集中式冷热电联产系统的能量生产方式也不相同，主要有以下几种形式：

1. 锅炉加供热汽轮机型三联产系统

由于煤燃烧形成的高温烟气不能直接用于做功，需要经过锅炉将热量传给做功工质——蒸汽，再通过蒸汽推动汽轮机做功。图7-4是锅炉加供热汽轮机三联产系统的原理图。煤燃烧所释放的热能经锅炉水冷壁换热之后，传给锅炉内的水，水吸热并达到一定的温度时，产生蒸汽，饱和水蒸气经过过热器进一步加热之后，变成过热蒸汽，具有做功能力的过热蒸汽进入汽轮机，膨胀并做功，推动汽轮机转动，汽轮机再带动发电机转动，产生电力输出，产生的电能经进一步变频、升压之后，即可通过电网传输到各用户。做功后的低品位蒸汽用于供热，或用于驱动吸收式制冷机制冷。凝结后的凝结水再经给水泵送入锅炉，继续循环。这种循环称为热电循环。根据汽轮机供热方式的不同，可将其分为背压式热电循环和抽汽式热电循环两种。

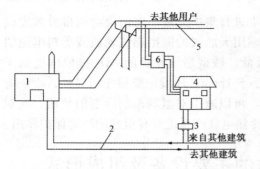

图7-3　集中式冷热电联产系统的流程图
1—中央热电厂；2—输配管网；
3—用户转换站；4—建筑用户；
5—输配电网；6—变压器

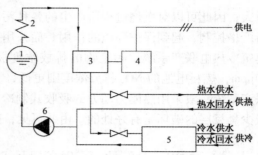

图7-4　锅炉加供热汽轮机三联产
系统的原理图
1—锅炉；2—过热器；3—汽轮机；
4—发电机；5—吸收式制冷机；
6—水泵

　　背压式热电循环中，排气压力高于大气压力，如图7-5所示。这种系统没有凝汽器，蒸汽在汽轮机内做功之后仍具有一定的压力，通过管路送给热用户作为热源，放热之后，冷凝水再回到热电厂。由于提高了汽轮机的排汽压力，蒸汽中用于做功的热能相应减少，所以其发电效率有所降低。尽管如此，由于热电循环中排汽的热量得到了利用，所以热能利用率增加了，所以从总体经济效果来看，还是比单纯发电要优越得多。另外，这种系统不需要凝汽器，使设备得到了简化，但这种系统的一个很大的缺点是供热与供电相互牵连，难以同时满足用户对热和电的需求，为了解决这个问题，热电厂常采用抽汽式汽轮机。

　　图7-6是中间抽汽供热系统的原理图。蒸汽在调节抽汽式汽轮机中膨胀至一定压力时，被抽出一部分送给热用户，其余蒸汽则经过调节阀继续在汽轮机内膨胀做功，乏汽进入凝汽器，被冷却水吸收热量之后，冷凝成水，然后与热用户的回水一起被送入锅炉循环。这种系统的重要优点是能自动调节热电出力，从而可以较好地满足用户对热、电负荷的不同要求。但这种系统由于有部分热在凝汽器中被冷却水带走，因此其热能利用效率要比背压式低。

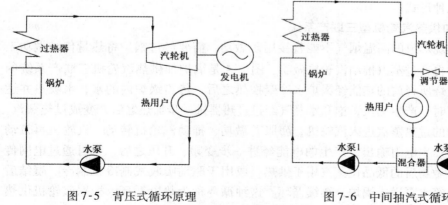

图7-5　背压式循环原理　　　　　　　　图7-6　中间抽汽式循环原理

2. 燃气轮机三联产系统

锅炉加供热汽轮机热电循环属于外燃型发电，而燃气轮机属于内燃机，因而发电效率要比外燃机高。燃气轮机发电装置由三个部分组成：压气机、燃烧室和涡轮机。基本的燃气轮机循环采用布雷顿循环，由绝热压缩、定压加热、绝热膨胀组成。基本的燃气轮机发电循环如图7-7所示。空气经压气机压缩之后进入燃烧室，与喷入的燃料相混合、燃烧，燃烧所产生的高温高压烟气进入涡轮机，推动涡轮机转动做功，做功之后的尾气排放到大气中。

汽轮机与压气机通常安装在同一轴上，转速可达到3000～6000r/min。大型燃气轮机的发电效率可达到35%，而小型燃气轮机的发电效率只有12%～30%，为了提高燃气轮机的发电效率，通常在基本循环上加装回热、再热及中间冷却装置，如图7-8所示。采用这些装置的先进燃气轮机的效率可达到50%以上。

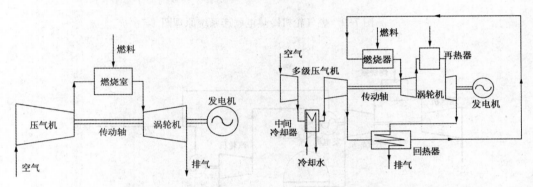

图7-7 基本燃气轮机发电循环　　　图7-8 带再热、回热和中间冷却的
　　　　　　　　　　　　　　　　　　　　　　燃气轮机发电循环

燃气轮机具有体积小、重量轻、燃料使用灵活、污染小、可靠性高、启动迅速、不需要冷却水、易于维护等优点，因而得到了较广泛的应用。然而，由于燃气轮机的排气温度还相当高，热能利用率较低，为了提高热能利用效率，可以利用余热锅炉或热交换器对燃气轮机的尾气进行热回收，用于供热或驱动吸收式制冷机，提供空调冷冻水，从而实现冷热电联产。燃气轮机冷热电联产系统的原理如图7-9所示。通过回收燃气轮机发电尾气中的废热，可以大大提高热能利用效率，一般可维持在80%以上。

3. 燃气轮机、蒸汽轮机联合循环冷热电联产系统

在上述燃气轮机单循环中，余热锅炉产生的蒸汽参数仍然很高，如果增设供热汽轮机，使用余热锅炉所产生的较高参数的蒸汽在供热汽轮机中发电，可以进一步提高发电效率，其抽汽或背压排汽用于供热或制冷，从而实现冷热电的三联供。这种联合循环冷热电联供系统如图7-10所示。

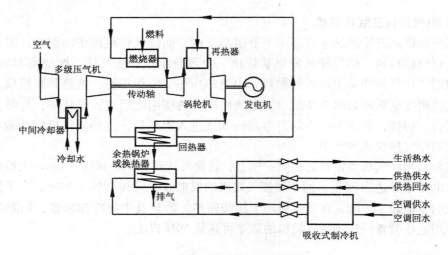

图 7-9 燃气轮机冷热电联产系统原理图

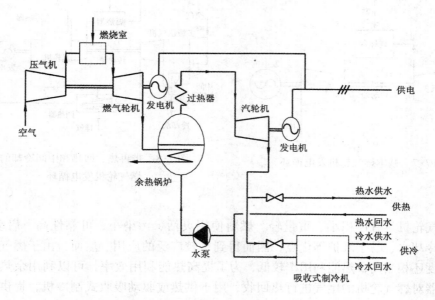

图 7-10 燃气轮机、蒸汽轮机联合循环冷热电联产系统原理图

二、建筑冷热电联产系统

建筑冷、热、电联产（Buildings Cooling，Heating，and Power，BCHP）是指在建筑内部或其附近发电，以部分或者全部满足建筑用电需求，同时通过回收发电所产生的废热来驱动以热能为动力的用热设备，为建筑提供冷、热、生活热水及湿度控制等服务。它通过对传统的现场发电技术与暖通空调系统之间的集成，从而实现能源的梯级利用，提高了能源利用效率，因而又称作集成式能源系统（Integrated Energy System，IES）。与传统的能源系统相比，BCHP 系统可以提高能源利用效率 30% 以上，减少

CO_2 排放 45%，总体能源利用效率超过 80%，被认为是第二代能源系统。

BCHP 系统为节约化石能源消耗，减少 CO_2 排放，提高电力系统的可靠性，改善室内空气品质，提高室内的舒适性等全球性问题的解决提供了一种有效的途径。日益增长的能源需求、不断恶化的环境质量以及逐步改革的电力体制，为 BCHP 技术的进步提供了动力。BCHP 技术得到了世界各国的广泛关注，纷纷制定政策与措施，促进 BCHP 技术在本国的发展与应用。

建筑冷热电联产系统适合于既有一定的电力需求，又有一定的热负荷的场合，如办公建筑、商业建筑、学校、医院、宾馆、剧院、高档公寓等，尤其是对办公建筑、大学校园、商业中心等，采用建筑冷热电联产系统有着极好的经济效益。另外，对一些边远的农村、有重大安全要求的军事性建筑以及需要有备用电源的场合等，建筑冷热电联产系统也是一种合适的方案。

1. 建筑冷热电联产系统的基本组成

建筑冷热电联产系统的流程如图 7-11 所示，由两大子系统组成：分布式发电系统和热回收系统。分布式发电又称现场发电，主要包括发电装置、控制装置及与当地电网之间的连接装置。其中发电装置的作用是将燃料的化学能转化为电能。控制装置主要是实现电流、电压或频率的转换功能，以保证输出的电力能够满足用户要求。而热回收系统的主要作用则是对发电所产生的废热进行回收，并为建筑提供冷、热、生活热水或干燥空气等。下面分别就分布式发电系统和热回收系统的不同形式进行阐述。

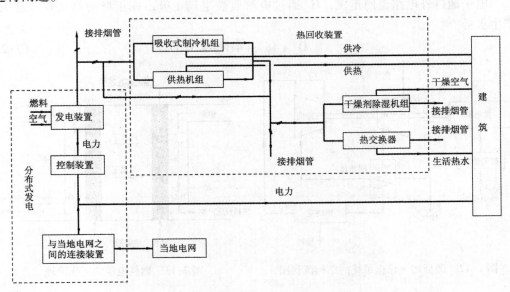

图 7-11　建筑冷热电联产系统的流程图

分布式发电技术是一种小规模现场发电技术，应用于建筑冷热电联产系统的分布式发电技术主要包括：微型燃气轮机、燃料电池和往复式内燃机。

（1）微型燃气轮机（Microturbine，MT）

微型燃气轮机是指单机功率范围为 30 ~ 400kW 的一种小型热力发动机，它是 20 世纪 90 年代以来才发展起来的一种先进的动力装置，装置采用布雷顿循环，主要包括：压气机、燃烧室、燃气轮机、回热器、发电机和控制装置等组成部分。其工作流程图如图 7-12 所示，主要燃料是天然气、甲烷、汽油、柴油等。微型燃气轮机的主要特点是：采用离心式压气机和向心透平，两叶轮为背靠背结构，采用高效板式回热器，回热效率高，大大提高了系统的发电效率。采用空气轴承，不需要润滑系统，简化了机组的结构。采用高速永磁发电机，并将发电机、压气机和燃气轮机直接安装在同一轴上，取消了减速装置，大大减小了机组的体积和重量，且减少了系统的运动部件，降低了维修成本，维修率低，使用寿命长。微型燃气轮机的发电效率可达到 29% ~ 42%（基于低位热值的热效率），安装成本较低，NO_x 的排放浓度低于 10ppm，排气温度为 232 ~ 260℃。但微型燃气轮机由于旋转速度高达 50000 ~ 120000r/min，所以有一定的高频噪声。

（2）燃料电池（Fuel Cell，FC）

燃料电池是一个电化学系统，它不经过化学燃烧而直接将燃料的化学能转换成电能和热能，燃料电池的工作原理如图 7-13 所示。气体燃料连续不断地从负极供入，空气（或氧气）从正极供入，在正、负极处发生电化学反应，从而产生电能。以氢—氧燃料电池为例，在酸性电解质中，氢气在负极发生电离，释放出电子和氢离子：

$$2H_2 \rightarrow 4H^+ + 4e^- \tag{7-1}$$

电子通过外电路流回正极，H^+ 通过电解质被送到正极，在正极与氧气发生反应，产生水：

$$O_2 + 4e^- + 4H^+ \rightarrow 2H_2O \tag{7-2}$$

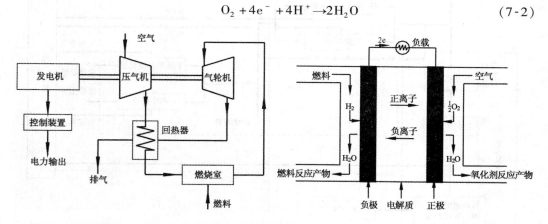

图 7-12　微型燃气轮机系统的结构流程图　　　　图 7-13　燃料电池的工作原理

这样就在回路中形成电流，产生电力输出。只要燃料和空气源源不断地被输送进燃料电池，燃料电池就会源源不断地产生电力输出。因此，燃料电池实质上是一种能量转换装置，这与传统意义上的电池不同。单个燃料电池的输出电压很低，只有0.6 ~ 0.7V，为获得需要的电压，通常将多个燃料电池组合起来，组成燃料电池堆。目前已开发的燃料电池主要有 5 种：碱性燃料电池（AFC）、质子交换膜燃料电池（PEM-

FC）、磷酸燃料电池（PAFC）、熔融碳酸盐燃料电池（MCFC）和固体氧化物燃料电池（SOFC）。其中碱性燃料电池仅用于航天飞行器，民用很少。质子交换膜燃料电池的工作温度较低，在家庭联产中有一定的应用前景。其他三种燃料电池均可用于建筑冷热电联产，尤其是两种高温燃料电池：熔融碳酸盐燃料电池和固体氧化物燃料电池，特别适合于联产系统。燃料电池还没有完全走向商业化，正处在研究和开始走向实用阶段。

燃料电池系统如图 7-14 所示，主要包括 6 个部分：燃料电池堆、燃料处理器、电力调节器、空气输送系统、水管理系统和热管理系统。燃料电池堆的主要功能是将燃料的化学能转换成电能和热能。燃料处理器的主要功能是实现燃料重整，燃料脱硫和降低 CO 的含量，并使燃料达到一定的温度。燃料重整的目的是将氢含量高的碳氢化合物转变成氢气。电力调节器是将燃料电池堆所产生的直流电变换成所需的交流电，并为系统本身供电和实现与电网接口。空气输送系统负责产生一定压力、一定温度的空气，并将其输送到燃料电池堆，为维持燃料电池连续高效工作，必须及时排除燃料电池所产生的水和热，这是由水管理系统和热管理系统来完成。水管理系统负责将反应所产生的水排出燃料电池，并将其送给燃料处理器用于燃料重整和送给空气输送系统给空气加湿。热管理系统则负责将反应所产生的热排出燃料电池，以维持燃料电池工作在一定温度下。排出的热除用于加热燃料和空气之外，其余热量供热回收系统使用。

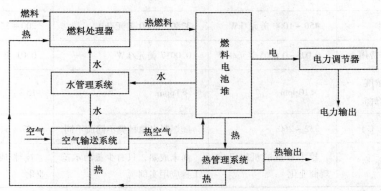

图 7-14　燃料电池系统的结构流程图

燃料电池的最大优点是发电效率高，清洁环保。燃料电池的发电效率可达 40% ~ 57%，其产物只有水蒸气，几乎可以做到零排放。另外，燃料电池内部没有任何运动部件，因而维修费用小，噪声低。燃料电池的额定功率可达 250kW，其排气温度随燃料电池种类不同，有很大差异，固体氧化物燃料电池的排气温度高达 370 ~ 480℃，而质子交换膜燃料电池的排气温度只有 60 ~ 70℃。目前，燃料电池使用的最大障碍是成本太高，是内燃机、燃气轮机的 2 ~ 10 倍（见表 7-1）。然而，随着燃料电池技术的不断成熟，生产规模不断扩大，其成本将会大幅度下降，足以和其他分布式发电技术相竞争。

（3）往复式内燃机（Internal Combustion Engines，ICE）

内燃机是一种已经成熟了的现场发电技术，它已经在很多地方被用做备用电源或现场发电。内燃机的发电效率为30%～40%（基于低位热值的效率），其燃料可以是汽油、柴油或天然气等。在分布式发电技术中，内燃机的成本最低，然而由于内燃机的运动部件较多，所以维修费用高，且污染排放浓度高，有一定的低频噪声问题。通过燃用天然气和采用催化燃烧技术，可以降低污染排放浓度。另外，内燃机的调节性好，部分负荷效率高，排气温度高。

表7-1是三种分布式发电技术之间的比较，从表中可以看出，尽管往复式内燃机的安装成本最低，但其运行、维修费用高，相对来讲，燃气轮机虽然初装成本要高一些，但由于其使用寿命长，运行费用低，所以在经济上足以和内燃机相竞争。另外，燃气轮机的污染排放浓度低于内燃机，所以，微型燃气轮机也会有较好的应用前景。从表7-1可以看出，燃料电池的价格比其他两种技术要高出很多，但由于其发电效率高，低的运行维修费用，以及良好的环保性能，随着该项技术的进一步成熟，它将是最有前途的分布式发电技术。

三种分布式发电技术之间的比较 表7-1

比较内容	微型燃气轮机	燃料电池	往复式内燃机
额定功率	30～400kW	1～250kW	100～6MW
设备成本	450～1000 美元/kW	3750～5000 美元/kW	200～350 美元/kW
运行、维修费用	0.005～0.0065 美元/kW	0.0017 美元/kW	0.01 美元/kW
NO_x 排放浓度（燃用天然气）	<10ppm	<1ppm	15～20ppm
排气温度（℃）	232～260	随燃料电池种类不同而不同	427～649
技术现状	较大容量的机组已实现商业化	尚未成熟，只有少量的示范工程应用实例	技术成熟，已经商业化

分布式发电技术的排气温度一般都较高，还包含有大量的可利用热能，为提高能源利用效率，可对排气中的热量进行回收，回收后的热能用于为建筑供暖、空调或进行湿度控制。利用气、水热交换器，可以将排气用于提供热水或蒸汽，这些热水或蒸汽除直接用于为建筑供暖或提供生活热水外，还可用于驱动吸收式制冷机为建筑提供冷水和用于再生干燥剂为建筑提供干燥空气。

1）吸收式制冷技术

图7-15是吸收式制冷的原理示意图，其基本循环与电制冷相似，区别只是在于电制冷使用电机驱动压缩机提高制冷剂蒸气压力，而吸收式制冷是依靠热能通过发生器来加压制冷剂蒸气的。吸收式制冷除溶液泵消耗很少的电之外，其主要能源是热能，因此可以通过发电尾气的热能来驱动，组成联产系统。

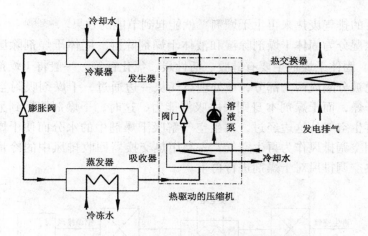

图 7-15　发电尾气驱动的吸收式制冷工作流程

　　吸收式制冷机的驱动热媒可以是热水、蒸汽，还可以直接利用发电尾气驱动，按照燃料燃烧的部位不同，可将吸收式制冷分为直燃型和间燃型，在热电联产中主要使用间燃型，少数情况也可采用发电尾气的直燃型。按照发生器的数量不同，又将吸收式制冷机分为单效、双效和多效，效数越多，制冷系数越大，但需要的热媒温度也越高，吸收式制冷机的制冷系数及最低工作温度见表 7-2。目前使用的吸收式制冷机主要是单效和双效，三效吸收式制冷机还处在开发过程中。吸收式制冷机的工作介质主要是溴化锂水溶液或氨水溶液，其中溴化锂吸收式制冷机的效率较高，已经实现了商业化。

溴化锂吸收式制冷机的热力系数及最低工作温度比较　　表 7-2

吸收式制冷机的类型	单效	双效	三效
热力系数	0.7	1.2	1.7
最低工作温度（℃）	>82	>182	>316

　　2）干燥剂除湿技术

　　为维持一个舒适的室内环境，除必须保持室内空气在一定的温度范围内外，还必须维持室内空气保持一定的湿度。为防止发霉，抑制细菌、病毒的生长和繁殖，确保室内相对湿度低于 60% 是必要的。传统空调控制湿度的方法是通过用低于送风空气露点温度的冷冻水来冷却空气，使空气中的水蒸气凝结下来。然而，经这样处理后的空气温度一般较低，需要进行再热才能达到舒适水平，不仅再热需要浪费一定的能量，同时为使空气冷却到露点之下所需的冷冻水温度也必须较低，因而制冷机的 COP 值下降，会耗费更多的电能。

　　除采用冷却除湿之外，还可以采用干燥剂除湿。干燥剂除湿是让潮湿空气通过干燥剂，干燥剂吸收或吸附空气中的水蒸气而使得空气湿度下降，处理后的干燥空气经冷却之后送入空调房间，以维持舒适的室内环境。然而，干燥剂吸湿之后，其含湿量增加，逐渐失去干燥能力，为使干燥剂能够继续除湿，必须对干燥剂进行再生。干燥剂再生是用干燥的热空气通过干燥剂，让干空气带走干燥剂中的水分，使干燥剂失去水分而恢复除湿能力。因而，要对干燥剂进行再生，必须要以消耗一定热能为代价，如果用发电后的排气废热来再生干燥剂，就能起到节能的效果。

　　干燥剂除湿分为固体干燥剂除湿和液体干燥剂除湿。固体干燥剂除湿的流程图如图7-16所示。固体干燥剂主要有硅胶、活性炭、氯化钙等，一般将干燥剂制作成蜂窝状转轮，转轮被分隔成两个部分，被处理空气从一边通过，干燥剂吸附空气中的水分使空气得到干燥，而干燥剂本身则失去吸湿能力，这时，干燥剂旋转到另一边，经废热加热后的再生空气从这边经过，再生空气解吸干燥剂中的水分而使干燥剂再生。为节约能源，用空调排风作为再生空气，先利用热交换器回收排风中的冷量，然后再用发电排气加热空调排风对干燥剂进行再生。

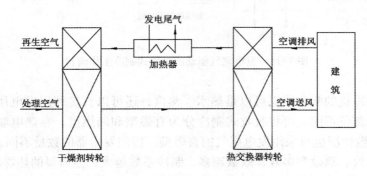

图 7-16　发电尾气驱动的固体干燥剂除湿流程

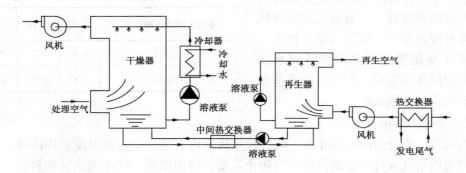

图 7-17　发电尾气驱动的液体干燥剂除湿流程

　　液体干燥剂除湿流程如图7-17所示。液体干燥剂主要有氯化锂、氯化钙等水溶液。液体干燥剂在干燥器中从上面喷下，与逆流而上的空气相接触，吸收被处理空气中的水分，使空气干燥，干燥剂本身逐渐失去干燥能力。失去干燥能力的干燥剂用泵送至再生器中，被用发电尾气加热了的再生空气再生，再生了的干燥剂又重新送回干燥器中干燥处理空气。因为液体干燥剂干燥过程要放出水蒸气潜热，因此需要加入冷却器对干燥剂进行冷却，以维持干燥剂保持一定的温度。另外，液体干燥剂在进行干燥时，同时具有过滤空气中的粉尘、细菌、病毒等功能，对提高室内空气品质有利。

　　2. 建筑冷热电联产系统的主要形式

　　（1）蒸汽轮机＋吸收式制冷机

1）工作原理

锅炉燃烧产生的高温高压蒸汽进入蒸汽轮机推动涡轮旋转，带动发电机发电，发电后的乏汽或从蒸汽轮机中的抽汽进入蒸汽制冷机制冷，同时一部分进入热交换器进行采暖或提供卫生热水。其系统流程见图7-18。根据实际蒸汽品质（压力等），可以选择双效或单效吸收式制冷机。

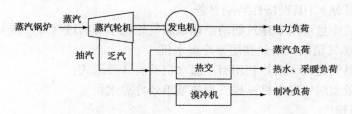

图7-18　蒸汽轮机加吸收式制冷机形式

2）应用特点

根据对热电厂"以热定电"的要求，采用 BCHP 可以大大提高热电厂的用热量，提高热电厂的负荷率，提高经济效益。

如果汽轮机抽汽或乏汽不被用掉，则其发电量和发电效率都将下降，因此夏季使用蒸汽溴化锂吸收式制冷机可以显著提高综合效率。

该模式适合于各个规模的火电厂或热电厂。

（2）燃气轮机＋排气回收型冷温水机

1）工作原理

燃气轮机中高温高压气体带动发电机发电后排出，这时还保持着相当高的温度（一般在400℃以上），并且具有较高的含氧量。溴化锂制冷机可以直接回收排气余热进行制冷，也可以将排气作为助燃空气进行第二次燃烧，二次燃烧回收热效率更高，达95%以上。其系统流程见图7-19。

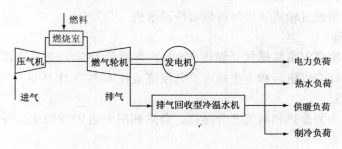

图7-19　燃气轮机加排气回收型冷温水机组形式

2）应用特点

尾气余热直接由溴化锂冷温水机回收进行制冷、供暖并提供生活热水，无须另加热交换器，系统流程简单，造价低；

热效率高，COP 通常在 1.27 以上；

制冷负荷调节范围广，最小制冷量可达70kW，可满足各类建筑物的冷、热、电的要求。

适用该模式的溴化锂制冷机有：排气直热单效冷温水机、排气直热双效冷温水机、排气再燃冷温水机或排气再燃热交换冷温水机4种机型。

适用建筑物：燃气轮机电厂或燃气轮机自备电站的改造，特别适合于简单循环的燃气轮机电厂（站），其经济性特别显著。

系统产生的冷量可用于建筑物的空调或燃气轮机本身的进气冷却或其他工艺冷却。

（3）微型燃气轮机+余热利用型冷温水机

采用微型燃气轮机+余热利用型冷温水机共有3种形式：

形式一：微型涡轮发电机+排气直热型单效冷温水机

1）工作原理

微型燃气轮机的排气送入单效冷温水机，余热用于制冷或供暖。其系统流程图如图7-20所示。

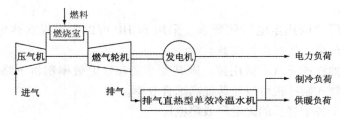

图7-20　微型燃气轮机加排气直热型单效冷温水机

2）应用特点

排气余热全部进入冷温水机加以利用，热损失小；

受排气量限制，制冷或供热量较小，制冷量为70kW；

适用于小型建筑场合使用。

形式二：微型燃气轮机+排气再燃型冷温水机

1）工作原理

微型燃气轮机高温富氧排气（温度250℃，含氧量18%）进入冷温水机直接进行燃烧利用，提供制冷、供暖和卫生热水。其系统流程如图7-21所示。

2）应用特点

利用了排气中的余热和氧气充分燃烧，余热利用率达95%以上，冷温水机能耗大幅度降低。

电力、空调、供暖和卫生热水几种负荷容量搭配灵活，可以满足不同场合的需要，缺点是排气在部分负荷时不能全部利用，须排空。

形式三：微型涡轮发电机+排气再燃/热交换并联型冷温水机

1）工作原理

微型燃气轮机排气余热一部分被溴化锂制冷机的稀溶液回收，另一部分参与二次燃烧，对外提供制冷、供暖和卫生热水。其系统流程如图7-22所示。

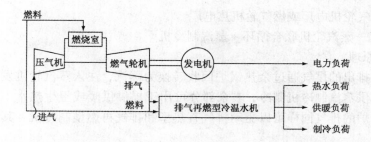

图 7-21　微型燃气轮机加排气再燃型冷温水机

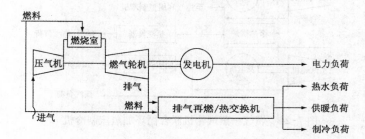

图 7-22　微型燃气轮机加排气再燃/热交换并联型冷温水机

2）应用特点

发电后的排气余热得到充分利用，冷温水机能耗最大限度降低，避免了形式二的缺点；

电力、空调、供暖和卫生热水几种负荷容量搭配灵活，可以满足不同场合的需要。

（4）燃气轮机前置循环 + 溴化锂吸收式制冷机

1）工作原理

燃气轮机发电后排出的高温烟气通过余热锅炉回收，产生的蒸汽供蒸汽吸收式制冷机制冷，其余通过热交换器提供供暖/卫生热水或供工业用户使用。其系统流程如图7-23 所示。

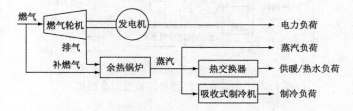

图 7-23　燃气轮机、余热锅炉加吸收式制冷机

2）应用特点

夏季供暖/热水负荷最小时，蒸汽溴化锂吸收式制冷机可以充分利用燃气轮机余热制冷，保证较高的系统综合能源利用效率。

适合于燃气轮机电厂或燃气轮机热电厂。

（5）燃气—蒸汽轮机联合循环＋蒸汽制冷机

1）工作原理

燃气轮机排出的尾气通过余热锅炉回收转换为蒸汽，注入蒸汽轮机发电，发电后的乏汽或抽汽供蒸汽制冷机制冷，其余部分可用于提供供暖或卫生热水。当然，燃气轮机或余热锅炉的排气同样可以驱动排气直热型和排气再燃型制冷机。其系统流程如图7-24所示。

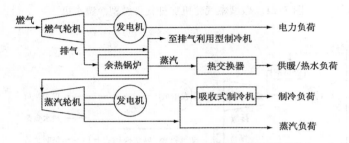

图7-24　燃气—蒸汽轮机联合循环加蒸汽制冷机

2）应用特点

比简单循环和前置循环发电具有更高的发电效率。

与汽轮机发电中的应用类似，可以有效提高夏季发电量和发电效率，并且减小用电峰谷差。

适用于联合循环电厂（站）。

（6）内燃发电机＋余热利用型直燃机

1）工作原理

内燃机基于柴油发电机技术，燃料和空气进入气缸混合压缩燃烧并做功，推动活塞运动，通过联杆机构，驱动发电机发电。排气、缸套冷却水的余热由余热利用型冷温水机产生制冷/供暖/卫生热水。其系统流程如图7-25所示。

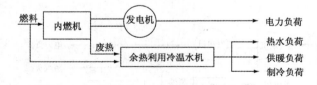

图7-25　内燃发电机加余热利用型直燃机

2）应用特点

余热中高温排气量较小且含氧量低，不能再燃利用。

制冷、供暖、卫生热水、电力几种形式的负荷容量搭配比较灵活。

系统组合简便，适合于现有内燃机电站或现有直燃机的基础上进行改造。

可以用于该系统的制冷机有：热水机、排气制热单效/双效制冷机。

（7）燃料电池＋余热利用型直燃机

1）工作原理

燃料电池利用燃料和空气的电化学反应供应电力，同时产生出蒸汽、废水、排气等。通过溴化锂制冷机回收这部分废热，提供制冷、供暖、卫生热水。其系统流程如图7-26所示。

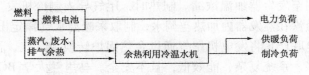

图7-26　燃料电池加余热利用型直燃机

2）应用特点

发电效率和能源综合利用率都较高。

发电不是利用燃料燃烧，污染排放小，环保效益显著。

制冷、供暖、热水和电力能量负荷容量配置灵活，可以用于各种场合。

由于材料价格的关系，燃料电池目前还未达到商业化生产。

可以用于该系统的制冷机有：蒸汽机、热水机、排气制热单效、双效制冷机。

第三节　冷热电联产工程实例简介

一、美国马里兰大学建筑冷热电联产系统

马里兰大学位于美国马里兰州巴尔的摩市约5英里处，建于1862年，是世界最负盛名的综合性大学之一，在广泛的学科与交叉学科领域具备良好的知识创新机制，在能源和环境研究及其应用技术领域处于世界领先水平，溴化锂吸收式制冷是其重要的分支专业学科。

马里兰大学的BCHP系统由美国生产的微型燃气轮机和远大生产的吸收式制冷机组成，如图7-27所示。涡轮机、压气机和发电机都置于一个单轴上，压气机将助燃空气通过单级径向压缩进回热器，压缩空气被尾气废热加热后进入燃烧室与燃料混合，燃烧进一步升温。燃烧空气在涡轮机内旋转带动永磁发电机，涡轮机尾气进入换热器与空气换热。发电机输出三相可变频、可变电压电力，输出电力通过逆变器将可变电压、可变频率转换为固定电压、固定频率，向终端供电。发电机自备可选择电池包，当外部电网出现异常，都能确保系统不间断供电，实现其独立和并网运

图7-27　马里兰大学BCHP系统

行的稳定性和可靠性，涡轮发电机运行噪声在65dB（A）以下。排气清洁，给回收尾气余热提供了良好条件。

将燃气轮机产生的280℃左右的尾气导入溴化锂吸收式制冷机，加热发生器内的溴化锂溶液并产生蒸汽，蒸汽冷凝为冷剂水后在蒸发器内蒸发，制取空调冷水（额定出口温度为6.7℃），带走空调系统热量，冷剂水蒸发为蒸汽被吸收器浓溶液吸收，形成稀溶液，再返回至发生器加温浓缩。制热时，尾气导入制冷机发生器，将溶液加热产生蒸汽，高温蒸汽在蒸发器内加热空调水，制取采暖温水（额定出口温度为50℃）。

传统的冷热电联产是将发电机尾气通过余热锅炉转换为蒸汽，再用蒸汽制冷，这样能源转换环节多、系统复杂、能效低，且不安全。马里兰大学BCHP系统没有尾气换热中间环节，直接将尾气应用于溴化锂吸收式制冷机，以提供制冷和供暖，其原理如图7-28所示。

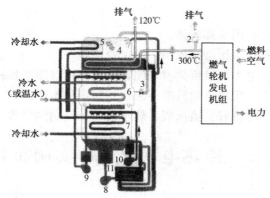

图7-28　马里兰大学BCHP原理图

1—电动尾气阀（开）；2—自开式风门（关）；3—冷热转换阀（关）；
4—发生器；5—冷凝器；6—蒸发器；7—吸收器；
8—发生泵；9—冷剂泵；10—吸收泵；11—热交换

BCHP系统设计通常依据下述原则：一种是"以电定冷（热）"，即根据楼宇配电负荷来确定发电机功率，冷热根据发电机尾气余热来配套制冷和制热设备，这种方式注重了余热回收效率，再考虑楼宇冷热负荷要求；另一种方式是"兼顾冷热电负荷"，这种方式是根据楼宇冷热电负荷来成套BCHP系统，兼顾余热利用效率和楼宇能源负荷，综合性能好。当然，影响BCHP系统配置方式的因素很多，系统必须根据楼宇的具体情况而定。马里兰大学BCHP系统是典型的"以电定冷"项目，但其可以提供学院综合楼的冷热电能源需要，同时满足了科研要求。微型燃气轮机的主要技术指标见表7-3；溴化锂吸收式制冷机主要技术指标见表7-4。

考虑到发电尾气进入制冷机产生的阻力会对发电机产生影响，在烟道中增加一台耐温增压风机；通过变频控制风机尾气量，可很好地调节机组冷热输出负荷；通过关闭系统尾气风阀，微型燃气轮机可独立运行，尾气排空，打开系统尾气风阀，系统可联合运行。

2001 年 6 月马里兰大学 BCHP 系统成功投入运行。马里兰大学能源与环境技术中心（CEEE）及机械工程系等研究机构对溴化锂吸收式制冷机及 BCHP 系统进行了一次全面详细的测试，包括发电量、制冷量、发电效率、*COP*、供热效率、冷温水、冷却水进出口温度和流量、尾气温度、系统电耗等技术指标，测试结果完全达到了设计目标值。马里兰大学 BCHP 系统仅发电端消耗燃料，制冷机不需燃料，制冷机将尾气余热转换为冷和热。系统冷热电负荷比为 1.17:1.4:1。表 7-5 参照了风冷热泵电制冷空调进行能效比较，直观地描述了 BCHP 系统的节能性，节能率达到 20% 以上。

微型燃气轮机的主要技术指标间表 表 7-3

项 目	单 位	数 值	备 注
额定功率	kW	75	15℃，标准大气压下
天然气耗量	m^3/h	27	压力≥0.62MPa（绝对压力）
热电效率	%	28.5	15℃，标准大气压下
排气温度	℃	280	
排气流量	kg/s	0.67/0.76	并网运行/独立运行
NO_x 排放	ppm	<13	15℃，标准大气压下满负荷状况

溴化锂吸收式制冷机主要技术指标 表 7-4

项 目	参 数	项 目	参 数
机组型号	BD7N280—15	制热量	114kW
制冷量	23USRt	温水出口温度	50℃
冷水出/入口温度	6.7℃/12.2℃	温水流量	19.6m^3/h
冷水流量	12.8m^3/h	尾气入口温度	280℃
冷却水出/入口温度	36℃/29.4℃	配电量	1.2kW
冷却水流量	24.3m^3/h		

BCHP 系统的能效比较 表 7-5

	BCHP	电网		BCHP	电网
输出冷量	81.4kW	0	输出电力	76kW	99.5kW
系统电耗	11.5kW	0	一次能耗	267+11.5kW	347kW
节能率	BCHP 节能 20%				

二、北京某大楼建筑冷热电联产系统简介

该大楼总建筑面积为 31800m^2，设计电负荷为 1270kW，设计热负荷为 2200kW，

设计冷负荷为 1270kW，另外还需要生活用热水负荷 95kW。冬季采暖期为 11 月 1 日～3 月 31 日，共 151d，日工作 10h。夏季制冷期为 5 月 19 日～9 月 15 日，123d，日工作 10h。

　　建筑冷热电联产系统的设计原则为：以基本电力负荷确定装机容量，不足电力从市网补充，不足热量通过补燃解决，系统并网但多余电力不上网。设计采用两台 Caterpillar 公司生产的燃气内燃机发电机组，机组型号分别为：G3508LE 和 G3512LE，设备的主要参数见表 7-6。采用两台远大生产的 BZ100 和 BZ200 型溴化锂吸收式制冷机。

内燃发电机组的主要技术参数　　　　　　　　　　表 7-6

主 要 参 数	G3508LE	G3512LE
发电功率	480kW，50Hz，400V	725kW，50Hz，400V
缸套水热量	426kW	628kW
排气余热	230kW	421kW
排气烟囱温度	429℃	468℃

　　系统的运行模式为：当电负荷＜240kW 时，从市网购电；当 240kW＜电负荷＜480kW 时，运行 G3508LE 机组；当 480kW＜电负荷＜725kW 时，运行 G3512LE 机组；当 725kW＜电负荷＜1205kW 时，G3508LE 和 G3512LE 两台机组并联运行；当电负荷＞1205kW 时，两台机组并联运行，不够的电力从市网购入补充。余热利用的原则为：优先利用缸套热水，然后再利用尾气废热，如果系统不能充分利用缸套水，将启动备用散热水箱。

课后思考题

1. 解释冷热电联产系统的基本原理。
2. 从热力学的角度，分析冷热电联产系统节能的根本原因。
3. 冷热电联产系统主要包括哪些设备？
4. 分布式发电技术包括哪些？各是什么工作原理？
5. 干燥除湿系统的工作原理是什么？
6. 解释燃料电池的工作原理。

本章参考文献

［1］ASHRAE. ASHRAE Handbook，2002.
［2］王如竹，丁国良等著. 最新制冷空调技术［M］. 北京：科学出版社，2002.
［3］廉乐明，李力能，吴家正等编. 工程热力学［M］. 北京：中国建筑工业出版社，1999.
［4］刘泽华，彭梦珑，周湘江等编著. 空调冷热源工程［M］. 北京：机械工业出版社，2006.
［5］郝小礼，张国强. 建筑冷热电联产系统综述［J］. 煤气与热力，2005，25（5）：67-73.

第八章 蓄热（冷）技术

第一节 蓄热（冷）技术原理及应用

建筑中通常需要供热或供冷，在这些热（冷）的生产、输送和利用过程中，热（冷）的供应和需求之间，往往存在着数量上、形态上和时间上的差异。为了弥补这些差异，有效地利用热（冷），常需采取储存和释放热（冷）的人为过程或技术手段，这就称为蓄热（冷）。

一、蓄热（冷）技术原理

1. 显热蓄热（冷）

随着介质温度的升高而吸热，或随着介质温度的降低而放热的现象称为显热。介质的储热量与其质量、比热容的乘积以及介质所经历的温度变化成正比，如式（8-1）。显热式蓄热（冷）原理十分简单，实际使用也最普遍。利用显热蓄热（冷），蓄热（冷）材料在储存和释放热（冷）能时，材料自身只发生温度的变化，而不发生其他任何变化。

$$Q = mc_p (t_2 - t_1) \tag{8-1}$$

式中　Q——蓄热量，kJ；

m——介质质量，kg；

c_p——介质的比热容，kJ/（kg·℃）；

t_1 和 t_2——分别为介质开始蓄热和终止蓄热时的温度，℃。

常用的显热蓄热（冷）介质主要是水，对于蓄热，还可以采用水蒸气、砂石、土壤等介质。

显热蓄热（冷）方式简单，成本低，但在释放热（冷）量时，其温度发生连续变化，不能维持在一定的温度下释放所有热（冷）量，无法达到控制温度的目的，并且该类材料蓄能密度低，从而使相应的装置体积庞大，因此在建筑中的使用受到一定的限制。

2. 潜热蓄热（冷）

物质由固态转为液态，由液态变为气态，或由固态直接转为气态（升华）时，将吸收相变热，进行逆过程时，则将释放相变热。这就是潜热蓄热（冷）的基本原理。虽然液—气或固—气转化时伴随的相变潜热远大于固—液转化时的相变热，但液—气或固—气转化时容积的变化非常大，使其很难应用于实际工程。因此，目前使用的潜热蓄热（冷）是固—液相变式蓄热（冷）这种方式。

与显热式蓄热（冷）比较，潜热蓄热（冷）的容积蓄热（冷）密度大，当蓄存相同的热（冷）量时，潜热式蓄热（冷）设备所需的容积要比显热式蓄热（冷）设备小得多，这就非常适合于在建筑中使用。潜热蓄热（冷）的另一个优点是：这种方式在相变蓄热（冷）过程中，温度近似恒温，因此可以此来控制体系的温度。

相变材料（Phase Change Materials，PCM）的选取应具有下列性质：

（1）具有合适的熔点温度；

（2）有较大的融解潜热；

（3）密度大；

（4）在固态和液态中都具有较大比热容；

（5）在固态和液态中具有较高的热导率；

（6）热稳定性好；

（7）热膨胀小，熔化时体积变化小；

（8）凝固时无过冷现象，熔化时无过饱和现象；

（9）没有腐蚀性或腐蚀性小。

建筑用相变材料主要有冰、无机水合盐类、石蜡及脂肪酸等有机物类。冰的特点是成本低，且不存在腐蚀及有毒问题。无机水合盐类多为硫酸盐、磷酸盐、碳酸盐等的水合盐，熔点低、熔化潜热大、价格便宜，但它们经过多次吸热、放热循环之后，会出现固液分离、过冷、老化变质等不利现象，故需添加增稠剂、过冷控制剂、熔点调节剂等稳定性物质。石蜡和脂肪酸以及此类化合物的熔融热虽然低于水合盐，但它们不产生固液分层，能自成核，无过冷，对容器几乎无腐蚀，因而也得到广泛应用。

表8-1列出了若干种适用于建筑物供暖及降温用的有关相变蓄热材料的热物性。

适用于建筑物供暖及降温用的有关相变蓄热材料的热物性

表 8-1

材　　料	熔点（℃）	密度（kg/m³）		比热容〔J/（kg·℃）〕		导热系数〔kW/（m·℃）〕		蓄热密度（MJ/m³）
		固相	液相	固相	液相	固相	液相	
冰	0	920	1000	5270	4220	0.62	2.26	308
共晶硫酸钠	13	1470		1420	2680			215
$CaCl_2 \cdot 6H_2O$	27	1800	1560	1460	2130	1.09	0.54	296
$Na_2SO_4 \cdot 10H_2O$	32	1460	1330	1760	3300	2.25		300
$Na_2S_2O_4 \cdot 5H_2O$	48	1650		1460	2380	0.57		345

3. 热化学蓄热（冷）

化学反应蓄热(冷)是利用可逆化学反应的反应热来进行蓄热(冷)的，例如，正反应吸热，热被储存起来，逆反应放热，则热被释放出来。这种方式的蓄能密度虽然较大，但是技术复杂并且使用不便，目前仅在太阳能领域受到重视，且离实际应用尚远。

这种系统与潜热系统同样具有在恒温下产生的优点。热化学储能系统的另一个优点是不需要绝热的蓄能罐。但是，热化学蓄能装置较复杂，因此只适用于较大型的系统。

二、蓄热（冷）技术在建筑中的作用

蓄热（冷）技术的应用十分广泛，已成为日益受到重视的一种新兴技术。蓄热（冷）技术作为缓解能源危机的一个重要手段，在建筑中主要有以下几个方面的应用。

1. 太阳能热储存

太阳能是巨大的能源宝库，具有清洁无污染，取用方便的特点，特别是在一些高原地区，如我国的甘肃、青海、西藏等地，太阳辐射强度大，而其他能源短缺，故太阳能的利用就更为普遍。但是，到达地球表面的太阳辐射，能量密度却很低，而且受地理、昼夜和季节等规律性变化的影响，以及阴晴雨云等随机因素的制约，其辐射强度也不断发生变化，具有显著的低密度性、间断性和不稳定性。为了保持供热装置稳定不间断地运行，就需要蓄热装置把太阳能储存起来，在太阳能不足时再释放出来，从而满足建筑用热连续和稳定供应的需要。

太阳能热不仅可以短期储存，而且还可以长期储存。在夏天日照强烈时，利用太阳能集热器将热水储存在地下储水层或隔热良好的地穴中，到冬天来临时，利用储存的热水就可取暖。除直接储存热水外，还可以利用一些技术方法将太阳能热储存在土壤和岩石中。

2. 电力调峰

在冬季，可利用蓄热装置将电锅炉、热泵等在低谷负荷时段制取的热量储存起来，再在白天用电高峰时段供热，这样既能达到"移峰填谷"的作用，又充分发挥了电锅炉、热泵在使用过程中对环境污染小、操作简单的优点。

3. 改善室内热舒适

由于地球的自转，环境温度一天内存在较大的变化。白天，地表因受到日光照射而温度上升，然后会放热使大气获得热量而增温。夜间，由于日射消失，使地表冷却，因此气温也跟着下降。图 8-1 为上海 7 月气温日变化图，从图中可以看出，气温日变化呈正弦曲线的特性，最高气温通常出现在午后 2 时（即 14 时）左右，最低气温出现在日出前后。

室温的变化趋势与气温的变化趋势基本相同，但由于围护结构的蓄热，与环境温度相比，室温的日波动存在着衰减和延迟现象。研究表明，围护结构的蓄热能力越强，室内温度波动越小，室内热环境越稳定，室内热舒适性越好。

现代建筑经常采用大面积的透明围护结构，这种建筑外形美观、采光好、视野开阔，但其围护结构热容小，易造成室内温度白天过高、夜间过低，昼夜波动大，热舒适性差。这时，通过增加建筑围护结构的蓄热能力，如采用特殊的相变材料（Phase Change Material，PCM）制造墙体、顶棚、地板等，可以明显地增加建筑的蓄热能力，改善室内热舒适性。图 8-2 为某建筑采用含 PCM 的内墙与不含 PCM 内墙时的室内温度比较，从图中可以看出，采用含 PCM 的内墙后，室温的波动明显减小。

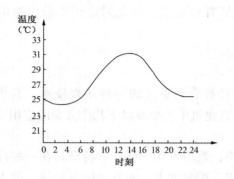

图 8-1 上海市 7 月份气温日
变化平均情况

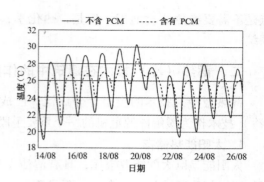

图 8-2 含 PCM 内墙与不含 PCM 内
墙室内温度比较

第二节 太阳能蓄热

太阳能蓄热的目的主要是为了弥补太阳能的不稳定性和间断性的缺点，把晴朗白天收集到的太阳辐射能所转换成的热能储存起来，以供应夜间、阴雨天使用。因此，对于太阳能的热利用来说，蓄热是必需的条件，它在太阳能热利用系统中所起的作用，不论是从节能的角度还是从经济的角度来看，都显得极为重要。

一、太阳能蓄热的原理

太阳能蓄热的基本原理是：太阳能集热器把所收集到的太阳辐射能转换成热能并加热其中的载热介质，经过热交换器（也称换热器）把热量传递给蓄热器内的蓄热介质，蓄热介质在良好的保温条件下再将热量储存起来。当需要时，利用另一种（也可以是同一种）载热介质经过热交换器把所储存的热量提取出来输送给热负荷，具体过程如图 8-3 所示。

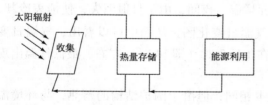

图 8-3 太阳能存储及利用过程简图

寻求经济而有效的长期蓄热方法对太阳能蓄热是很有实际意义的课题，如采用土壤、地下含水层以及热水池等来实现跨季度的长期太阳能蓄热，在经济上具有非常大的吸引力。因此，大力发展太阳能长期蓄热技术，不断降低蓄热材料和系统的成本，太阳能蓄热会具有更加广阔的发展前景。

二、太阳能蓄热技术

1. 太阳能的显热存储

就太阳能热存储来说，显热存储是研究最早和利用最广泛的一种，包括液体显热存储和固体显热存储。对于供暖系统而言，利用水作为蓄热介质最为合适。固体蓄热介质用得最多的是岩石或砂石。

（1）水蓄热。在太阳能供暖系统中，水经常作为蓄热介质，最常用的蓄热器是水箱，它和太阳能集热器连接在一起，如图8-4所示。在日照期间热水箱把盈余的太阳热储存起来，而在夜间或者阴雨天室内供暖就依靠热水箱内储存的热来满足。

（2）岩石蓄热。岩石是除水以外应用最广的蓄热物质，岩石成本低廉，易于取得。蓄热的岩石堆积床，由岩石或卵石松散地堆积起来，具有较高的换热效率。在蓄热时，热流体通常自上而下流动；在放热时，冷流体流动方向则是自下而上。由于岩石床径向热导率低，外表面隔热要求也较低。岩石大小应尽量均匀，否则流道易堵塞，使流动阻力加大。传热流体可以采用水或空气，图8-5所示为具有岩石床蓄热器的太阳能系统。

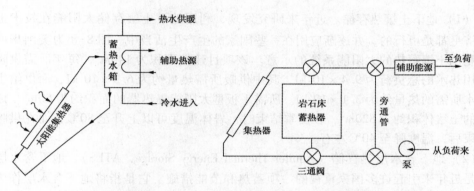

图8-4　水箱热水蓄能　　　　图8-5　具有岩石床蓄热器的太阳能系统

2. 太阳能潜热存储

潜热存储是利用物质发生相变时需要吸收（或放出）大量热量的性质来实现蓄热的。与显热存储相比较，它的优点在于容积蓄热密度大。储存相同的热量，潜热存储设备所需的容积要比显热存储设备小得多，能降低设备投资费用。同时，物质的相变过程是在一定的温度下进行的，变化范围极小，有利于蓄热器能够保持基本恒定的热力效率和供热能力。

在技术方面，相变材料应高效、紧凑、可靠、适用，且应易于生产，价格低廉。但是在实际中，能够同时满足以上要求的相变材料很难找到，因此当存储太阳能用于建筑物供暖和空调系统时，相变材料的熔点应接近于所需的室温。通常选用十水硫酸钠、六水氯化钙以及石蜡等作为相变材料。

图8-6为太阳能潜热存储示意图。它通过集热器先将太阳能收集，然后再输送到利用相变材料（Phase Change Materials, PCM）制成的墙体中储存，到了晚上再把热量释放出来，以提高冬季夜间室内温度。该应用要求相变温度在15~20℃，相变温度过高，热蓄不进去；相变温度过低，室温又无法满足舒适要求。

3. 太阳能的地下热存储

太阳能除了上述存储方法外，还可以存储在地下的土壤、岩石和水中。常见的方式有热水蓄能、地下埋管蓄能、含水层蓄能、砾石—水蓄能等，如图8-7所示。地下热存储适用于长期蓄热，而且成本低、占地少，因此是一种很有发展前途的储热方式。

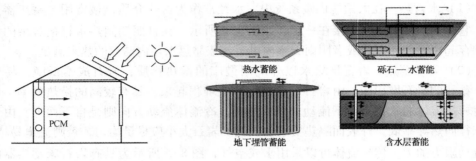

图 8-6　太阳能潜热存储　　　　　　　　图 8-7　地下热存储的几种形式

（1）地下土壤热存储。近年来研究发现，利用地下土壤存储太阳能在技术上或是经济上都是可行的，并逐渐应用在一些国家的生产生活当中。图 8-8 为美国华盛顿地区利用土壤蓄热的太阳能系统的示意。该项目建筑面积为 $140m^2$，每年所需供暖和生活用热水的总负荷为 $9.4 \times 10^7 kJ$，其中供暖所需热量约为 $6.3 \times 10^7 kJ$，而供给生活用热水所需的热量约为 $3.1 \times 10^7 kJ$。所需平板型太阳能集热器的面积约为 $50m^2$，用于蓄热的土壤体积约为 $820m^3$，在夏季结束时，岩体温度可以上升至 $80℃$，而在供暖季节结束后，温度降至 $40℃$ 左右。

（2）地下含水层热存储（Aquifer Thermal Energy Storage，ATES）。地下含水层热存储是近年来引起许多国家重视的一项蓄热和节能措施。它是指将地下含水层作为蓄能介质，将夏季的太阳辐射能储存起来用于冬季供暖，将冬季的冷量储存起来用于夏季制冷，能量回收率可达 70%，多用于区域供热和区域供冷。图 8-9 所示为双井式（设置有冷、热水井）含水层蓄热系统的结构示意图。

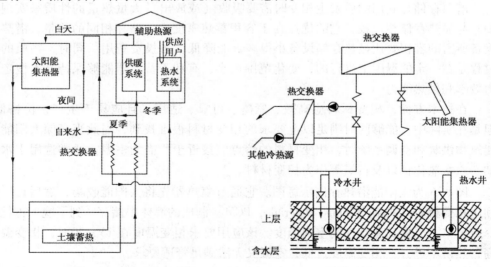

图 8-8　利用土壤蓄热的太阳能系统示意图　　　图 8-9　双井式含水层蓄能系统结构图

（3）地下岩石热存储。地下岩石蓄热具有成本低的优点。通常利用山间小谷地或在平地上挖沟，将挖出的泥土筑成堤，地下空间填充岩石，上部有隔热层和防水层。

岩石层的侧面和底面则依靠泥土隔热。其顶面最好向南倾斜，除了有利于接受太阳能以外，还便于排除雨水。

三、太阳能蓄热系统实例

以德国为代表的欧洲国家早在 20 世纪 80 年代就已经开始在工程中应用集中太阳能供暖和供热水技术。在一些住宅小区中，将大型太阳能加热系统与社区热力网相连接，通过扩大系统的规模，实现系统性能的提高以及成本的降低。迄今为止，根据系统的蓄热能力已经开发出短期蓄热、季节蓄热等系统。

1. 短期蓄热系统

该系统主要用于提供生活热水，集热器单位采光面积的蓄热容积范围一般为 50 ~ 75L/m²。储热水箱的容积按照集热器一天可收集的热量选取，如图 8-10 所示。

2. 季节性蓄热系统

在一些冬天漫长且日照时间短的国家，季节性蓄热的大型中央太阳能加热系统获得成功应用。夏季所产生的太阳热能可用于冬季供暖。对于具有季节性蓄热能力的太阳能加热系统来说，集热器单位采光面积的蓄热容积约为 2000L/m²。

例如德国汉堡区域供暖项目，如图 8-11 所示，该项目位于德国汉堡的 Bramfeld 地区，是一套区域供应热水和季节性供暖系统，覆盖由 124 套别墅组成的几个街区。该套太阳能热水系统被设计为供应小区年平均负荷的 50%，包括集成到屋顶的 3000m² 的集热器和一个部分埋在地下的 4500m³ 季节性蓄热池。3000m² 集热器集中安装在 18 个屋顶上与区域供暖系统相连接。这是一套典型的太阳热水系统，太阳热水系统作为燃气锅炉的辅助能源系统一起共同保证热水和供暖的供应。

图 8-10　短期蓄热系统　　　　　　　图 8-11　季节性蓄热系统

第三节　空调蓄冷系统

空调蓄冷系统在夜间电网低谷时段（同时也是空调负荷很低的时段），将制冷主机多余的制冷量蓄存起来，待白天电网高峰时段（同时也是空调负荷高峰时段），再将冷量释放出来，以满足高峰空调负荷的需要。这样，制冷系统的大部分耗电发生在夜间用电低峰期，而在白天用电高峰期的耗电则大大减少，从而实现了用电负荷的

"移峰填谷"。

用电负荷的"移峰填谷"具有显著的社会效益：

（1）平衡电力负荷，减少增大电网装机容量的压力：近年来，我国电力工业发展很快，到 2009 年底，我国发电机装机容量为 8.6 亿 kW，居世界第二位，但电力供应仍很紧张，其特点是高峰时电力不足、被迫拉闸限电，低谷时电又用不了、被迫关停部分发电机组。如不采取"移峰填谷"措施，那么为了满足用户对高峰负荷的需求，电网就要不断增大装机容量，耗资巨大。

（2）改善电厂发电效率，减少环境污染。用电负荷的"移峰填谷"可以改善电厂发电机组运行状况，减少对化石燃料的消耗和运行费用高、效率低的调峰电站的投入，减少烟尘和 CO_2 的排放，减少环境污染，从而全面改善能源使用状况和利用率。

一、蓄冷空调系统

利用蓄冷设备将低负荷时段制冷主机多余的制冷量储存起来供高峰负荷时段使用的空调系统即为蓄冷空调系统。与常规空调系统相比，蓄冷空调系统增加了一套蓄冷设备，图 8-12 为全部蓄冷空调系统示意图。

1. 蓄冷空调系统的特点

常规空调系统的制冷机组通常是按空调系统的峰值负荷选定的，因此它只有在短时间的峰值负荷时，才能充分发挥其效益，而在大部分情况下，均在部分负荷下运行，使得机组制冷效率大幅下降。蓄冷空调系统将部分

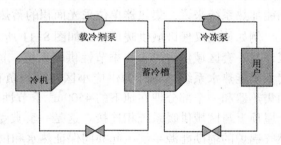

图 8-12 全部蓄冷空调系统示意图

空调峰值负荷转移到负荷低谷阶段，因此采用蓄冷空调系统后，可缩小制冷机组装机容量，且制冷机组保持满负荷高效率运行，大幅减少运行时间。因此，蓄冷空调系统不仅可达到均衡电网负荷，达到"移峰填谷"的目的，还具有较好的经济效益：

（1）节省电费。在实行昼夜电价差的地区，蓄冷空调系统可充分利用夜间的廉价电力，从而节省空调系统的运行费用。

（2）节省部分设备投资。与常规空调系统相比，蓄冷空调系统的制冷机容量通常可减少 30%~50%，因此可减少制冷主机和冷却塔、冷却水泵的投资。另外，一些蓄冷系统可提供 1~3℃ 的冷冻水，这时可采用大温差技术，它可减少冷冻水泵、空调机组、风机、风管等设备容量，从而减少这部分设备的投资。

（3）延长制冷机组使用寿命。制冷机组保持满负荷工作状态，运行时间大幅减少，运行状况稳定，且启停次数减少，因此可延长制冷机组的使用寿命。

因此，虽然蓄冷空调系统比常规空调系统增加了蓄冷设备的投资，但是，由于以上原因，整个蓄冷空调系统的设备投资一般增加不多，如果考虑到节省的电费、变压器和配电柜费用等，整个系统的设备投资或许不会增加。更由于采用低谷电价制冷，电费大幅下降，这使得增加的设备投资在很短的时间内即可得到回收。工程测试表明，

如峰谷电价比为4∶1，对于新建工程，蓄冷空调系统新增加的投资在2年内即可收回。

但是，蓄冷空调系统也存在一定的缺点，具体有以下几个方面：

（1）节能效益不明显。虽然制冷机组处在满负荷连续运行状态可提高制冷效率，且可避免间歇开机、停机造成的不必要的能量浪费，但由于生产出来的冷量不是立即使用，需要储存一段时间，因此必然存在一定的冷量损失。另外，工程中常用的冰蓄冷空调系统由于蒸发温度下降，其制冷效率也会下降（一般来说，蒸发温度下降1℃，制冷主机电耗增加3%）。

（2）增加了设备占用空间。蓄冷空调系统比常规空调系统增加了一套蓄冷设备，除了增加这部分投资费用外，还必须占用一定的空间来放置这些设备。这在"寸土寸金"的大城市中更加困难。

2. 蓄冷空调系统的应用

蓄冷空调技术应用领域十分广泛，主要有以下场所：

（1）使用时间内空调负荷大，其余时间内空调负荷较小的场所，如办公楼、银行、商场、宾馆等。在这些建筑中，夏季空调负荷相当大，冷负荷持续在工作时间内，且随着白天气温的变化而变化。冷负荷高峰期基本上是在午后，这和供电高峰期相同。

（2）周期性使用，空调时间短，空调负荷大的场所，如影剧院、体育馆、音乐厅、会议中心、餐厅等。这些场所冷负荷集中，但持续时间短，变化比较大，且无规律性。

（3）其他。一些应急设备所处的环境，如医院、计算机房等，使用蓄冷系统可大大减少对应急能源的依赖；一些场所为减少高峰冷负荷，也可采用蓄冷系统；对于现有的空调系统，如仅在部分时间使用，设置蓄冷系统后可扩大空调送冷面积。

随着我国经济的高速发展和城市商业水平的不断提高，城市建筑中央空调系统的应用越来越普及，人们已逐渐认识到蓄冷空调技术具有很大的"移峰填谷"潜力。在建筑物空调系统中应用蓄冷技术已成为我国今后进行电力负荷需求侧管理（Demand Side Manage，DSM）、改善电力供需矛盾最主要的技术措施之一。

二、蓄冷系统形式

按照蓄冷介质的不同，蓄冷系统分为水蓄冷、冰蓄冷、共晶盐蓄冷等多种形式。冰蓄冷系统是常见的蓄冷系统形式，它根据蓄冰的不同，分为盘管外蓄冰和封装冰蓄冰两种形式，而盘管外蓄冰根据融冰方式的不同又可分为内融冰和外融冰两种。

1. 水蓄冷

水是自然界最易得到的廉价蓄冷材料。水蓄冷是利用冷冻水储存在储槽内的显热进行蓄冷，即夜间制出4~7℃的低温水供白天使用，该温度适合于大多数常规冷水机组直接制取冷水。水蓄冷具有系统简单、技术要求低及维护费用少等特点，但水的蓄冷密度很低，水的比热容约为4.18kJ/（kg·K），一般水蓄冷温差在6~11℃。水蓄冷系统占地面积大，相应的冷损耗也大，保温和防水处理麻烦。

水蓄冷的容量和效率取决于储槽的供、回水温差，以及供、回水温度有效的分层间隔。在实际应用中，供、回水温差为8℃左右。

为防止储槽内冷水与温水相混合，引起冷量损失，可在储槽内采取如下措施：分层化；迷宫曲板；复合储槽等。

水蓄冷可以充分利用平时闲置的消防水池、蓄水设备等作为蓄冷容器，降低系统初投资。

2. 冰蓄冷

冰蓄冷是潜热蓄冷的一种方式，水从液态变成固态冰的过程，是在温度为冰点 0℃条件下，释放一定的热量（即从外界获得一定的冷量）而发生相变成冰。而冰融化成水的过程是释冷过程，必须从外界获取一定的热量，在温度保持不变的情况下相变成水。由于 0℃时冰的蓄冷密度达 334kJ/kg，故储存同样多的冷量，冰蓄冷所需的体积比水蓄冷小得多。另外，用冰蓄冷的空调系统，水温稳定，不易波动，这是因为蓄冷槽在融冰放冷时为恒温相变过程。

根据蓄冰的形式，冰蓄冷分为盘管外蓄冰、封装冰蓄冷、动态冰蓄冷等形式。

（1）盘管外蓄冰。这是空调系统中常用的一种蓄冰方式，即冰直接冻结在蒸发盘管上，盘管伸入蓄冰槽内构成结冰时的主干管。蓄冷装置充冷时，制冷剂或乙二醇水溶液在盘管内循环，吸收槽中水的热量，直至盘管外形成冰层。盘管外蓄冷过程中，开始时管外冰层很薄，其传热过程很快，随着冰层厚度的增加，冰的导热热阻增大，结冰速度将逐渐降低，到蓄冰后期基本上处于饱和状态，这时控制系统将自动停止蓄冰过程，以保护制冷机组安全运行。根据融冰方式，盘管外蓄冰又可分为外融冰和内融冰两种形式。

1）外融冰。盘管外融冰是由温度较高的回水或载冷剂直接进入结满冰的盘管外储槽内循环流动，使盘管外表面的冰层逐渐融化。由于空调回水可与冰直接接触，因而融冰速率高，放冷温度为 1~2℃，充冷温度为 -4~-9℃。为防止盘管外结冰不均匀，在储槽内设置了水流扰动装置，用压缩空气鼓泡，加强水流扰动，使换热均匀。一般，为了使外融冰系统能达到快速融冰放冷，蓄冰槽内水的空间应占一半，即蓄冰槽的蓄冰率（IPF）不大于 50%，故蓄冰槽容积较大。图 8-13 为某外融冰装置融冰曲线图，图 8-14 为外融冰系统原理图。

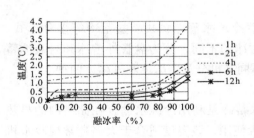

图 8-13 外融冰装置融冰曲线图

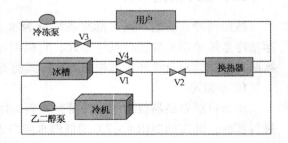

图 8-14 外融冰系统原理图

2）内融冰。融冰时，从空调流回的载冷剂通过盘管内循环，由管壁将热量传给冰层，使得最接近盘管的冰层开始融化，随着融冰过程的进行，冰层由内向外逐步融化。由于冰层的自然浮升力作用，使得冰层在整个融化过程中与盘管表面的接触面积可以保持基本不变，因而保证了在整个取冷过程中，取冷水温相当稳定。该蓄冷方式的充冷温度一般为 $-3 \sim -6\text{℃}$，释冷温度为 $1 \sim 3\text{℃}$。图 8-15 为某内融冰装置取冷曲线图，图 8-16 为内融冰系统原理图。

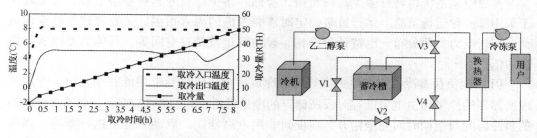

图 8-15　内融冰盘管取冷曲线图　　　　图 8-16　内融冰系统原理图

（2）封装冰蓄冷。封装冰蓄冷是将封闭在一定形状的塑料容器内的水制成冰的过程。按容器可分为球形、板形和表面有多处凹窝的椭圆形，充注于容器内的是水或凝固热较高的溶液。容器沉浸在充满乙二醇溶液的储槽内，容器内的水随着乙二醇溶液的温度变化而结冰或融冰。封装冰蓄冷的充冷温度一般为 $-3 \sim -6\text{℃}$，释冷温度为 $1 \sim 3\text{℃}$。

（3）动态冰蓄冷。动态冰蓄冷直接将水或乙二醇水溶液喷洒到蒸发器表面，当蒸发器表面冰层或冰晶达到一定程度时，采用技术手段使它们从蒸发器表面脱落。而盘管外蓄冰和封装冰蓄冷这两种静态蓄冰形式在蓄冷结冰时，冰层逐渐由薄变厚，传热越来越困难，因此要求制冷机的蒸发温度变低，电耗也就越大。所以，动态冰蓄冷提高了结冰和融冰的效率，降低了能耗。动态冰蓄冷包括冰片式和冰晶式等方式。

1）冰片式。这种方式用循环水泵不断将水从蒸发器上方喷洒而下，在蒸发器表面结成薄冰，待冰达到一定厚度后，制冷设备的四通阀切换，原来的蒸发器变为冷凝器，由压缩机来的高温制冷剂进入其中，使冰片脱落滑入蓄冰槽内。该方式的充冷温度为 $-4 \sim -9\text{℃}$，释冷温度为 $1 \sim 2\text{℃}$。这种方式的融冰速率快。

2）冰晶式。这种方式利用水泵从蓄冷槽底部将低浓度的乙二醇水溶液抽出送至特制的蒸发器，当乙二醇水溶液在管壁上产生冰晶时，搅拌机将冰晶刮下，与乙二醇溶液混合成冰泥送至蓄冰槽，冰晶悬浮于蓄冰槽上部，与乙二醇溶液分离。该方式充冷时蒸发器温度为 -3℃，其蓄冰率约为 50%。

3. 共晶盐蓄冷

共晶盐蓄冷是利用固液相变特性蓄冷的另一种形式。蓄冷介质主要是由无机盐、水、成核剂和稳定剂组成的混合物，目前应用较广泛的是相变温度约 $5 \sim 8\text{℃}$ 的共晶盐蓄冷材料。在蓄冷系统中，这些蓄冷介质大多装在板状、球状或其他形状的密封件里，再整齐堆放在有载冷剂（或冷冻水）循环通过的蓄冷槽中。

随着循环水温的变化，共晶盐的结冰或融冰过程与封装冰相似。其充冷温度一般为 $4 \sim 6\text{℃}$，释冷温度为 $9 \sim 10\text{℃}$，因此可使用常规制冷机组制冷蓄冷，机组性能系数较高。

三、蓄冷系统的运行与控制

1. 运行策略

蓄冷空调系统将转移多少高峰负荷、应储存多少冷量才具有经济效益，首先取决于采用哪一种运行策略。运行策略确定时需要考虑的因素很多，主要有建筑物空调负荷分布、电力负荷分布、电费计价结构、设备容量及储存空间等，具体需要以实际情况为依据。

（1）全负荷蓄冷。它将电力高峰期的冷负荷全部转移到电力低谷期，全天空调时段所需要的冷量均由电力低谷时段所储存的冷量供给，如图 8-17 所示。全部蓄冷策略的蓄冷时间与空调时间完全错开，在夜间非用电高峰期，启动制冷机进行蓄冷，当所需冷量达到第二天白天空调所需的全部冷量时，制冷机停机；在白天空调时，蓄冷系统将冷量转移到空调系统，空调期间制冷机不运行。全负荷蓄冷时，蓄冷设备要承担空调所需的全部冷量，故蓄冷设备的容量较大。该运行策略适用于白天供冷时间较短的场所或峰谷电差价很大的地区。

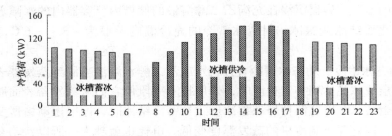

图 8-17　全负荷蓄冰负荷分布图

（2）部分负荷蓄冷。部分负荷蓄冷就是白天所需要的冷量部分由蓄冷装置供给，另一部分由制冷设备承担，如图 8-18 所示，夜间用电低谷期利用制冷机储存一定冷量，补充电力高峰时间所需要的冷量。冰槽供冷量等于夜间冰槽储存的冷量。一般情况下，部分蓄冷比全部蓄冷的制冷机利用率高，蓄冷设备容量小，是一种经济有效的负荷管理模式。

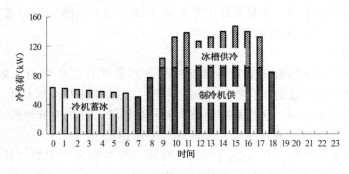

图 8-18　部分负荷蓄冷负荷图

（3）部分时段蓄冷。某些地区对高峰用电量有所限制，这样电力高峰时段的冷量就需要由蓄冷设备来提供，在这种情况下，制冷机夜间蓄存的冷量全部用于限电时段供冷。蓄能设备的设置主要用来解决限电时段内的空调需求，如图 8-19 所示。

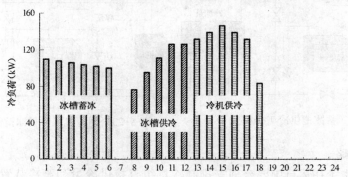

图 8-19　部分时段蓄冷负荷图

2. 工作模式

蓄冷系统工作模式是指系统在充冷还是供冷，供冷时蓄冷装置及制冷机组是各自单独工作还是共同工作。以下以内融冰系统为例介绍各种工作模式。

（1）制冷机蓄冰。在空调系统不运行的时间段，如商场、办公楼夜间，制冷机自动转换为蓄冰工况，关闭阀门 V2、V4，开启阀门 V1、V3，使得乙二醇溶液在制冷机和蓄冰槽之间循环。随着制冰时间的延长，乙二醇温度逐步降低，在管外完成要求冰量的冻结，如图 8-20 所示。

（2）制冷机供冷。为维持较高的制冷效率，当制冷机需直接加入制冷时，按空调工况运行。乙二醇溶液在制冷机和板式换热器之间循环，系统关闭阀门 V1、V3、V4，开启阀门 V2。通过板式换热器降温后的冷冻水向用户供冷，如图 8-21 所示。

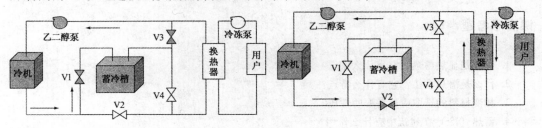

图 8-20　制冷机蓄冰工作模式　　　　图 8-21　制冷机供冷工作模式

（3）蓄冰槽供冷。当需要蓄冰槽通过融冰提供冷量时，制冷机停止运行，但是仍作为系统的通路。通过乙二醇泵将乙二醇溶液送入蓄冰槽，经过降温后的乙二醇溶液进入板式换热器换热。关闭阀门 V3，为了控制进入板式换热器的乙二醇温度，将阀门 V2、V1 设为调节状态，可以通过调节阀门 V2、V1 来调节进入蓄冷槽的乙二醇的流量，如图 8-22 所示。

（4）制冷机联合蓄冰槽供冷。为了满足空调高峰期时的用冷量，乙二醇溶液经过两次降温，即乙二醇溶液先经过制冷机进行一次降温，然后经过蓄冰槽进行二次降温。

所以乙二醇溶液在板式换热器前后的温差达到 7℃。为了控制进入板式换热器的乙二醇溶液温度，通过调节阀门 V2、V1 来达到目的，如图 8-23 所示。

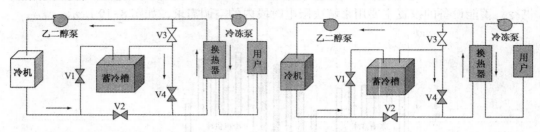

图 8-22　蓄冰槽供冷工作模式　　　　图 8-23　制冷机联合蓄冰槽供冷工作模式

3. 控制策略

蓄冷空调系统在运行中要合理安排制冷机组直接供冷量和蓄冷装置放冷量，使二者能最经济地满足冷负荷的需求。在运行控制中存在两种策略：一种是以制冷机组优先供冷为主，另一种是以蓄冷装置优先放冷为主，其不足部分互为补充。选用不同的控制策略，对系统蓄冷量、压缩机容量及系统控制方式等会产生较大的影响。

（1）制冷机组优先供冷策略。在空调负荷大于制冷机组容量时先运行制冷主机，不足部分由蓄冰装置补充，在空调负荷低于制冷机组容量时仅运行制冷主机。这种策略的蓄冰量较少，可减少在储存和转换过程中的热损失，压缩机始终处于工作状态，蓄冰槽位于旁路，系统的控制比较复杂。

（2）蓄冰优先供冷策略。在空调负荷低于蓄冰容量时，先由融冰承担负荷，当空调负荷大于蓄冰容量时，再运行制冷主机补充，因此由融冰提供的冷量是恒定的，而压缩机在变负荷下运行。当空调负荷很低时，可以通过调节阀改变蓄冰的供冷量，当负荷高时，调节压缩机运行负荷，所以这种控制策略始终能够提供稳定可靠的控制。

课后思考题

1. 什么是显热蓄热？它有什么特点？
2. 什么是潜热蓄热？它有什么特点？
3. 相变材料的选取应具备哪些性质？
4. 蓄热（冷）在建筑中有什么作用？
5. 为什么要进行太阳能蓄热？
6. 太阳能蓄热的原理是什么？
7. 太阳能显热蓄热有哪几种方式？
8. 太阳能地下热存储有哪些方式？
9. 用电负荷"移峰填谷"具有哪些社会意义？
10. 蓄冷空调系统有什么优缺点？
11. 蓄冷空调系统主要应用在哪些建筑中？
12. 蓄冷空调系统分为哪几种形式？
13. 水蓄冷空调系统有什么特点？

14. 冰蓄冷空调系统有哪些形式？
15. 冰蓄冷空调系统有什么特点？
16. 蓄冷空调系统有哪几种运行策略？
17. 蓄冷系统有哪几种工作模式？
18. 蓄冷空调系统的控制策略有哪几种？

本章参考文献

［1］张国强，徐峰，周晋等．可持续建筑技术［M］．北京：中国建筑工业出版社，2009.
［2］崔海亭，杨锋．蓄热技术及其应用［M］．北京：化学工业出版社，2004.
［3］樊栓狮，梁德青，杨向阳．蓄能材料与技术［M］．北京：化学工业出版社，2004.
［4］徐伟．可再生能源建筑应用技术指南［M］．北京：中国建筑工业出版社，2008.
［5］丁国华．太阳能建筑一体化研究、应用及实例［M］．北京：中国建筑工业出版社，2007.
［6］罗运俊，何梓年，王常贵．太阳能利用技术［M］．北京：化学工业出版社，2005.
［7］张鹤飞．太阳能热利用原理与计算机模拟［M］．西安：西北工业大学，2007.
［8］薛志峰．超低能耗建筑技术及应用［M］．北京：中国建筑工业出版社，2005.
［9］傅祥钊．夏热冬冷地区建筑节能技术［M］．北京：中国建筑工业出版社，2002.
［10］严德隆，张维君．空调蓄冷应用技术［M］．北京：中国建筑工业出版社，1997.
［11］方贵银．蓄冷空调工程实用新技术［M］．北京：人民邮电出版社，2000.
［12］吴喜平．蓄冷技术和蓄热电锅炉在空调中的应用［M］．上海：同济大学出版社，2000.

第九章 建筑热回收技术

第一节 能源回收利用的意义及利用现状

随着我国改革开放的深入进行和国民经济的持续增长，民用建筑和商业建筑得到了快速发展，各地出现了许多大型商场、写字楼等商业建筑。在这些新建公共建筑中，一般都设有中央空调，而一些既有建筑在改建或装修过程中也增设了空调。即使在住宅建筑中，人们的观念也在日益改变，越来越多的人意识到空调不再是奢侈品，而创造良好的居住条件和工作环境，则会提高人们的工作效率，从而带来一定的经济效益，因而，一些地区已开始尝试在住宅建筑中装设中央空调。

随着空调的快速普及，空调系统作为耗能大户的地位也日益突出。空调能耗的增加给我国本来就紧张的能源工业带来了巨大压力。据统计，改革开放以来，我国年经济增长为7%~8%，而能源供应的增长却只有2%~4%，能源的供求差额越来越大，尤其是电力的供应更加紧张。在一些大城市中，经常出现拉闸限电的现象，而且，全国有一半以上的偏远地区以及中小城市经常不能正常供电，这不仅严重地影响了地方工业的发展，也给当地民众的生活带来了极大不便。另外，我国属于人均能源短缺的国家，人均煤炭占有量仅为世界平均的50%，人均石油占有量仅为世界平均的11%，人均天然气占有量仅为世界平均的4%。

近年来，随着国民经济的迅速发展，能源形势已经十分严峻，人们逐渐意识到节约能源资源的重要性。而在整个能耗中，建筑能耗占有很大的比例，在整个建筑能耗中，空调能耗又占很大的比重。因此，除了积极发展能源工业，保证足够的能源供应能力外，在空调系统中积极推广节能技术，节约能源消耗，特别是节约洁净的电力能源消耗，对减少环境污染，节约能源资源，促进我国能源、环境的可持续发展，缓解我国当前能源供应的紧张局面，具有重要的意义和作用，这一点已逐渐成为业内人士的共识。

随着公众节能意识的不断增强，各种能量回收技术在空调系统中得到了越来越广泛的应用。国家也颁布了相关标准、规范，要求在某些建筑中必须采用热回收装置，如《旅游旅馆建筑热工与空气调节节能设计标准》GB 50189-1993中明文规定："当客房设置有独立的新风、排风系统时，宜选用全热或显热热回收装置，其额定热回收率不应低于60%。冷水机组的冷凝热，应根据建筑物需热量的大小与品位，经技术、经济比较后加以合理利用"。《民用空调建筑节约用电的若干规定》中也规定："凡是空调面积在300m^{2}以上的建筑，空调系统应选用匹配的热回收设备，利用空调排风中的热量或冷量，总的热回收效率应达到40%~50%"。

面对日益紧张的能源供应和不断高涨的能耗费用、日益恶化的环境质量，能源节约问题已经成为全球性关注的话题。采用各种新技术，回收空气调节过程的各种废弃能源，是实现建筑节能的良好途径。可以预见，随着空调热回收技术的不断进步，这项技术将会得到越来越广泛的应用。

第二节 空调排风热回收技术

为解决好空调节能与室内空气品质之间的矛盾，各国都通过制定相关的节能标准和规范，在保证人体健康的条件下，积极研究和探索合理解决室内空气品质恶化的途径和方法，使室内空气被污染的程度降低到人体可以接受的范围。其解决的途径之一就是通过在空调建筑中安装新风换气设备，增加新风换气量来满足室内空气品质的要求。而随着新风换气量的增加，整个空调系统的新风能耗势必随之增加，为了减少空调和空气处理的能耗，可以在新风换气设备中安装新、排风热交换器，新、排风在换热器中进行热交换，以达到能量回收的目的。因此，空气—空气能量回收装置（Air-to-Air Energy Recovery Equipment or device，AAERE）在国内外日益得到了广泛的重视和应用，并设计和生产出了各种形式的空气—空气能量回收装置。这些装置具有各自的结构特点和工作特性，分别适用于不同的场合。在本节中，将对空调排风热回收装置的原理、主要形式及主要设备进行简单的介绍。

一、排风热回收的原理

简单地讲，空气—空气能量回收装置（AAERE）就是在新风和排风之间进行热、湿交换的能量传递设备，其作用是回收排风中的显热（冷）或潜热（冷），预热（冷）新风，从而节省新风处理的能耗，实现空调节能的目的。

图 9-1 所示为空气—空气能量回收装置的示意图。在该图中，室外新风进入空气—空气能量回收装置，与从空调房间排出的一部分排风进行热湿交换。在夏季，由于排风温、湿度低于新风温、湿度，因此，当新风流过能量回收装置后，其被排风进行了预冷（或者同时被预除湿），因而焓值降低。相反，在冬季，由于排风温度较高，因此，能够对新风起到加热升温的作用。经过热湿交换后的排风排出室外，而经过能量回收装置预处理过的新风与空调回风相混合，之后进入空气处理机组，经进一步冷却除湿（夏季）或加热加湿（冬季）到要求的送风状态之后，送入空调房间，对建筑室内空气进行调节，以维持室内舒适的环境。

图 9-1 中的各符号意义为：$T_{s,i}$、$h_{s,i}$ 分别为能量回收装置新风进口温度、焓值；$T_{s,o}$、$h_{s,o}$ 分别为能量回收装置新风出口温度、焓值；$T_{e,i}$、$h_{e,i}$ 分别为能量回收装置排风进口温度、焓值；$T_{e,o}$、$h_{e,o}$ 分别为能量回收装置排风出口温度、焓值；$T_{s,\text{space}}$、$h_{s,\text{space}}$ 分别为空调房间送风空气温度、焓值；G_s、G_e、G 分别为新风、排风、空调房间送风质量流量。

根据空气—空气能量回收装置所回收的排风中热量形式的不同，可以把空气—空气能量回收装置分为显热空气—空气能量回收装置和全热空气—空气能量回收装置。显热空气—空气能量回收装置只能对排风中的显热进行回收，而全热空气—空气能量回收装置则既可以回收排风的显热，同时又可以回收排风中的潜热。图9-2和图9-3分别显示了空气—空气能量回收装置在冬季和夏季的空气处理焓湿过程。

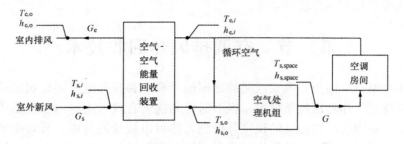

图9-1　空气—空气能量回收装置的工作原理示意图

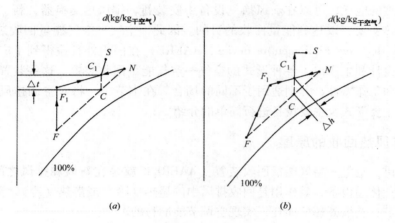

图9-2　空气—空气能量回收装置在冬季的空气处理焓湿过程
（a）显热回收；（b）全热回收

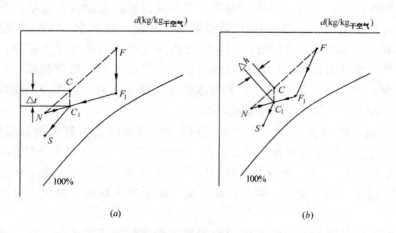

图9-3　空气—空气能量回收装置在夏季的空气处理焓湿过程
（a）显热回收；（b）全热回收

图 9-2 显示空气—空气能量回收装置在冬季的空气处理焓湿过程，其中图 9-2（a）为显热回收，图 9-2（b）为全热回收。图中 F 点是室外新风状态点；F_1 点为使用显热能量回收装置进行能量回收后的新风状态点；C 点为不使用能量回收装置时的新、回风混合点；C_1 点为使用能量回收装置后的新回风混合点；S 点为空调送风状态点；N 点为室内空气状态点。图中实线表示新风热回收后与回风混合，再经空气处理设备调节至送风状态点的过程，而虚线则表示新风与回风直接混合后，再调节到送风状态点的过程。显然，使用空气—空气能量回收装置后的新、回风混合点 C_1 点的焓值要高于不采用空气—空气能量回收装置时的空气混合点 C 点的焓值，图中 Δt 乘以送风热容量 $(Gc_p)_s$（显热回收时）或 Δh 乘以送风空气质量流量 G（全热回收时）就是空气—空气能量回收装置冬季所回收的热量。

图 9-3 则显示空气—空气能量回收装置在夏季的空气处理焓湿过程，其中图 9-3（a）为显热回收，图 9-3（b）为全热回收，图中符号与图 9-2 中相同。显然，在使用了空气—空气能量回收装置后，夏季新、回风混合点 C_1 点的焓值要低于不采用空气—空气能量回收装置时的空气混合点 C 点的焓值。同样，图中 Δt 乘以送风热容量 Gc_p（显热回收时）或 Δh 乘以送风空气质量流量 G（全热回收时）就是空气—空气能量回收装置夏季所回收的冷量。从图 9-2 和图 9-3 可以看出，相同条件下，全热回收的节能效果会优于显热回收的节能效果。

影响空气—空气能量回收装置能量回收效果的因素除了其本身的特性外，还取决于应用空气—空气能量回收装置的空调系统的空气处理方式和根据室外气象条件的变化采取的调节方式。具体地讲，空气—空气能量回收装置的能量回收量主要取决于室外新风进口温度、湿度和流量，室内排风进口温度、湿度和流量，以及空气—空气能量回收装置本身的能量回收效率：显热效率、潜热效率和全热效率。如果已知空气—空气能量回收装置的效率和新、排风进口工况，就可以计算出空气—空气能量回收装置的热回收量。具体计算公式如下：

$$Q_s = (Gc_p)_s (T_{s,i} - T_{s,o}) = \varepsilon_s (Gc_p)_{min} (T_{s,i} - T_{e,i}) = Gc_p \Delta t \tag{9-1}$$

$$Q_t = G_s (h_{s,i} - h_{s,o}) = \varepsilon_t (G)_{min} (h_{s,i} - h_{e,i}) = G\Delta h \tag{9-2}$$

式中　Q_s、Q_t——分别为空气—空气能量回收装置的显热、全热回收量，W；

$(Gc_p)_s$——新风热容量，W/K；

$(Gc_p)_{min}$——新、排风热容量较小者，W/K；

$(G)_{min}$——新、排风量较小者，kg/s；

G——空调送风量，kg/s；

G_s——空调新风量，kg/s；

$T_{s,i}$、$T_{s,o}$、$T_{e,i}$——分别为新风进、出口以及排风进口干球温度，K；

$h_{s,i}$、$h_{s,o}$、$h_{e,i}$——分别为新风进、出口以及排风进口处的焓值，J/kg；

ε_s、ε_t——分别为空气—空气能量回收装置的显热效率和全热效率；

Δt、Δh——分别为图 9-2 和图 9-3 中所定义的温差和焓差。

显热效率 ε_s、潜热效率 ε_l 和全热效率 ε_t 是评价空气—空气能量回收装置的三个重要的性能指标，它们表示着空气—空气能量回收装置回收能力的大小。如果已知这些效率值和新、排风进口工况，就可以计算出整个能量回收装置的热回收量。同时，根据这些指标，设计者和专业人士可以对空气—空气能量回收装置进行设计和选型。

空气—空气能量回收装置的热回收效率的定义是：

$$\varepsilon = \frac{送、排风间实际换热(湿)量}{送回风间最大可能的换热(湿)量} \tag{9-3}$$

空气—空气能量回收装置的回收效率一般由实验方法测定得出，通过测定空气—空气能量回收装置前、后的空气参数变化，可以计算出热回收效率。图9-4表示了空气—空气能量回收装置的热交换简单过程，通过该图，并利用以下各式，即可计算出能量回收装置的各种效率。

显热回收效率：

$$\varepsilon_s = \frac{G_s(t_{s,i} - t_{s,o})}{(G)_{min}(t_{s,i} - t_{e,i})} = \frac{G_e(t_{e,i} - t_{e,o})}{(G)_{min}(t_{s,i} - t_{e,i})} \tag{9-4}$$

潜热回收效率：

$$\varepsilon_l = \frac{G_s(d_{s,i} - d_{s,o})}{(G)_{min}(d_{s,i} - d_{e,i})} = \frac{G_e(d_{e,i} - d_{e,o})}{(G)_{min}(d_{s,i} - d_{e,i})} \tag{9-5}$$

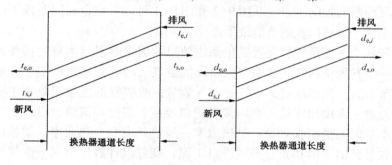

图9-4 空气—空气能量回收装置热、湿交换示意图

全热回收效率：

$$\varepsilon_t = \frac{G_s(h_{s,i} - h_{s,o})}{(G)_{min}(h_{s,i} - h_{e,i})} = \frac{G_e(h_{e,i} - h_{e,o})}{(G)_{min}(h_{s,i} - h_{e,i})} \tag{9-6}$$

式中 ε_s、ε_l、ε_t——分别为显热回收效率、潜热回收效率和全热回收效率；

$\qquad$ G_e——排风空气质量流量，kg/s；

$\qquad$ $d_{s,i}$，$d_{s,o}$——分别为新风进出口空气含湿量，g/kg 干空气；

$\qquad$ $d_{e,i}$，$d_{e,o}$——分别为排风进出口空气含湿量，g/kg 干空气；

式中其他符号的意义与前面相同。

而新、排风进、出口的焓值可按下式计算：

$$h = c_{p,g}T + d(c_{p,q}T + r_0) = c_{p,g}T + \varphi d_b(c_{p,q}T + r_0) \tag{9-7}$$

式中 $\qquad$ h——新风或排风焓值，J/kg；

$c_{p,g}$、$c_{p,q}$——分别为干空气、水蒸气的定压比热容，J/（kg·K）；

$\qquad$ d、d_b——分别为含湿量和对应温度下的饱和含湿量，g/kg 干空气；

φ——空气相对湿度；

r_0——水蒸气的汽化潜热，J/kg。

室外气象参数对空气—空气能量回收装置的热回收效果有很大影响，在实际中，可以根据不同地区不同的气象参数来选取不同的空气—空气能量回收形式。一般地，在热、湿地区，如我国的夏热冬冷地区，可以选择全热空气—空气能量回收装置进行能量回收；而在高温干燥地区，宜选用显热空气—空气能量回收装置进行能量回收。

二、排风热回收的主要形式与主要设备

根据不同的分类方法，可以将空气—空气能量回收装置分成不同的类别。根据能量回收形式来分，可以把空气—空气能量回收装置分为显热能量回收装置和全热能量回收装置；根据其结构特点和工作原理来分，可把空气—空气能量回收装置分为转轮式、板式、热管式、热回收环式、虹吸管式以及旋转通道式等，这些不同类型的空气—空气能量回收装置在国内外已经得到一定的应用。

空气—空气能量回收装置工作特点比较　　　　　　　　　　表 9-1

形　式	旋转通道式	平板式	转轮式	热管式	热回收环式
空气流动方式	逆流	顺流，逆流或交叉流	顺流或逆流	顺流或逆流	逆流
能量回收效率（%）	≥68	50~80	50~80	45~65	55~65
迎面风速（m/s）	2~8	1~5	2.5~5	2~4	1.5~3
流动阻力（Pa）	50~250	25~370	100~170	100~500	100~500
温度范围（℃）	-25~45	-60~800	-60~800	-40~35	-45~500
多工况适应能力	强	一般	一般	差	一般
结霜容易程度	不易	易	一般	易	易
优　点	结构紧凑重量轻效率高	无转动部件，阻力小	设备紧凑阻力小	无转动部件，对风机位置不严格	管道布置灵活，风机位置灵活

不同的空气—空气能量回收装置自身的结构和工作原理决定了其特殊的工作特性和不同的应用场合。一般来说，对于特别热、湿的环境，适宜于采用全热式回收装置，如转轮式；而对于相对干燥、高温的室外环境，则可以采用显热式热回收装置。空气—空气能量回收装置的工作特性主要体现在回收效率、流动阻力损失、工况适应能力等方面，表 9-1 对不同形式的空气—空气能量回收装置的工作特性作了简单的比较。下面对不同形式的排风热回收装置的结构、原理及工作特点进行简要地介绍。

1. 转轮式

转轮式空气—空气能量回收装置（Rotary Air-to-Air Energy Exchangers）如图 9-5 所示，是通过转体旋转过程中，其材料的蓄热与放热效应实现热量（全热或显热）交

换的一种空气—空气热回收装置。根据转轮的转芯材质不同，可分为全热转轮空气—空气能量回收装置和显热转轮空气—空气能量回收装置。

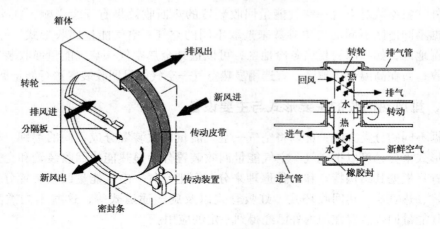

图9-5　转轮式空气—空气能量回收装置的工作原理

转轮式热回收装置的核心部件是一个以每分钟10转左右的旋转速度不断转动的蜂窝状转轮，转芯用特殊复合纤维或金属箔作载体，将无毒、无味、环保型蓄热、吸湿材料，用高科技方法合成，制作成具有蓄热、吸湿（全热时）等性能的蜂窝状转轮，装配在一个左右或上下分隔的金属箱体内，由传动装置驱动皮带带动轮子转动。新风经过过滤处理后，再经热回收转轮处理，由新风风机送入室内；排风经过过滤之后，进入热回收轮，经过处理之后，由排风风机排至室外。一般情况下，转轮上半部通过新风，下半部通过室内排风。冬季，排风温湿度高，经过转轮时，转芯温度升高，水分含量增加，当转芯经过清洗扇后，与新风接触，转芯就将热湿传给低温低湿的新风，而使新风湿度增加、温度升高。夏季时正好相反，降低新风的温湿度，而提高排风的温湿度。

2. 板式

板式空气—空气能量回收装置（Plate Heat Exchanger）如图9-6所示，是两股气流在多层平行板形成的通道间相对流动，进行间接传热的一种空气—空气热回收装置。其又可分为平板式空气—空气能量回收装置（Plate Type Heat Exchanger）和板翅式空气—空气能量回收装置（Plate-fin Type Heat Exchanger）。这种空气—空气能量回收装置一般只能回收显热。

3. 热管式

热管式空气—空气能量回收装置（Heat Pipe Exchanger）是由装有液体介质的封闭管束构成的，借助于反复的汽化和凝结过程将热量从一端传至另一端的热回收装置，如图9-7所示。基本上为回收显热，仅当排风侧有冷凝水出现时存在一定量的潜热回收。热回收效率通常指温度效率，不需要动力源，无运行费用，可应用于不同相态间流体的能量回收。根据金属管材质和充注工质的不同，其适用温度范围为 – 40 ~ 430℃。由于中间隔板完全将新排风分隔开，两者之间不会混合流动，可应用于排风有污染的场所。

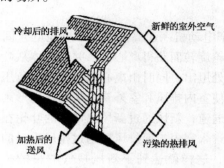

图 9-6 板式空气—空气能量回收
装置的工作原理

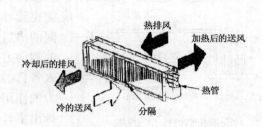

图 9-7 热管式空气—空气能量回收
装置的工作原理

4. 热回收环式

热回收环式空气—空气能量回收装置（Run-around Coil for Heat Recovery）如图 9-8 所示，是由分别置于两股气流通道内的盘管及连接管路和循环水泵组成的一种空气—空气热回收装置。其又可分为盘管热回收环式 AAERE（Coil Energy-Recovery Loop）和双塔回收环式 AAERE（Twin-Tower Enthalpy Recovery Loop）。图 9-9 显

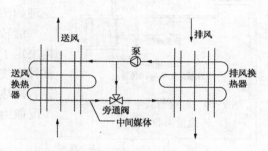

图 9-8 盘管热回收环式空气—空气
能量回收装置

示了热回收环式能量回收装置在空调系统中的应用情况。

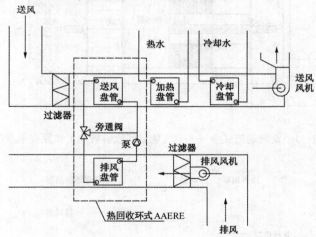

图 9-9 带有盘管热回收环式能量回收装置的空调系统

5. 热虹吸管式

虹吸管式空气—空气能量回收装置（Thermo-siphon Heat Exchangers）如图 9-10 所示，是由装有液体的封闭管束构成，液体在重力作用下进行有核沸腾，把热量从一端

传至另一端的热回收装置。

6. 旋转通道式

旋转通道式换热器与两端的叶轮随外转子电动机一起高速转动，叶轮叶片间的气体也随叶轮旋转而获得离心力，并使气体从叶片之间的出口处甩出，同时由离心风机叶轮的负压引起的轴向力使室内排风和室外新风从两端扇形入口进入各自的通道，新风通过新风出口处的叶轮在离心力的作用送入室内，而排风则通过排风出口的叶轮排出室外，这样就达到了新风换气的目的；同时新、排风在通道内逆向流动，由于温差会在通道壁间进行热交换，从而到达能量回收的目的。其工作原理如图 9-11 和图 9-12 所示。

旋转通道式空气—空气能量回收装置的特殊结构决定了其特殊的工作特点，工程实践应用表明，该种空气—空气能量回收装置具有结构紧凑、重量轻、换热效率高、通风效果好、不易结霜、适应多工况能力强且阻力损失小和噪声低等优点。

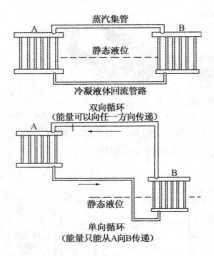

图 9-10　虹吸管式空气—空气
能量回收装置

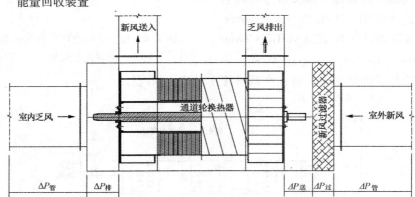

图 9-11　旋转通道式空气—空气能量回收装置的工作原理示意图

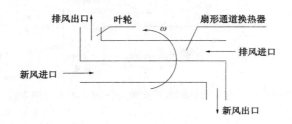

图 9-12　旋转通道式空气—空气能量回收装置的剖面简化模型

第三节　冷凝热回收技术

任何一种废热要有利用价值，自身必须具有以下几个条件：1）排放量相对较大；2）排放量较为集中；3）排放量在相当长的时间内较为稳定。只要废热具备上述三个内部因素后，那么它就具有回收的价值。若要使废热在工程中得到运用，还必须具备以下三个外部条件：1）能就近找到大量使用这种低品位热能的外部场所；2）所需热能品位与废热品位相近；3）废热产生的时间与要使用废热的时间一致。

在夏季空调工况下，制冷机释放的冷凝热量约为制冷量的1.3倍。很明显，在大中型集中空调系统中，其冷凝热的排放量是很大的。而对于家用空调器来说，尽管冷凝热排放量不是很大，但是足以满足一家生活热水的需要。空调冷凝热的排放通常都是通过风冷或水冷冷凝器较为集中地排放，在空调运行期间，冷凝热在排放的相当长时间内较为稳定。故空调系统冷凝热基本满足以上三个内部条件，具有一定的回收价值。同时家用生活热水的品位和冷凝热的品位大致相同，日常人们用水温度的要求不是很高（一般在40℃左右），而空调冷凝温度可以达到40℃以上，因此，两者具有较好的匹配性。虽然在冷凝热的排放时间与用户使用的时间上可能存在不一致的情况，但是完全可利用蓄热水箱或蓄热水池等来解决这一矛盾。所以利用空调冷凝热来加热生活热水是可行的，在建筑节能工程中大有可为。

一、冷凝热回收的原理

冷凝热利用方式主要可分为直接式和间接式。直接式是指制冷剂从压缩机出来后进入热回收器直接与自来水换热制备生活热水。间接式是指利用常规空调的冷凝器侧排出的高温空气或37℃的水来加热制备生活热水。间接式由于要增加的设备比较多，换热效率比较低，所以该技术不易推广。

直接式又可以分为两类：一种是只利用压缩机出口蒸汽显热，蒸汽显热一般占全部冷凝热的15%左右，按照热水的需求量和显热量计算得出热回收器的片数，其他的冷凝热在冷凝器中被冷却水带走；另一种是利用全部的冷凝热。这两种比较由于前者只利用蒸汽显热，热回收器的压降比较小，使得冷凝器中压力比较稳定，对制冷影响比较小。

冷凝热回收系统的工作原理如图9-13~图9-15所示。

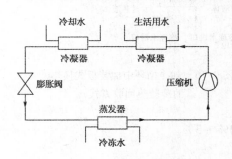
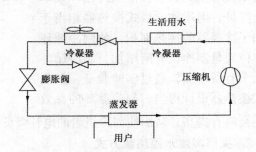

图9-13　双冷凝器热回收技术　　　图9-14　带热水供应的家用空调器热回收原理图

287

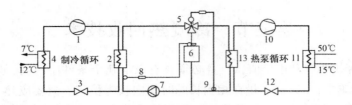

图 9-15　热泵回收技术

1—制冷压缩机；2—制冷冷凝器；3—制冷膨胀阀；
4—制冷蒸发器；5—电动三通阀；6—冷却塔；7—水泵；
8—温度控制器；9—温度传感器；10—热泵压缩机；
11—热泵冷凝器；12—热泵膨胀阀；13—热泵蒸发器

二、冷凝热回收的常见方案

一般地，常见的空调制冷机组中，冷凝热回收有两种基本方案，其基本结构形式介绍如下：

1. 制冷剂循环中串联板式换热器方式

如图 9-16 所示，在制冷剂循环中串联板式换热器，使制冷剂在进入冷凝器之前，先进入板式换热器，55～60℃的制冷剂过热蒸汽在板式换热器中降温至 40℃左右的饱和蒸汽，然后再流入冷凝器。

由于冷凝器的放热量与空调负荷的变化是同步的，但与生活热水的使用时间却难以达到同步，因此，在这种冷凝热回收方式中，冷凝热回收的生活热水系统常常需要采用加设蓄热水箱的方式来进行调节。当采用冷凝热回收方式加热的生活热水达不到温度要求时，可以加设辅助热源来进行循环加热，即通过辅助热源来提升生活热水的品位。

这种冷凝热回收形式增加了制冷压缩机出口管路的阻力，使制冷循环效率有所降低，但增加的板式换热器相当于增加了冷凝器的换热面积，使制冷循环的单位质量制冷量有所增加，制冷循环的效率有所增加。通过实验验证，只要板式换热器设计得当，制冷循环的总效率还会略有提高，从而使制冷机组的电耗降低 2%～3%。

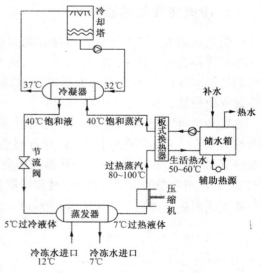

图 9-16　制冷循环中加装板式换热器
的冷凝热回收方式

2. 采用高温水源热泵方式

如图 9-17 所示，制冷剂冷凝器出来的 37℃的冷却水不是全部进入冷却塔，而是分为三路：第一路仍然进入冷却塔；第二路则通过板式换热器预热生活热水的给水；第三路则流入水源热泵，作为热泵的低温热源，放出热量，达到32℃左右时，再返回制冷机。

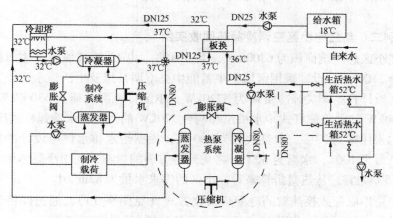

图9-17　采用高温水源热泵的冷凝热回收方式

这种回收方式适用于冷量大、排气温度较低的离心式冷水机组，冷凝热回收率高，热水的供应量较大，而且水温可以加热到65℃。在改造的过程中，只涉及冷却水系统，对冷水机侧的影响较小。但它的缺点是水源热泵需要消耗一定的电，运行费用较高。另外，改造的初投资也较高，因此，改造投资的回收年限也较长。

三、冷凝热回收应用实例

1. 实例一：上海某酒店冷凝热回收实例

该大酒店为涉外三星级商务酒店，建筑面积1.8万 m² 左右，共有客房167套。空调机房配备型号为19DK的开利单级离心式冷水机组2台，每台制冷量为978.1kW，输入电功率214kW。为了供暖及供应生活热水，装有燃油锅炉2台，燃油为零号柴油。除供暖和生活热水用外，燃油锅炉还供400人左右的蒸饭用汽。

该大酒店的空调冷凝热回收方案采用的是从冷却水侧进行热收回的方案（见图9-17）。即首先利用37℃左右的冷却水加热生活用自来水，进行热回收，使自来水升温到35℃左右。再用一专用的多功能水—水热泵，继续将35℃左右的自来水升温到52℃左右，以满足生活用水的要求。虽然专用的多功能水—水热泵在将自来水从35℃升温到52℃过程中要消耗一些电，但由于其能耗比（COP）高，可达4.2左右，故消耗电能很少。

专用的多功能水—水热泵在春秋季还可为酒店供应一部分冷量，满足酒店KTV包房、餐厅及部分客房的冷量要求，而避免启动酒店大型中央空调系统，从而可显著节约电耗。

通过经济比较，该冷凝热回收装置年可节约净费用19.47万~19.42万元，系统的投资回收期为2.32~2.50年。

每年约可少向环境空气排放 SO_2 419kg，少排放粉尘 42kg，减少了对城市的污染，保护了环境。此外，可使冷却塔每年少向大气排放热量 19×10^8 kJ，不仅降低了冷却塔电耗，而且减少了城市的热污染和热岛效应。可见，该系统具有良好的经济和社会效益。

2. 实例二：某住宅小区空调冷凝热回收实例

某住宅小区总建筑面积为 $63000m^2$，共 620 户，由 17 幢高层商住楼组成，小区的总人数约为 2100 人。设计采用区域集中蓄能中央空调系统及生活热水系统。

该小区设计日空调尖峰冷负荷为 3720kW，小区日总冷负荷为 53000kWh。设计采用一台 1760kW 的水冷螺杆式冷水机组和两台 770kW 的双工况水冷螺杆式冷水机组。

小区的入住率为 33%，取其人数为 700 人，根据给水排水供应设计的标准，热水用量为每人每天 100L，水温为 60℃。考虑到各方面的影响，利用冷凝热作为热源的生活水温以 55℃ 为宜。从热量折算来看，小区的需求水量为 $82m^3/d$。

设计采用串联板式换热器的冷凝热回收方式（见图 9-13），通过经济比较，按每年 135 天供冷，年可节约费用 12.9 万元，设备的投资回收期为 2 年。

课后思考题

1. 建筑能量回收的目的和意义是什么？
2. 排风热回收的基本原理是什么？
3. 排风热回收有哪几种形式？
4. 显热回收、潜热回收、全热回收有什么不同？其效率公式各是怎样？
5. 排风热回收有哪些常用设备？各有什么优缺点？
6. 请分析转轮热回收中的空气处理焓湿过程。
7. 冷凝热回收的基本原理是什么？
8. 思考你身边的建筑中，哪里可以采用热回收？

本章参考文献

[1] 宋若霖，胡汉成. 浦东大酒店的中央空调冷凝热回收 [J]. 上海节能，2005 (4)：87-88.
[2] 江辉民，马最良，姚杨等. 小型空调器冷凝热回收技术的研究现状与应用分析 [J]. 暖通空调，2005，35 (10)：29-35.
[3] 于连涛，吴喜平，朱林霞. 某住宅小区中央空调冷凝热回收改造方案分析 [J]. 上海节能，2005 (5)：24-27.
[4] 张国强，徐峰，周晋等. 可持续建筑技术 [M]. 北京：中国建筑工业出版社，2009.

第十章　农村建筑能源利用技术

第一节　农村被动式供暖太阳房

根据是否利用机械的方式获取太阳能,把通过适当的建筑设计无须机械设施获取太阳能的空气采暖技术称为被动式太阳能采暖设计;而需要机械设备获取太阳能的空气采暖技术称为主动式太阳能采暖设计。我国建筑能耗中采暖能耗占很大比例,而被动式太阳能技术投资低、效果好,可以节约大量的化石能源。在第一章中,对被动式太阳房做了较详细的讲述,在本节中,主要介绍适合农村地区使用的被动式太阳房的具体形式。

一、适合农村采用的两种被动式太阳能供暖方式

被动式太阳房的形式有多种,按照集热形式的基本类型不同,被动式太阳房可分为五类(见图 10-1):直接受益式 [图 10-1 (a)、(b)]、集热蓄热墙式 [图 10-1 (c)、(d)]、附加阳光间式 [图 10-1 (e)、(f)]、蓄热屋顶池式 [图 10-1 (g)]、对流环路式 [图 10-1 (h)],而适合农村采用的最普遍、最经济实用的是直接受益式、集热蓄热墙式。

(1) 直接受益式。直接受益式是被动式太阳房中最简单也是最常用的一种。如图 10-2 所示,它是利用南窗直接接受太阳辐射。太阳辐射通过窗户直接射到室内地面、墙壁及其他物体上,使之表面温度升高,通过自然对流换热,用部分能量加热室内空气,另一部分能量则储存在地面、墙壁等物体内部,使室内温度维持到一定水平。

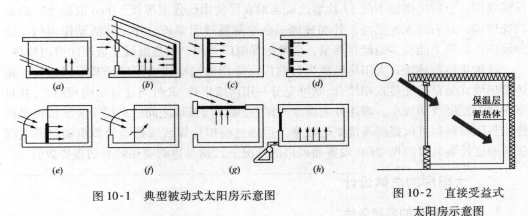

图 10-1　典型被动式太阳房示意图　　　　图 10-2　直接受益式太阳房示意图

直接受益式系统中的南窗在有太阳辐射时起着集取太阳辐射能的作用,而在无太阳辐射时则成为散热表面,因此在直接受益系统中,南窗尽量加大的同时,应配置有

291

效的保温隔热措施，如保温窗帘等。

（2）集热蓄热墙式。集热蓄热墙式属于间接受益太阳能采暖系统。阳光透过玻璃照射在集热墙上，集热墙外表面涂有吸收涂层以增强吸热能力，其顶部和底部分别开有通风孔，并设有可开启活门，如图 10-3 所示。在这种被动式太阳房中，透过透明盖板的阳光照射在重型集热墙上，墙的外表面温度升高，墙体吸收太阳辐射热，一部分通过透明盖层向室外损失；另一部分加热夹层内的空气从而使夹层内的空气与室内空气密度不同，通过上下通风口而形成自然对流，由上通风孔将热空气送进室内；第三部分则通过集热蓄热墙体向室内辐射热量，同时加热墙内表面空气，通过对流使室内升温。集热蓄热墙的形式如图 10-4 所示。

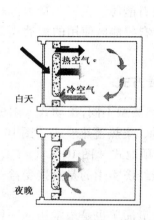

图 10-3　集热蓄热墙式太阳房传热分析

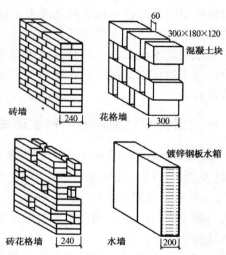

图 10-4　集热蓄热墙的形式

根据我国农村住房的特点，清华大学在北京郊区进行了将旧房改建为太阳房的试验，得到了较好的效果。具体做法是：先对原有房屋的后墙、侧墙和屋顶进行必要的保温处理，然后将南窗下的 37 坎墙改成当地农民使用低强度等级 37mm 混凝土块砌筑的花格墙，表面涂无光黑漆，外加玻璃—涤纶薄膜透明盖板，并设有活动保温门。这种墙体在日照下能较多地储存热量，夜晚把保温门关闭，吸热混凝土块便向室内放热。

这种集热蓄热墙式太阳房已成为目前广泛应用的被动式太阳房采暖形式之一。集热蓄热墙式与直接受益式相结合,既可充分利用南墙集热,又可与建筑结构相结合,并且室内昼夜温度波动较小。墙体外表面涂成深色、墙体与玻璃之间的夹层安装波形钢板或透明热阻材料都可以提高系统集热效率。可通过模拟计算或选择经验数值确定空气间层的厚度及通风口的尺寸(在设置通风口的情况下),这是影响集热效果的重要数值。

二、太阳房的总体设计

1. 太阳房建造的前期条件

太阳房的设计应满足适用、经济、美观、坚固的要求，建太阳房前首先应考虑当地太阳能的资源是否丰富，首先就要看当地的气象条件、冬季的日照时间是否满足，太阳能的辐射强度有多大。其次也要考虑在房屋的南向面有无其他建筑物遮挡，如有遮挡，则应控制建筑间距，并要求在当地冬至日中午 12 点时，太阳房南面遮挡物的阴影不得投射到太阳房的窗户上。一般则应控制间距至少为前排房屋高度的 2 倍，以及控制建筑物本身突出物（挑檐、突出外墙、外表面的立柱等）在最冷的 1 月份对集热面的遮挡，以防有效吸热减少。单层建筑物如进深大，也可采用屋顶开窗采光。另外还应根据不同房间对温度的不同要求，合理布局建筑平面的内部组合，对主要居室或办公室应尽量朝南布置，并避开边跨。对没有严格温度要求的房间、过道，如储藏室、楼梯间等可以布置在北面或边跨。对南北房间之间的隔墙，应区别情况核算保温性能，对建筑的主要入口，从冬季防风考虑，一般应设置门斗。最后，对一些人员密集的太阳房或建在较高海拔地区的太阳房，应核算换气数量，以保证太阳房内的新鲜空气量。

2. 建筑选址及建筑朝向选择

被动式太阳房通过对建筑朝向和周围环境的合理布置、内部空间及外部形状的灵活处理以及建筑物结构及材料的恰当选择，使其在冬季能够吸收、储存太阳能，供建筑物取暖；而夏季又能遮挡太阳辐射，散逸室内热量，从而降低室内温度。所以在设计太阳房时，首先要明确它的位置。据统计，在冬季，太阳能中约 90% 是在上午 9 点到下午 3 点这段时间内得到的，所以应考虑太阳房周围环境对它的遮挡。另外，建筑物的形状、开窗的方位对建筑物的能耗也有很大影响，因为建筑物的不同朝向接收到的日照量是不同的。在城市建设的总体规划时，各类不同房屋的朝向应会不同。有关资料表明，太阳房的朝向最好是南偏西 10° 左右，在北纬 40°～45° 地区，冬天建筑物南向的太阳能辐射光线要比夏天多近两倍。太阳房的朝向对太阳房性能的好坏和后期维护管理有着直接的影响，不同季节太阳的高度角会有所不同，所以太阳辐射能进入不同朝向的房屋的多少也不同。图 10-5 所示是一个位于北纬 35° 的建筑物，在冬季的一天中，各个方位上全天所得的太阳辐射能的大小。若水平面的太阳辐射能为 1，则冬季照在南立面的辐射能为 1.58，而在夏季南立面的辐射能仅为 0.12。由此可以得出结论，在被动式太阳房设计时，必须充分考虑利用南墙、南窗以获得更多太阳能。当然对于不同用途与类型的建筑物，南向朝向可略有偏移。在农村住宅中，人们日出而作、日落而息，所以希望下午日照时间长些，太阳房可选南偏西 10°～15° 方向；而学校、办公楼等太阳房，人们希望早些有阳光照射，所以选用南偏东 10°～15° 方向。

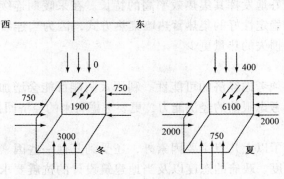

图 10-5　各方向太阳辐射分布图

3. 集热方式的选择

在进行建筑设计时，应根据实际情况，选择适当的集热方式。应考虑的因素主要有以下几个方面：

（1）房间使用性质

选用一种集热方式，并不只是集热越多就越合适，还要考虑其所集热量向室内提供时是否能与房间所需的用热情况相吻合。对于主要在白天使用的房间，如起居室（堂屋）等，应以保证白天的用热环境为主，如选用直接受益窗或附加阳光间就比较有利。它不但能储存一定的热量延迟到夜间供热，同时也能在白天部分向室内供热，使室内温度保持在一定水平上。

对于起居室、办公室、教室等主要在白天使用的房间，应首先考虑选用直接受益窗或附加阳光间。在气象条件较差地区可适当增加集热蓄热墙。直接受益窗必须附加有效的保温装置。在一般情况下应以直接受益窗为主，辅以其他集热方式。

对于卧室一类主要在夜间使用的房间，可考虑选用集热蓄热墙式；为满足采光要求，选用一定量的直接受益窗是必不可少的。当直接受益窗采用散热透过材料或反射百叶帘来提高室内四壁的蓄热量时，可适当加大直接受益窗的面积，并配合使用保温装置，使系统具有较高的集热效率。

（2）自然因素

包括地理因素和气象因素。某地的太阳能多少与太阳照射的时间和太阳高度角有很大关系，由于太阳高度角是由纬度影响的，因此在这里讲的地理因素主要是指当地的纬度情况。一般来说，越靠近赤道，阳光就越充沛，可利用的太阳能就越多，但是就太阳能采暖的问题来说，四季如春的地方不需要冬季采暖。相反，纬度越高的地区冬季越寒冷，供热能耗也高，对太阳能辐射量要求则更高一些。另外，同一纬度的地区由于离海洋的远近差别造成了迥异的气候条件。比如说同一纬度，滨海城市由于阴雨天气较多，太阳能设备的利用效率就相对内陆干旱少雨的地区来说要小很多。

不同的气象条件对每一种集热方式工作状态的好坏都有直接的影响。充分考虑气象因素能更好地发挥不同集热方式的优点，避免其缺点。如直接受益窗受气象变化的影响而导致室温波动较大，因此它较适用于那些在采暖期连续阴天较少出现，且持续时间短的地区选用，尤其更适用于在采暖期、室外最低气温相对较高的地区，如能配合使用保温帘则可较好地发挥其集热效率高的特长。在采暖期连续阴天出现相对较多的地区，可以选用热稳定性好的集热蓄热墙集热方式，因为当连续阴天出现时，它能比直接受益窗使室内损失的热量更少。

（3）经济因素

选用集热方式必须考虑经济的可能性。利用太阳能可能会增加首次投资费用。因此选用集热方式既要考虑眼前的经济能力，更要考虑将来的经济回报和能源发展趋势。

（4）其他因素

太阳房的设计除了以上几点主要因素外，还受到其他一些因素的影响，如使用者对节能建筑的认识程度、政府的态度以及当地建筑设计的抗震要求。直接受益式太阳房在南墙上开窗洞面积通常很大，这对于地震区的砖混结构建筑（尤其楼房），按抗震结构设计要求，开窗面积受到一定的限制，以致往往难以达到较好的采暖要求。而集热蓄热墙的墙体部分既可作为集热蓄热构件，同时又是防震所需的结构体，具有一定的承载力。因此，在地震区建太阳房应充分利用防震结构墙体来设置集热蓄热墙（或附加阳光间）等集热方式，以便同时满足集热和抗震要求。

三、被动式太阳房热工设计

根据具体条件和要求不同，被动式太阳房的热工设计可分为精确法和概算法两种。

精确法是基于房间热平衡建立起的被动式太阳房动态数学模型，逐时地模拟太阳房热工性能的方法。利用动态数学模型可以分析影响太阳房热工性能的因素，预测其长期节能效应，以及对太阳房的构件和整体进行优化设计。随着科学技术的进步，有很多软件都可以用来建立数学模型精确分析数值，因此这种方法常使用计算机软件进行模拟。

概算法是根据已知条件，通过查图表（这些图表是在某一特定条件下，将按标准计算方法得出的数据绘制成由参数变化的函数关系曲线图或表）和简单计算求得所需值。例如，已知太阳房所在地区的太阳能辐射值、采暖期度日值、太阳能集热方式、集热面积、保温构造、活动保温装置及其性能，以及蓄热特性等条件，既可以通过查图表和简单计算的方法求得该太阳房的节能率（SSF），也可在设定节能率指标的条件下，以同样的方式求得所需集热面积（A）等。在求得太阳房节能率后，也就可以通过公式算出采暖期内所需辅助热量 Q_f。这种方法的优点是简便易行，缺点是不够精确，有少量误差；且当条件不符合制定图表的有关规定时，无法利用图表。

负荷集热比（LCR）法是最常用的概算方法之一。负荷集热比是太阳房热负荷系数（BLC）与太阳房集热面积（A）两个数值之比。LCR 是影响太阳能供热总特性的一个最重要的可调参数，它影响在一定室外气象条件下的室内温度变化和太阳房的节能率。不同地区的 LCR 与 SSF 的关系是不同的，它取决于太阳入射量和采暖期度日值。此方法使用的图表主要是 SSF 与 LCR 的函数关系曲线图或表。

计算步骤：

（1）计算 BLC（太阳房热负荷系数）；

（2）计算 LCR（负荷集热比）；

（3）利用 SSF（太阳房的节能率）与 LCR 函数关系曲线或表，由 LCR 查出 SSF 值；

（4）由公式计算出采暖期内所需辅助热量 Q_f 的值。

各种值的计算公式如下：

$$BLC = \left(\sum KF + GC_P \right)24 \tag{10-1}$$

$$LCR = BLC/A \tag{10-2}$$

$$Q_f = (1 - SSF)\ DD_y \cdot BLC \tag{10-3}$$

式中　$G = V \cdot n \cdot \gamma$——每小时室内换气量，kg/h；

$\qquad n$——房间换气次数；

$\qquad \gamma$——室外气温条件下的空气容量，kg/m³；

K、F——外围护结构（不包括集热面）的传热系数和传热面积；

C_P——比热容，kJ／（kg·℃）；

V——房间体积，m^3；

DD_y——某一地区的采暖期度日值；DD_y 等于采暖期天数内每一个室外日平均温度低于室内设计温度的差值的总和。

四、被动式太阳房的建筑结构设计

1. 设计原则

（1）合理的建筑平面设计

在平面设计时要考虑到建筑的采暖、降温、采光等多方面的要求。既要满足主要房间能在冬季直接获取太阳热量的要求，又要实现夏季的自然通风（最好是对流通风）降温，还要最大限度地利用自然采光，降低人工照明的能耗，改善室内光环境，满足生理和心理上的健康需求。

在建筑物平面的内部组合上，应根据自然形成的北冷南暖的温度分区来布置各种房间。这种布局有利于缩小采暖温差，节省采暖蓄热量。主要使用房间尽量布置在利用太阳能较直接的南侧暖区，并尽量避开边跨；一些次要房间、过道、楼梯间等可以布置在北面或边跨，形成温度阻尼区。北侧诸房间的围合对南侧主要房间起到良好的保温作用。

对于被动式太阳房通常主要将南墙面作为集热面来集取热量，而东、西、北墙面作为失热面。按照尽量加大得热面和减少失热面的原则，应选择东西轴长、南北轴短的平面形状。建议太阳房的平面短边与长边长度之比取 1∶1.5～1∶4 为宜，并根据实际设计需要取值。

（2）适宜的建筑体形设计

建筑平面形状越凹凸，形体越复杂，建筑外表面积越大，能耗损失越多。研究表明，体形系数每增大 0.01，耗热量指标约增加 2.5%。应通过对建筑体积、平面和高度的综合考虑，选择适当的长宽比，实现对体形系数的合理控制，确定建筑各面尺寸与其有效传热系数相对应的最佳节能体形。同时，也要注意在组团设计中，建筑形体与周边日照的关系，尽量实现冬季向阳、夏季遮阳的效果。

（3）热工性能良好的围护结构设计

加强建筑的保温隔热，是现代建筑充分利用太阳能的前提条件，同时也有利于创造舒适健康的室内热环境。改善建筑物围护结构的热工性能，可以达到夏季隔绝室外热量进入室内，冬季防止室内热量排出室外，使建筑物室内温度尽可能接近舒适温度，以减少通过辅助设备（如采暖、制冷设备）来达到合理舒适室温的负荷，最终达到节能的目的。

2. 设计要点

（1）合理的门窗设计

在整个建筑物的热损失中，围护结构传热的热损失达 70%～80%，而门窗缝隙空气渗透的热损失则占 20%～30%。所以，门窗是围护结构中节能的一个重点部位。门窗节能主要从减少渗透量、传热量和太阳能辐射三个方面进行。图 10-6 为不同朝向窗户获取的太阳辐射量。

1）减少渗透量可以减少室内外冷热气流的直接交换而增加设备负荷，可通过采用密封材料增加窗户的气密性。

2）减少传热量是防止室内外因温差的存在而引起的热量传递。建筑物的窗户由镶嵌材料（玻璃）和窗框、扇型材组成。为此，要加强节能型窗框（如塑性窗框、隔热铝型框等）和

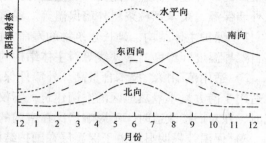

图 10-6　不同朝向窗户获取的太阳辐射量

节能玻璃（如中空玻璃、热反射玻璃、低辐射镀膜玻璃等）等技术的推广和应用，减小窗户的整体传热系数，降低传热量。还要根据建筑使用要求选择热工性能好的玻璃，减少由玻璃的热量散失。中空塑钢门窗是目前采用较普遍的一种节能门窗，不仅防噪隔声功能显著，防雨水渗漏能力强，空气渗透量小，更主要的是塑钢门窗的导热系数极低，隔热效果明显优于铝材，在采暖和制冷上，能耗要低 30% ～ 50%，室内空调的启动次数明显减少，耗电量也显著减少。

3）在减少太阳能辐射方面，应该结合窗户的方位和建筑外观，利用混凝土、木材、铝合金、铝塑板等多种材料，设计出形式各异、色彩丰富的遮阳构件。采取的形式应当有利于夏季最大限度遮挡阳光，而冬季不影响阳光直射入室内。色彩则应当以浅色为主，便于反射阳光。

另外，应合理控制各立面的窗墙面积比，确定门窗的最佳位置、尺寸和形式。南向窗户在满足夏季遮阳要求的条件下，面积尽量增大，以增加吸收冬季太阳辐射热；北向窗户在满足夏季对流通风要求的条件下，面积尽量减小，以降低冬季的室内热量散失。尽量限制使用东西向窗。

冬季为了防风，建筑的主要出入口一般应设置门斗。门斗的样式多样，南门斗可做成凹式、凸式或端角式；东西门斗在东西山墙处做成凸式，并将外门向南向；北门斗可做成凹式、凸式或端角式，并尽可能将外门改为东向。

（2）外墙保温隔热设计

在建筑设计中，应遵守减少失热面和争取朝阳面的基本原则。对于墙体，可采取降低北向房间层高和减少东、西、北墙外侧的斜屋顶的坡度。外墙饰面选用浅色调，有利于夏季降温。

外墙内保温是将保温材料置于外墙体内侧，做法有：增强石膏复合聚苯保温板、聚合物砂浆复合聚苯保温板、增强水泥复合聚苯保温板及内墙贴聚苯灰抹粉刷石膏等。建筑外墙内保温技术的缺点是占用较多使用面积，由于圈梁、楼板、构造柱等会引起热桥，热损失较大，容易引起开裂，延误施工速度，影响居民的二次装修和吊挂饰物，也容易破坏建筑外墙内保温结构。虽然适合旧建筑改造，但在新建建筑中技术上还缺少合理性。

外墙外保温技术则是在主体墙结构外侧，固定一层保温材料和保护层，是目前大力推广的一种建筑保温节能技术。做法有：聚苯板薄抹灰外墙保温、聚苯板现浇混凝土外墙保温、聚苯颗粒浆料外墙保温等。建筑外墙外保温具有以下优点：

1）保护主体结构，延长建筑物的寿命。由于保温层在围护结构外侧，极大地减少了自然界温度、湿度、紫外线等对主体结构的影响。

2）适用范围广，技术含量高。外墙外保温不仅适用于北方冬季采暖地区的建筑，也适用于南方夏季隔热地区的空调建筑；不仅适用于新建的工程，也适用于旧楼改造。同时，在对旧楼改造时，不影响居民在室内的正常生活和工作。

3）保温效果明显。由于保温层在围护结构外侧，可以消除热桥造成的热损失。为此，可使用较薄的保温材料，节能效果较高。

4）有利于室温保持稳定。由于蓄热能力较大的结构层在墙体内侧，当室内受到不稳定热作用时，室内空气温度上升或下降，墙体结构层能够吸收或释放热量，有利于室温保持稳定。

5）墙体潮湿情况得到改善。由于保温层在墙体外侧，主体结构材料处于保温层的内侧，只要选择合适的保温材料，在墙体内部一般不会发生冷凝现象，故无须设置隔汽层。

6）增加房屋使用面积。由于保温层在墙体外侧，其保温、隔热效果优于内保温，故可使主体结构墙体减薄，从而增加建筑的使用面积。

（3）屋面保温隔热设计

屋面保温层不宜选用松散密度较大、导热系数较高的保温材料，以防止屋面质量、厚度过大。同时，也不宜选用吸水率大的材料，以防止屋面湿作业时，保温层吸收大量水分，降低保温效果。

（4）地面

被动式太阳房地面具有蓄热和保温功能，由于地面散失热量较少，仅占房屋总散热量的5%左右，因此太阳房的地面与普通房屋的地面稍有不同。其做法有两种：1）保温地面法，素土夯实，铺一层油毡或塑料薄膜防潮；铺 150～200mm 厚干炉渣保温；铺 300～400mm 厚毛石、碎砖或砂石用来蓄热；按正常方法做地面。2）防寒沟法，在房屋基础四周挖 600mm 深、400～500mm 宽的沟，内填干炉渣保温。

（5）活动保温装置

太阳能建筑的南向，往往设有各种类型的太阳能集热构件，如直接受益窗、集热蓄热墙、日光间等。当它们受到阳光照射时是得热构件；而当无阳光照射（阴天或夜间）时就会变成失热构件。集热构件上的玻璃窗和玻璃盖板的传热系数都很大，通过它损失的热量约占整个房屋传导热损失的 1/4～1/3。因此，在集热构件上架设活动保温装置，尤其是在夜晚使用是十分必要的。对于其他朝向的房间，为采光通风需要开设一些小面积窗，在整个采暖期内的任何时间里都是热损失较大的失热构件（热阻值相当于保温墙体热阻的 1/15～1/10）。因此，在这些窗上加设活动保温装置更不可少。

活动保温装置按其安装位置，可分为装在玻璃外侧、内侧及两层玻璃之间三种。按其材料和构造，主要分为保温窗和保温帘两类。保温窗由硬质复合保温窗扇和窗框组成；保温帘由软质或硬质复合帘、启闭装置和密封导槽组成。

（6）充分利用日照环境，进行合理构造设计

对于向阳部分，可结合建筑造型利用垂直绿化遮阳，以减少炎热夏季的阳光直射（建筑遮阳可减少夏季空调能耗23%～32%），而且还能够创造丰富的建筑形象，创造宜人的建筑光影环境。

对于背阴部分，则应该有效降低能耗，改善环境。如果北侧的次要房间面积都不大，则应尽量降低北侧房间层高，使纯失热面的北墙面积减小；减小北侧房间的开窗面积，由于这些房间对自然采光的要求相对较低，故应大大减小其窗面积，以减少冬季冷风的渗透；在地下水位低的干燥地区，北侧房间可以在外侧堆土台，或者卧入土中，或利用向阳坡地形，将北墙嵌入土坡，以取得减小北墙面积及北侧阴影区的效果，有利于北墙的保温。

在建筑内部，如果建筑进深较大，则应设置风口，利用天井、楼梯、烟囱、中厅等加强热压通风或风压通风，实现夏季降温。

五、太阳房建筑材料的选择

被动式太阳房在设计建造时应使太阳房尽可能多地接收到太阳辐射，并具备良好的蓄热功能，以使太阳房内昼夜的温度波动幅度减少，并防止夏季过热现象的发生，同时还应提高太阳房围护结构的保温程度，以减少不必要的热损失。为了更好地解决这些问题，就应合理选择被动式太阳房专用的建筑材料，才能使太阳房达到理想的热舒适效果。

（1）衡量被动式太阳房优劣的一个主要方面是：是否能够获得足够的太阳辐射量，而太阳辐射是要经过太阳房的透光材料进入室内的。目前常用于被动式太阳房的透光材料有普通玻璃和复合增强透光材料（有机玻璃、聚苯乙烯）。二者各有优缺点：普通玻璃经济合理，刚度大，透过率高，不受一般化学性物质侵蚀、卫生，但易碎且不易加工成曲面；而复合增强透光材料具备很高的透光率，质量轻、抗拉、抗压强度也高，但耐光老化性较差，长期受到室外气候侵蚀，性能会快速下降。

（2）太阳能被房间吸收后，房间应有足够的保温性能，才能维持一定的温度。而保温节能的重要环节就在于保温材料的选择。保温材料一般都是多孔、疏松、质轻的泡沫或纤维状材料，保温材料的导热系数越小，则透过其传递的热量越少，保温性能就越好。一般保温材料的导热系数处于 $0.05 \sim 1.10 \mathrm{W}/(\mathrm{m}^2 \cdot \mathrm{℃})$ 范围之内。目前常用于被动式太阳房的保温材料主要有岩棉制品、石棉制品、玻璃棉制品、聚苯乙烯制品等。

（3）冬季采暖期的太阳房围护结构材料应具备较强的蓄热能力才能解决太阳房在采暖期室内周期性昼夜温度波动较大的问题。而建筑材料的蓄热性能取决于导热系数、比热容、容重以及热流波动的周期，建筑材料的容重大，蓄热能力就大，那么储存的热量就越多。所以就太阳房设计而言，围护结构中蓄热材料的要求是具有较高的体积热容量和导热系数。目前我国被动式太阳房中常用的蓄热材料就是砖石和混凝土。同时，多年来人们在太阳房设计时除了考虑建筑物围护结构所采用的建筑材料性能以外，

还寻求利用材料的有效显热和潜热储存方法来解决太阳房采暖过程中会出现的温度波动现象。在显热蓄热系统中，显热储存通常用液体（水）和固体（岩石）两类材料，而潜热储存方式是利用蓄能密度高和温度波动小的蓄热材料。潜热储存是通过物质发生相变时需要吸收（或放出）大量热量的性质来进行热量储存，所以也称相变储存，其常用材料主要有无机盐的水合物和盐水溶液。事实上早在1981年，甘肃自然能源研究所在兰州市红古区试验点建造的一座被动式太阳房就以十水硫酸钠作为其相变蓄热材料。当然从实际应用的情况来看，相变蓄热作为太阳房蓄热材料还没有真正能够大规模的应用，还处于不断探索与研究阶段。

第二节　农村能源生态模式配套建设技术

一、农村能源生态模式概述

农村能源生态模式简单地说是以土地资源为基础，太阳能为动力，以沼气为纽带，种植养殖相结合，通过生物能转换技术，在全封闭状况下，将沼气池、畜（禽）舍、日光温室与厕所等有机连在一起，组成一个农村能源综合利用体系。在同一块土地上，实现产气与积肥同步，种植与养殖并举，建立一个生物种群较多，食物链结构健全，能使物流较快循环的能源生态工程，是集能源、生态、环保和农业生产为一体的综合利用形式。

二、沼气的使用及管理

沼气是一种清洁、便捷、便宜的能源，尤其适合农村地区使用。但是，如果使用沼气的方法不当，不仅不能获得充足、稳定的气源，反而可能危及使用者的安全。因此，学会正确使用和管理沼气是每一个沼气户必须掌握的技能。

1. 沼气的安全使用

（1）安全用气

1）沼气池、灶具和输气管道不能靠近柴草等易燃物品，以防失火。一旦发生火灾，应立即关闭开关，切断气源后立即把火扑灭。

2）使用沼气时，要先点燃引火物，再打开开关，以防一时沼气放出过多，燃到身上或引起火灾。

3）如在室内闻到臭蛋味时，应迅速打开门窗或风扇，将沼气排出室外，这时不能使用明火，以防引起火灾。

（2）安全出料和维修

1）下池出料、维修一定要做好安全防护措施。打开活动顶盖敞开几小时，先出掉浮渣和部分料液，使进出料口、活动盖口三口通风，并向池内鼓风，排除池内残留沼气。下池前，先做活动物试验。下池时，为防止意外，要求池外有人监护并系好安全带，发生情况可以及时处理。如果在池内工作时感到头昏、发闷，要马上到池外休息。对进入停用多年的沼气池出料时更要特别注意，因为在池内粪壳和沉渣下面还积存一部分沼气，如果麻痹大意，轻率下池，不按安全操作规程办事，很可能发生事故。

2）揭开活动顶盖时，不要在沼气池周围点火吸烟。进池出料、维修，只能用手电或电灯照明，并且要先在池外打开开关，然后方可进池照明，不能用油灯、蜡烛等明火，不能在池内抽烟。

3）禁止向池内丢明火烧余气，防止失火、烧伤或引起沼气池爆炸。

（3）事故的一般抢救方法

1）一旦发生池内人员昏倒，而又不能迅速救出时，应立即采用人工办法向池内送风，输入新鲜空气。切不可盲目入池抢救，以免造成连续发生窒息中毒事故。

2）将窒息人员抬到地面避风处，解开上衣和裤带，注意保暖。轻度中毒人员不久即可苏醒，较重人员应就近送医院抢救。

3）灭火。被沼气烧伤的人员，应迅速脱掉着火的衣服，或卧地慢慢打滚或跳入水中，或由他人采取各种办法进行灭火。切不可用手扑打，更不能仓皇奔跑，助长火势；如在池内着火要从上往下泼水灭火，并尽快将人员救出池外。

4）保护创面。灭火后，先剪开被烧烂的衣服，用清水冲洗身上污物，并用清洁衣服或被单裹住创面或全身，寒冷季节应注意保暖，然后送医院急救。

2. 沼气池的日常管理

（1）沼气池的出料口（水压间）、进料口都要加盖，防止人、畜掉入池内造成伤亡。揭开活动盖时，不要在沼气池周围吸烟或使用明火。

（2）教育小孩不要在沼气池边和输气管路上玩火、燃放鞭炮等。试火时必须在远离沼气池的灶具上试火，不要在导气管上边试火，以免因回火造成沼气池爆炸。

（3）经常检查输气系统，防止漏气着火。

（4）每天要观察压力表上水柱变化。特别是夏天，温度高，产气多，池内压力过大时，要立即用气和放气，以防胀坏气箱，冲开活动盖。不能在室内和日光温室内放气，以防引起爆炸。

（5）当一次出料数量较大时，应打开开关，以免负压过大损坏沼气池。

（6）做好沼气池的越冬保温工作。一是要多进料、勤进料，适当提高料液浓度，结合用肥入冬前大换料一次；二是多进热性发酵原料，如牛粪、鸡粪等；三是沼气池上面建畜禽舍保温。

三、沼气池的几种池型结构

目前，沼气池存在的问题仍是建池难、密封难、出料难，严重阻碍了沼气事业的发展。科技为第一生产力，沼气也应依靠科技不断改革，使沼气池纳入工厂化生产，提高建池密封性和出料技术。根据各地探索，现简单介绍几种有推广前景的池型结构和工厂化生产情况。

1. 顶返式沼气池

顶返式沼气池是将水压箱设计在池顶上，可减少占地面积，增加密封性（见图10-7）。

顶返式沼气池与圈坑规划一体，称圈坑式沼气池（见图10-8）。圈坑在池顶上层，作水压箱用，圈坑下为沼气池的发酵间。这种池型可减少占地面积。

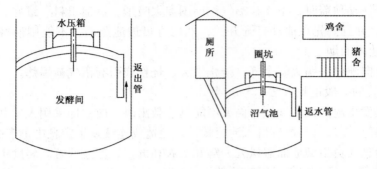

图 10-7　顶返式沼气池　　　　　图 10-8　圈坑式沼气池

顶返式沼气池用于沼气两步发酵，称两步沼气发酵池（见图 10-9）。上层池装秸秆、粪便混合拌料，下层池装菌种污泥发酵液。上层池是秸秆原料一步产酸发酵，酸液流入下层池，再进行酸液转化生成沼气的两步发酵。该池型上层池敞口，出料方便，换料容易。

顶返式沼气池上层装秸秆，下层装粪便，形成草粪分离，称草、粪分离式沼气池（见图 10-10）。这种发酵方式，便于秸秆出料。

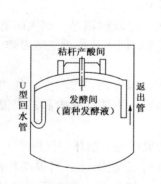
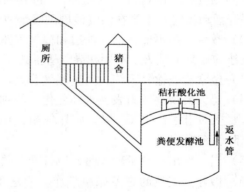

图 10-9　秸秆两步沼气发酵池　　　　　图 10-10　草、粪分离式沼气池

2. 工厂化生产沼气池

工厂化沼气池有红泥塑料袋沼气池、红泥塑料气罩半塑沼气池、混凝土预制件组装沼气池、抗碱玻璃纤维与早强水泥材料的薄壳沼气池等。为了解决密封难、出料难、拱顶施工难的问题，用金属板、塑料板、玻璃钢、抗碱玻纤与早强水泥等材料，由工厂化生产成型气罩，和现场组装预制件池体（或混凝土现浇）的组合式沼气池大有发展前途（如图 10-11）。

这种池型以工厂化生产成型气罩，容积 0.8 ~ 1m³，现场用混凝土预制件组装（或浇灌）池体，池口内径在 1m 以上，池口四周有反水孔上下回水，气罩不浮，固定不动，周围建蓄水圈。产气时，池内料液从反水孔流出，上升到蓄水圈内的气罩上；用气时，水从反水孔流回池内。沼气储存在气罩内。蓄水圈内料液可利用太阳能增温。

出料时，提起气罩，敞开大池口，用抓料机出料。这种池型便于工厂化生产、建池容易、密封性好、太阳能增温、封口方便、出料简便。

3. 改造式的水压池

该池是以解决沼气池出料难为出发点而设计的，将池底向出料管倾斜，池中设折流板，出料管垂直，内径加大，便于料液自动外流，从垂式出料管出料。这种池型多用于以粪便为原料的沼气池，如图 10-12 所示。

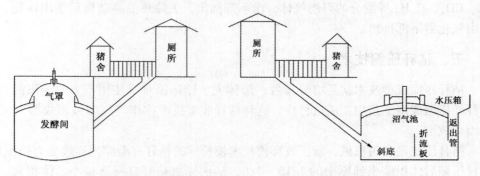

图 10-11　工厂化生产成型气罩组装池　　　　图 10-12　改造式水压沼气池

农家沼气池按照上述技术要求，方能保证建好池，管好池，用好沼气；达到无事故，高标准，安全使用；原料足，产气多，均衡用气；多功能，高效益，综合利用。

四、生物热制气技术

近十多年来，生物热解气化技术发展较快。生物气化技术是指利用空气中的氧气、含氧物质或水蒸气作为气化剂，将生物质中的碳转化成可燃气体的过程。可燃气体的主要成分有 CO、H_2、CH_4、CO_2、N_2 等，燃烧的成分是 CO、H_2 和 CH_4。

生物质原料进入气化器后首先被干燥，然后随着温度的升高，其挥发物质析出并在高温下裂解（热解）。热解后的气体和炭在氧气区与供入的气体介质（空气、氧气、空气/水蒸气等）发生燃烧反应。燃烧生成的热量用于维持干燥、热解和下部还原区的吸热反应。燃烧后的气体，经过还原区与炭层反应，成为含 CO、H_2、CH_4、C_mH_n 等成分的可燃气体，由下部抽出，去除焦油等杂质后送出使用，灰分可由气化器下部排除，气化反应原理图如图 10-13 所示。

将生物质气化取得气体燃料再加以利用，有许多好处，主要表现在以下几方面。

（1）气化所用的原材料主要是原木生产及木材加工的残余物、薪柴、农业副产物等，包括板皮、木屑、枝杈、秸秆、稻壳、玉米芯等。原料来源广泛，价廉易取。

（2）原料的挥发组分高，灰分少，易燃，是气化

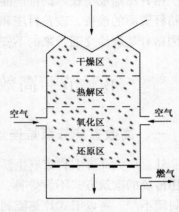

图 10-13　气化反应原理图

的理想材料，气化炉的转化效率一般可达到 70% 以上。

（3）气化产生的可燃气用管道输送给用户，使用方便，清洁卫生。

生物气化反应的原理为生物质原料进入气化器后首先被干燥，然后随着温度的升高，其挥发物析出并在高温下裂解（热解）。热解后的气体和炭在氧化区与供入的气化介质（空气、氧、空气/水蒸气等）发生燃烧反应。燃烧生成的热量用于维持干燥、热解和下部还原区的吸热反应。燃烧后的气体，经过还原区与炭层反应，成为含 CO、H_2、CH_4、C_mH_n 等成分的可燃气体，由下部抽出，去除焦油等杂质后送出使用。灰分则由气化器下部排出。

五、秸秆压缩技术

秸秆压缩成型技术就是将分布散、形体大、储运困难及使用不方便的田间农作物秸秆经压缩成型工艺加工成秸秆块，这种秸秆成型技术称作"压缩致密成型"或"致密固化成型"。

秸秆压块是利用机械、液压或环模技术使粉碎的秸秆在型腔内连续受力挤压成型。秸秆压缩后体积缩小到原来的 1/15 ~ 1/6，从而克服秸秆自身质量小、体积大、易受风雪雨火等外界不利因素的影响，使秸秆变为便于储存运输、附加值极高的商品。

收割后的牧草及可作饲料的农作物秸秆，如玉米秸秆、谷草等加工成块状粗饲料，称作饲草块，块状饲料能很好保留牧草秸秆的物理形态，而且饲草在成型设备内经摩擦生热（达到 260℃）使饲草熟化，口感好，更有利于食草动物消化，具有保质、防潮、耐储存和养分缺失少等优点。饲草块适宜远程运输，商品化程度高，因此饲草块的推广，将为发展畜牧养殖业起到举足轻重的作用。

秸秆经压缩成型后，可以作为燃料广泛应用于家用取暖炉、工业锅炉和秸秆发电，是我国利用秸秆等生物质能源的重要途径。秸秆块密度达到 0.6 ~ 1.2g/cm³，热值在 19646kJ/kg（4700kcal/kg）左右。生物质秸秆在压缩成型后，其密度、强度和燃烧性都有了本质的改善，有效地提高了容重、热值和燃烧性能，大大提高了生物质的燃料品味。

秸秆压缩成型技术的推广能解决秸秆过剩和大量焚烧秸秆的问题，减少环境污染和秸秆资源的浪费，改善村庄和家庭环境卫生，消除村中乱堆乱放柴草秸秆现象，避免因秸秆焚烧给交通带来的不安全因素。

第三节　高效预制组装架空炕灶砌筑技术

一、高效省柴节煤炕连灶技术

灶是广大北方农村家庭生活炊事的主要设施，一般多用红砖砌筑而成。旧式灶因沿用传统的砌筑方式不设炉箅、通风道等，并且灶门大、吊火高、排烟口大、灶膛大且封闭不严。所以旧式灶热能利用率很低，热效率只有 10% 左右，燃料浪费极大。所以推广高效省柴节煤灶是一项简便易行、见效快和节能效果显著的有效措施。

近年来，各地把省柴节煤改灶工作作为农村节能的主要措施来抓，收到了很好的效果。但是由于单纯追求灶的热效率而忽略北方冬季取暖的特点，会存在挡火过多和吊火过低等问题。虽然灶的热效率提高很多，但是由于烧火操作不便和火炕不热等原因，群众不易接受。因此，如何既提高灶的热效率又操作方便、能热炕，是省柴灶要解决的根本问题。省柴节煤灶的结构如图10-14所示。

1. 高效省柴节煤炕连灶砌筑要点

（1）灶体位置的确定

省柴节煤灶的灶体位置应根据使用锅的大小、间墙进烟口的位置及厨房布局要求综合考虑确定。原间墙留的灶喉眼如果尺寸大小、高低都不合适，要首先进行修整。砌前要先量好铁锅的直径尺寸，要求大锅与间墙或其他靠近的墙体必须保持100mm以上的距离，然后要考虑砌通风道的位置。灶体位置

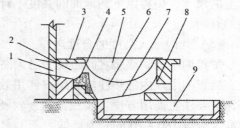

图10-14 省柴节煤灶结构示意图
1—进坑烟口；2—排烟口；3—过板；
4—拦火墙；5—铁锅；6—灶膛；
7—炉箅；8—添柴（煤）口；9—清灰坑

确定的好坏会直接影响到燃烧效果、使用效果和美观效果。

（2）灶下通风道的砌筑要求

省柴节煤灶下部的通风道在砌筑横向通风道时，通风道的中心线与间墙留出一横砖宽后，再取锅直径的中心线向外（指间墙）移动30～50mm即可放线，以防烧火偏心。如砌筑顺向通风道时，只要通风道的中心线与锅的中心线在同一位置即可。

通风道在砌筑时要先按要求挖好坑，量好尺寸，通风道的底部要踏实，再用砖、石片、水泥处理好，两侧可砌成垂直形或梯形，其长度可根据锅台的大小确定，但灶体外侧必须留出250～300mm长的清灰口；通风道的宽为220～250mm，深为300mm以上。

（3）灶内炉箅的选用方法和位置

炉箅是燃料燃烧供氧的窗口。通风道的空气穿过炉箅进入燃烧层，所以炉箅的大小，通风的好坏，会直接影响到燃烧效果。因此，合理设计炉箅尺寸是很重要的。根据经验，确定炉箅面积和锅的面积比为1:6（大锅）～1:8（小锅）。炉箅的空隙总面积与炉条总面积之比应按所烧燃料确定，烧稻草的大灶炉箅的有效面积为75%，烧玉米秸、高粱秸的大灶炉箅的有效面积为50%，烧用枝柴和使用鼓风机烧碎煤的大灶炉箅的有效面积为25%～30%。

炉箅在安装时主要考虑如何符合流动规律，使空气流动阻力小而供给均匀，一般应根据烟囱抽力大小和是否使用鼓风机来考虑。炉箅的中心首先对准锅脐，然后向大锅灶进烟口相反的方向错开20～40mm，可根据烟囱抽力的大小，远近灵活掌握，使开锅中心保持在锅脐位置为好。炉箅有平放法和斜放法（里低外高，相差20～50mm）。

炉箅在选用时，要根据日常所常用燃料选定。烧用稻草的大灶可选用缝宽为12～18mm的炉箅，要求横放炉箅；烧用玉米秸、高粱秸的大灶可选用缝宽为10～12mm的

炉算；烧用枝柴和使用鼓风机烧碎煤的大灶可选用缝宽为 7～9mm 的炉算即可。

（4）灶台平面高度的确定

当炉算与地面一平时，可根据锅的大小找出锅的垂直高度，然后再加上锅底距离炉算平面的高度（即吊火高度），就是锅台砌筑高度。测定的锅台高度是指炉算平面以上的尺寸，炉算以下到地面的高度不计算在内，但要求锅台的水平面不能超过炕面板的底面。

（5）灶内吊火高度的合理选择

炉算的平面到锅脐之间距离为吊火高度。吊火高度是省柴灶的一个重要技术指标，它直接影响了灶内的热性能和用户使用效果。所以吊火高度的确定既要考虑灶的热效率，又要注意使用方便。实践证明，软硬柴兼煤或以烧软柴为主的地区，省柴灶的吊火高度应以 180～200mm 为最佳。

（6）灶体上添柴（煤）口的砌筑要求

添柴（煤）口的作用主要是添加燃料，也可观察火势。添柴（煤）口过大会增多冷空气进入、降低灶膛温度、增加散热损失；过小又会使用户添柴草不方便；过高又会出现燎烟。所以在砌筑时要求：添柴（煤）口高为 130～150mm，宽为 160～200mm，并要增设铁灶门。添柴（煤）口的上沿要低于锅脐 20mm 以上为好。

（7）灶内进炕烟口的砌筑要求

进炕烟口也为喉头眼，高为 80～100mm，宽为 180～200mm，里口炕内部分要随之增大一些，形为扁宽喇叭形，由于进烟口是灶内烟气进入炕内流速最快的地方，所以要求内壁光滑、严密。间墙所留出的进烟口不得小于或低于锅灶的进烟口。进烟口处要增设烟插板。进烟口的上沿过板要求是 20～30mm 厚。

（8）灶膛内拦火墙的砌筑方法

灶内拦火墙可使高温烟气和火焰形成缓流，直接扑向锅底，从而增大锅底的受热面积，延长火焰和高温烟气在灶内的停留时间，提高灶内温度，使燃料中的炭和烟气中的可燃气体能够得以充分燃烧。灶内砌的拦火墙要求正对喉眼中心的位置，离锅底的距离要小，约为 10～20mm，两侧要逐渐增大，使大量的高温烟火扑向锅底以后再从两侧的空间进入炕内。

（9）灶膛内要如何套型

灶膛又称燃烧室，它可以设计成各种形状，但总的原则是：形成燃烧的空间，有利于提高灶膛温度，有利于提高烟气和烟的传热。燃烧室不宜太大，太大了难以保证灶膛温度，耗柴率就要提高，否则灶膛温度就不够；但太小，会使添柴次数过多，影响燃料燃烧放热。灶膛内壁要求光滑而无裂痕，在灶内距离喉眼近，烟气易走的一侧要多套上一层泥，距离喉眼远，烟气不易走的一侧要少套上一层泥。锅沿处要留出一定的空间，使灶膛的上口稍收敛，如缸形才好。

（10）灶台面层镶瓷砖的要求与注意事项

灶台面如镶瓷砖，要事先按瓷砖的大小量好尺寸，并计算好锅台面的长、宽度，否则，锅台面瓷砖镶好后会出现窄条现象。

在做锅台面底活水泥麻面时，要注意在保证水平的基础上，要求锅檐下边稍高，锅台里侧稍高，使锅台瓷砖镶好后不致出现存水现象。同时，要注意瓷砖的缝隙对齐，表面平整，瓷砖要浸泡，底部水泥素灰要饱满。锅台瓷砖镶好后，7天以内要求少烧火或不烧火，以保证瓷砖的牢固性。

2. 连炕的省柴节煤灶保温节能的三种措施

（1）灶体上添柴（煤）口要增设铁灶门

添柴（煤）口增设铁灶门，可以避免燎烟，控制从添柴口进入灶内的冷空气，提高灶内温度，减少从炉门的散热损失，使火苗稳定，火抱锅底燃烧。同时，使烟囱抽力集中，提高燃烧效果。

（2）灶内进炕烟口要增设活动插板

旧锅灶的进烟口（灶喉眼处）都没设烟插板，灶内烟气无法控制。灶喉眼烟道留小了，无风天烟气排不开就燎烟、压烟、不冒起火苗；灶喉眼烟道留大了，大风天炕内抽力大，烟火也都抽进炕内，不冒开锅，延长做饭时间。

为了解决这个问题，可采用三片铁板制成高120mm，宽150mm的灶喉眼插板来调节灶喉眼烟气的流量。初点火和没风时，一般烟量大或排烟缓慢，可把三片铁板全抽掉；火着旺后，烟量小的时候，就可插上一片；如果室外有风，抽力大不易开锅时，可把插板插上两片。根据灶内火焰情况可以用插板随时调节灶喉眼的大小，同时，还可以在睡觉前或熄火后，把灶喉眼的插板全部插上，减少炕内的烟气对流，起到保温的作用。

（3）灶下通风道要增设活动保温盖板

炉算下的通风道是向灶内燃料供给风量的通道。可是，当灶内停火后，通风道的冷空气还会继续从炉算下进入灶内和炕内，降低灶内和炕内的温度，所以火炕凉得快。因此，通风道要增设盖板或在炉算下增设通风插板。当灶内烧火时，可根据燃料燃烧情况，掌握通风道上的盖板或炉算下的插板适当送风；做到初燃少送风，火旺多送风，缓燃慢送风，燃尽不送风。

二、高效预制组装架空火炕技术

1. 高效预制组装架空火炕的结构和热性能特点

如图10-15所示，高效预制组装架空火炕结构由炕下支柱、炕底板、炕墙、炕内支柱、炕梢阻烟墙、炕内冷墙保温层、炕梢烟插板、炕面板、炕面泥、炕檐以及炕墙瓷砖等组成。

高效预制组装架空火炕经过科学的设计，现已具备炕体热能利用面积大、传热快的升温性能；炕上、炕下、炕头、炕梢热度适宜的匀温性能；散热时间延长的保温性能。这三项性能特点是架空火炕高效节能的根本。经过多年的研究、试验和示范，高效预制组装架空炕及其系统得到大面积的推广应用，深受广大农户的欢迎，其热效率有了大幅度的提高，炕灶综合热效率由原来的45%提高到70%以上，户年均节柴960kg。架空炕装饰后，美化了居室环境，促进了农村精神文明建设。高效预制组装架空炕在辽宁省作为农村节约生活用能的一项重要技术措施，已在大面积地推广普及，其节能效益十分显著，显示出强大的生命力。

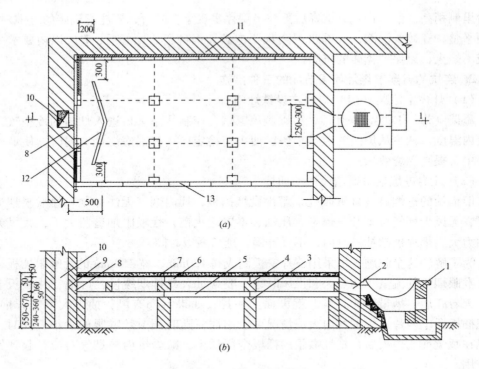

图 10-15　高效预制组装架空火炕砌筑
(*a*) 平面示意图；(*b*) 1-1 剖面图
1—灶；2—灶进烟口；3—底板支柱；4—炕面板支柱；5—炕底板；
6—炕面板；7—炕面抹泥；8—炕梢烟插板；9—火炕排烟口；10—烟囱；
11—保温墙；12—炕梢分烟墙；13—前炕墙

2. 高效预制组装架空火炕的砌筑要点

（1）架空火炕下地面的处理要求

架空火炕的底板是用几个立柱支撑而成的，这几个与地面接触的立柱承受力很大，如地面处理不实，出现下沉的现象，就会使整个炕体或局部出现裂缝，影响火炕的热度和燃烧，还会造成煤烟中毒。所以，架空火炕下地面处理的好坏是决定火炕效果、寿命的关键环节。掌握一个原则：必须将支点下的基础处理好，不能出现下沉现象。

（2）架空火炕底板支柱的放线与砌筑方法

1）放线方法　在砌筑架空炕时，首先要按事先准备好的架空炕的炕板大小确定放线位置。操作顺序：用尺量出每块炕板的长、宽尺寸，然后在架空炕下部的地面画出每块炕板的位置，使每块炕底板位置清楚，每个立柱要求正好砌在炕板的交叉点的中心位置上。

2）砌筑要求　砌筑架空炕底板支柱时，其底板与底板的缝隙应正好对准立柱的中心线上，中间立柱平面的 1/4 正好担在底板角上，砌筑时要拉线，炕梢和炕上的灰口可稍大一些，炕头和炕下的灰口可稍小一些，使炕梢稍高于炕头，炕上稍高于炕下，高低差为 20～30mm。底板支柱为 120mm×120mm×（350～370）mm（长×宽×高）。

（3）架空火炕板的摆法与密封处理

在安放架空炕底板时，要先选好三块边直棱角齐全的水泥炕板放在外侧，安放时一定要稳拿稳放，先从里角开始安放，待平稳牢固后方可再进行下一块。全部放完后要量好炕头、炕梢宽度是否一致，炕墙处外口水泥炕板要用线将底角拉直，为砌炕墙和抹面打好基础，整个炕底板安装后不得有不平稳和撬动现象。

架空炕底板安放后，要用1:2的水泥砂浆将底板的缝隙抹严。然后再用和好的草砂泥，按5:1比例合成，在底板上层普遍抹一遍，厚度为10mm；由于底板有凹凸不平现象，抹草砂泥主要起到找平作用，然后再用筛好的干细炉渣放在上面刮平、踩实，从而起到严密、平整、保温的效果。

（4）炕墙的砌筑形式及高度

架空炕炕墙砌筑类型分平板式、上下出沿中间缩进的形式等。砌筑墙必须拉线砌，可用1:2的水泥砂浆做口，立砖砌筑，炕墙的砌筑高度为炕梢240mm，炕头260mm；砌筑时要事先将红砖浸湿，定好要砌的类型、高度；如果是镶瓷砖要事先量好瓷砖的尺寸，使之正好符合瓷砖的要求，以上问题在砌筑炕墙前都要考虑好，避免出现不合适和返工的现象。

（5）炕内支柱砖的布局与尺寸要求

炕内支柱砖的多少决定于炕面板的大小。在摆炕内支柱砖前，也可先在炕底板上层放上一层干细炉渣灰找平后再摆炕面支柱砖。炕内中间的支柱砖可比炕上炕下两侧的支柱砖稍低10~15mm。同时在冷墙体的内壁和其他墙体处砌出炕内围墙，既作炕面板支柱，又作冷墙体的保温墙体。火炕炕内支柱砖的高度为120mm×120mm×180mm（炕头）、120mm×120mm×160mm（炕梢）（长×宽×高）。

（6）炕内冷墙部分墙体的保温处理

架空炕炕内接触的外墙体为冷墙，对这部分墙体要采取保温处理，避免因上霜、挂冰、上水和透风等对火炕有影响，造成灶不好烧、火炕不热的现象。所以在砌筑炕内这部分围墙时，要求用立砖、做灰口、横向砌筑，并与冷墙内壁留出50mm宽的缝隙，里面放入珍珠岩或干细炉渣灰等保温耐火材料，要用木棍捣实，上面再用细草砂泥抹严。处理好冷墙体的保温，对炉灶的好烧、炕热保温、减小热损失都可起到一定的作用。

（7）炕内后阻烟墙的作用及尺寸要求

架空炕炕梢增设后阻烟墙，采用的是炕梢缓流式人字分烟墙的处理，这种分烟处理，可使炕梢烟气不能直接进入烟囱内，使炕梢烟气，尤其是烟囱进口的烟气由急流变成缓流，延长了炕梢烟气的散热时间，降低了排烟温度，也排除了炕梢上下两个不热的死角。这样处理可使炕头、炕梢的烟气往两侧扩散、流动，提高了火炕上下两边的热度，缩小炕头与炕梢的温差。

架空炕炕梢人字阻烟墙可做成预制水泥件，也可用红砖砌成。人字阻烟墙尺寸为420mm×160mm×50mm，内角为150°左右，阻烟墙的两端距炕梢墙体，可按烟囱抽力的大小确定为270~340mm。要求阻烟墙的顶面与炕面接触的部分用灰浆密封严，不得出现跑烟现象。

（8）炕梢出烟口处烟插板的安装要求

架空炕为了火炕保温，减少热量损失，在火炕炕梢出烟口处必须安装烟插板。烟插板在安装时可按以下操作方法进行：将选好开关灵活的烟插板放在火炕出烟口处，底部用水泥沙灰垫平，两边待砌炕内围墙时用砖轻轻挤住，烟插板的顶部高度不得高于两边围墙高度，可略低于5mm，烟插板的拉杆可从炕墙处引到外侧，要求两头的接触点必须是水平，在炕梢炕墙外侧可做成环形或丁字形，以便开、推方便，安装完后，不要乱动，避免造成松动，影响水泥凝固效果。

（9）炕面板的摆放与密封处理

架空炕炕面板在安放前应做好密封处理，其目的是为了解决炕面板下部和侧面四周圈不严的问题。其操作方法是：在安放炕面板时，采用筛后和好的草砂泥，把四周的炕内围墙顶面抹上一层10mm厚的细草砂泥，使炕面板接触的下部与墙体接触的侧面都有泥，炕面板上面挤出草砂泥再与炕面泥接上抹平，达到炕面板四周稍翘起和严密的效果。

架空炕炕面板在安放时要稳拿稳放，搭在支柱上的位置要合适，不得出现搭偏和翘动现象。要求中间稍低，整个炕面板为炕梢略高于炕头，炕上略高于炕下，炕上炕下略高于中间的稍翘边式的处理为最佳。

（10）炕面泥的配比与厚度要求

架空炕炕面泥在配比时要求：1）沙为粗中沙，要过筛子；2）黏土要求无黏块，或用粗筛子筛好；3）炕面泥要早一些和成，待用，而且要和得均匀；4）第一遍泥是用粗中沙、黏土，按5:1合成；第二遍泥是用中细沙、黏土，按4:1合成。

架空炕炕面泥要求抹两遍：第一遍为底层泥，抹炕面泥时要求找平、压实，炕头厚度为55mm，炕梢厚度为35mm；第二遍泥待第一遍泥干到八成时就可开抹，可加适量的白灰，抹时按5mm的厚度，要求二遍泥抹完后平整、光滑、无裂痕。

为了延长高效预制组装架空炕的保温时间，解决架空炕下半夜凉得快的问题，经反复研制和实验测试证明，架空炕的炕面泥使用的材料应为沙泥，炕头厚度为60mm，炕梢厚度为40mm，平均厚度为50mm效果最佳，并利于炕体蓄热和保温。

（11）炕墙镶瓷砖的操作方法与注意事项

架空炕炕墙镶瓷砖首先要把底面水泥砂浆找平，有棱角的地方要事先找好棱角，瓷砖面的图案要事先切好、摆好。然后再开始粘瓷砖，将瓷砖用水浸湿，浸的时间长短要看水泥麻面的干湿程度。然后，在瓷砖的背面抹上糊状素灰浆再粘在炕墙上，要用手轻轻敲动直至实声或达到要求的平面为止；要注意瓷砖粘在炕墙上后，缝隙要对齐，图案要找好，表面要平整。炕墙瓷砖镶好后，7天以内养生期不能烧火，以保证瓷砖的牢固性。

3. 高效预制组装架空火炕采取的主要技术措施

（1）提高炕体热能利用率的技术措施

火炕既然作为人们休息和采暖的生活设施，炕体就必须获得并积蓄足够的热量才能供停火后利用。为了维持一定的室温，火炕就要有一定的散热能力；而要保证炕面有足够的温度，又要有一定的保温蓄热能力。所以，高效预制组装架空炕连灶在提高热能利用率方面采取了以下措施：

1）火炕底部架空，取消底部垫土，增大散热面积。落地式火炕只有炕面散热，室温的提高主要靠室内的土暖气和取暖炉。而架空炕将底部架空，取消炕洞垫土，使炕体由原来的一面散热变成上下两面散热，而且把原落地式火炕炕洞垫土导热损失的热量也散入室内，提高了室温，也提高了火炕的热效率。据测，在不增加任何辅助供暖设施，不增加燃料耗量的情况下，架空火炕比落地式火炕可提高室温 4～5℃

2）增加炕体获得的热量。炕体获得的热量多少，标志着炕体利用热能的程度，而热量获得的多少，是由烟气与炕体换热时间长短和换热面积大小决定的。换热时间长短又取决于烟气在炕内停滞的时间，而烟气在炕内滞留时间的长短又取决于烟气流速，流速越大，停留的时间就越短。落地式火炕由于受炕面材料的限制，不得不过多地摆放支撑点，不适当的增加一些阻挡，再加上采用直洞式炕洞，使烟气流通的横截面积减少而流程短，不易扩散，致使烟气流速加快，缩短滞留时间；同时烟气与炕体接触面积大为减少，一般减少了 30%～50%，极大地影响了烟气与抗体换热。高效预制组装架空炕连灶由于采用较大面积的炕板，只有少数几个支撑点，取消了前分烟和落灰膛，使烟气流通截面积增加了 30% 以上，有效降低了烟气流速。实测表明：通过呈喇叭状的火炕进烟口（灶喉眼）高速进入炕体的高温烟气，由于无阻挡地突然进入一个大空间，烟气的流速急剧下降，至炕体的 1～1.5m 处时，可降至 0.1m/s。由于烟气在无阻挡和无炕洞及分烟阻隔情况下，烟气能迅速扩散到整个抗体内部并与抗体进行热交换，保证了足够的换热时间，同时也保证了炕体受热均匀。

架空火炕由于取消了前分烟、小炕洞，减少了支撑点，所以增大了烟气与炕体面板的接触，增强了烟气与炕体的换热。

架空火炕实质为一间壁式换热器，换热面积增加及换热时间的延长，使得换热量增加，从而提高了架空火炕的热利用率。

3）合理调节进、排烟温度。进炕烟温度的高低，直接影响到炕体温度；而排烟温度的高低，直接影响到炕体的综合热效率。以往改炕改灶由于追求灶的热效率，单纯认为灶的拦火强度越大越好，虽然灶的热效率上去了，但灶拦截热量过多，造成炕体不能获得足够的热量，冬季炕凉群众不欢迎，出现了改过来又改过去的局面。架空火炕要求炕灶合理匹配，适当减少灶的拦火程度以保证进炕烟温在 400～500℃，而炕梢控制排烟温度在 50～80℃，以使炕体获得足够的热量。

（2）提高炕面均温性能的技术措施

炕面温度均匀与否，是衡量火炕热性能较为敏感的指标之一。落地式火炕由于炕洞、堵截等限制，易形成炕头热、炕梢凉，中间热、两边凉或一条热一条凉等弊病，而高效预制组装架空炕较为理想地解决了这一问题，并且能够达到满炕热和热度均匀的要求。

1）取消了炕体人为设置的炕洞阻隔，使换热过程在整个炕体内而不是在各个局部炕洞进行，消除了炕洞之间温度不均匀性。

2）由于消除了前分烟及各种阻挡形成的烟气涡流，仅在炕梢、排烟口前设置后阻烟墙，保证了烟气充满整个炕体，使得炕面温度更趋均匀。

　　3）通过炕体抹面材料厚薄调节炕面温度。炕头部位首先接触高温烟气，炕温就高于其他部位。为改善这一状况，采取两项措施：一是架空火炕在搭炕底板时，使炕梢略高于炕头 20mm；而在搭炕面板时，又使炕头略高于炕梢 20mm，这样使炕内的炕头到炕梢形成一个等腰梯形的空间；由于烟气体积是随温度逐渐降低而缩小，所以不会出现不好烧现象。二是在抹炕面泥时，炕头抹面厚 60mm，炕梢抹面厚 40mm，平均抹面厚为 50mm，保证了炕面温度均匀的效果。

　　（3）提高炕体保温性能的技术措施

　　火炕不但要有一定的升温性能及均温性能，还要保证火炕热的时间长而降温慢。高效预制组装架空炕为提高保温性能采取了如下措施：

　　1）架空火炕由于抗体内部为一空腔，由灶门、喉眼、排烟口和烟筒形成一个没有阻挡的通畅烟道，如不采用技术措施，停火后炕体所获得的热量就会以对流换热形式由通道排出。为此，架空火炕要求：一是要在排烟口处安装烟插板；二是要在灶门处安装铁灶门。当停火后关闭烟插板和铁灶门，使整个炕体形成一个封闭的热力系统。这样，停火后系统内能只允许通过炕体上下面板及前炕墙向室内散热以提高室温。炕面由于有覆盖物，所以炕面散热缓慢，也就保证了炕面凉得慢的要求。同时，炕内靠近冷墙部位，在搭砌火炕时又增设了 50mm 厚的保温墙，减少了向墙外散热的损失。

　　2）如前所述，炕体保温蓄热性能通过抹炕面材料厚度来调节热容量的大小。炕体主体材料一般为水泥混凝土板或定型石板，其热容是固定的。如以沙泥为抹面材料，根据理论计算和实践经验证明，抹炕面厚度平均在 50mm 为最佳，如果太薄会出现火炕热得快、凉得也快的现象。所以，架空炕的炕体温度满足了用户日常生活的需求。

课后思考题

1. 适用于农村采用的被动式太阳能采暖方式有哪些？
2. 被动式太阳房选择集热方式应注意哪些因素？
3. 太阳房设计应注意哪些问题？
4. 在太阳房中，集热墙为什么一般选用南墙？
5. 沼气使用时应注意哪些问题？
6. 沼气池有哪几种结构形式？
7. 解释生物热制气技术的工作原理。
8. 说明秸秆压缩技术的用途。
9. 高效架空炕灶的工作原理是什么？
10. 高效架空炕灶为什么需要加铁灶门和活动插板？
11. 高效架空炕灶的节能措施包括哪些？

本章参考文献

［1］王崇杰，薛一冰等. 太阳能建筑设计［M］. 北京：中国建筑工业出版社，2007.
［2］Terry Galloway. 太阳能建筑设计手册［M］. 北京：机械工业出版社，2008.

［3］郭继业．省柴节煤灶炕［M］．北京：中国农业出版社，2006.

［4］黄岳海．被动式太阳房简介（一）［J］．新农业，2002，6.

［5］陈宇，李真茂．寒冷地区被动式太阳房的设计［J］．低温建筑技术，2004，5.

［6］封银平．PVA复合透光材料的研究［J］．太阳能学报，1989.

［7］陕西省建筑设计院编．建筑材料手册［M］．北京：中国建筑工业出版社，1990.

［8］杨绪强等．十水硫酸钠低共熔混合物储热的实验研究［J］．太阳能学报，1982.

［9］蒋丛林，许晓凡等．农村能源实用技术文集［R］．农村能源杂志社，2001.